증류주의 모든 것을
한 권으로

증류주개론

이종기 · 문세희 · 배균호 · 김재호 · 최한석 · 김태완 · 정철 공저

DISTILLED SPIRITS

光文閣
www.kwangmoonkag.co.kr
농림축산식품부
aT 한국농수산식품유통공사
Korea Agro-Fisheries & Food Trade Corporation

머리말

13세기 증류 기술이 동서양에 전파된 이래 전 세계에는 9대 증류주가 발전되었다. 동양의 백주와 소주를 비롯하여 서양에는 위스키, 브랜디, 보드카, 리큐르, 진, 럼, 테킬라가 그것이다.

초기 증류주는 약으로 사용되었고 '생명의 물'로 불리어 왔을 정도로 귀하였다. 증류기는 마법의 기계로 간주되었다. 증류주는 발효주에 비해 매우 농축된 술이므로 그 지역에서 다량으로 구할 수 있는 원료로 개발되었다. 포도주가 대량 생산되는 지역에서는 브랜디가, 맥주가 많이 생산되는 곳에서는 위스키가 발달되었다. 시간이 흐르면서 증류주 산업은 각 지역의 문화와 농업 환경과 용수 및 기후 등 자연 조건이 어울려 클러스터 산업으로 발전되었다. 스코틀랜드의 위스키, 프랑스의 코냑, 중국의 백주, 멕시코의 테킬라 산업이 그 예이다. 19세기 연속식 증류기의 발명으로 증류주는 대량생산할 수 있게 되었다.

오늘날 연속식으로 증류한 주정은 진, 럼, 보드카와 소주와 블랜딩 원료로 증류주의 많은 부분을 차지하고 있다. 증류 기술은 석유 화학 공업과 미래의 알코올 에너지 산업에 기반 기술로 크게 활용되고 있다.

필자는 세계 각지에서 과일과 곡물, 그리고 여러 가지 허브 및 약재로 명주를 제조하고 또한 새로운 제품을 개발하고 있는 현장을 견학하고 기술을 교류한 경험이 있다. 각 지역에서는 그 지역의 농산물을 활용하여 최적의 술을 만들어내기 위하여 발효, 증류, 숙성 기술을 연마하고 있다. 부가가치가 높은 주류 유통의 세계에는 국경이 사라지고 있으며, 가용한 모든 물적, 인적 자원이 동원되고 있다.

우리나라의 증류주 소비량과 비율은 세계 각국과 비교할 때 이례적으로 높다. 일제 강점기에 전시 배급 체제하에서 도입된 희석식 소주의 비중이 매우 높기 때문이다. 그러나 그만큼 증류주 분야의 다양성이 낮다는 반증도 되고 있다.

이 책은 증류주의 역사와 각종 증류주 제조법을 쉽게 이해할 수 있도록 저술되었다. 소주 및 위스키 등 현장 경험이 풍부한 공저자들의 노력으로 실무에 도움을 주려는 목적으로 저술한 책이다. 좋은 증류주를 제조하기 위해서는 기본적인 증류 기술을 확고하게 알고, 다양한 세계의 주류를 이해해야 할 것이다.

한국에도 각 지역의 농산물로 다양한 명주가 탄생되길 바라며, 이 책이 가이드북으로서 기여하기 바란다.

끝으로 이 책을 발간하도록 아낌없이 지원해주신 농림축산식품부와 한국농수산식품유통공사, 그리고 편집 업무에 힘써주신 광문각 박정태 회장님과 임직원 여러분의 노고에 깊이 감사를 드린다.

2015년 10월, 저자 일동

‖ 차례 ‖

머리말 ······························· 3

I. 증류주의 역사 ······························· 15

01 증류 기술의 기원과 전파 ······························· 17

1. 증류 기술의 기원 / 17 • 2. 십자군전쟁과 서방의 증류 기술 전파 (브랜디, 위스키, 리큐르, 보드카의 탄생) / 19 • 3. 원 제국의 팽창과 중국과 한국의 증류 기술 전파 (소주와 백주의 탄생) / 20

02 증류주의 역사 ······························· 21

1. 백주의 역사 / 21 • 2. 소주의 역사 / 22 • 3. 위스키의 역사 / 23 • 4. 브랜디의 역사 / 30 • 5. 보드카의 역사 / 31 • 6. 리큐르의 역사 / 32 • 7. 진의 역사 / 33 • 8. 럼의 역사 / 34 • 9. 테킬라의 역사 / 35

03 한국 증류주의 역사 ······························· 38

1. 소주의 전래 / 38 • 2. 우리나라 소주의 제조 방법 변천 / 38 • 3. 문헌에 나와 있는 주요 소주 / 41 • 4. 소주의 주요 변천사 / 42 • 5. 한국 위스키의 역사 / 44

II. 증류 이론과 기술 ······ 45

01 증류 시스템과 증류주 제조 이해 ······ 47

1. 개론 / 47 • 2. 단식 증류 (Batch Distillation) / 49 • 3. 연속식 증류 / 55

02 증류 과학 ······ 62

1. 증류 이론 (Distillation Theory) / 62 • 2. 단식 증류 이론 (Batch Distillation Theory) / 69 • 3. 이론 단수(Theoretical Plate Number) / 71 • 4. 맥카베-티엘레 방법(McCabe-Thiele Method) / 76 • 5. 환류비(Reflux Ratio) / 78 • 6. 증류 에너지(Distillation Energy) / 80 • 7. 증류 비율(Distillation Rate) / 94

03 증류 압력에 따른 특징 ······ 95

1. 상압 증류(Ambient Pressure Distillation) / 95 • 2. 감압 증류(Reduced Pressure Distillation) / 95

04 증류기 재질과 디자인 ······ 97

1. 증류기의 재질 / 97 • 2. 증류기 디자인과 특징 / 97

05 증류 가열 방식 ······ 99

1. 직접 가열 방식 / 99 • 2. 간접 가열 방식 / 100 • 3. 냉각기 (Condenser) / 101

06 증류 시스템과 증류주 ······ 104

1. 스카치 몰트 위스키 증류기와 증류 시스템 / 104 • 2. 스카치 그레인 위스키 증류 시스템 / 105 • 3. 캐나디안 위스키 증류 시스템 / 107 • 4. 아메리칸 위

스키 증류 시스템 / 108 • 5. 브랜디 증류 시스템 / 109 • 6. 다크럼 증류 시스템 / 110 • 7. 라이트럼 증류 시스템 / 112 • 8. 보드카 증류 시스템 / 112 • 9. 주정 증류 시스템 / 114 • 참고 문헌 / 116

III. 위스키 제조 ······ 119

01 개요 ······ 121

1. 위스키의 정의 / 121

02 몰트 위스키 제조 ······ 123

1. 맥아 제조 / 123 • 2. 몰트 위스키 제조 공정도 / 128 • 3. 당화(糖化, Mashing) / 129 • 4. 양조 용수 / 130 • 5. 발효(醱酵, Fermentation) / 131 • 6. 발효 공정 / 132 • 7. 단식 증류(單式蒸溜, Batch Distillation) / 136 • 8. 1차 증류기(1st Still)와 2차 증류기(2nd Still) / 138 • 9. 위스키 성분 / 142

03 그레인 위스키 제조 ······ 144

1. 원료 / 144 • 2. 당화 공정 / 146 • 3. 분쇄 / 149 • 4. 연속식 증류 / 154 • 5. 증류에 의한 향기의 생성 / 156

04 숙성 ······ 161

1. 오크 나무 품종 / 161 • 2. 오크 목질 / 162

05 블렌딩(Blending) ······ 166

1. 관능 전문가(Master Blender) / 167 • 2. 블렌딩에서 몰트 위스키의 역

할 / 167 • 3. 블렌딩에서 그레인 위스키의 역할 / 168 • 4. 몰트 위스키와 그레인 위스키의 혼합 비율 / 169 • 5. 블렌딩에 사용되는 위스키의 평가 / 169 • 6. 블렌딩의 실제 / 170 • 7. 혁신(Innovation) / 171

Ⅳ. 브랜디 ······ 173

01 개요 ······ 175

1. 증류 기술의 기원 / 175 • 2. 코냑의 정의 / 175 • 3. 칼바도스의 정의 / 176 • 4. 한국 주세법상 브랜디의 정의 / 177

02 브랜디 제조 공정 ······ 179

1. 코냑 제조 방법 / 179 • 2. 아르마냑(Armagnac) 제조 방법 / 184 • 3. 칼바도스 제조 방법 / 187

Ⅴ. 증류식 소주 ······ 189

01 개요 ······ 191

02 증류식 소주 제조 공정 ······ 193

03 주조 용수 ······ 194

04 원료 ······ 195

05 세척 및 침지 ···································· 200

06 증자 ···································· 201

1. 증자 이론 / 201 • 2. 증자기 / 201 • 3. 증자미의 판정 / 203 • 4. 증자미의 냉각 / 203

07 제국(製麴) ···································· 204

1. 국(麴)의 역할 / 204 • 2. 국의 품질 / 205 • 3. 제국 중의 이화학적 변화 / 206 • 4. 종국 / 206

08 술덧 ···································· 207

1. 담금 배합 / 207 • 2. 밑술 제조 (1차 술덧) / 208 • 3. 2차 술덧 / 209

09 증류 방법 ···································· 212

1. 개요 / 212 • 2. 상압 증류 / 213 • 3. 감압 증류 / 218 • 4. 증류 이론 / 222

10 제성과 저장 ···································· 224

1. 제성(製成) / 224 • 2. 저장 / 227

11 숙성 ···································· 229

1. 숙성의 정의 / 229 • 2. 옹기의 특성 / 230 • 3. 증류주의 숙성 / 231 • 4. 소주의 숙성 / 231

12 정제 ···································· 233

1. 각종 정제법 / 233 • 2. 주질 교정 / 234 • 참고 문헌 / 236

VI. 희석식 소주 ······ 237

01 개요 ······ 239

1. 희석식 소주의 개발 / 239 • 2. 우리나라의 희석식 소주 / 239 • 3. 희석식 소주 알코올 함량의 변화 / 240

02 희석 소주의 제조 공정 ······ 242

03 주정(酒精) ······ 243

1. 주정의 특성 / 243 • 2. 주정의 원료 / 244 • 3. 주정의 생산 / 244 • 4. 희석식 소주의 제조 / 244

04 용수(用水) ······ 246

05 탈취(脫臭) ······ 248

06 여과(濾過) ······ 250

07 배합(配合) ······ 252

1. 감미료(甘味料) / 253 • 2. 산미료(酸味料) / 259 • 3. 조미료(調味料) / 260

08 포장 ······ 262

참고 문헌 / 263

Ⅶ. 백주 ······ 265

01 개요 ······ 267

02 백주의 명칭 ······ 268

03 백주의 분류 ······ 269

1. 술 제조법에 의한 분류 / 269 • 2. 당화발효제에 따른 분류 / 270 • 3. 향형(香型)에 따른 분류 / 271

04 중국 명주 ······ 273

05 백주 제조 ······ 275

1. 제조 공정도(개량식) / 275 • 2. 마오타이 제조 공정도 / 275 • 3. 저농도 혼탁(低濃度 混濁) 원인 및 청징(淸澄)법 / 285 • 참고 문헌 / 286

Ⅷ. 일반 증류주와 리큐르 ······ 287

01 보드카(VODKA) ······ 289

1 보드카 정의 / 289 • 2 기원 / 289 • 3 역사 및 현황 / 290 • 4 보드카의 종류 / 291 • 5 보드카 생산 지역(Vodka Regions) / 292 • 6 제조 공정 / 293

02 럼(RUM) ·· 300

1. 정의 및 기원 / 300 • 2. 역사 및 현황 / 301 • 3. 럼의 형태 및 종류 / 301 • 4. 원료 / 304 • 5. 제조 공정 / 309

03 테킬라(Tequila) ·· 326

1. 테킬라의 정의 / 326 • 2. 기원 및 역사 / 327 • 3. 최근 동향 / 328 • 4. 테킬라 원료 / 329 • 5. 제조 공정 / 330

04 진(GIN) ·· 342

1. 진의 정의 / 342 • 2. 기원 및 역사 / 342 • 3. 형태 및 종류 / 343 • 4. 원료 및 제조 공정 / 346

05 리큐르(Liqueur) ·· 352

1. 정의 / 352 • 2. 기원 및 역사 / 352 • 3. 제조 / 353 • 4. 종류 / 355 • 참고 문헌 / 362

Ⅸ. 증류주의 성분과 관능 ·· 365

01 증류식 소주 ·· 367

1. 일반 성분 / 367 • 2. 무기 성분 / 372 • 3. 알코올(Alcohol) / 375 • 4. 에스테르(Ester) / 384 • 5. 카르보닐(carbonyl) 화합물 / 392 • 6. 페놀 화합물 / 403 • 7. 유기산 / 405 • 8. 기타(황, 질소 화합물) / 416

02 위스키 ·· 426

1. 일반 성분 / 426 • 2. 무기 성분 / 427 • 3. 알코올 / 428 • 4. 에스테르 / 430 • 5. 카로보닐 화합물 / 433 • 6. 페놀 화합물 / 436 • 7. 유기산 / 438 • 8. 함황 화합물 / 440

03 브랜디 ·· 442

1. 일반 성분 / 442 • 2. 무기 성분 / 443 • 3. 알코올 / 444 • 4. 에스테르 / 447 • 5. 카르보닐 화합물 / 452 • 6. 페놀 화합물 / 458 • 7. 유기산 / 459 • 8. 테르펜(Terpene) / 461 • 9. 기타 성분 / 464

04 맛과 관능 ·· 469

1. 증류주의 맛 / 469 • 2. 증류주의 관능평가 / 476 • 참고 문헌 / 484

색인 ·· **487**

I. 증류주의 역사

01 증류 기술의 기원과 전파

1. 증류 기술의 기원

아리스토텔레스(384~322 BC)의 《기상학, Meteorology》 책에는 다음과 같은 문구가 있다.

"바닷물은 증발되면 소금기가 없어지고, 냉각되면 단물이 된다. 나는 실험을 통해 이 사실을 알게 되었다. 이런 원리는 와인이나 다른 물질에도 그대로 적용되는데, 일단 증발하여 냉각되면 물로 변하게 된다."

증류는 인류사에 있어 굉장히 오래된 기술 중 하나이다. 화학적 순물질을 생산하는 가장 오래되고 또한 가장 중요한 기술의 역사가 제대로 기록되지 않은 것이 오히려 의아스러울 따름이다. 오늘날에는 증류의 역사가 화학 기술사의 일부로 편입된다. 하지만 화학의 역사는 문화적 배경, 특히 문화사 없이는 이해하기가 힘들다.

증류의 역사는 술의 역사와 밀접하여 많은 저자가 증류의 기원을 술로 판단하는 오류를 범하였다. 원시 부족들의 문명을 연구하는 민속학자들은 다양한 증류 관련 장치에 놀라기도 한다. 나일 강의 원류인 빅토리아 호 근처에 거주하는 주민들은 가볍고 산뜻한 바나나를 증류한 독한 술을 만든다. 이 증류 장치는 조롱박과 대나무대로 이루어져, 증류액이 조롱박에 모이게 한다. 이 증류주는 너무 독해 아프리카 원주민들도 물에 희석해 마신다.

간단한 증류기의 배경에는 수많은 실험과 경험, 그리고 그것은 여러 가지 자연과학 원리의 조합과, 이를 실현시킬 수 있는 장치를 만들 수 있는 능력이 있어야 가능하다. 우리는 다른 증거가 없는 이상 증류가 1세기경 알렉산드리아의 화학자들에 의해 증류가 최초로 발견되었다고 받아들여야 한다.

이집트의 장인들이 불과 화로를 능숙하게 다루고 다양한 토기와 방화물, 그리고 유리의 제조, 야금술이 발전하였던 것은 매우 중요하였다.

이러한 것들은 새로운 학문에 사용될 기구에 큰 영감을 주었다.

이들의 성취점은 다음과 같다.

1) 증류, 승화 및 기타 기초 공정에 대한 발견

2) 현대 화학의 초기적 장치 설계

3) 물질의 특성에 대한 새로운 지식의 수집

4) 증류기 각 부분에 적합한 재료 탐구

(그림 1-1)은 위에 그들이 사용한 장비들의 일부 그림이다.

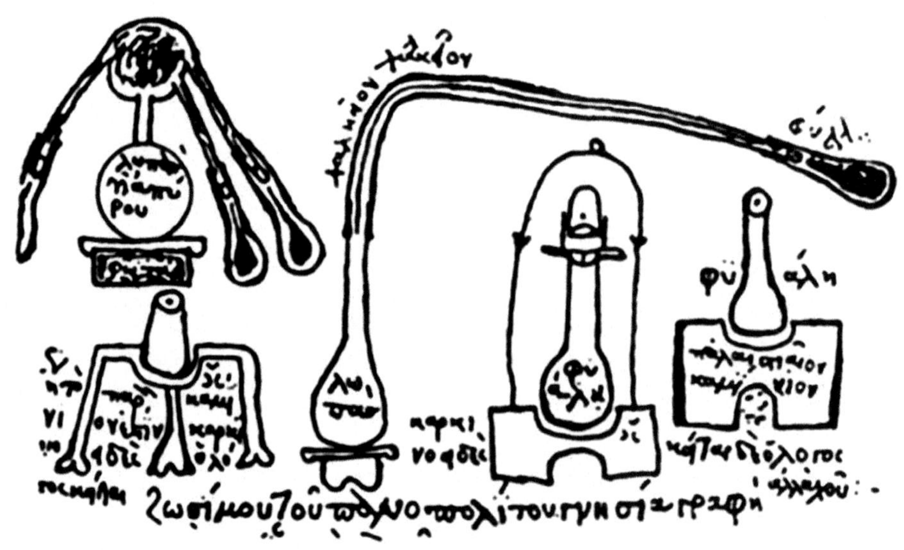

【그림 1-1】 알렉산드리아의 화학자들이 사용한 화학 장치
(A short history of the art of distillation, 1970. page 22)

여기에는 이미 증류기의 3가지 필수 부분을 갖추고 있다. 증류병(Cucurbit), 증류기(Alembic), 수용 플라스크까지 증기를 연결하는 파이프 등이다. 이때의 증류기는 아직 증류병이 증류기로부터 분리되어 있고, 주둥이 혹은 튜브로 리시버에 이어져 있다. 증류병은 보통 용기, 컵 등의 의미인 비코스(Bikos)라 불리었다.

효율이 좋은 스틸헤드가 오븐으로부터 나와 긴 공기 냉각관을 거쳐 리시버로 이어지는 증류기는 12세기 초에 등장한다.

증류기는 증류 장치의 중요한 요소 중 하나이다. 이는 용기의 목 부분에 홈통이 있어 특별한 모양을 띤다. 이 홈통에 증류액이 모여 리시버로 전달된다. 따라서 이 증류기는 냉각 부분이고, 응축액이 액상으로 전달된다. 이 증류기 이외의 냉각장치가 별도로 존재하지 않는다. 이 헬레니즘 시대의 발명은 bathos, phiale(주전자, 컵 등의 의미), 또는 ambix라 불리었다. 이 ambix는 아랍어로 '알-암빅', 즉 알렘빅으로 알려져 10세기 이후에 이 장치를 통틀어 지칭하는 말이 되었다.

이슬람의 발흥기에 이라크의 연금술사이며 화학의 아버지로 불리는 자비르(Jabir Ibn Hayyan 712~815)는 근대 알렘빅 증류기를 발명하였다. 그리고 그는 와인으로 증류 실험을 하였다. 동시대 시인인 아부 누워즈(Abu Nuwas)는 그 증류주를 '색깔은 마치 빗물같이 맑았으며, 맛은 불같았다.'라고 표현했다. 페르시아의 내과의사 무함마드 알 라지(Muhammad Al Razi 865~925)는 증류에 대하여 많은 연구를 하였는데, 와인을 증류하면 와인의 알코올(al-koh'l of wine)이 나온다고 하였다. 여기서 증류액이 알코올이라는 말로 탄생되었다. 13세기에 자비르와 알 라지의 연구 결과를 라틴어로 번역하였다. 처음에는 유럽에서도 중동에서와 같이 의학용으로 사용하다가 점차 술로 마시게 되었다.

2. 십자군전쟁과 서방의 증류 기술 전파 (브랜디, 위스키, 리큐르, 보드카의 탄생)

아라비아로부터 서방에 증류 기술이 전파된 것은 십자군전쟁 때부터라는 설이 지배적이다. 십자군전쟁은 1096~1272년 사이에 13차례 일어난 종교 전쟁이다.

십자군들 중에는 수도원의 수도사들이 많이 있었다. 그들 중 일부는 의사와 과학자, 그리고 와인과 맥주를 제조하던 사람들도 많았을 것이다. 그들은 수도원에 돌아와 현지에 있는 술을 증류하였다.

증류주는 처음에는 수도원 내에서만 엄격히 사용되었지만 점차 의사들이 소독약이나 내복약으로 사용하였다. 이 증류주는 페니실린이 출현하기 전까지 최고의 약으로 여겨졌다. 많은 의사가 알코올을 이용하여 비방의 약을 만들었다. 이것이 리큐르의 시작이 된 것이다. 15~16세기에 이르러서는 이것이 일상적인 술로 바뀌게 되었다.

아일랜드와 스코틀랜드에서 에일 맥주를 증류한 것이 위스키가 되었다. 스페인 · 이탈리아 · 프랑스 · 독일에서 와인을 증류하여 태운 와인(Burnt wine : Brandy), 즉 브랜디를 만들었다. 한편, 폴란드 · 러시아에서는 토속주를 증류하여 목탄으로 여과한 술을 만들어 보드카로 부르게 되었다.

3. 원 제국의 팽창과 중국과 한국의 증류 기술 전파 (소주와 백주의 탄생)

12세기 초 칭기즈칸이 몽고 초원에서 발원하여 1271년 원나라를 세우게 되었다. 원의 세조 때에는 칭기즈칸의 자손들이 중동의 터어키와 동유럽의 헝가리까지 영토를 확장하였다. 중국에서 고비사막과 중앙아시아 대초원을 가로지르는 비단길을 통한 교역과 문화 교류가 활발해졌다. 이때 아랍의 연금술사들이 발명한 증류기로 몽고에서 마유주를 증류하여 아락(阿剌吉, 轧赖机, 阿里乞, 阿里乞, 哈剌基)이 제조되었다.

중국에는 원나라 때 증류주가 생산된 것이 정설이다. 중국 증류주는 고체 발효법으로 알코올 발효를 진행하는 것이 매우 특이하다. 한국에는 소주가 충렬왕(1274~1308) 때 전래되었다. 이때 몽고군의 주둔지이던 개경, 안동, 제주에서 소주를 제조하였다.

02 증류주의 역사

1. 백주의 역사

1) 백주(白酒)의 역사

중국에서 언제 증류주가 제조되기 시작했는지는 매우 흥미롭다. 상하이의 박물관 소장품 중에는 동한(東漢 : 25~220 AD) 시대의 청동 증류기가 보존되어 있다. 이 증류기는 증류 솥 부분과 냉각 부분이 결합되어 있는 증류기이며, 탁주를 넣고 증류하면 20~26%의 알코올을 농축할 수 있을 것이라고 생각된다.

많은 중국인은 이것을 보고 중국에서 증류주를 처음 제조하였다고 주장하기도 한다. 그러나 기술 자체만 본다면 또 다른 예는 여러 지역에 있다.

동한 시대보다 수백년 전에 화장품과 향수를 만드는 용도로 증류기가 사용된 증거는 많다. 그러나 술에 있어서는 와인, 탁·청주, 맥주 등을 마셨다. 물론 동·서반구에서 증류 기술은 알고 있었지만, 증류주를 제조한 증거는 1,000년 이후의 일이다.

【그림 1-2】 동한 시대 증류기
(상하이 박물관)
(中國 酒經 page 38)

중국인들은 언제부터 백주를 마셨을까? 백주는 증류주, 소주, 고량주라는 이름으로도 불린다. 이런 용어 중에서 최초의 것은 기원후 1세기에 나타나는 소주(燒酒)라는 말이다. 당나라 때에는 소주라는 말이 많이 나온다. 당시(唐詩)에는 “성도에서 소주를 만난 이후로, 장안에 돌아갈 생각이 없어 졌네.”라는 구절도 있으며, 당나라 때부터 있던 검남춘(劍南之燒春)의 소춘은 소주와 동의어라 할수 있다. 그렇다면 당나라 때부터 그들이 마신 소주가 오늘날 백주와 같은 것일까? 당나라 때 저술된 《투황잡록(投荒雜錄)》에는 다음과 같은 구절이 있다. “남쪽 사람들은 그들의 술을 기소(旣燒)라고 부르는데, 술을 마시기

전에 주전자를 불 위에 놓고 데운다. 술이 덥혀지지 않으면 마셔서는 안된다." 이 책에 의하면 이 당시 소주는 현재의 백주가 아니다.

송나라(960~1279) 때에는 소주라는 말이 셀 수 없을 정도로 많이 발견된다. 이때 처음으로 증주(蒸酒)라는 용어가 나온다. 주익중(朱翼中)은 1120년에 저술한 《북산주경(北山酒經)》에서 발효와 증류의 다양한 방법에 대해 서술하였다.

그러나 송나라 때에는 술이 엄격한 전매품이었으므로 만일 증류주가 있었다면, 그 제조법은 온 나라에 퍼져 있었을 것이다.

원나라(1271~1368) 때에는 증류주에 대하여 너무 명확한 증거들이 나온다. 명나라 때 이시진의 《본초강목》에 보면 "소주는 고대에는 제조되지 않았으며 원나라 때 창조되었다."라는 기록이 있다.

몽골 제국의 팽창에 따라 비단길이 확장되면서 아랍의 증류기는 몽고와 중국에 전파되어 아락(阿剌吉)을 생산하게 되었다.

2) 고체 발효법

중국은 문화의 용광로 같아 자체 개발된 것이든 외부에서 전래된 것이든 바로 중국화되는 특징이 있다. 현재 증류주 산업에서 독특한 고체 발효법은 아마 물이 귀한 사막지역에서 발원된 것일 수도 있다. 고체 발효법의 가장 오래된 원형은 노주노교(瀘州老窖) 제조장에 있는데, 1573년부터 현재까지 백주 생산을 단 한 번도 멈추지 않고 지속적으로 하고 있는 발효지를 중국 국보로 지정하였다. 또한, 양조 기법은 중국 정부에 '무형문화재'로 등록되었다. 국교(國窖) 1573의 생산 발효지는 2006년에 유네스코 세계문화유산으로 등록되었다.

2. 소주의 역사

1) 소주의 정의

소주는 전분질 원료를 물과 누룩으로 발효하여 단식 증류한 증류식 소주와 연속식 증류기로 주정을 제조하여 희석한 후 조미한 것을 말한다.

2) 소주의 역사

소주는 불에 태운 술이라는 뜻으로서 중국에서 처음 사용되었다. 한국과 일본에는 소주에 대한 고유어가 없는 것으로 보아, 소주는 원나라 때 전래된 것이 확실하다고 할 수 있다. 고려에는 몽고인의 대본당이었던 개경, 전진 기지가 있던 안동, 제주도에서 많이 빚어지기 시작했다.

소주는 고려시대에 왕실로부터 널리 민간에 퍼져 나갔다. 조선시대에는 소주가 상당히 고급주로 인식되었던 것 같다. 1490년(성종 21년) 사간(司諫)인 조효동은 "세종 때는 사대부 집에서 소주를 사용하는 일이 매우 드물었는데, 요즈음은 보통의 연회 때에도 일반 민가에서 소주를 만들어 음용하는 것은 극히 사치스러운 일이므로 소주 제조를 금지하도록 하는 것이 좋겠다."라고 상소한 사실이 있다. 그 당시 소주는 사치스러운 술이었으며, 약으로 쓰여 '약소주'라고도 불렸다.

조선시대에는 소주를 주로 쌀로 만들었다. 양식이 절대적으로 부족한 시대였으므로 가뭄이나 홍수가 나면 소주를 금지시키는 것은 당연한 일이었다.

일본에 소주가 전해진 것은 고려 말이나 조선 초였을 것이다.

일본강점기에 일본에서 주정 생산이 시작되었고 희석식 소주가 탄생되었다. 일본에서는 고구마로 주정을 만들기 시작했는데 1900년대에는 열대의 타피오카와 당밀을 수입하여 주정을 만들었다. 한국에서는 1965년 양곡령을 내려 곡식으로 술 만드는 것을 금지시켰다. 이는 1976년에 해제되었다.

3. 위스키의 역사

1) 위스키의 정의

위스키는 곡물을 물과 맥아와 효모로 발효시켜 증류 숙성한 술이다. 맥아를 원료로 하고 단식 증류기로 증류한 위스키를 몰트 위스키라 부르며, 일부의 맥아와 곡물을 발효하여 연속식 증류기로 증류한 위스키를 그레인 위스키라 한다.

2) 위스키 이름의 유래

위스키는 생명의 물을 뜻하는 라틴어 아쿠아비타(Aqua Vitae)를 스코틀랜드 고어인 켈트

어에서 유래한 것으로 전해진다. 아쿠아비타는 우스개베하(uisge beatha)로, 이것이 우스케보(usquebaugh)로, 마침내 위스키(whisky)로 음변형되었다고 한다. 아일랜드와 미국에서는 whiskey라고 'e'를 넣어 적고 있다.

3) 위스키의 역사

십자군전쟁에서 돌아온 수도사들에 의해 전파된 증류 기술로 증류된 술을 생명수라고 불렀다. 아일랜드에서는 12세기부터 위스키를 제조하였다는 기록이 있으며, 스코틀랜드에는 1494년에 첫 기록이 발견된다.

생명의 물은 신의 것이라 생각했기 때문에 15세기경까지 수도원에서 성직자들에 의해 주로 만들어지고 있었다. 그리고 전 유럽에서 의사들이 솔선해서 각종 환자와 일반인에게 널리 마시도록 권장하고 모두 '의약의 여왕'이라고 극찬하기에 이르렀다.

식량으로 사용하고도 곡물이 남을 정도의 경제력과 뛰어난 화학기술을 가진 곳이 수도원이었기 때문이기도 하다.

증류기는 모두 코일 형태의 냉각기에 연결되었는데, 코일은 찬물이 흐르는 통에 담겨졌다.

초기에 증류기를 만들 수 있는 유연성을 지닌 금속은 구리가 적당하였다. 그렇지만 스카치 위스키의 발전은 증류 기술과 구리와 함께 곡류와 물, 효모에 의한 영향이 크다.

19세기에는 미국으로 이민간 유럽인들이 동부와 중부에서 위스키를 증류하였으며, 캐나다에서는 미국의 금주령 시대(1920~1933)에 대규모 위스키 공장이 설립되었다. 한편, 일본에서는 스코틀랜드 유학파들이 독자적으로 일본 위스키를 개척하였다.

4) 맥아 제조 기술의 발전

초기부터 제맥은 스카치 위스키 제조의 필수적인 공정이었다. 거의 모든 사람들은 스카치 몰트 위스키 공장에서 탑 형태의 지붕을 지닌 몰트 훈연실을 볼 수 있었다. 지금은 제맥 공정을 폐쇄시킨 증류소도 많이 있다.

보리의 품질이나 가공 공정은 증류액의 수율이나 품질에 지대한 영향을 미친다.

보리 품종은 위스키 산업에서 중요한 요인이었는데, 두줄보리는 네줄보리(Bere)보다 우수하였다. 19세기에서 20세기에 걸쳐서 품종 개량이 계속되었는데 교배종의 개발은 알코올의 수율을 높이는 성과를 거두었다. 최근의 50년 동안에 괄목할만한 성과가 있었는데 이로 인해 수율이 20%나 증가되었다.

19세기까지는 잉여 곡물만 증류주 제조에 사용되다가 증류주의 상업적인 가치가 높아지자 제맥용 보리가 인간이나 동물사료용 곡물보다 부가가치가 증가하였다.

제맥 기술은 수세기 동안 변화가 없었는데 보리를 휴면 상태에서 회복시켜 찬물에 수일간 담근 후 마루에 펴놓아 발아시키는 방법이다. 펴놓은 보리가 과열되는 것을 막기 위해 수동으로 뒤집기를 계속하여 7일 내지 10일이 지나면 토탄 불로 서서히 가온시켜 훈연하였다.

맥아에 흡착된 피트취(토탄 냄새)는 몰트 위스키의 향에 크게 영향을 미치게 되고 이 향은 지난 4반세기 동안 하일랜드와 아일랜드(Island) 위스키의 특징처럼 되었다.

운송비와 수송량의 증가로 맥아 제조사들은 현지에서 생산된 보리를 사용하고자 하는 욕구가 늘어났다. 다행스럽게 1960년대 후반 Golden Promise 품종이 도입되어 이러한 욕구들이 충족되었다. 키가 작은 Golden Promise 품종은 조생종으로 스코틀랜드 북부의 춥고 바람이 많은 기후에 잘 견뎌, 이후로 20년간 제맥용으로 가장 선호되었다. 품종에 대한 선별은 그 후에도 계속되어 1998년도에는 405L alcohol/톤까지 이르게 되고 아직도 품종 개량은 계속되고 있다.

5) 당화·발효 공정의 발달

증류업자들은 증류 외의 다른 공정 개선에 대해서는 매우 보수적이었다. 오래전부터 몰트를 수동으로 갈아 목제 당화조에 넣고 뜨거운 물을 부은 후 나무로 만든 삿대로 저어 주었다. 용해된 당화즙은 고형분들과 분리되지 않은 상태로 이전 발효액에 남아 있는 효모에 의해 같은 용기에서 발효되었다. 맥아 분쇄기나 자동 당화조는 19세기에 개발되었는데, 그후로 100년간 이 형태로 지속되었다

전통적으로 사용되던 방식은 간단한 구조로 네 개의 칼날이 달린 분쇄기, 당화용 회전식 노가 달린 바닥이 깊은 당화조를 사용하는 것이었다.

이러한 전통적인 당화조 제조에 초기에는 주철이 사용되다가 좀 더 최근에는 연철이 사용되기도 하였다. 1970년부터는 높이 조절이 가능한 칼날을 부착시킨 스테인리스 당화조로 점차 대체되고, 이어서 연속적으로 물의 살포가 가능한 완전 자동 조절장치로 대체되기에 이르렀다. 전통적인 방식에서는 당화조에 단속적으로 네 번에 걸쳐 급수를 하였는데 각개의 사입분은 다음 사입이 이루어지기 전에 거의 건조 상태로 여과되었다. 당화는 프로그램에 따라 열수가 살포됨으로써 물이 효율적으로 사용되었고 농도가 높은 맥즙의 제조가 가능하게 되었

다. 맥즙을 여과하는 방식은 증류주 제조 분야에서는 사용되지 않았다. 왜냐하면, 조잡한 수준의 맥즙 여과기를 사용하여 실험한 결과는 기존의 전통적인 당화법에 비해 뚜렷한 효과를 나타내지 못하였기 때문이다.

몰트 위스키 제조 공정 중 발효법의 변화에 대한 기록은 많지 않다. 초기의 기술자들은 효모를 발효 탱크에서 발효 탱크로 옮겨서 접종하였는데, 이러한 방식은 박테리아나 야생 효모의 오염 가능성을 지니고 있었다. 위스키 산업의 규모가 커짐에 따라 맥주공장에서 잉여분 효모를 구입하여 사용하게 되었다고 기록되어 있다. 그레인 위스키 제조사들도 규모가 커짐에 따라 효모 수요량이 커져 회사별로 자체 효모종을 확보한 후 증식시켜 사용하는 것이 보편화되었다. 그레인 위스키 제조사에서 분리되어 배양 효모만을 전문으로 제조하는 회사도 설립되었다. 증류 회사들은 자체 효모를 단독으로 사용하거나 맥주회사에서 구입한 효모와 혼합하여 사용한다.

발효가 시작되어 비중이 1050 내지 1060에 도달한 맥아즙들은 한 곳에 모아진다.

발효조는 개방형 목제 통에서 점차 밀폐형 스텐레스통으로 바뀌어 가고 있다.

6) 증류 기술의 발달

몰트 위스키 제조사들은 전형적인 동제(銅製) 단식 증류기를 계속 사용하며, 부분적으로 개량하고자 노력하였다.

개량은 19세기에 주로 이루어졌다. 몰트 위스키 제조사들은 주위의 경쟁사들과 제품의 차별화를 시도하는 과정에서 증류기 목 부분의 구조를 변경하거나 정제장치를 부착시키기도 하였다.

이러한 개량에 의해 회사마다 독특한 제품을 생산하고 품질의 다양성을 유지시킬 수 있게 되었다. 일단 증류기의 구조와 기능성이 확정되면 거의 100년간은 변화가 없었는데 1차 증류기, 2차 증류기 모두 새로 제작할 경우에도 설계도에 의해 정확하게 복제되었다.

1900년대 후반에 증류 기술의 개량은 주로 증류기를 가열하는 방법과 증류액을 농축시키는 방법을 위주로 진행되었다. 전통적으로 1차·2차 증류기 모두 토탄이나 석탄 불로 하부에서 직접 가열하였다. 문제점으로는 1차 증류 시에 동제(銅製) 증류기의 하부에 발효액의 고형분이 눌어붙는 것이었다. 이러한 문제점을 해결하기 위해 대부분의 증류기들에 구리로 만든 사슬형 교반기(chair stirrer or rummager)를 부착하였다.

증류 시 교반에 의해 고형분들을 현탁 상태로 유지시켜 발효액이 눌어붙는 문제점을 해결함으로써 최종 제품에 푸르푸랄이나 열분해 화합물로부터 유래되는 탄 냄새가 생성되는 것을 방지할 수 있게 되었다.

1960년 이후 대부분의 몰트 위스키 제조사들은 증류기 내부에 사관을 설치하여 기름을 사용하는 보일러에서 생산된 스팀으로 가열하기 시작하였다. 보다 최근에는 중앙 집중식 보일러로 자동화되고 연료도 천연가스로 바뀌었다. 이러한 변화는 당화 발효법의 자동화와 더불어 증류 공정에서도 노동이 집약되고 에너지 효율도 향상 되었다는 것을 의미한다.

다른 변화는 냉각기가 사관(蛇管)형에서 열효율이 좋은 shell & tube형으로 점차 대체된 것이다. 최근의 연구에서 동제(銅製) 증류기로 증류하면 동(銅)은 증류 시 증류액과 반응하여 위스키의 품질에 커다란 영향을 미친다고 알려졌다. 특히 사관 냉각기로 냉각된 증류액은 shell & tube 냉각기로 냉각된 증류액에 비해 동(銅) 맛이 적고 고유한 냄새가 강하고 무게감이 있다(heavier). 따라서 위스키 품질의 다양성을 유지시키기 위해서는 전통적인 사관형 냉각기를 일부 존속시켜 무거운 맛(heavy)을 지니는 위스키를 혼합용으로 일정량씩 제조할 필요가 있다.

7) 연속식 증류기 발명

1828~1829년도에 몇 번의 시행착오 끝에, Robert Stein이 제작한 연속식 증류기가 에딘버러 근교의 Kirkliston 증류소에 최초로 설치되었다.

이어서 같은 형태의 증류기가 Fife 지역의 Cameronbridge 증류소에도 설치됨으로써 그레인 위스키 생산량은 급격히 증가되었다. Stein이 제작한 증류기는 구조가 꽤나 복잡하였다.

1830년 Aeneas Coffey는 구조가 간단하고 증류 효율이 높은 연속식 증류기를 발명하여 자신의 Dublin 증류소에 설치 사용하였는데, 이 설계도는 지금도 전 세계적으로 표준이 되고 있다.

Coffey 증류기는 특히 고형분을 분리시키지 않은 발효액의 증류에 적합하였다.

몇몇 증류소에서는 스테인리스제 증류기를 사용하지만 깨끗한 맛의 증류액을 생산하기 위해서는 동제(銅製) 정류기가 필수적이며, 대부분의 증류소들은 동(銅)만 사용하여 제작한 증류기를 사용하고 있다.

곡류를 당화시키는 공정에서 맥아즙을 분리하지 않게 된 것 외는 거의 변화가 없었지만 증자(cooking) 시에 원료를 분쇄하여 사용하는 방법에 대해서는 아직도 논쟁 중이다.

대부분의 대규모 그레인 위스키 제조사들은 맥즙으로부터 고형분을 분리시키지 않은 상태로 발효시키는 방법을 선호한다. 또한, 몇몇 회사들은 오래전부터 행해지던 많은 에너지가 필요한 건식 분쇄법보다는 분쇄하지 않은 곡류를 가압 증자 후 급속 감압으로 팽창시켜 점질성(gelatinized) 곡류를 분쇄시키는 방법을 사용하기도 한다.

8) 위스키 숙성법의 발전

18세기 위스키의 역사가 바뀌는 사건이 일어난다. 잉글랜드와 스코틀랜드가 합병되면서 몰트세가 부과되기 시작했다. 몰트는 위스키를 제조하는데 반드시 필요한 것으로, 이에 불만을 품은 증류업자들은 폭동을 일으키거나 산속에 숨어 밀주를 하게 된다. 원래 몰트는 자연 상태로 건조가 되었다. 하지만 숲에서는 자연 건조가 어려웠고, 이를 해결하기 위해 피트(Peat, 이탄)를 사용하기 시작한다. 피트는 '헤더'라는 관목이 오랜 세월 동안 탄화되어 만들어진 것으로 스코틀랜드 전역에서 쉽게 구할 수 있었다. 독특한 향을 갖는 피트 덕분에 위스키의 맛은 한층 더 깊어졌다.

【그림 1-3】 숲 속 동굴에서 위스키 제조하는 풍경
(Michale Jackson's Malt Whisky Companion page 8)

특유의 풍미를 자랑하는 쉐리 오크통이 사용되기 시작한 이유 역시 아이러니하다. 밀주다 보니 판매가 쉽지 않았고, 장기간 보관하기 용이하고 가격이 저렴한 통을 찾다 보니 스페인에서 수입한 쉐리와인을 담았던 통을 재활용한 것이다. 덕분에 통에 스며들었던 미세한 성분들과의 화학반응을 통해 독특한 풍미를 낼 수 있었고, 위스키 특유의 호박색을 가질 수 있었던 것이다. 이후 19세기 새로운 조세법이 통과되면서 위스키는 다시 양지로 나올 수 있었고 전 세계로 퍼질 수 있었다.

생산되는 위스키의 양이 소량이었을 때는 포도주나 강화 포도주의 숙성 후 재사용되는 목통이 많아 위스키 저장에도 충분하였다. 포도주 저장 목통을 위스키 저장에 사용할 경우 목통에 잔재하는 포도주 향미가 위스키로 전이되어 독특한 향미를 형성하는데 몇 개의 몰트 위스키 제품은 이러한 향미를 특성으로 하여 소비자 욕구에 부응하고 있다.

그레인 위스키의 생산량이 증가되면서 유럽산 목통이 부족하게 되자 새로운 공급처를 물색하게 되었다. 북아메리카에서 버번 위스키 산업이 발전되면서 목통이 부족한 문제는 해결되었다. 통상적으로 버번 위스키는 양질의 참나무로 내부를 태워 만든 새 목통에 1회만 저장하고 목통은 폐기하였는데, 폐기되는 목통은 향미가 가볍고 단기간에 빠른 숙성이 요구되던 그레인 위스키의 저장에 알맞았다.

9) 블랜딩 기술의 발전

스카치 위스키의 블렌딩(원주끼리의 혼합 또는 조합)은 수백 년간에 걸쳐서 계속되었지만 아직도 새로운 기술 분야이다. 초기의 증류에서는 품질관리를 하기 위한 적당한 과학적인 측정법이 없었기 때문에 새로 증류시킨 증류액의 품질은 일정하지가 않았다. 1802년 Sikes 액체 비중계를 이용하여 증류액의 알코올 농도를 측정함으로써 증류액의 품질을 어느 정도 일정하게 유지시킬 수가 있게 되었다.

그렇지만 위스키 판매업자들에게는 제품의 품질을 유지하는 것이 매우 어려운 과제였기 때문에 효과적인 해결 방법은 원주들끼리 블렌딩을 하는 것이었다.

최초의 블렌딩은 그레인 위스키와 몰트 위스키의 블렌딩이 아니고 몰트 위스키 원주 간에 블렌딩이었는데 블렌딩은 세관의 허가를 받고 이루어졌다. 1853년 Glenlivet 몰트 위스키 회사의 에딘버러 지역 판매업자인 Andrew Usher가 몰트 위스키를 혼합시킨 최초의 브랜더(조합기술자)로 인정되고 있다. 1860년까지 몰트 위스키와 그레인 위스키의 블렌딩은 허가되지 않았다.

1860년이 지나서부터 브랜디드 위스키의 유명한 상표들이 나타나기 시작하였다. 그레인 위스키와 몰트 위스키의 혼합 비율, 특히 블렌딩에 사용하는 위스키 원주의 제조사, 원주의 숙성 연수, 숙성에 사용된 목통의 종류 등 브랜더가 독특한 품질을 개발하는 데는 조합의 방법이 무궁무진하였다. 유명해진 브랜드에 대한 조합비(Recipe)는 대외비로 보호를 받았기 때문에 자체 브랜드를 소유한 회사가 몰트 위스키 원주나 그레인 위스키 원주를 다른 회사와 주고받는 것은 상상도 못할 일이었다. 그렇지만 위스키 업계에서 회사 간의 원주 거래에 대한 필요성이 점차 증대되면서 브랜더들은 다양한 몰트와 그레인 원주를 사용할 수 있게 되고, 이에 따라 여러 종류의 다양한 제품들이 탄생되었다.

4. 브랜디의 역사

1) 브랜디의 정의

브랜디란 과실을 발효, 증류시켜 만든 것을 말하며 그 숙성 방법은 과실의 종류에 따라 다르다. 브랜디는 와인이 생산되거나 과실이 재배되는 곳이면 어느 곳이든지 만들어진다. 그러나 대부분의 브랜디는 포도로 만든 와인을 증류한 것이다. 그래서 넓은 뜻에서의 브랜디란 과실로 만든 와인을 증류한 것이다. 넓은 뜻에서의 브랜디란 과실로 만든 것이지만, 우리가 흔히 브랜디라고 부르는 것은 포도를 발효, 증류, 저장, 숙성시켜 만든 것이므로 브랜디의 원료는 포도가 되는 것이다. 만약 포도 이외의 과실을 원료로 하여 만든다면 재료에 따라 이름이 달라진다. 예를 들어, 사과를 원료로 하여 만든 것을 애플 브랜디(Apple Brandy), 애플 잭(Apple Jack) 등으로 부르고, 체리를 원료로 하여 만든 것을 키르쉬(Kirsch) 또는 키르쉬봐서(Kirschwasser)라는 다른 이름으로 부르고 있다

2) 브랜디의 역사

브랜디가 정확하게 언제부터 만들어지게 되었는지는 알 수 없지만 13세기경 스페인 태생의 의사이며 연금술사인 알노우 드 빌누으브(Arnaude de Villeneuve, 1235~1312년경)가 와인을 증류한 것을 벵브루레(Vin Brule)라 하고, 이것을 '불사의 영주'라 하며 판매하였다. 이것은 '태운 와인'이란 뜻을 가진 술로서 바로 브랜디의 시초라고 볼 수 있다. 이 당시에는 흑사병이 유행하였으며 사람들은 이것을 마시면 흑사병에 걸리지 않는다고 믿게 되어 '생명의 물(Aqua Vitae)'이라고 부르며 널리 퍼지게 되었다.

프랑스에서 브랜디의 시작은 1411년, 피레네 지방으로부터 멀지 않은 아르마냑 지방에서 볼 수 있다. 이것은 스페인 연금술사들의 기술이 피레네 산맥을 지나 프랑스에 전래되지 않았나 생각된다. 이후 15세기 말경에는 몇몇 지방으로 퍼지고 16세기 들면서 프랑스 전국 각지로 폭넓게 퍼졌다. 이 당시에 불렀던 생명의 물은 지금의 프랑스어로 하면 오드비(Eau-de-vie)가 되고 코냑 브랜디나 아르마냑 브랜디도 법률상으로는 오드비로 분류하고 있다. 그러나 세계의 브랜디 중에서 최고로 알려져 있는 코냑 브랜디는 이것보다 훨씬 늦은 17세기부터 시작되었다. 이 당시 샤랑뜨 지역의 와인을 네덜란드 상인들이 대량 구입하게 됨으로써 생산 과잉이 되고 판매하고 남은 와인을 처리하기 위한 고심 끝에 이것을 증류한 것이 다른 지방의 브랜디보다 품질이 더 좋은 것을 알고 좀 더 적극적으로 생산하기 시작한 것이 바로 오늘날의 코냑이다.

이렇게 본다면 초기 형태의 브랜디가 기업화되어 증류주로서 마시기 시작한 것은 17세기 코냑 지방에서 생산된 것이 시초이다. 브랜디의 어원은 프랑스에서 뱅브루레라고 불리어지던 술을 네덜란드 상인들이 네덜란드어인 브랜드 바인(Brandewijn : Burnt Wine)이라고 부르며 유럽 각지에 소개하게 되고, 영국에서 이것을 영국풍인 브랜디로 축소시킨 것이 오늘날의 브랜디라는 말이 탄생된 배경이다.

5. 보드카의 역사

1) 보드카의 어원

12세기경에 러시아 문헌에 지제니즈 뷔타(Zhiezenniz Vcda : Water of life)란 말로 기록되어 있다고 한다. 위스키처럼 '생명의 물'이라고 하는 술이 보드카의 원조라고 학자들은 보고 있다. 그후 15세기에는 뷔타(Voda : Water)라는 짧은 이름으로 부르게 되었고, 18세기에 보드카(Vodca)라는 이름이 사용되기 시작했다.

2) 보드카의 역사

보드카는 이미 12~13세기에 폴란드와 러시아에서 생산되었다고 추측된다. 당시에는 조악한 증류 기술 덕택에 증류주의 냄새가 좋지 못했던 것 같다. 15세기에는 2회 증류하는 방법에다 꿀을 첨가하는 것으로 주질을 향상시켰다. 1794년 상트페테르부르크의 루이스 교수가 자작나무 활성탄으로 여과하는 방법을 개발하여 바람직하지 않은 향미를 제거하였다. 그 후 보드카는 무색·무미·무취한 술로 특징 지워졌다. 주기율표를 만든 화학자 멘델레예프(1834~1907)는 보드카가 알코올 농도 40%일 때 가장 맛이 좋다고 실험 결과를 발표하여 러시아 보드카는 40도가 표준이 되었다. 20세기에 들어서서 연속식 증류기가 보급되면서 보드카는 대량 생산되었다.

1917년 볼셰비키 혁명으로 인해 많은 러시아인이 국외로 망명하였다. 이에 따라 보드카의 제조법도 세계로 퍼져 나갔다. 자르(Zar) 황가의 궁정 양조자였던 스미노프는 미국으로 망명하여, 1933년 금주법 폐지로 미국에서도 보드카를 제조하였다.

보드카는 1939년경부터는 미국에서 칵테일을 만드는 기본주로 급격하게 발전하였다.

6. 리큐르의 역사

13세기에 자비르와 알 라지 등 중동의 화학자들이 발명한 증류 기술이 라틴어로 번역되고, 십자군전쟁의 결과 각지에 증류주가 탄생되었다.

당시 내과의사들은 식물 약재를 주로 치료제로 사용하였는데, 여기에 증류주가 이용되었다. 알코올은 좋은 허브 추출제이며, 부패하지도 않아 최고의 약(생명수)으로 여겨진 것이다. 이 술에는 식물의 유효 성분이 녹아들어 있다 하여 라틴어의 '리퀘파세르'(Liquefacere, 녹는다, 녹아 있다)가 변하여 프랑스어의 리큐르로 부르게 되었다.

증류에 의한 리큐르를 최초로 만든 것은 아르누드 빌누브(Arnaude de Villeneuve, 1235~1312)와 그의 제자 레이몽 류르(Raymond Lulle, 1235~1315)에 의해서였다. 당시에는 증류주에 레몬, 장미나 오렌지의 꽃 등과 향료류를 가하여 만들어져서 이뇨, 강장에 효과가 있는 의약품으로 사용되었다. 200년 후인 1553년 이탈리아 피렌체의 까뜨리네 드 메디치(Catherine de Medicis, 1519~1589)가 프랑스 오를레앙 공작인 앙리 2세(Henry II)의 왕비가 되었을 때 수행한 요리사가 포플로(Populo)라는 리큐어를 파리에 소개했다는 기록이 있다. 이후 각양 각색의 리큐어가 제조되기 시작하였다.

예를 들어, 베네딕틴(Bénédictine)은 신비스런 영약주로서 오랜 역사를 자랑하는 리큐르이다. 이 술은 1510년 노르망디의 어항 페캉에 있는 베네딕트 수도원의 수도승 동 베르나르도 뱅셸리(Dom Bernardo Vincelli)에 의해 만들어졌다. 1534년에는 프랑수와 1세의 궁전에서 애용될 정도로 그 명성이 높아졌다. 베네딕틴은 그 비밀 처방을 도제식으로 전수되었다. 베네딕틴의 처방은 몰수된 재산과 함께 광대한 양의 서류 속에 파묻혀 있었는데, 재산 관리인의 자손인 알렉상드르 르 그랑(Alexandre Le Grand)이 이것을 찾아내어 연구에 몰두한 결과, 1863년에 다시 베네딕틴을 만드는 데 성공할 수 있었다.

그런데 이 생명수를 마시면 기분이 좋아지는 마력을 맛보기 시작했다. 그러나 허브 추출 알코올은 의학적으로 매력 덩어리였지만 맛이 너무 써서 사실 마시는 데 어려움이 있었다. 그래서 좀 더 향긋한 허브들을 조미제로 넣고 꿀을 가미하여 달게 만들었다. 그러나 이러한 조미재들은 가격이 비싸고 구하기 어려웠다. 17세기에 설탕이 보급되고 동방에서 많은 향신료들이 들어와 리큐르는 더욱 다양하게 발전되었다.

19세기 후반에 보급된 연속식 증류기로 인하여 고농도의 알코올을 원료로 한 더욱 세련된 고

품질의 리큐어가 생산되었다. 그 예가 커피, 카카오 등과 바닐라 향을 배합한 리큐어들이다. 현재 리큐어는 칵테일을 만드는 데 빼놓을 수 없는 아주 중요한 수재료 및 부재료임이 틀림없다

리큐르는 허브의 잎, 뿌리, 줄기, 껍질, 열매 등으로 다양하게 제조하며, 단맛으로 인해 칵테일이이나, 식후주로 많아 이용된다.

7. 진의 역사

진(Gin)의 창시자는 네덜란드의 명문대학인 라이덴(Leiden) 대학 교수 프란시스큐스 드 라 보에(Francicus de Le Boe, 1614~1672)로 일명 실비우스라 한다. 1640년경 실비우스 박사는 의약품(열대성 열병 치료약)으로 쓸 생각으로 순수 알코올에 이뇨 효과가 있다는 주니퍼 베리(Juniper Berry, 노간주나무 열매)의 정유 외에 코리엔더(Coriander, 미나리과의 초본 식물), 안젤리카(Angerica) 등을 침출시켜 증류해 보니 의약품 같은 술이 생겼다. 이것을 쥐니에브르(Geniever)로 부르면서, 처음에는 약용으로 약국에서 판매하였다. 이것이 널리 퍼지면서 네덜란드 선원들에 의해 제네바(Geneva)로 불렀으며 치료제보다는 애주가들에게 술로써 더 많은 호평을 받게 되었다. 1689년 윌리엄 Ⅲ세(Orange공, 재위 1689~1702)가 영국 왕의 지위를 계승하면서 프랑스로부터 수입하는 와인이나 브랜디의 관세를 대폭 인상하였다. 노동자들은 값싼 술을 찾던 중, 네덜란드에서 종교 전쟁에 참전하였던 영국 병사들이 귀향하면서 가져온 제네바가 급속도로 영국에 전파되었다. 이들은 네델란드 진 제조 방법을 개선하여, 증류액에 향료식물을 우려서 그것을 재증류한 드라이진(Dry Gin)을 개발하였다. 값싸고 강렬한 이 술을 많이 마셔 중독사 하는 이도 생겨날 정도로 폭발적인 인기를 누렸던 것이다. 이것은 앤 여왕(재위 1702~1714)이 누구라도 자유로이 진을 제조할 수 있게 법률을 고쳐서 보급에 노력한 결과였다. 1736년 진의 판매를 저지할 목적으로 '진법령'이 의회를 통과되었으나 시민의 폭동으로 진 법령이 효력 정지되었다. 드디어 1831년 연속 증류기가 발명되면서 진은 대량생산이 이루어졌으며, 품질이 좋아지고 가격은 저렴하게 판매되자, 영국의 가난한 노동자들이 스트레스를 풀며 용기를 내기 위해 많이 마시게 되었다. 그 후 진은 미국에 전파되어 칵테일용으로 가장 많이 쓰이게 되었다. 따라서 진은 "네덜란드 사람이 만들었고 영국인이 꽃을 피웠으며 미국인이 영광을 주었다."라는 말이 있다.

8. 럼의 역사

1) 럼(Rum)의 정의

럼은 사탕수수로 직접 만들거나 사탕수수로 설탕을 만들고 남은 찌꺼기(당밀, Molasses)를 발효·증류·숙성시킨 술이다. 숙성하지 않은 럼을 라이트 혹은 화이트 럼이라 하며, 오크통에 숙성한 럼을 다크 럼이라 한다. 럼은 당밀의 독특하고 강렬한 방향이 있고 남국적인 야성미를 갖추고 있다.

럼이란 단어가 나오기 시작한 문헌은 영국의 식민지 바베이도스(Barbados) 섬의 고문서로서 "1651년에 증류주(Spirits)가 생산되었다. 그것을 서인도제도의 토착민들은 럼불리온(Rumbullion)이라 부르면서 흥분과 소동이란 의미로 알고 있다."라고 기술되어 있다. 이것이 현재의 럼으로 불리어졌다고 하는 설이 있다. 다른 한편으로는 럼의 원료로 쓰이는 사탕수수의 라틴어인 사카룸(Saccharum)의 어미인 'rum'으로부터 생겨난 말이라는 것이 가장 유력하다.

2) 럼의 역사

럼의 역사는 명확하지는 않지만 카리브해 서인도제도의 식민지 역사와 같이한다. 1492년 콜럼버스가 서인도제도를 발견한 이후 이를 식민지화하고 대규모로 사탕수수를 경작하여 사탕의 공급지로 삼았다. 17세기 초 바베이도스 섬에 이주해 온 증류 기술을 갖고 있는 영국인들이 최초로 만들기 시작했다는 설이 있다. 서구 열강들은 식민정책을 수행하기 위해 아프리카로부터 많은 노예들을 데려왔는데 그들을 매매하던 기착지가 바로 서인도제도의 섬들이다. 노예를 부린 빈 배들은 사탕수수에서 설탕을 만들고 난 찌꺼기인 당밀을 싣고 미국으로 가서 이를 증류하여 럼으로 만들고, 다시 럼을 싣고 유럽과 아프리카로 가서 이를 팔아 노예를 샀다. 초기 럼은 이 같은 삼각무역을 통해 성장해 왔다. 독립 이전 미국에서 가장 대중적으로 선호되던 술도 럼이었다.

1743년 괴혈병을 예방하기 위해 에드워드 바논이라는 영국 제독이 럼에 물을 탄 음료를 배에 싣고 부하들에게 지급했다는 기록이 있다. 1805년 트라팔가 해전에서 나폴레옹의 해군에 승전한 영국의 넬슨 제독은 전투를 승리로 이끌었으나 전사하였다. 넬슨 제독의 유해는 부패를 막기 위해 럼이 든 술통에 넣어 본국으로 이송해 왔고 이후 영국인들은 다크 럼(Dark Rum)을 넬슨의 피(Nelson's Blood)라고 불렀다고 한다.

1898년 미국의 도움으로 쿠바가 독립하고 기술자, 군인 등 많은 미국인이 쿠바에서 살게 되었다. 쿠바 리브레(Cuba Libre) 등의 럼베이스 칵테일이 이들에 의해 창안되어 미국에 소개되었고, 20세기 초 금주령 시대에 칵테일의 발전과 함께 럼은 시원한 트로피칼 칵테일의 기주로 크게 성장하였다.

3) 영국 해군과 럼

진의 역사를 논할 때 영국 해군을 빼놓을 수 없듯이 럼도 그러하다. 고대 전투에서 술이 필수 보급품이었듯이, 범선 시대의 항해에는 반드시 주류가 필요했다.

17세기 당시 영국 해군이 물과 함께 싣고 다녔던 것은 맥주이다. 그런데 대서양 항로가 열리면서 항해 기간이 수개월로 늘어나자 진한 맥주조차도 몇 주가 지나면 변패되었다. 자메이카 점령 이전부터 럼은 영국인들에게도 비교적 잘 알려져 있었다. 이 '하층민과 선원의 술'은 1687년부터 영국 군함에 현지 조달 형식으로 배급되었다.

하지만 럼 공급이 거듭되면서 서서히 맥주나 와인이 따라잡을 수 없는 럼만의 장점이 드러나기 시작했다. 당시의 럼(다크럼)은 도수가 55도에 육박했기 때문에 항해 기간 동안에 절대로 변질되지 않았고, 오히려 묵혀둘수록 더 맛이 좋아졌다. 1731년에 럼이 해군 규정집에 공식적인 배급품으로 등재되기에 이르렀다.

1740년 8월, 해군 제독 드워드 버논은 당시 골칫거리였던 수병들의 만취가 바로 독한 술을 그대로 배급했기 때문이라고 판단하여, 술에 물을 타서 같은 양만큼 배급하였다.

1756년에는 해군 규정집에 정식으로 '럼을 배급할 때는 물을 섞을 것'이라는 문구가 등재되었다. 버논 제독의 조치 이후에도 해군 당국은 수병들에 대한 술 배급을 줄이려는 시도를 늦추지 않았다. 1850년에 이르면 영국 사회에 빅토리아식 도덕주의가 완전히 자리를 잡음에 따라 이젠 해군뿐만이 아니라 사회 일반에서도 절주(節酒)에 대한 압력이 가해지기 시작했다.

9. 테킬라의 역사

1) 테킬라의 정의

멕시코 중부 테킬라 시(市)에서 생산되는 용설란(龍舌蘭)을 원료로 즙을 내어 발효 증류 숙성시킨 술로서, 알코올 농도는 30~45%이다.

2) 테킬라의 기원

스페인 정복자들이 멕시코에 상륙한 것은 1530대였다. 초대 총독 코르테즈(Hernan Cortez)는 왕 가를로스 5세(Carlos V)에게 보낸 첫 보고서에 옥수수 등 새로운 자원과 함께 메스칼에 특별한 관심을 가지고 설명했다.

멕시코에서는 잉카인들이 용설란 수액으로 제조한 발효주 팔케가 있었다. 정복자들은 용설란의 수액에서 자연 발효한 발효주를 비노메스칼(VinoMezcal), 즉 메스칼 와인이라 불렀다. 17세기경 멕시코의 거의 모든 지역에서 용설란 수액 자연 발효주를 다양한 방식으로 증류하기 시작했다. 처음에는 와인이었던 메스칼은 증류주로 변신된 이후에도 메스칼이라 불리었다. 단순한 구조의 증류기를 이용해 다양한 맛과 다양한 도수, 40~80도 사이의 메스칼을 만들었다고 한다. 식민정책에서 술은 매우 중요한 정책적 수단이다. 주세를 걷어 들일 수 있는 수단이며, 특히 증류주는 피지배자들을 술 취하게 하여 순종하게 만드는 수단으로 악용되었다. 이런 정책으로 메스칼의 생산·소비 규모는 급성장했다.

1785년 멕시코에서 스페인산(産) 포도주와 기타 증류주의 수요를 높이기 위해 메스칼의 생산은 법으로 금지되기도 했다. 물론 이 시기에도 메스칼은 생산됐으나 합법적으로 유통·판매되지는 못했다. 스페인 왕이 바뀌면서 다시 합법적으로 생산할 수 있었고, 1795년 최초로 공식적인 허가를 받아 자신의 브랜드를 가진 메스칼이 탄생했다.

테킬라 시는 해발 고도 1,000미터 정도의 화산 지형에 위치하고 있어 그 주변이 비옥하고 용설란이 자라기 좋은 조건을 갖추고 있다. 인구가 늘어남에 따라 메스칼의 수요가 점점 늘었고, 테킬라 시는 고품질의 메스칼로 점점 유명해지기 시작했다.

19세기에는 미국과의 전쟁과 프랑스의 침입으로 메스칼의 생산도 주춤하게 됐다. 하지만 이 시기에 테킬라 시의 주변 농장에서는 작물로 용설란을 대량 재배하기 시작했다. 이 지역에서 자라는 용설란을 푸른 용설란(Agave Azul)이라 부르는데, 실제로 보면 녹색에 회색이 섞인 빛깔이다. 이때부터 테킬라 시에서 생산되는 메스칼을 '테킬라'라는 이름으로 부르기 시작했다. 1873년 미국에 최초로 테킬라가 수출됐다. 그러나 1919년 미국의 금주(禁酒)법으로 인해 테킬라는 주춤했다. 테킬라의 수요는 2차 세계대전 발발과 더불어 유럽에서 위스키, 브랜디 등이 거의 생산되지 않자 급증하였다. 유럽의 증류주들을 대신하며 테킬라는 자신의 이름을 알리기 시작했다. 1948년 전쟁이 완전히 끝나자 미국 내의 테킬라 수요는 절반 이하로 떨어졌지만 멕시코 내에서 테킬라의 수요가 높아졌다. 테킬라는 이때부터 멕시코 사람들에게 국민주로서 자리 잡게 되었다.

1970년대에 테킬라를 기주로 사용한 칵테일 '마가리타'가 가장 유명한 칵테일 중 하나로 되면서 테킬라는 지속 성장하게 되었나. 멕시코 정부는 프랑스의 AOC 제도를 본따서 1978년 테킬라 생산에 대한 법률을 제정했다. 멕시코 정부는 테킬라 원산지와 용설란, 그리고 제조 과정을 규정화하여 테킬라의 라벨에 고유번호를 붙여 어떤 공장에서 생산됐는지를 표기하는 것 또한 정부의 관리 아래서 이루어진다.

03 한국 증류주의 역사

1. 소주의 전래

전술한 바대로 소주는 고려시대 몽골의 침입과 때를 같이한다. 소주 전래나 증류에 관한 문헌상 근거는 없지만 개성, 안동, 제주에는 원나라의 전진 기지가 있었으므로 소주가 이곳에서 많이 빚어진 것은 사실이라 할 수 있다. 고려 후기에 원나라와 많은 교류가 있었으므로, 궁중이나 사대부가에서 소주가 음용되었다.

이때 전래된 증류기는 토고리, 도기고리와 일부는 동고리일 가능성이 높다. 몽고 제국의 팽창으로 비단길 교역이 활발하였으며, 고려의 궁중과 사대부들은 원나라의 문물을 쉽게 받아들였기 때문이다.

조선시대에는 더욱 널리 퍼져 음용, 약용으로 사용되어 왔다. 청주를 약주라고 부르는 것과 같이 약소주라는 말이 사용되었다.

수백 년 동안 제조 기술이나 제조 용기의 변화는 적었던 것 같다. 처음에 전파된 고리를 사용하였고, 제조 기술도 누룩으로 탁주를 빚어 증류하는 것으로 보인다.

2. 우리나라 소주의 제조 방법 변천

소주의 초기 제조법으로 곡류와 누룩 등으로 빚어서 익힌 술이나 술지게미를 솥에 담고 솥뚜껑을 뒤집어 덮는다. 뒤집어 덮은 솥뚜껑의 손잡이 밑에는 주발을 놓아두고 솥에 불을 때면 증발된 알코올 증기는 솥뚜껑에 미리 부어둔 냉수에 의하여 냉각되어 이슬 맺은 것이 액체가 되어 솥뚜껑의 경사를 따라 손잡이를 타고 떨어져 주발에 고이게 되는데, 이것이 간이식 소주 제조법이다.

이런 이유로 소주 만드는 것을 소주를 내린다고 말하기도 한다.

이보다 발전한 것이 '고리'라는 증류기인데 이 증류 장치는 아래위의 두 부분으로 되어 있다. 밑의 것은 아래가 넓고 위가 좁으며 위의 것은 반대로 밑이 좁고 위쪽이 넓게 벌어졌다. 이 고리를 흙으로 만든 것은 토(土)고리, 동이나 철로 만든 것이 동(銅)고리 혹은 쇠고리라고 한다.

소주받이는 고리 외부에 달려 있는 것이 보통인데 개량되지 않은 방법에서는 고리 내부의 중앙에다 놓는 식을 사용하였다.

1905년 이전의 소주 제조는 기후에 의한 지역적인 차이로 평안남북도, 함경남북도, 황해도, 강원도 북부 지방 등 서울 이북 지역에서 주로 음용되었으며 남부 지방에서는 여름에만 주로 음용되었다.

소주 제조법은 지역에 따라 사용하는 원료의 종류와 배합 비율은 다소의 차이는 있으나 곡자를 서서 밑술을 빚고 재래식 고리를 사용하여 증류하는 등 고래(古來)의 방법을 답습하는 데 불과하였다.

탁지부 사세국(度支部司稅局, 1896~1910)에 의하면 소주의 수요는 6월부터 8월 사이에 많으며 북한은 남한보다 수요가 더 많다.

누룩은 일반적으로 섬누룩(粗麯)을 사용하고 사용량은 다른 주류보다 많다.

북한 지방은 발효 도중 수시로 교반하지만 서울 이남 지방은 교반하지 않고 술독을 밀폐해 둔다.

평안북도 연변, 정주, 평안남도 평양, 진남포, 황해도 송화, 황주에 이르는 서해안 쪽에서는 누룩을 물에 풀어 1~3일 두었다가 기장, 수수, 조 따위로 지에밥을 만들어 섞어 밑술을 하고 찹쌀이나 멥쌀로 지에밥 또는 죽으로 1~2회 덧술한 중양주(重釀酒)를 이용하여 주로 외취식(外取式) 동고리로 증류한다.

함경북도 경성은 조국으로, 함북 성진과 함경남도 원산에 이르는 동해 쪽은 입쌀의 지에밥 또는 죽에 누룩을 버무려 담근 단양주(單釀酒)를 함경도 도고리라는 내취식(內取式) 도고리로 증류한다(그림1-4).

【그림 1-4】 소주 증류 방식 모형도(조선 주조사, 배상면 편역, page 218)

첫 번째는 내취법, 두 번째는 토고리(외취법), 세 번째는 동(銅)고리(외취법)이다.

서울 부근에서는 외취식인 평양식 동고리나 도고리를 사용하고, 남한에서는 도고리를 사용한다. 서울에서는 찹쌀 지에밥에 누룩을 섞고 물을 부어 밑술로 하고 찹쌀이나 멥쌀 지에밥으로 덧술한 중양주를 증류하고, 남한 지방은 찹살이나 멥쌀로 담근 중양주가 아닌 단양주로 증류한다. 평양의 제조 주류는 주로 소주를 많이 했다.

대한제국 시대 우리나라의 소주 현황은 〈표 1-1〉와 같다.

〈표 1-1〉 구한 말의 우리나라 소주 현황

구분	원료	곡자	발효	증류기(고리, 固里)
남한	멥살이나 찹쌀	곡자 사용	발효 종료 전부터 술독의 입구를 흙으로 발라 봉해 둔다.	동고리(銅古里) 또는 도고리(陶古里)
북한	기장, 수수를 주로 사용, 조, 옥수수 기타 잡곡 병용	곡자 사용	발효중 수시 교반. 발효가 끝나면 덮어 둔다.	동고리(銅古里) 또는 도고리(陶古里)

3. 문헌에 나와 있는 주요 소주

이규경은 《오주연문》에서 "고려시대 이래 증류주인 소주류가 정착을 보이고 있다."는 사실과 "1차 증류주를 소주 또는 노주(露酒)라 하며 홍로(紅露)라는 주품(酒品)이 있고 2차 증류주를 환로주(還露酒)라 하고 감홍로(甘紅露)라는 주품(酒品)이 있다."라고 말하고 있다. 안동 지방에서 발굴된 《수운잡방》과 《음식디미방》에 있는 소주 제법을 보면 다음과 같고 모두 액체 발효법을 쓰고 있으며 누룩은 특별한 이야기가 없는 것으로 보아 일반 양조에 쓰는 섬누룩인 것 같다.

(1) 진맥소주 : 밀 10되를 쪄서 누룩 5되와 함께 찧어 물 1동이를 부어 발효시켜 5일 후 증류한다. (수운잡방)
(2) 소주 : 쌀 10되를 쪄 누룩 5되와 물 20되를 섞어 발효시켜 7일 후 증류한다. (음식디미방)
(3) 찹살소주 : 찹살 1되, 멥쌀 1되를 가루로 내어 물 40복자와 섞어서 끓여 풀처럼 만들어 누룩 4되를 섞어 하루 뒤 이 밑술에 찹쌀 10되를 쪄서 섞어 7일 후 증류한다. (음식디미방)
(4) 밀소주 : 밀 10되를 쪄서 누룩 5되를 섞어 찧어서 물 1동이를 섞어 발효시켜 5일 후 증류한다. (음식디미방)

《증보산림》과 《조선무쌍신식요리제법》에 의한 소주

(1) 노주(露酒) : 멥살 1되, 찹살 1되를 가루를 내어 누룩 9되, 물 끓인 것 8되를 섞어 밑술을 만들어 3일 후 찹쌀 20되를 쪄서 섞어 발효시켜 7일 후 증류한다. (증보산림)
(2) 소맥소주(小麥燒酒) : 밀 10되를 쪄서 찧어 누룩가루 4되와 섞어 떡처럼 뭉쳐 물 10되를 넣어 발효시켜 5일 후 증류한다. (증보산림)
(3) 보리소주(麥燒酒) : 보리쌀을 삶아 쌀로 하는 것처럼 빚어 증류한다. (증보산림)

이용기의 《조선무쌍신식요리제법》에는 소주의 술쌀에 찹쌀, 멥쌀, 기장, 수수, 보리, 옥수수를 쓴다고 하고 액체 발효 또는 복합 발효 하는 것으로 되어 있다. 저자는 이북 출신이므로 서울 이북 지방의 술을 소개하고 있다.

《증보산림》의 소맥소주와 보리소주는 《산림경제》에는 없고 노주법은 《산림경제》와 같은 것이며 〈찬요보(纂要補)〉에서 따온 것이라고 기록되어 있다.

우리나라 문헌에 기록된 소주(증류주)의 명칭은 〈표 1-2〉와 같다.

〈표 1-2〉 소주(증류주) 명칭

문헌	명칭
수운잡방(1500년대)	진맥소주(眞麥燒酒)
고사 촬요	홍로주(紅露酒) 자주(煮酒)
東醫寶鑑	소주(燒酒)
음식디미방(1670년대)	밀소주
酒方文(1600년말)	보리소주, 찹쌀소주
山林經濟	謫仙燒酒
증보산림경제	밀(小麥 燒酒)
醫方合編	謫仙燒酒
民天輯設(1700년말)	三千露酒, 積善燒酒
林園十六志(1827년경)	三千露酒, 三日露酒,倭燒酒, 謫仙燒酒
金承旨宅주방문(1860년)	사철소주, 謫仙燒酒
郡都目(1897년)	백소주
朝鮮無雙新式料理製法(1924년)	수수소주, 옥수수소주

4. 소주의 주요 변천사

소주는 지역에 따라 제조법이나 사용 원료의 차이는 다소 있었지만 누룩을 싸서 밑술을 빚고 재래식 고리를 사용하여 증류하는 방법을 답습하여 왔다.

따라서 여기서는 주세법 시행규칙이 공포된 1907년을 시작으로 그 변화를 살펴본다면 누룩의 제조는 대부분이 농가의 부업으로서 여름, 가을철에 소규모로 하였으나, 1927년부터는 누룩제조업회사를 설립하여 생산 공업으로서 자리를 굳히게 되었다. 농경이 발달하고 곡물이 생산되면서 본격적으로 술빚기가 활성화되었다. 그 결과 종래에 적기에만 작업을 하던 것이 사계절 모두 제조하게 되었고 품질도 향상되고 제품도 균일화되었다. 그 뒤 소주를 생산하는 지방에서는 누룩이 소주 제조용 흑국으로 바뀜에 따라 누룩의 생산이 점차 감소하여 약주, 탁주용으로만 남게 되었다. 1940년대에 들어서서는 개량식 제국법으로 통일되었으며, 1950년대 이후부터는 누룩의 개량법이 다각적으로 시노되었다. 누룩은 재료에 따라 밀가루로 만든 누룩, 쌀과 녹두로 만든 누룩, 가을보리로 만든 누룩, 쌀가루로 만든 누룩 등이 있다.

명칭은 제조 시기에 따라 춘곡, 하곡, 절곡, 동곡 등으로 불렀는데 밀을 수확한 후에 만드는 절국이 가장 많았다.

일본의 저명한 양조학자 사카구치 긴이치로[坂口一郎]는 희석식 소주의 출현은 1938년 일제가 내린 국가총동원(國家總動員令)으로부터 유래되었다 확신하였다. 그 내용은 당시 군국주의 전시 체제였던 일본(한국의 일제의 식민체제)은 식량자원을 비롯한 모든 자원을 국가가 몰수하고 배급제로 통제하는 제도였다. 이때 술(알코올이라는 표현이 더 적합함)을 공급하기 위하여 주정을 대량 생산해서 거기에 각종 색소, 산미 첨가제, 감미료 등을 혼합하여(이를 제성 공정이라 함) 배급하였던 것이 오늘날 일본의 갑류 소주(한국의 희석식 소주)이다. 이러한 영향은 한국에도 그대로 전파되어 소주에도 감미료 등을 넣는 제성 공정이 생겨났고, 한국 주세법상 제조 방법의 맨 나중 공정에 제성 공정을 넣도록 된 것이다. 이 제성 공정은 원래 주질의 미흡한 부분을 마스킹하는 수단이었다.

해방 이후 1946년 정부에서는 식량이 부족하기 때문에 쌀로 만드는 주류에 대해서 그 사용을 금지토록 하였다. 그리하여 증류식 소주도 생산을 제한받게 되어 소주 공급량의 부족으로 밀조주가 성행하게 되었다. 1949년에는 소주는 주박(酒粕)과 탁주 등을 증류하거나 재무부령이 정하는 곡류를 사용하여 증류식 소주를 제조하는 방법과 주정을 물로서 희석하는 방법으로 만들 수 있게 되었다.

1961년 정부는 주세법을 개정하여 소주를 증류식 소주와 희석식 소주로 구분하여 각기 소주의 제조법상의 특징을 명백히 하여 소주의 유통 질서를 확립하였다. 1964년 정부는 식량 사정을 감안하여 증류식 소주의 제조에 곡류 사용을 금지하는 조치를 내렸다. 이 조치로 인하여 증류식 소주 업체는 대부분 도산하였으며 일부 업체가 증류 시설을 개량하여 고구마 소주를 한동안 만들었으나 같은 고구마로 만든 주정에 비해 주질이 좋지 못하므로 1973년부터는 제조를 중단하게 되었다. 즉 1965년을 고비로 희석식 소주 시대로 바뀌게 된 것이다. 현재 주세법에는 증류식 소주와 희석식 소주가 제조되고 있다. 희석식 소주에는 보리, 고구마, 옥수수 등의 전분질 원료를 발효시켜 다단식 연속 증류 방법으로 만든 주정에 물을 가하여 희석시킨 후 법적으로 허용된 물료를 첨가하여 만든다. 1970년대에는 정부 주도하에 소주 회사를 통폐합하여 1도 1소주사로 소주 업계가 개편되었다.

1990년대 후반에는 주정을 활성탄으로 여과하고, 소주의 알코올 농도를 낮추는 제품 개발이 성행하여, 2000년대에는 알코올 농도가 20% 이하인 소주가 주를 이루게 되었다.

5. 한국 위스키의 역사

1950년대와 1960년대에 한국에 위스키라는 종류의 제품이 있었다. 도라지, 백양, 쌍마위스키가 그 것이다. 이 시절의 위스키는 주정(양조 알코올)에 일본에서 수입한 위스키 향을 섞은 '위스키 맛 소주'였다. 위스키 원액이 일부 사용된(20% 미만인 기타 제재주) 위스키가 처음 나온 것은 1971년이었다. 한국 최초의 위스키는 청양산업이 주월 국군용으로 판매한 군납 위스키였다. 1973년에 백화양조와 진로가 해외 수출을 조건부로 위스키 원액 수입을 허가받았다. 해외 수출을 해야 했기 때문에 양사가 처음 만든 위스키는 인삼 위스키라는 명칭을 사용하였다. 수출용으로 위스키 원액을 수입했지만, 실제로는 국내에 위스키를 판매하는 것이 목표였다. 백화양조는 1975년 '죠니드레이크' 진로는 1976년 'JR위스키'를 발매했다. 그 당시 주세법상 위스키라는 것은 위스키 원액 함량이 20% 이상이라는 뜻이었다.

1980년대에 들어서면서 정부는 위스키 원액 함량 30% 위스키 제조를 허락했다.

1981년 백화양조 베리나인 골드, 진로 길벗 로얄, 오비 씨그램의 블랙스톤이 출시되었다. 이때 위스키 면허 조건은 '국산 위스키 원액'을 생산한다는 조건이었다. 1980년대 초반에 위스키 제조 공장을 세우고 1982년부터 첫 생산을 시작하였다.

위스키 삼국지의 마지막 전투인 특급 위스키 대전이 벌어졌다. 86 아시안게임과 88 서울올림픽을 맞아 세계에 내놓을 수 있는 술을 만들기 위해 1984년에는 원액 함량 100%의 위스키 제조가 허가되었다.

1987년에 국산 위스키 원액을 사용한 위스키가 출시되었지만 1991년도 주류 수입 개방 정책으로, 국내의 위스키 원액 생산은 중단되었다.

1995년부터 위스키가 고급화되어 원액 숙성 연수가 12년 이상인 위스키 소비량이 주를 이루게 되었다.

II. 증류 이론과 기술

01 증류 시스템과 증류주 제조 이해

1. 개론

본 장에서는 증류주를 생산함에 있어 기본적인 증류 과학과 그것을 이용하여 현장 적용을 위한 응용적인 지식을 제공하고자 한다.

증류주가 되기 위해서는 원료, 전처리, 미생물, 발효 과정을 거치게 되고, 증류 공정을 통해 마침내 최종 산물로서 알코올 도수가 높은 증류주가 얻어지게 된다.

증류주는 알코올 외에도 수많은 성분이 맛과 향에 기여하게 되고, 그런 성분들은 원료로부터 시작하여 원료의 효소 분해 과정, 발효 과정에서 효모를 포함한 미생물들의 대사 물질, 증류의 방법, 증류 후 저장, 숙성 및 여과 과정을 포함한 후처리 과정 등으로부터 유래한다.

최종적으로 만들어진 발효 술덧에 존재하는 수많은 성분이 증류의 방식에 따라 성분들의 유출 동향이 차이를 나타내고, 그로써 증류주에 특색을 부여하게 된다.

"Distilling is beautiful. First of all, because it is a slow, philosophic, and silent occupation, which keeps you busy but gives you time to think of other things, somewhat like riding a bike. Then, because it involves a metamorphosis from liquid to vapour (invisible), and from this once again to liquid; but in this double journey, up and down, purity is attained, an ambiguous and fascinating condition, which starts with chemistry and goes very far. And finally, when you set about distilling you acquire the consciousness of repeating a ritual consecrated by centuries, almost a religious act, in which from imperfect material you obtain the essence, the spirit, and in the first place alcohol, which gladdens the spirit and warms the heart."

- Primo Levi (in the Periodic Table 1975) -

〈표 2-1〉 원료에 따른 세계의 증류주

원료	발효주	증류주	증류방식
보리	맥주	보리소주(한국, 일본)	상압, 감압, 단식 1회
		스카치 위스키(영국)	상압, 단식 2회
		아이리시 위스키(아일랜드)	상압, 단식 3회
호밀	호밀맥주	캐나디안 위스키(캐나다)	상압, 단식 2회
		보드카(폴란드)	연속식
옥수수	옥수수맥주	버번 위스키(미국)	상압 단식 2회, 다단식, 연속식
수수	부루쿠투, 피토, 메리사 (아프리카)	고량주, 마오타이(중국)	상압, 단식 1회
쌀	막걸리, 황주, 사케	안동소주(한국)	상압, 감압, 단식 1회
		아와모리(일본)	상압, 단식 1회
		백주(중국)	상압, 단식 1회
메밀		메밀소주(일본)	상압, 단식 1회
조	오메기술, 조껍데기술	고소리술(한국)	상압, 감압, 단식 1회
감자	감자맥주	보드카(폴란드, 러시아)	연속식
고구마	고구마 막걸리	고구마소주(한국, 일본)	상압, 단식 1회
용설란	플케(멕시코)	테킬라(멕시코)	상압, 단식 2회
당밀		럼(카라비안)	상압, 단식 2회, 연속식, 다단식
		카차카(브라질)	상압, 단식 2회
포도	와인	코냑(프랑스)	상압, 단식 2회
		아르마냑(프랑스)	상압, 단식 2회, 다단식(Semi Continuous)
		피스코(칠레, 페루) 아락(시리아, 레바논, 요르단)	상압, 단식 2회
포도	와인착즙박	그라빠(이탈리아) 락키(터키, 그리스) 테스코비나(루마니아) 아락(이라크)	상압, 단식 2회
사과	사과주(사이다)	애플브랜디, 칼바도스(프랑스)	상압, 단식 2회
배	포이레(프랑스) 페리	배브랜디, 팔란카(헝가리)	상압, 단식
자두	자두와인	쭈비카, 팔랑카	
코코넛	람바농(스리랑카)	아락(스리랑카)	상압, 단식

꿀	미드(유럽), 대이(이디오피아)	미드브랜디, 하니브랜디	상압, 단식
우유	쿠미스, 케피어	아라카(Araka, 몽고)	상압, 단식 1회

2. 단식 증류 (Batch Distillation)

1) 증류의 이해

증류는 두 가지 혹은 더 많은 화학적 성분들 간의 상대휘발도(Relative Volatility)의 차이를 이용하여 액체 상태의 혼합물을 분리하는 방법으로써, 혼합액이 가열되어 증기가 나올 때 액상과 증기상은 일반적으로 조성이 다르다는 사실을 근간으로 한다.

증류주 제조 시 발효를 마친 술덧을 증류기에 넣고 가열하여 무색의 투명한 증류액을 물리적으로 분리해 내는 과정이라고 할 수 있다.

관습적인 표현으로 증류(Distilling)를 '벗겨내다'(Stripping), '뽑아내다' (Extracting), '정제하다'(Analysing), '정류하다'(Rectifying) 등으로 유사 표현하기도 하며, Stripping Section Column, Extractive Column 등과 같이 증류기에 기능적으로 이름을 붙이기도 한다.

증류 과정을 통하여 술덧의 고형분과 같이 기화할 수 없는 성분들은 증류액으로 유출되지 않는다. 증류 공정만을 놓고 보더라도, 증류의 방법과 조건에 따라 제조된 증류주는 동일한 술덧(발효액)이라도 적지 않은 주질의 차이를 구현할 수 있다. 증류기 재질과 모양, 가열 방식(Direct, Indirect, Heating Regime), 증류 압력(상압, 감압), 증류시 끓는점, 환류비(Reflux Ratio) 외에 증류 시 주변 온도 등도 증류의 주질에 영향을 미치게 된다.

위스키

증류식 소주

브랜디 (Alembic Still)

【그림 2-1】 증류주 제조용 단식 증류기 (Pot Still)

2) **단식 증류** (Batch Distillation)

단식 증류(單式蒸溜)는 증류기(Pot Still)에 발효가 완료된 술덧을 넣고 열을 가하여 증류주를 만드는 방법이다. 회분식(Batch Type)으로 이루어지는 단식 증류는 증류가 진행됨에 따라 술덧의 알코올분이 감소하고, 유출되는 증류액의 알코올 또한 감소하게 된다. 증류가 시작되고 초기 술덧은 알코올을 포함하여 휘발성이 높고, 끓는점이 낮은 성분들이 주로 유출되고, 증류가 진행됨에 따라 끓는점이 높은 성분들이 유출된다.

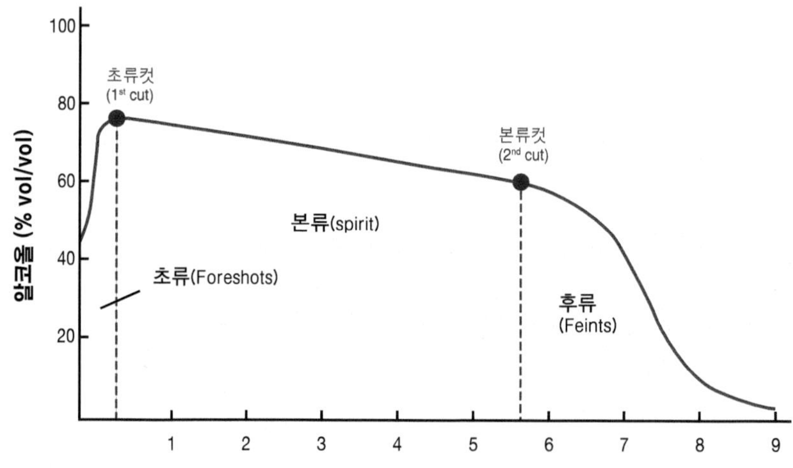

【그림 2-2】 단식 증류 유출액의 알코올 변화 (Whisky Spirits Distillation)

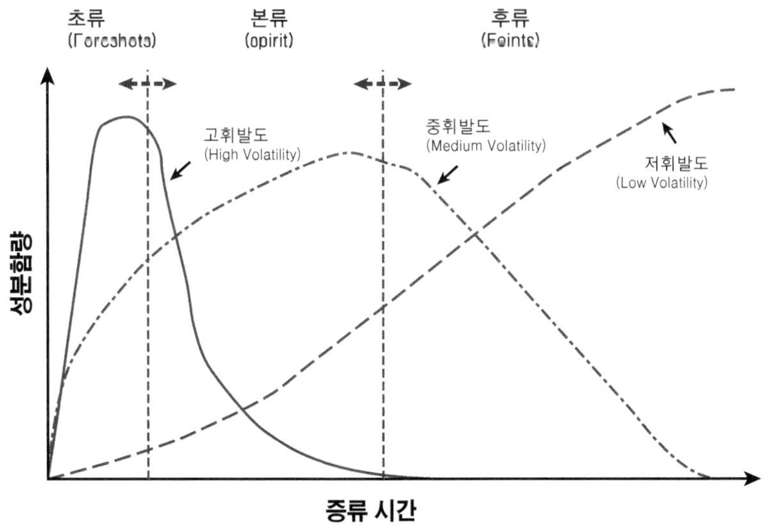

【그림 2-3】 단식 증류 시 휘발도에 따른 유출 동향

3) 컷포인트 (Cut Point)

단식 증류에서는 초류(foreshots, head), 본류(spirits, body), 후류(feints, tail)로 나누어 유출액을 분획하여 포집(제조장에서는 밸브를 돌려 탱크에 구분하여 포집)하기도 하는데, 각각의 유출액을 나누는 점을 컷포인트라고 한다.

【그림 2-4】 유출액 사이트 글라스 (Sight Glass)와 비중계(Hydrometer)

증류가 시작되고 초류가 유출되어 끝나는 지점의 컷포인트를 초류컷(1st Cut)이라고 하고, 본류를 받기 시작하여 끝나는 지점을 본류컷(2nd Cut)이라고 한다. 마찬가지로 후류를 받고 끝내는 지점을 후류컷, 또는 종료컷(End Cut)이라고 한다. 각각의 컷포인트는 제조장에서 자사 제품의 특성 부여 및 제조 목적에 맞게 실험 및 경험을 토대로 정한다.

컷포인트는 제조 현장에서 제품의 생산 시 반복적으로 이루어지는 과정으로서 기준은 QC(Quality Control)에 용이하게, 실정에 맞게 정할 수 있다. 증류의 컷포인트는 현장에서 유출되는 알코올 강도를 기준(유출액의 현장 샘플링, 알코올의 비중 측정, 혹은 유출라인에서 사이트 글라스(Sight Glass)에 비중계(Hydrometer)를 설치하여 바로 모니터링)으로 설정할 수 있고, 유출되어 포집되는 액량(Volume)을 기준으로 설정할 수도 있다. 만일 일상적인 업무처럼 반복적인 작업이라면 시간을 두고도 컷포인트를 설정할 수도 있으나, 이는 생산 시 작업 환경, 조작자, 발효 말 술덧 상태, 주위 온도 등의 변수들에 의해 영향을 받게 되므로 제품의 일관성 차원에서 추천하지 않는 방법이다.

〈표 2-2〉 단식 증류 컷포인트

구분	초류Cut	본류Cut	후류Cut	비고
Y사 과실 브랜디	발효액량 대비 0.5~1.0% 포집	유출액 알코올 12%v/v 지점	후류미포집	초류포집으로 메탄올 감소
S사 쌀증류식 소주	쌀술덧량 대비 0.5~1.0% 포집	유출액 알코올 15%v/v 지점	쌀술덧량 대비 5~10% 포집	초류, 후류는 다음 단식증류시 재사용
L사 Whisky	유출액 알코올 68~75%v/v지점	유출액 알코올 55~65%v/v지점	유출액 알코올 1%v/v지점	초류, 후류는 다음 단식증류시 재사용
O사 쌀乙類소주	초류 미포집 (초류컷 미시행)	유출액 알코올 13~14% 지점	후류미포집	본류량 증가를 통한 제품량 증가

4) 증류주의 향미 기여 성분

증류주의 향미 기여 성분들은 물과 알코올(에틸알코올)을 제외하고서도 밝혀진 것만 해도 300여 종 이상이며, 끓는점과 휘발도에 따라 알코올보다 끓는점이 낮은 저비점 성분(휘발도가 높은 성분 High Volatile Compounds), 알코올과 비슷한 끓는점과 휘발도 성분의(Medium Volatile Compounds), 알코올보다 끓는점이 높은 성분(휘발도가 낮은 성분 Low Volatile Compounds)으로 분류한다.

대표적으로 저비점 성분으로는 알데하이드, 알코올과 유출 동향이 비슷한 성분으로는 휴젤류(Fusel alcohol, Higher Alcohols), 고비점 성분으로는 퍼푸랄(Furfural)과 고급 지방산(Fatty acids) 등이 있다.

단식 증류를 통해 초류, 본류, 후류로 진행됨에 따라 증류주의 향미 기여 성분들의 유출 동향이 변화하게 되는데, 증류 초기 저비점 성분으로 시작하여, 증류 후기에는 고비점 성분들의 유출량이 증가하게 된다.

5) 단식 증류의 반복 (Double Distillation, Triple Distillation)

소주(증류식)는 일반적으로 발효가 끝난 술덧의 알코올 함량이 16~18%v/v 정도로 높아, 1회의 증류를 통해 제조되며, 제품화가 되는 본류분의 알코올 도수는 45±5%v/v 내외 되게 증류를 시행한다.

이와는 다르게 위스키의 경우 일반적으로 2회의 증류를 통해 알코올 함량이 65~70%v/v 정도의 증류 원액(New-make spirit, 오크통 숙성 전 증류 본류액)을 제조한다. 위스키의 1차 증류는 술덧의 증류(Wash Distillation)로 술덧 알코올 함량 7~10%v/v를 투입하여 알코올 21%v/v 내외의 1차 증류액(Low Wines)을 제조하는 과정이고, 이 과정에서 고형분이 제거된다.

1차 증류액을 재차(2차) 증류하게 되는데, 이를 스피리츠 증류(Spirit Distillation)라고 한다. 스피리츠 증류는 1차 증류액과 함께, 앞서 2차 증류 시 모아진 초류와 후류를 함께 넣고 증류를 시행한다. 2차 증류기(Spirit Still)에 들어가는 액의 알코올 함량은 25%v/v 내외로서, 증류를 통해 최종적으로 얻어지는 본류의 알코올 도수는 68~70%v/v가 된다.

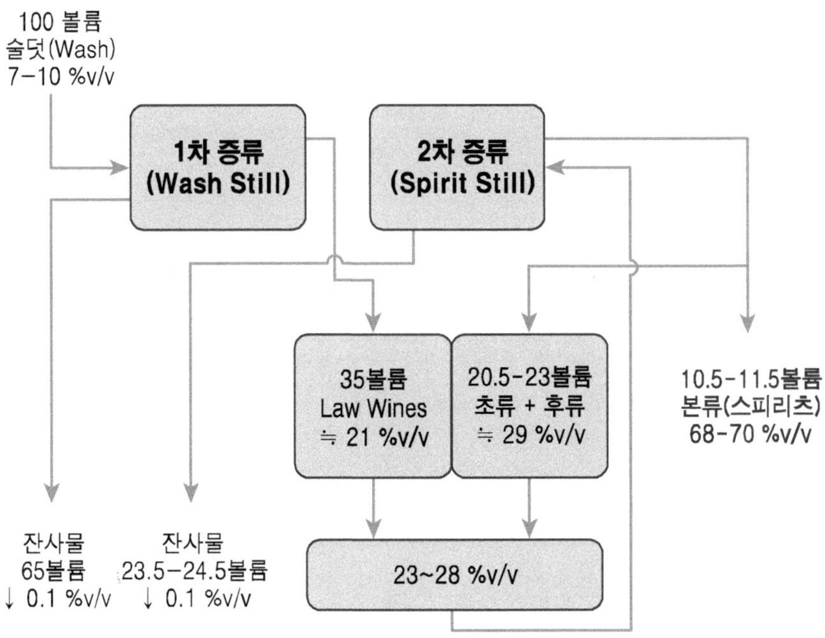

【그림 2-5】 2차 증류 (스카치 위스키)

이렇게 만들어진 증류 원주를 위스키에서는 뉴메이크 스피리츠(New-make spirit)라고 하고, 오크통(Oak Cask)에서 숙성 과정을 거친 후 위스키(Whisky)가 된다. 이와 같이 두 번의 증류 과정을 거쳐 제조되는 대표적인 증류주가 스카치 위스키이다.

아이리시 위스키와 같이 3번의 증류 과정을 거쳐 제조되는 증류주도 있다. 1차 증류를 워시 디스틸레이션(Wash Distillation), 2차 증류를 로우와인 디스틸레이션(Low Wines Distillation), 3차 증류를 스피리츠 디스틸레이션(Spirit Distillation)이라고 하고, 각 증류 단계에서 생산되는 증류액의 재증류 방법은 표준화되어 있지 않고, 생산 업체별로 차이가 있다.

2번 증류하는 더블 디스틸레이션(Double Distillation) 방법보다 복잡하다. 우선 1차 증류에서 스트롱 로우와인[Strong Low Wines(45%v/v)]과 위크 로우와인[Weak Low Wines(22%v/v)]으로 분획 증류하고, 위크 로우와인을 선행 증류 시 받아 놓은 위크 페인츠(Weak Feints)와 함께 2차 증류한다. 2차 증류에서의 분획은 스트롱 페인츠[Strong Feints(72%v/v)]와 위크 페인츠(Weak Feints)로 구분한다. 3차 증류는 1차 증류 시 제조된 스트롱 로우와인(Strong Low Wines)과 함께 2차 증류 시 제조된 스트롱 페인츠(Strong Feints)를 증류하여 최종적으로 82~85%v/v의 뉴메이크 스피리츠(New-make spirits)(89~92%v/v인 경우도 있음)를 얻게 된다. 3차 증류 시 생산된 초류(Head)와 후류(Tails)는 후행 제조 시 3차 증류 단계에서 재활용한다.

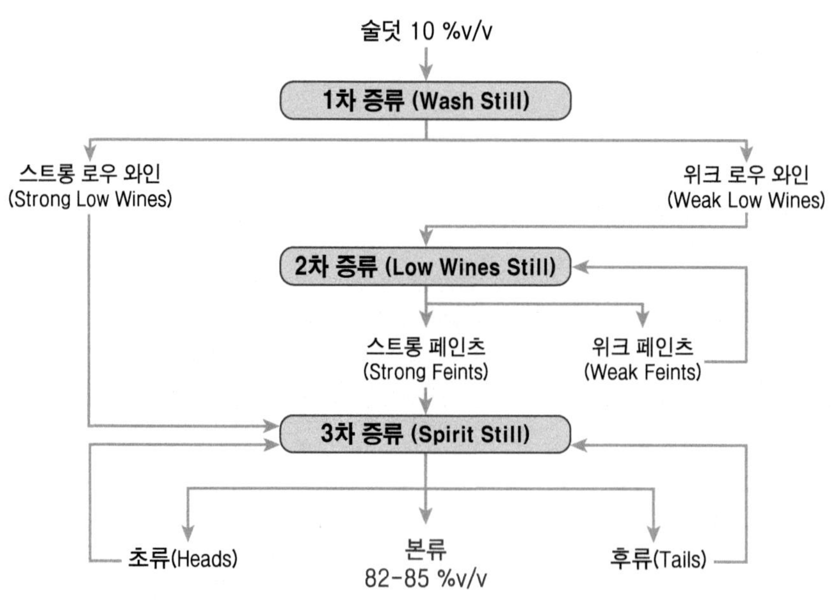

【그림 2-6】 3차 증류 (아이리시 위스키)

증류주 제조 시 증류의 횟수가 증가함에 따라 최종 증류 단계에서의 목적되는 증류액의 알코올 도수는 증가한다. 다음 장에 소개될 연속식 증류(Continuous Distillation)는 최종 증류액의 알코올 도수의 증가면에서 단식 증류를 여러 번 시행한 효과로 이해할 수 있다.

3. 연속식 증류

1) 연속식 증류 (Continuous Distillation)

발효액을 증류기에 모두 넣어 가열하여 증류하는 단식 증류(Batch Distillation)와는 달리, 연속식 증류(Continuous Distillation)는 발효액을 증류기에 일정한 속도로 공급해주어 최종적으로 95%v/v 이상의 알코올이 유출되는 속도도 일정한 상태(Steady State)를 유지하는 증류 공정이다. 역사적으로 증류주를 생산하기 위해서 고안된 증류기는 단식 증류의 경우 5~6세기 경으로 거슬러 올라가지만, 연속식 증류기가 소개되고 실용화된 시점은 19세기부터(1831년, Aeneas Coffey, Patent Still)이다. 증류주 제조 관점으로 연속식 증류의 목적은 낮은 알코올 함량의 발효액으로부터 알코올 함량을 최대한 높이는 데 있다. 이외의 성분은 제거 대상이다.

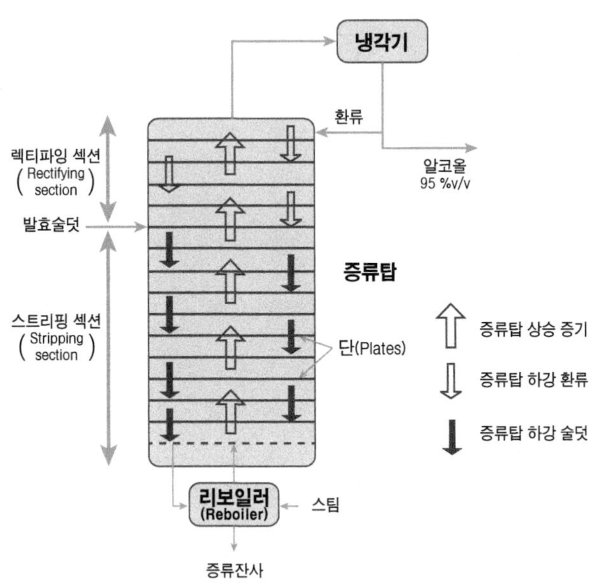

【그림 2-7】 연속식 증류기 컬럼 모식도

연속식 증류기는 컬럼 형태(탑 구조)의 증류기로 내부에 여러 개의 단(Tray, Plate)으로 설계되어 있다. 낮은 단부터 높은 단으로 올라갈수록 알코올의 함량이 높아지게 된다. 달리 말하면 낮은 단에는 고비점의 휘발성이 낮은 성분들이 액화되어 있고, 위로 갈수록 휘발성이 높은 저비점 성분들이 액화된다. 연속식 증류기 컬럼에서 발효 술덧이 공급되는 단(Plate)를 기준으로 상부는 정류 영역(Rectifying section), 하부는 고형분 등의 고비점 성분들이 분리되는 영역(Stripping section)으로 구분된다.

모식도와 같이 증류탑 중간에 발효 술덧이 공급되고 렉티파잉 섹션(Rectifying section)과 스트리핑 섹션(Stripping section)이 하나의 컬럼으로 구성된 시스템과, 두 영역이 분리되어 독립된 컬럼으로 구성된 시스템이 있다. 이는 증류기 컬럼의 단수(Plates number)와 관련이 있고 단수가 증가함에 따라 알코올 도수를 높게, 불순물(알코올 외의 성분)의 분리를 극대화할 수 있지만, 탑의 높이가 높아지고 장치에 투자 비용이 증가하게 된다.

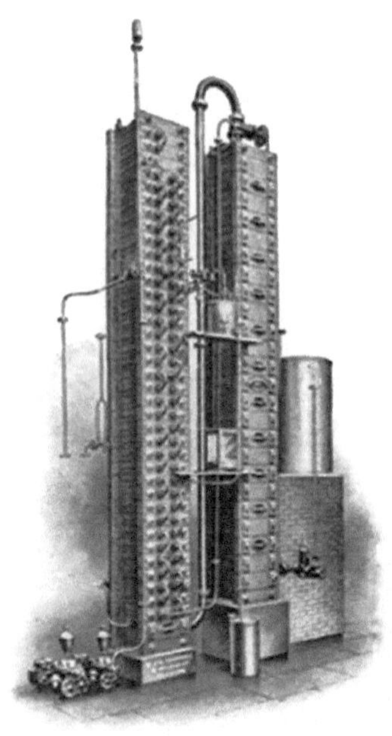

커피이 스틸(Coffey Still)
(Grain Whisky)

화이트 럼(White Rum)

보드카(Vodka) / 주정

【그림 2-8】 증류주 제조용 연속식 증류기 (Continuous Still)

2) 연속식 증류 컬럼의 플레이트(PLATE) 와 트레이(TRAY)

연속식 증류기 컬럼 내부는 여러 개의 동일한 층 구조로 되어 있다. 그림은 컬럼 내부 모습인데, 공급된 발효 술덧액이 가열되어 증발하게 되면, 증기는 다공성 선반판(Perforated Plate)을 통해 위로 상승하다 액화되어 액체는 선반 위에 머무르게 된다. 선반에는 둑(Weir)과 하강관(Down comer)이 있어 범람된 액체는 하강관을 통해 밑으로 환류(Reflux)된다. 증류기 컬럼의 단(Plate and Tray)의 종류는 채선반(Sieve tray) 타입 이외에도 버블캡(Bubble cap) 타입, 밸브(Valve) 타입, 디스크 도넛(Disc-and-Donut) 타입 등이 있으며, 그 기능은 ① 증기와 하강액의 혼합, ② 액으로부터 새롭게 생성된 증기의 분리, ③ 단 아래로 향하는 액의 통로 제공, ④ 증기가 다음 상부 단으로 상승하게 하는 역할로서 동일하다.

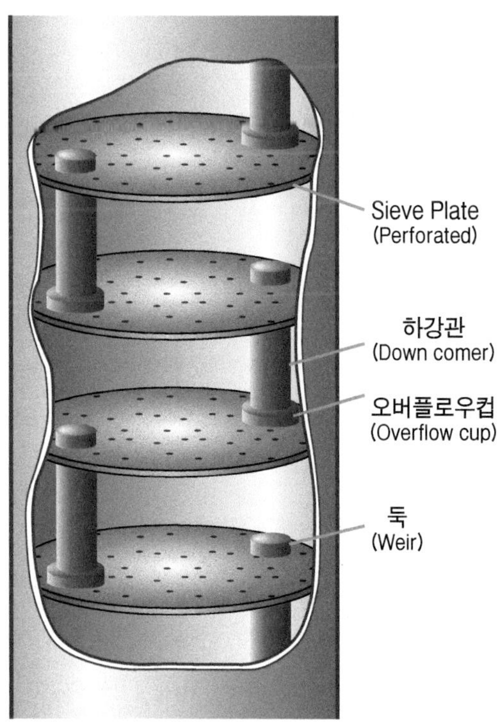

【그림 2-9】 연속식 증류 컬럼 내부 모식도

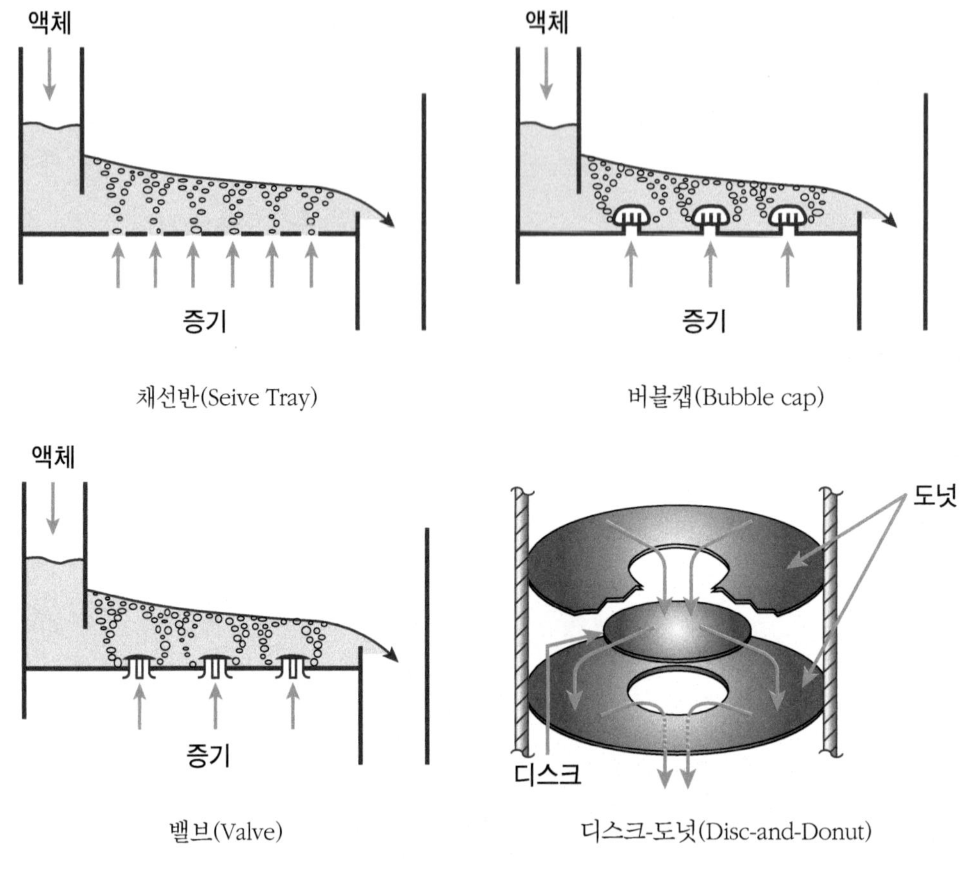

채선반(Seive Tray) 버블캡(Bubble cap)

밸브(Valve) 디스크-도넛(Disc-and-Donut)

【그림 2-10】 Tray 종류

3) 연속식 증류 성분 프로파일

연속식 증류기 컬럼의 렉티파잉 섹션(Rectifying section)을 구성하는 각각의 단(Plate) 위에는 성분들이 비점과 휘발도에 따라 평형상태(Equilibrium State)로 존재하는데 앞서 말했듯이 아래서 위로 올라갈수록 알코올 함량이 높아지고, 저비점 성분들의 함량이 증가하게 된다. 그림은 증류기 컬럼단에 따른 성분들의 프로파일이다. 그림에서 스피리츠 단(sprit plate)이 제품이 유출되는 제품단(Product plate)이 된다. 이보다 낮은 단에서 제품 증류액을 유출시킨게 되면, *n*-프로필알코올, i-부틸알코올 등의 불순물 함량이 증가하고, 높은 단에서 제품 증류액을 유출시킨다면 에틸알코올보다 휘발도가 높은(비점이 낮은) 메탄올, 알데하이드와 같은 불순물의 함량이 증가하게 된다.

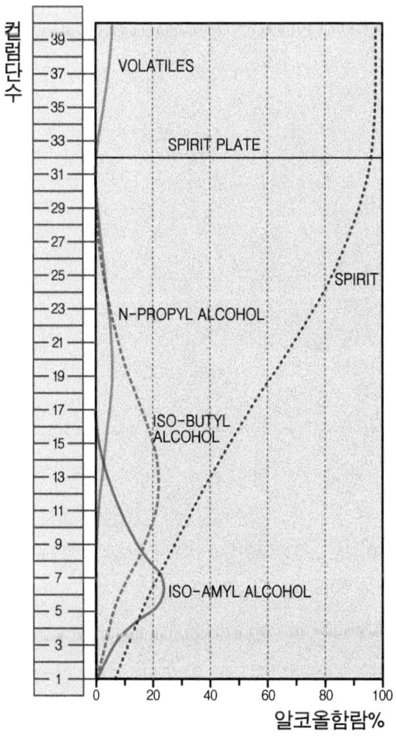

【그림 2-11】 연속식 증류 시스템 렉터파일 컬럼(Rectifying Column) 성분 프로파일

연속식 증류기 컬럼의 단의 성분 프로파일은 컬럼으로 들어오는 액의 공급 속도(Feeding rate)와 열원(Steam)의 강도 조정으로 변화시킬 수 있다.

4) 대한민국의 연속식 증류

국내에는 소주(희석식)의 생산을 목적으로 하여 주정을 생산하는데, 10개 회사 모두가 연속식 증류 시스템으로 주정을 생산한다. 주정의 알코올 도수는 95%v/v로서, 미량의 저비점 성분(High Volatile Compounds)과 미량의 중비점 성분(Medium Volatile Compounds)이 함유되어 있다. 연속식 증류 과정에서 고비점 성분들은 제로 수준으로 제거된다. 소주(희석식)에 사용되는 주정의 연속식 증류 시스템은 고순도(High Purity) 관점에서 보드카와 같이 무색, 무미, 무취를 추구하는 증류주와 견주어도 손색이 없을 만큼 품질이 우수하다. 사실 보드카의 연속식 증류와 주정의 연속식 증류는 가장 최근의 기술이 적용된 시스템으로 동일하다고 할 수 있다.

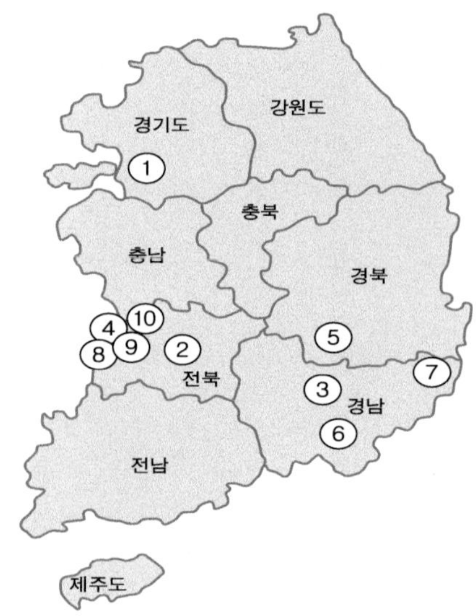

구분	회사명	소재지
①	진로발효	경기 안산
②	창해에탄올	전북 전주
③	일산실업	경남 함안
④	서영주정	전북 군산
⑤	풍국주정	대구 달서
⑥	MH	경남 마산
⑦	한국알콜	울산 남구
⑧	롯데주류	전북 군산
⑨	서안주정	전북 군산
⑩	하이트주정	전북 익산

【그림 2-12】 연속식 증류를 통한 주정 생산 회사 (전국 10개사)

증류탑 컬럼 상부

증류탑 컬럼 하부

【그림 2-13】 주정회사의 연속식 증류탑 (L社, 2010)

4) **다단식 단식 증류** (Multi-Tray Batch Distillation Still)

다단식 단식 증류는 말 그대로, 회분식 단식 증류와 연속식 증류 컬럼의 원리를 이용하여 보다 높은 알코올 함량과 이외의 성분을 저감화한 증류주를 제조할 수 있는 시스템이다.

컬럼에 공급되는 발효 술덧의 조성이 지속적으로 변화하기 때문에 증류 컬럼의 각각의 단에 형성되는 성분 프로파일도 지속적으로 변화하게 된다. 결과적으로 두 가지 증류 시스템의 혼합으로서 유출되는 증류액의 성분 프로파일의 정도를 직선의 양 끝점이라고 가정해 놓고 보았을 때 다단식 단식 증류를 통한 증류액은 중간 어니쯤의 성분 프로파일을 나타낸다.

다단식 단식 증류기 (Pilot Scale)

반연속 증류기(Semi Continuous Still)

【그림 2-14】 다단식 단식 증류기 (Multi-Tray Batch Distillation Still)

02 증류 과학

1. 증류 이론 (Distillation Theory)

- 두 가지 성분으로 이루어진 혼합물의 증류 -

(Distillation of Binary Mixture)

앞서 증류에 대해 증류주 제조를 위한 증류 시스템과 더불어 개략적인 설명을 하였다. 이번 장에서는 기본적인 증류 이론과 증류주 제조에 관계되는 공학적인 인자(증류 에너지, 이론 단수, 환류비, 증류 비율)들에 대해 알아보고 산출하는 방법을 알아보고자 한다.

증류는 혼합 액으로 존재하는 성분들 간의 휘발도(Volatility)의 차이를 기본으로 가열되어 증기가 나올 때 액상과 증기상의 조성 차이를 이용하여 성분을 분리해 내는 공정이다. 증류 이론은 이 사실을 근간으로 한다.

1) 두 성분 간의 이상적인 혼합 (Ideal Binary Mixture)

증류 이론에서 제일 간단한 시스템은 유기 성분 A, B 두 가지만으로의 혼합이다. 분해는 만일 이상적인 혼합 상태라면 더 간단해질 수 있을 것이다. 그러한 예로써 벤젠-톨루엔(benzene-toluene), 헥산-헵탄(hexane-heptane)같은 무극성 탄화수소(hydrocarbon)의 혼합이다. 그러나 증류주를 제조하는 발효 술덧 액과 같이 에탄올과 물 이외에도 구성 성분이 매우 다양하게 되면, 성분들의 구조 또한 매우 다양하고, 에탄올-물 혼합계(ethanol-water system)처럼 수소결합(hydrogen bonding)이 크게 작용한다면 증류를 통한 분리 효과는 감쇄한다.

이상적인 액체가 이상적인 기체와 평형상태인 기액평형(VLE : vapour-liquid equilibrium)에서는 라울의 법칙(Raoult's Law)으로 묘사될 수 있다.

$$P_A = x_A P_A^{sat}$$

P_A = 기체 상태인 A 성분의 부분 압력 (N/㎡)

x_A = 액체 상태인 A 성분의 몰분율 (Mole fraction)

P_A^{sat} = 시스템 온도에서 A 성분의 포화 증기 압력 (N/㎡)

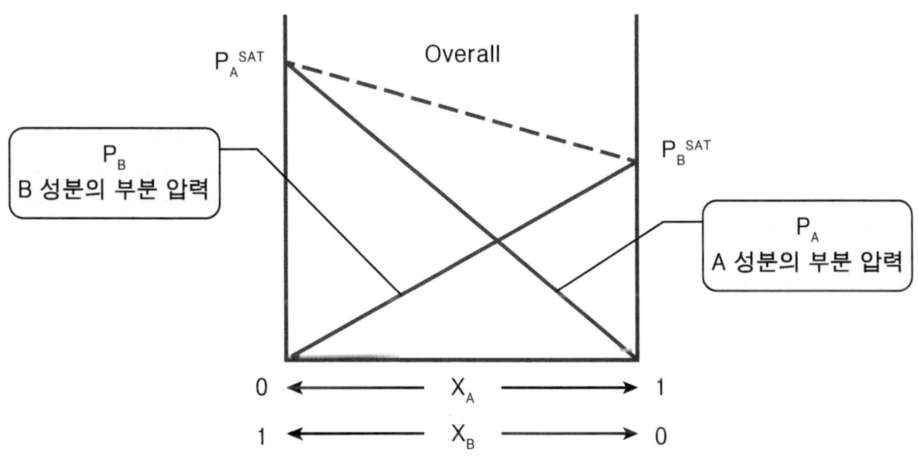

이상 기체에서 달턴의 법칙(Dalton's Law)를 적용할 수 있다.

$$P = \Sigma P_i$$

P = Total System Pressure(N/㎡)

ΣP_i = i 성분들의 부분 압력의 총합(N/㎡)

$$P_A = y_A P$$

y_A = 증기 상태 A 성분의 몰분율(Mole fraction)

두 관계식으로 아래와 같이 액체 상태의 조성과 시스템 온도, 압력으로부터 이종 혼합물의 관계를 알 수 있다.

$$P_A = x_A P_A^{sat} = y_A P$$

$$y_A = \frac{x_A P_A^{sat}}{P}$$

B 성분의 유사식을 위와 같이 이끌어 낼 수 있다. 두 혼합물(binary mixture)에서

$$y_A + y_B = 1$$

그러면

$$\frac{x_A P_A^{sat}}{P} + \frac{x_B P_B^{sat}}{P} = \frac{x_A P_A^{sat}}{P} + \frac{(1 - x_A) P_B^{sat}}{P} = 1$$

다시 정리하면

$$x_A P_A^{sat} + P_B^{sat} - x_A P_B^{sat} = P$$

$$\boxed{x_A = \frac{P - P_B^{sat}}{P_A^{sat} - P_B^{sat}}}$$

따라서 액체가 증기와 평형 상태인 이상적인 두 종류 혼합물의 경우 만일 시스템의 압력과 온도를 알면 액체 상태의 조성을 알아낼 수 있다. 두 성분의 증기 압력은 온도에 종속적이다. 또한, 라울의 법칙(Raoult's Law)은 증기 상태의 조성을 알아내는데 적용할 수 있다.

시스템은 두 개의 자유도를 가진다. 깁스 페이즈룰(Gibbs Phase Rule)에 의해, 일단 온도와 압력이 정의되면, 모든 다른 내포된 변위(예를 들어 상의 조성, 밀도, specific enthalpy)들도 또한 정의된다. 비이상적인 2종의 기액 혼합물의 평형 상태에서는 비록 기액평형을 수학적으로 예측하기란 더욱 어렵지만, 마찬가지로 2개의 자유도가 존재한다. 증류 시 자유도의 개념은 매우 유용하다. 왜냐면 온도와 압력 그리고 기액평형은 서로가 연관되어 있기 때문이다.

2) 상대 휘발도 (Relative Volatility) : α

휘발도(Volatility)는 액체 상태의 몰분율에 대한 기체 상태의 부분 압력의 비로 정의된다.

$$\text{Volatility of A} = P_A/x_A$$

$$\text{Volatility of B} = P_B/x_B$$

B 성분에 대한 A 성분의 상대 휘발도(Relative Volatility) α는 아래와 같다.

$$\alpha = \frac{A}{B} = \frac{P_A x_B}{x_A P_B} = \frac{y_A P x_B}{x_A y_B P} = \frac{y_A x_B}{y_B x_A}$$

$$\frac{y_A}{y_B} = \alpha \frac{x_A}{x_B}$$

다시, A 물질에 관해서 정리해 보면

$$\alpha = \frac{P_A x_B}{x_A P_B} = \frac{y_A x_B}{y_B x_A} = \frac{y_A}{1 - y_A} \frac{1 - x_A}{x_A}$$

다시 정리하면

$$y_A = \frac{\alpha x_A}{1+(\alpha - 1)x_A}$$

$$x_A = \frac{y_A}{\alpha - (\alpha - 1)y_A}$$

이 방정식은 만일 한 가지 성분의 상(phase)을 알고 relative volatility를 알면, 다른 성분의 상을 알 수 있다. 이상적인 혼합 상태에서

$$\alpha = \frac{P_A x_B}{x_A P_B} = \frac{x_A P_A^{sat} x_B}{x_A x_B P_B^{sat}} = \frac{P_A^{sat}}{P_B^{sat}}$$

따라서 relative volatility는 증기 압력(vapour pressure)의 비와 같다. 이상적인 혼합 상태에서의 성분들은 라울의 법칙(Raoult's Law)을 따른다.

$$\text{Volatility of A} = P_A/x_A = P_A^{sat}$$

마찬가지로 B의 휘발도(volatility)는 산술적으로 B의 포화 증기 압력과 같다.

상대 휘발도(Relative volatility)가 높을수록, 두 성분의 분리가 쉬워진다. 분리하고자 한다면 상대 휘발도(Relative volatility)는 절대로 1이 되어서는 안 된다. 왜냐면 액체와 기체의 조성이 동일하기 때문이다. 상대 휘발도(Relative Volatility)는 온도가 떨어짐에 따라 올라가는 경향이 있다. 따라서 어떤 경우에서는 압력을 낮추어 끓는점을 내려주는 것이 효과적이다.

에탄올-물의 두 가지 혼합성 분계(ethanol-water system)와 같이 성분 간 수속결합과 같은 힘이 작용하는 경우의 비이상적인 시스템에서의 상대 휘발도(relative volatility)는 온도 및 조성의 변화에 따라 변화의 정도가 심하게 된다.

3) 포점(Bubble Point)과 이슬점(Dew Point)

최초 끓는점 아래의 온도에 있는 액체 혼합물을 일정 압력(constant pressure)으로 가열 시 첫 증기 방울(vopour bubble)이 형성될 때의 온도를 Bubble Point라고 한다. 이 현상은 기액의 계면에 있는 액체에 의한 압력이 계의 압력과 같아졌을 때 일어난다. 증기는 bubble point의 액체와 평형 상태일 때 생성된다. bubble point의 온도에서 두 액체의 이상적 혼합 상태에서 아래 식이 성립한다.

$$x_A P_A^{sat} + x_B P_B^{sat} = P_A + P_B = P$$

증기 상태의 조성들의 혼합에서, 최초 응축(condensation) 온도보다 높은 온도에서 일정 압력으로 냉각을 실시하면 첫 응축 방울(condensate drop)이 형성되는데, 이때의 온도를 dew point라고 한다. 형성된 액체는 증기와 평형 상태이다. Dew point에서의 응축될 수 있는 두 가지 조성들의 이상적인 혼합 상태에서 아래 식이 성립한다.

$$\frac{y_A P}{P_A^{sat}} + \frac{y_B P}{P_B^{sat}} = x_A + x_B = 1$$

2종의 기액 평형 된계(binary equilibrium system)에서의 행동을 그림으로 나타내면 편리한데, 만일 bubble point와 dew point 온도가 조성상에 대해 특정 온도에서 그려지면, 그것이 T-x-y diagram이다.

에탄올과 물의 2성분계는 앞서 설명했듯이 비이상적인 혼합 시스템으로서, 증류의 방법으로는 완전한 분리가 이루어질 수 없다. 성분의 혼합 조성(알코올 함량)에 따라 bubble point와 dew point는 변하게 되는데, 이를 동일 1기압(101.3 kPa) 하에 나타내었다.

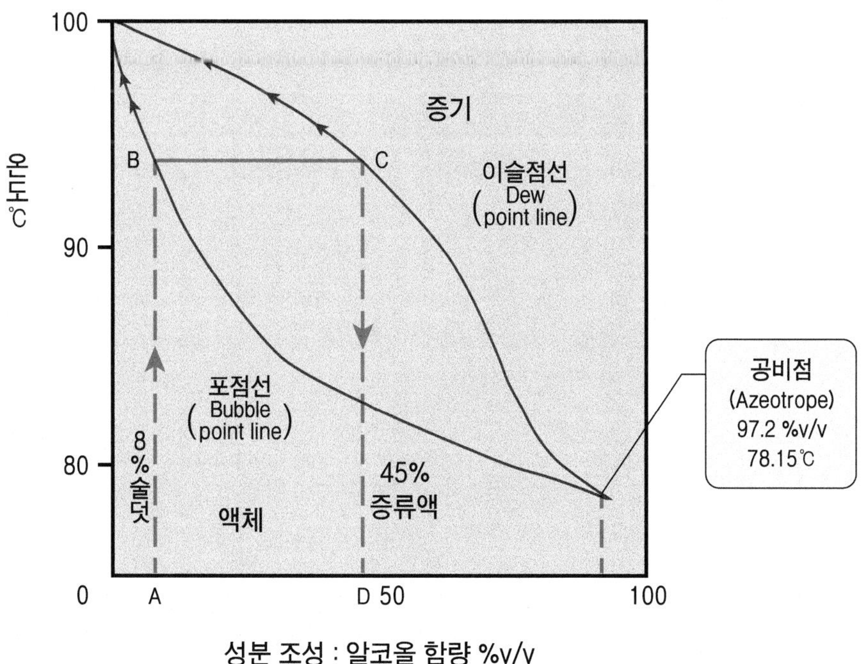

【그림 2-15】 Bubble and dew point line (Ethanol-Water binary system at constant 101.3kPa)

그림의 에탄올-물 이성분계 bubble-dew point 라인에서 x축이 에탄올과 물의 혼합액의 조성, 즉 알코올 함량을 나타내고, y축이 그 조성에서의 bubble point 온도, dew point 온도를 나타낸다. bubble point 이하의 온도에서는 혼합물이 액체 상태 (A-B)이고, dew point 이상의 온도에서는 혼합물이 기체 상태이다. 그래프에서 B-C로 표현되는 구간은 그 온도에서 기액 조성 차이를 의미한다. B-C의 차이가 클수록 기화된 증기를 응축(Condensing)하게 되면 알코올 도수가 그만큼 더 높아지게 된다.

알코올 함량 8%v/v의 술덧을 가열하여 증류주를 만든다고 한다면, 95℃ 정도에서 끓기 시작(Bubble point)하여, 그때 나온 증기를 냉각하면 45%v/v의 유출액이 나오게 되는데, 단식 증류(Batch Distillation)의 경우 증류가 진행됨에 따라 증류관(Still pot) 내 발효 술덧의 알코올 조성도 감소하므로, 유출되는 증류액의 알코올 조성도 감소하게 된다. (시작되는 A 지점이 왼쪽으로 이동)

알코올 함량이 증가된 유출액을 증류 횟수를 늘려 재증류하게 되면, 동일한 원리로 알코올 함량을 더욱 증가시킬 수 있고, 이러한 원리를 이용한 증류의 방법이 연속식 증류(Continuous Distillation) 시스템이다. 단(Plate)의 수가 높아질수록 재증류의 효과로서 알코올 함량이 증가한다. (상부 단으로 갈수록 알코올 함량이 높아짐. 시작되는 A 지점이 오른쪽으로 이동)

그러나 에탄올과 물의 혼합물은 비이상적인 혼합계로서 증류의 방법으로 알코올의 함량을 100%로 분리해 낼 수 없다. 증류로서 최대로 분리해 낼 수 있는 지점이 97.2%v/v로써, 시작되는 A점에서는 액체와 기체의 조성이 동일하다. 이를 공비점(Azeotropic Point)이라고 하고, 조성을 공비 혼합물(Azeotrope)이라 한다.

4) 기액 평형 (VLE : Vapour-Liquid Equilibrium)

그림은 1기압하 비이상적인 시스템인 ethanol-water의 x-y diagram이다. 그림에서 보듯이 낮은 ethanol 농도에서는 높은 a(relative volatility)를 가지는데, ethanol 함량이 약 89 mole% (알코올 97.2%v/v) ('1:1' line과 equilibrium line이 만나 α가 1이 되는 지점)까지 증가하면서 α는 감소한다. 이점에서의 혼합물을 최저비점 공비혼합물(Minimum boiling point azeotrope)이라 한다.

Azeotrope의 존재는 ethanol-water 혼합물에서 증류에 의해 농축되어 얻을 수 있는 증류분 알코올 농도의 한계를 정한다. 이는 위스키와 같은 알코올성 음료 산업에서 중요한데, spirit 생산 시 azeotrope point에서의 ethanol 농도를 초과할 수 없기 때문이다. 비록 ethanol-water azeotrope의 성분들을 분리가 가능하더라도, 그것을 위해 필요한 방법들은 사실 음료 제조 산업에서 인정되지 않거나 불필요하다.

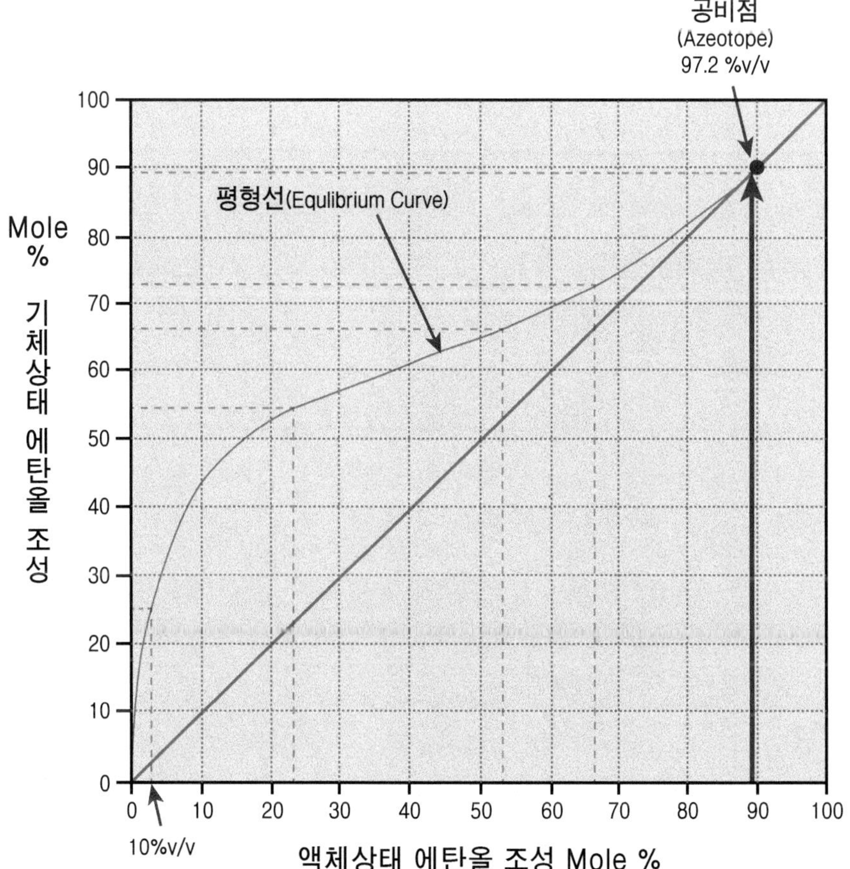

【그림 2-16】 1기압(101.3kPa)에서의 에탄올-물 기액 평형
(Vapour-Liquid Equilibrium Diagram for Ethanol-Water at 1 Bar)

2. 단식 증류 이론 (Batch Distillation Theory)

단식 증류에서, 액체로 채워진 증류기는 bubble point까지 가열되고 유출액(distillate)은 일정 시간이 지나면 증류되어 나온다. 앞서 언급했듯이, 증류기 내부에 남은 액체의 bubble point는 증류가 진행됨에 따라 상승하는 경향이 있고, 낮은 boiling point의 성분들은 제거된다.

증류기를 떠난 증기는 액체 상태의 유출액(liquid distillate)을 얻기 위해 증류기 외부로부터 공급되는 냉각 매체에 의해서 열교환 방식으로 응축된다.

만일 증류기가 완벽하게 단열되어 있다면, 증류기를 떠난 증기가 응축기(condenser)에 도달하기 전까지는 냉각되지 않기 때문에, 어떤 액체 응축수(condensate)도 증류기 내부의 벽에 생성되지 않는다.

만일 응축기에서의 생성물 모두가 응축수로 제거되어 어떤 물질도 증류기로 환류(return)되지 않는다면, 증류 중 증류기 내부에서 생성되는 증기는 증류기 내부 모든 지점에서 액체와 평형(equilibrium) 상태일 것이고, 기-액의 조성이 'T-x-y' 또는 'x-y'의 도표로 예측 가능하다. 이러한 방법을 적용한 증류기 운전을 'single equilibrium stage'라 일컫는다. 그리고 유출액(distillate) 안의 MVC (more volatile component)는 전적으로 그 시스템의 평형 상태에 의존하여 얻어진다. 즉, relative volatility a에 의존하는 것이다.

만일 어떤 증류액(liquid distillate)이 환류액(reflux)으로 증류기 내부로 돌아오거나, 또는 증류기의 설계(design)가 액체와 기체 상태 간에 접촉을 하게 되어 있다면 단일의 평형 상태(single equilibrium stage)보다 더 많은 평형(equivalent)에서의 분리가 가능하다. 이는 증류판(distillate column plates) 혹은 증류 팩킹(distillate column packing)을 사용하였을 때 가능할 것이다. 그림은 단식 증류기에 증류판(plates)을 설치한 모식도이다.

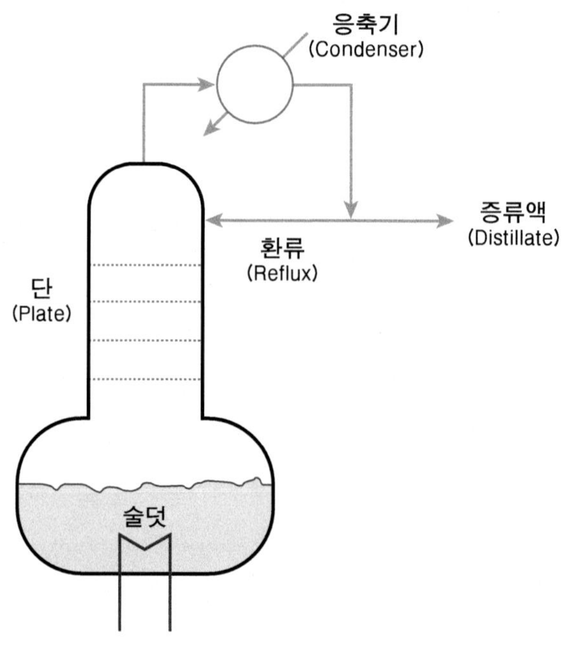

증류기 꼭대기를 떠난 증기로부터 생성되는 응축액(condensate)의 분율은 reflux로 환류(return)된다. 돌아온 비교적 차가운 액체는 이렇게 최상단의 plate에서 증류기 상단을 냉각시키게 되고, 최상단부터 바닥까지 온도의 차이를 만든다. 각 단(plate)의 액체는 각각 다른 조성을 가지게 된다. 두 가지 혼합물의 증류(binary distillation)에서, 기-액 평형 상태(vapour and liquid in equilibrium)에서, 주어진 압력에서, 특정 단(particular plate)의 액체 조성이 특정 온도를 당연히 수반한다. 역도 마찬가지이다.

몰트 위스키(Malt whisky) 산업에서 이용하는 단식(batch)의 워시(wash) 및 스피릿(spirit) 증류기(still)는 보통 증류판(단)이나 증류 팩킹이 없기 때문에, 분리(separation)는 한 번의 평형 상태를 가지게 됨과 같을 것이다. 그러나 전통적으로 구리 재질의 스완 넥(swan neck)과 라인 암(lyne arm)은 보온이 되어 있지 않아서, 무시할 수 없을 만큼의 열을 주위의 공기 중에 전도(convection) 및 복사(radiation)의 형태로 잃게 된다. 이는 증류기의 내벽에 응축수 발생을 일으켜, 다른 조성의 증기 상태를 유발시킴과 동시에 더불어 아주 얇은 액체 필름(film)을 형성한다. 응축된 액체는 리플럭스-환류(reflux)로서 끓는 술덧(액체당 : Liquid Pool)으로 돌아간다. 따라서 위스키 증류기는 하나의 평형 상태보다는 좀 더 많은 분리 평형(separation equivalent)이 일어난다.

3. 이론 단수(Theoretical Plate Number)

완전하게 효과적인 증류기 칼럼의 단(plate, 판)은 그 위의 액체와 그 액체로부터 발생하는 증기와 평형을 이루어 하나의 평형 상태로서의 기능을 할 것이다. 주어진 분리(separation)를 수행하기 위해서는 일정한 평형 상태의 수가 필요(the number of equilibrium stages required)하기 때문에, 이를 일컬어 이론적인 판(단)의 수(the number of theoretical plates)라고 표현한다.

여기서 중요한 점은 증류기 하단의 끓는 상태의 액체당(the pool of boiling liquid at the bottom of the still)은 그 자체로서 하나의 평형 상태를 이룬다. 또한, 응축기(condenser)는 전응축기(total condenser)로서 동작하거나 부분 응축기(partial condenser)로서 작용을 하게 되는데, 전자의 전응축기(total condenser)는 응축기(condenser)에 들어간 모든 증기가 100% 액화되어 액체 상태로서 얻어지게 되는 것이고, 부분 응축기(partial condenser)는 일부분의 증기만을 응축시키기 때문에, reflux의 환류분과 유출액(vapour distillate)을 증류기의 상단에서 생산한다.

부분 응축기(Partial condenser)는 분리에 있어서 또 하나의 상(stage)을 제공하는데 이는 증류기를 벗어나는 액체와 기체의 상태가 평형 상태와 거의 일치하기 때문이다.

단(plate)을 떠나는 기체와 단위의 액체 조성의 관계 방정식은 아래와 같이 유도될 수 있다.

하나의 단을 기준으로 주고받는 질량(mass)과 열 밸런스(heat balance)를 고려한다.

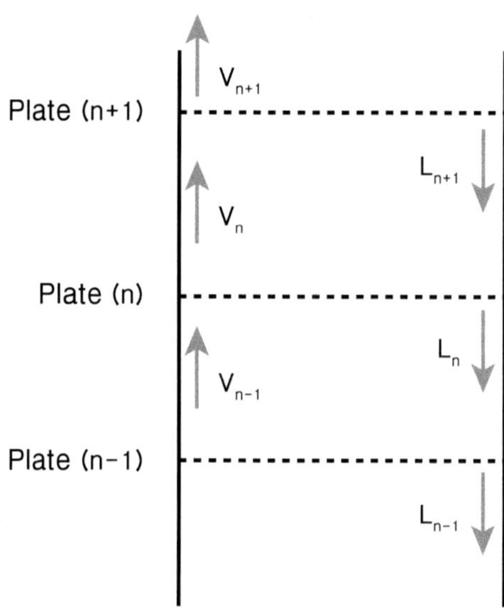

V_n 과 L_n 은 몰 기준(mol base)의 증기와 액체 flows (kmol/s) 이다.

Plate (n)을 통과하는Material balance는 :

$$V_{n-1} + L_{n+1} + V_n + L_n$$

Heat balance는 :

$$V_{n-1}H_{n-1}^{V} + L_{n+1}H_{n+1}^{L} = V_nH_n^{V} + L_nH_n^{L} + \text{heatloss} + \text{heat of mixing}$$

L_n 은 H^V와 H^L은 순서대로 증기와 액체의 비엔탈피(specific enthalpy) 이다.

만일 시스템이 열적으로 완전히 단열되어 있다고 가정하면, 열손실이 없고, 어떤 열도 교환되지 않으므로 이는 무시할 수 있으므로, 분석은 간략화될 수 있다. 이는 또한 증류되는 혼합액이 어떤 조성에서도 증발 시의 잠열(constant malar laten heat of vaporisation)이 일정하다는 가정에서도 유용하다. 따라서 단 위의 응축액 a kmol 증기는 그 위의 정확히 a kmol의 액체를 단에서 증발시키기에 충분하다. (대부분의 시스템에서 비록 실제에서는 엄밀히 말해 일어날 수 없지만)

이런 가정들은 constant molar overflow의 결과로서, 의미는 기체와 액체의 흐름이 증류기 칼럼의 전 구간을 통해 어떤 section에서도 일정하다는 뜻이다.

따라서

$$V_{n-1} = V_n = V_{n-1} \cdots \text{ 그리고 } L_{n+1} = L_n = L_{n-1} \cdots \text{ 이 성립한다.}$$

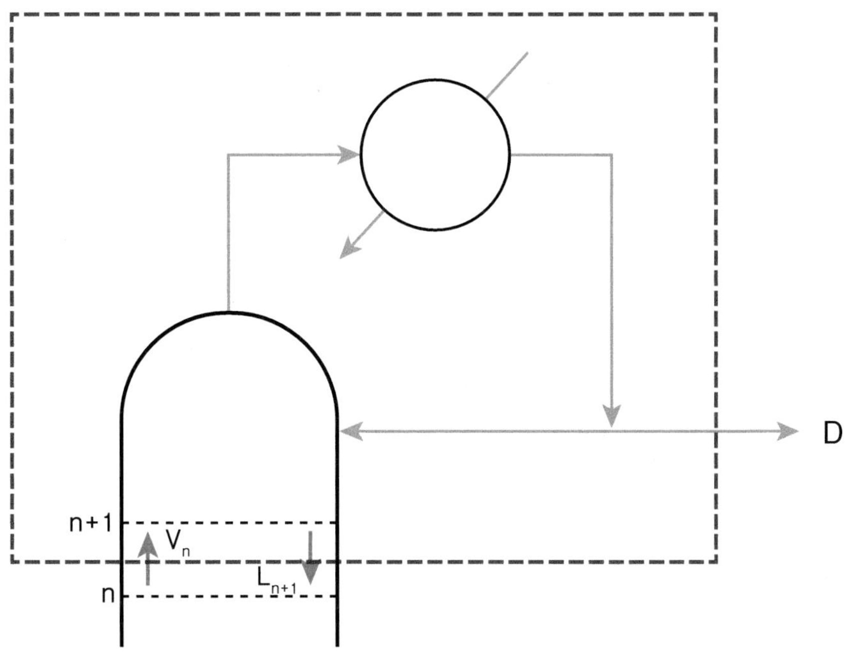

여기서 D = Distillate flow rate (kmol/s)

constant molar overflow라고 가정하면, 위에 빨간 점선으로 경계 표시된 system에서의 material balance는 아래 식이 성립한다 :

$$V_n = L_{n+1} + D$$

MVC(more volatile component)에 관해서는 아래 식이 성립한다 :

$$V_n y_n = L_{n+1} x_{n+1} + D x_d$$

y_n = Mole fraction of MVC in vapour from plate (n)

x_{n+1} = Mole fraction of MVC in liquid from plate (n+1)

x_d = Mole fraction of MVC in liquid distillate

주어진 식을 V_n 으로 나누면 :

$$y_n = \frac{L_n}{V_n} X_{n+1} + \frac{D}{V_n} X_d$$

이 방정식은 y_n 과 x_{n+1}이 관계하는 선형식이다. 이식은 단식 증류기(batch still)의 the operating line equation이고, 전통적인 연속식 증류기에서는 the top operating line equation이다. 여기서 L_{n+1}은 the constant molar overflow라는 가정에 의해 L_n으로 대치될 수 있다.

Reflux ratio R은 증류기로 증류기 상단에서의 생성물로 제거되는 distillate의 kmol당 reflux로서 증류기로 되돌아가는 응축액의 양(kmol)이다.

$$R = L_n / D$$

〈예제〉

Total condenser의 증류기에 10mole% 에탄올-물 혼합물을 넣고, 1기압에서 2kmol/kmol 의 환류비(reflux ratio)로 운전되고 있다. 증류기의 단에 머무르는 액체는 무시할 만큼 작다. 초기의 증류액(Diatillate)의 알코올 조성이 75% mole%를 달성하기 위해서는 몇 개의 이론적인 단수가 필요한가?

(에탄올-물의 y-x 그래프의 기액 평형 데이터를 이용)

〈풀이〉

우선, 임의로 증류액(D)을 100kmol로 놓는다.

$D = 100\text{kmol}$

$L_n = RD = 2(100) = 200\text{kmol}$

$V_n = L_n + D = 200 + 100 = 300\text{kmol}$

Operating line equation :

$y_n = (L_n / V_n)\, x_{n+1} + (D / V_n) x_d$

$= (200/300)\, x_{n+1} + (100/300)0.75$

$y_n = 0.667x_{n+1} + 0.25$

total condenser 증류기이므로, 증류액 distillate는 최상단(top plate(n))을 떠나는 증기(vapour)와 조성이 같다. x-y 그래프에서 도식해 보면,

기상의 $y_n = 0.75$일 때, 평형 상태(Equilibrium)를 기준으로 액상의 $x_n = 0.7$이 된다.

그리고 최상단 아래의 기상 y_{n-1}의 조성(몰분율)은 the operationg line equation에 의해서 구해진다.

$y_{n-1} = 0.667x_n + 0.25 = 0.667(0.7) + 0.25 = 0.717$

이것은 (n-1)번 Plate 위의 액체(x_{n-1})와 평형 상태로서, x-y 그래프로부터,

$x_{n-1} = 0.629$

$y_{n-2} = 0.667x_{n-1} + 0.25 = 0.667(0.629) + 0.25 = 0.670$

이렇게 동일한 방법으로 증류기 안의 액체의 알코올 조성이 10mole%에 도달하도록 반복한다.

x_{n-2} = 0.514 ; y_{n-2} = 0.593

x_{n-3} = 0.328 ; y_{n-2} = 0.469

x_{n-4} = 0.172 ; y_{n-2} = 0.365

x_{n-5} = 0.061

따라서 6개의 평형 상태가 필요하므로, 증류기 안의 액체풀(liquid pool in the still pot) 1개의 평형 상태를 더하여, 5개의 이론 단수(Theoretical plates)가 필요하다.

4. 맥카베-티엘레 방법(McCabe-Thiele Method)

위에 묘사된 방법은 가장 정직하고 간단한 방법이지만, plates의 수가 많다면 지루하게 된다. The operating line equation은 선형방정식이기 때문에, x-y diagram 위에 그릴 수 있다. y값들을 일일이 산술적으로 찾을 필요가 없다. 왜냐면 diagram으로부터 바로 읽을 수가 있기 때문이다.

두 종류의 혼합 상태에서 분리를 위한 평형 상태의 수를 알아내기 위한 the McCabe-Thiele method는 하나 또는 그 이상의 operating line과 x-y diagram을 이용하는 그래픽 테크닉이다. 평형의 상태(stages)들은 '계단(steps)'으로 그려진다. 방법의 순서는 아래와 같다.

1) 'the operating line eqation'을 정하고 두 종류system(the binary system)의 x-y diagram 위에 유출액(distillate)의 액체 조성 x_d에 대응한 '1:1' line 위를 선의 시작점으로 하여 주의하여 그린다.
2) '1:1' line 위의 xd로부터 x축과 평행한 선(horizontal line)을 그린다. 이는 최상단 plate의(또는 partial condenser에 해당된다.) 액체 조성을 알려준다. 이는 최상단 plate(또는 condenser)를 떠나는 증기(vapour)와 평형 상태이다.

3) '2)'에서 찾아진 'the equilibrium line' 위의 점으로부터 수직의 선을 내려 긋는다. 이는 바로 아래 plate로부터 최상단 plate로 올라온 증기(vapour)의 기체 조성을 알려준다.

4) '3)'에서 알아낸 'operating line'으로부터 'equilibrium line'으로 x축과 평행한 선을 그림으로써, 위로부터 두 번째 plate의 액체 조성을 알아낸다.

5) 이러한 '3)', '4)'의 과정을 액체 조성의 농도가 still 안의 농도까지 다다를 때까지 반복한다. 도표에서 계단의 수는 분리의 달성에 필요한 평형 상태의 수를 의미한다.

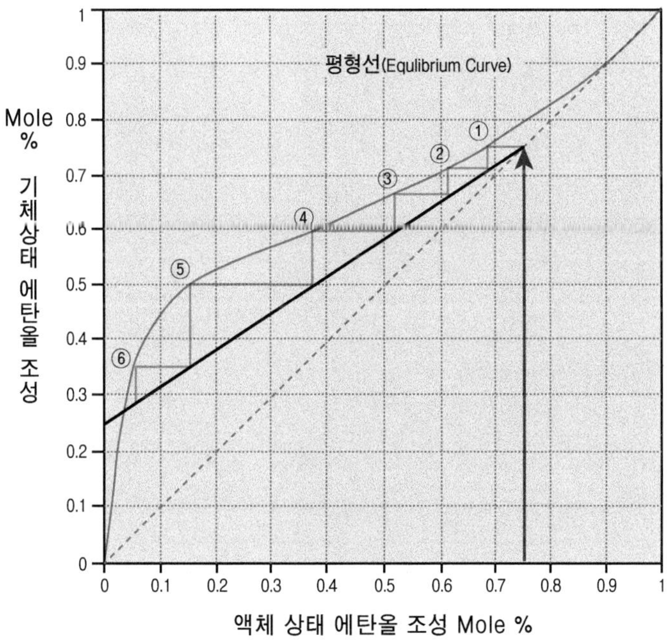

위의 그림은 위 예제의 McCabe-Thiele diagram을 이용한 풀이를 보여준다. 전에 말했듯이 총 6번의 평형 상태가 필요하다. The operating line은 아래 식과 같이 그려진다.

$$y_n = \frac{L_n}{V_n} X_{n+1} + \frac{D}{V_n} X_d$$

x가 x_d일 때,

$$y_n = (L_n/V_n)x_{n+1} + (D/V_n)x_d = (L_n/V_n)x_d + (D/V_n)x_d$$
$$= ((L_n+D)/V_n)x_d = x_d$$

따라서 'the operating line'은 "1:1" line 위의 $y = x = x_d$에서 시작한다.

$x = 0$일 때, $y = 0.25$, 즉 'the operating line'은 y축과 0.25에서 교차한다.

5. 환류비(Reflux Ratio)

전에 서술한 바와 같이, the reflux ratio R은, Ln/D와 같다. 이는 top product로 제거되어 유출되는 유출액(distillate)의 단위 kmol당 reflux로 still로 되돌아가는 응축수의 양이다. 선택된 Reflux ratio 값은 주어진 분리(separation)에 필요한 평형 상태의 수에 중요한 영향을 미친다. 위에 유도된 the operating line equation은 아래와 같다 :

$$y_n = \frac{L_n}{V_n} X_{n+1} + \frac{D}{V_n} X_d$$

$V_n = L_n+D$이기 때문에,

$$y_n = \frac{L_n}{L_n+D} X_{n+1} + \frac{D}{L_n+D} X_d$$

식을 D로 나누어 L_n/D을 R에 관한 식으로 바꾸면

$$y_n = \frac{R}{R+1} X_{n+1} + \frac{X_d}{R+1}$$

따라서 Operating line의 기울기와 요구되는 평형 상태의 수는 reflux ratio의 영향을 받게 된다.

R값이 증가함(매우 커지게 되면)에 따라, R/(R+1) 또한 증가하며, R이 무한대로 접근하면 R/(R+1)은 1로 접근한다. 무한수 R은 어떤 distillate도 still로부터 유출되지 않고 모든 응축액이 되돌아갈 때 발생하는데, 이러한 조건을 total reflux라 한다. Total reflux 조건에서는 The operating line의 기울기가 1로서 x-y diagram 위의 "1:1"과 구분이 없어진다. Total reflux는 특정 분리를 위해 가능한 최소한의 평형 상태 수를 제공한다.

〈예제〉
Total condenser의 증류기에 10mole% 에탄올-물 혼합물을 넣고, 1기압에서 total reflux로 운전되고 있다. 초기의 증류액(Diatillate)의 알코올 조성이 75% mole%를 달성하기 위해서는 몇 개의 이론적인 단수가 필요한가?

〈풀이〉
x-y 그래프에 McCabe-Thiele 방법을 적용한다. Total reflux 운전이므로 Operating line은 "1:1" 라인과 같다.

그래프에 도식을 하여 보면 4개의 단수가 그려진다. 따라서 4개의 평형 상태가 필요하고, 1개의 평형 상태인 증류기 안의 끓는 액체가 이루는 평형 상태와, 3개의 이론 단수가 필요하다.

만일 reflux ratio R이 감소되면, the operating line의 기울기가 작아짐에 따라, 필요한 평형 상태 수는 증가할 것이다. The operating line이 the equilibrium line을 질러가는 지점에서, the McCabe-Thiele 방법으로 필요한 평형 상태의 수(증가하여 무한대까지 증가)를 예상할 수 있다. 이 점은 분리를 달성하기 위해 필요한 minimum reflux ratio, Rm에 대응한다.

〈예제〉
위 예제의 분리가 이루어지기 위한 Minimum reflux ratio는 ?

〈풀이〉
답은 Rm = 0.9 kmol/kmol이다.
x-y 그래프에 McCabe-Thiele 방법을 적용하여 풀어본다.

위의 예제에서 특정한 분리가 가능하기 위해서는 reflux ratio 값이 반드시 이 값을 초과해야 한다.

단식 증류(batch distillation)가 진행됨에 따라, 스틸 내부의 MVC(more volatile component) 농도는 감소할 것이다. 스틸이 고정된 수의 분리(separation) 상태를 갖는다고 생각하면, 만일 reflux ratio R은 상수로서 일정하게 유지되고, 유출액(distillate)의 MVC 농도 xd는 점차 줄어들 것이다. Operating line의 기울기는 다독으로 reflux ratio에 의존하고, 변화하지 않을 것이다. 그러나 y축과의 교차점은 xd처럼 감소할 것이다. 운전 시작과 종료의 Operating-line을 비교해 보면, 기울기가 같기 때문에 처음의 선과 마지막의 선이 평행함을 보여준다.

만일 운전이 진행되는 동안 일정 값의 x_d값을 유지하기 원한다면, 스틸 안의 MVC 농도가 줄어들기 때문에 그에 대한 보정으로서 R 값은 시간이 지남에 따라 반드시 증가되어야 한다. 운전이 진행되는 동안 항상 Operating-line은 '1:1' line과 $y = x = x_d$점을 교차하지만, 기울기와 y축과의 교점은 시간에 따라 변화할 것이다.

6. 증류 에너지(Distillation Energy)

증류주 제조를 위해 발효 술덧을 가열(에너지 투입)하면 휘발 성분들(Volatile compounds)이 기화되어 냉각기(응축기, Condenser)를 통해 다시금 증류액(Distillate)으로 유출된다. 에너지 관점에서 증류를 보면, 발효액에 에너지를 투입하고, 초기 에너지를 받은 발효 술덧은 온도가 점차 상승(△Q 현열 가열, Sensible heating)한다. 비점(포점, Bubble point)에 도달하게 되면, 발효 술덧은 액체에서 기체로 상변화(Phase changing)를 하게 된다. 상변화는 물질의 내부 에너지(△U Internal energy) 증가(잠열가열, Latent heating)로 인한 것이다.

상변화를 동반한 증류의 에너지 변화는 열역학으로 설명할 수 있다. 증류의 에너지 계산을 위해 사용되는 열역학 기호들에 대해 소개하고 간략한 설명을 하였다. (자세한 이해를 위해서는 열역학 서적을 참고)

1) 열전달(Heat Transfer)

열의 전달은 물체 접촉을 통한 전도(Conduction), 물질의 이동을 통한 대류(Convection),

열원으로부터 매개를 통하지 않는 복사(Radiation)의 3가지가 있다. 증류 시 발효 술덧을 가열시 가열된 증류기는 외부로 열(에너지)을 손실하게 된다. 총 투입된 에너지는 증류액 유출에 사용된 에너지와 증류 중 손실된 에너지의 합으로 표현되며, 에너지의 관계식으로 부터 환류비(Reflux Ratio)를 구할 수 있다. 환류비(R)는 술덧 증류 에너지(Q_E+Q_W)에 대한 열손실(Q_{Ra}+Q_{Co})로 표현된다.

(1) **현열 가열** (Sensible Heating)

Sensible heating은 포화점 아래의 온도에서 유체에 열을 가하여 유체에 온도를 높인다. 관계식은 아래와 같다.

$$Q = Gc_P(T_2-T_1)$$

Q = 열전달률(heat transfer rate)

G = 질량흐름률(mass flow rate)

c_P = 비열(specific heat capacity)

T_1 = 가열 전 유체온도

T_2 = 가열 후 유체온도

(2) **잠열 가열** (Latent Heating)

Latent heating은 유체의 포화온도(Tsat)에서의 가열로서 온도는 상승하지 않고, 에너지는 유체 내부로 흡수되어 유체의 상(phase)이 변하게 된다. 관계식은 아래와 같다.

$$Q = Gh_{fg}$$

h_{fg} = 증발열(heat of vaporization)

(3) **전도에 의한 열전달**(Heat transfer by Conduction)

자유전자(free electron)가 많은 금속의 경우 비금속보다 열전도율이 높다. 물질별로 열전도도(k) 값이 다르다. k 값이 클수록 열의 전도가 빨라 좋은 Conductor의 소재가 되고, k 값이 작을수록 열의 전달을 막아 좋은 Insulator의 역할을 한다. 목적되는 증류주 제조를 위한 증류기 선택 시 재질은 중요한 고려 인자이다. 아래 관계식과 물질별 열전도도 값을 정리하였다.

전도에 의한 열전달 관계식은 푸리에 방정식(FOURIER'S EQUATION)을 따른다.

$$Q = -kA \frac{\triangle T}{\triangle x}$$

Q = 열전달률(heat transfer rate) (W)

k = 열전도도(thermal conductivity) (W/mK)

A = 열 통과 면적(heat flow path area) (m^2)

△T = 온도 변화(temperature) (K)

△X = 열 통과 두께(heat path thickness) (m)

Insulators	k (W/mK)
공기(Air)	0.028
유리솜(Glass wool)	0.041
코르크(Cork)	0.043
석면	0.16
물(Water)	0.611
벽돌(Brick)	0.69
유리(Glass)	1.09
Conductors	**k (W/mK)**
수은(Mercury)	8.36
스테인리스(Stainless steel)	16
흑연(Graphite)	151
알루미늄(Aluminium)	230
구리(Copper)	377

(4) **대류에 의한 열전달**(Heat transfer by Convection)

대류(convection)는 유체(fluids) 안에서 일어나는 열 이동 현상으로 전도(conduction)의 확장된 형태로 유체가 가열된 판과 접촉될 때 열 이동의 현상으로 설명될 수 있다. 기본 관계식은 위의 푸리에 방정식으로부터 유도된다. 여기서는 경막열전달계수(film heat transfer coefficient, h)와 열저항(thermal resistance, R)이 관여하며, 이들 계수는 총 열전달계수(overall heat transfer coefficient, U)로 계산한다.(유도식은 생략) 증류주 제조 시 증류기에서 방출되어 손실되는 열의 계산에 사용된다. 증류 시행 중 가장 많은 열의 손실이 대류에 의한 열손실이다.

대류에 의한 열 전달 관계식은 다음과 같다.

$$Q = UA(T_{fi} - T_{f2})$$

Q = 열전달률(heat transfer rate) (W)

U = 총 열전달계수(overall heat transfer coefficient) (W/㎡K)

A = 열 통과 면적(heat flow path area) (㎡)

T_{fi} = 내부 유체온도(fluid temperature in the tank) (K)

T_{f2} = 외부 유체온도, 주변 온도(ambient fluid temperature) (K)

(5) **복사에 의한 열전달**(Heat transfer by Radiation)

열전달의 방법 중 전기적 특성 또는 광자의 형태로 방출되는 에너지 전달 방법으로 전도나 대류와는 달리 중간 매개체가 필요 없으며 광속으로 전달되는데, 고온체로부터 저온체로 열이 전달되며 빛과 마찬가지로 반사판으로 열의 방향을 바꿀 수 있는 특성이 있다. 증류주 제조 시 증류기의 표면을 통해 열이 주위로 방출하게 되고, 복사열 손실로 표현된다.

복사에 의한 열전달 관계식은 아래와 같다. 표면방사율은 복사체의 재질에 따른 값이다.

$$Q = A * \varepsilon * \sigma * (T_1^4 - T_2^4)$$

Q = 열전달률(heat transfer rate) (W)

A = 복사체 면적(radiator surface area) (㎡)

ε = 표면방사율(emmissivity of surface)

σ = 슈테판 볼츠만 상수(Stephan Boltzmann constant) (W/m^2K^4)

T_1 = 복사체 온도(radiator temperature) (K)

T_2 = 주변 온도(ambient temperature) (K)

2) 일반적인 에너지 방정식(General Energy Equation)

(1) 엔탈피(enthalpy) H

일하는 유체의 열역학적 성질로 열용량(heat capacity)과 열전달 공정들과 밀접한 관련이 있으며 다음과 같이 정의한다.

$$H = U + PV$$

U = 내부 에너지(internal energy) (J)

P = 압력(pressure) (N/m^2)

V = 부피(volume) (m^3)

(2) 비엔탈피(Specific Enthalpy) $\hat{H}$

단위 질량(단위 mol)당 엔탈피. 열역학에서 단위 질량당 해당하는 양(Specific quantity)을 나타낼 때 심볼 위에 ^ 표시를 한다. Specific enthalpy는 다음과 같이 정의한다.

$$\hat{H} = \hat{U} + P\hat{V}$$

$\hat{H}$ = specific enthalpy (J/kg or J/mol)

$\hat{U}$ = specific internal energy (J/kg or J/mol)

$\hat{V}$ = specific volume (m^3/kg or m^3/mol)

P = pressure (N/m^2 or Pa)

(3) 에너지 방정식(Energy equation)

$$\triangle U + \triangle E_k + \triangle E_p = Q - W$$

$\triangle U$ = 내부 에너지(internal energy) 변화 (J)

$\triangle E_k$ = 운동 에너지(kinetic energy) 변화 (J)

$\triangle E_p$ = 위치 에너지(potential energy) 변화 (J)

Q = 계 내부로 열이동(heat flow into the system) (J)

W = 계가 한 일(work produced by the system) (J)

3) 증류 에너지 계산 (Distillation Energy Calculation)

그림의 모식도는 발효 술덧을 증류할 때 투입 에너지와 증류기의 열손실을 나타내었다. 에너지 계산식의 표현은 물과 알코올 두 성분으로 하였다.

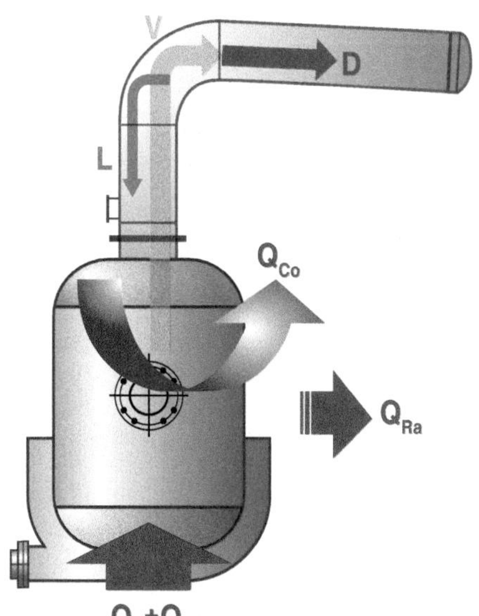

Q_E + Q_W : 발효 술덧 증류 투입 에너지

Q_{Co} : 대류열 손실

Q_{Ra} : 복사열 손실

V : 술덧 증기(Vapour)

D : 증류액(Distillate)

L : 응축 환류액(Condensate)

【그림 2-17】 증류 에너지 소비 개념도

〈표 2-3〉 증류 에너지 계산에 사용되는 인자

G	물질의 질량	kg
C	Specific heat (비열)	kJ/kgK
H_{fg}	Latent heat of Evaporation (기화잠열)	kJ/kgK
T_1	Average distillation Temperature	Kelvin
T_2	Ambient Temperature	Kelvin
ΔT	$T_1 - T_2$	Kelvin
A	증류기 표면적	m^2
ε	증류기 표면 복사 계수 (Emmissivity of copper surface)	0.25
σ	슈테판 - 볼츠만 상수	$5.67 \times 10^{-8} W/m^2K^4$
U	Overall film heat transfer coefficient (still surface - air side)	W/m^2K

(1) 술덧 증류 에너지

증류주 제조 시 증류에 투입되는 에너지는 발효 술덧이 물과 알코올의 이성분계로 보고 계산을 실시한다. 실제 발효 술덧은 고형 성분을 제외하고라도 굉장히 다양한 성분으로 이루어져 있고, 또한 증류 시 기화되고 유출된다. 그러나 미량으로 존재하는 다양한 성분들에 대해 비점과 증발열, 그리고 그에 대한 함량을 모두 알 수 없고, 또한 에너지 소비에 미치는 영향은 물과 알코올의 주요 성분에 비하면 무시할 수 있을 정도로서 작다.

술덧 증류에 투입된 총 에너지는 술덧(물 + 알코올)을 현열 가열(Sensible heating)하는 단계와 잠열 가열(Latent heating)하는 단계로 나누어 계산한다.

술덧 증류 에너지

= 알코올 증류 에너지(Q_E) + 물 증류 에너지(Q_W)

= (알코올 현열 가열 + 알코올 잠열 가열) + (물 현열 가열 + 물 잠열 가열)

= (C_{PE} · G_E · △T + $H_{fg}E$ · G_E) + (C_{PW} · G_W · △T + H_{fgW} · G_W)

증류 에너지 계산은 기본적으로 중량 단위로 계산되므로, 일반적으로 표현하는 알코올 vol%(%v/v)와 wt%(%w/w)의 관계표를 참고하여 적용한다.

물의 기화 시 상변화에 의한 압력에 따른 잠열 에너지 변화표를 참고하여 잠열 에너지를 구할 수도 있다. 마친가지로 알코올의 압력에 따른 잠열 에너지 역시 열역학 성질을 참고하여 구한다.

〈표 2-4〉 알코올 변환(vol% ↔ wt%) 및 비중표

vol%	wt%	비중 (15°/15°)	vol%	wt%	비중 (15°/15°)	vol%	wt%	비중 (15°/15°)
0.0	0.00	1.0000						
						67.0	59.29	0.8980
1.0	0.80	0.9985	34.0	28.12	0.9608	68.0	60.34	0.8956
2.0	1.59	0.9970	35.0	28.99	0.9594	69.0	61.39	0.8932
3.0	2.39	0.9956	36.0	29.86	0.9581	70.0	62.46	0.8907
4.0	3.20	0.9942	37.0	30.73	0.9567			
5.0	4.00	0.9929	38.0	31.61	0.9553	71.0	63.53	0.8882
6.0	4.81	0.9916	39.0	32.49	0.9538	72.0	64.60	0.8857
7.0	5.62	0.9903	40.0	33.38	0.9523	73.0	65.69	0.8831
8.0	6.43	0.9891				74.0	66.79	0.8805
9.0	7.24	0.9878	41.0	34.27	0.9507	75.0	67.89	0.8779
10.0	8.05	0.9867	42.0	35.17	0.9491	76.0	69.00	0.8753
			43.0	36.07	0.9474	77.0	70.13	0.8726
11.0	8.87	0.9855	44.0	36.97	0.9457	78.0	71.26	0.8699

12.0	9.69	0.9844	45.0	37.88	0.9440	79.0	72.40	0.8672
13.0	10.51	0.9833	46.0	38.80	0.9422	80.0	73.54	0.8645
14.0	11.33	0.9822	47.0	39.72	0.9404			
15.0	12.15	0.9812	48.0	40.64	0.9385	81.0	74.70	0.8617
16.0	12.97	0.9802	49.0	41.57	0.9367	82.0	75.87	0.8589
17.0	13.80	0.9792	50.0	42.51	0.9348	83.0	77.06	0.8560
18.0	14.62	0.9782				84.0	78.25	0.8531
19.0	15.45	0.9773	51.0	43.45	0.9329	85.0	79.45	0.8502
20.0	16.28	0.9763	52.0	44.39	0.9309	86.0	80.67	0.8472
			53.0	45.34	0.9289	87.0	81.90	0.8442
21.0	17.11	0.9753	54.0	46.30	0.9269	88.0	83.15	0.8411
22.0	17.95	0.9742	55.0	47.26	0.9248	89.0	84.42	0.8379
23.0	18.78	0.9732	56.0	48.23	0.9227	90.0	85.70	0.8346
24.0	19.62	0.9721	57.0	49.20	0.9206			
25.0	20.46	0.9711	58.0	50.18	0.9185	91.0	87.00	0.8312
26.0	21.30	0.9700	59.0	51.17	0.9163	92.0	88.32	0.8278
27.0	22.14	0.9690	60.0	52.16	0.9141	93.0	89.67	0.8242
28.0	22.99	0.9679				94.0	91.04	0.8206
29.0	23.84	0.9668	61.0	53.16	0.9119	95.0	92.44	0.8168
30.0	24.69	0.9657	62.0	54.17	0.9096	96.0	93.87	0.8128
			63.0	55.18	0.9073	97.0	95.34	0.8086
31.0	25.54	0.9645	64.0	56.20	0.9050	98.0	96.85	0.8042
32.0	26.40	0.9633	65.0	57.22	0.9027	99.0	98.40	0.7996
33.0	27.26	0.9621	66.0	58.25	0.9004	100.0	100.00	0.7947

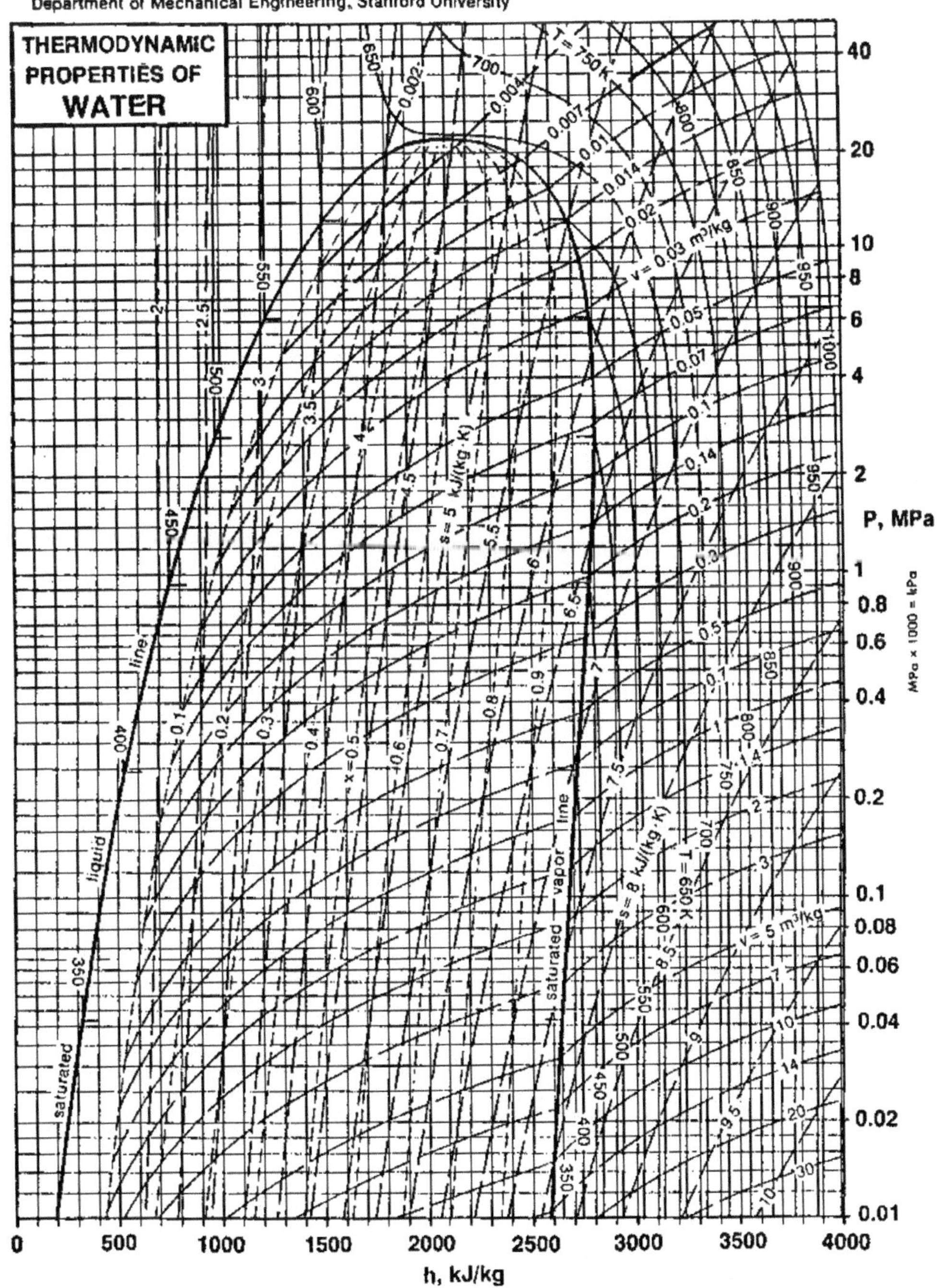

【그림 2-18】 물의 압력에 따른 잠열표 (출처 : Stanford대학)

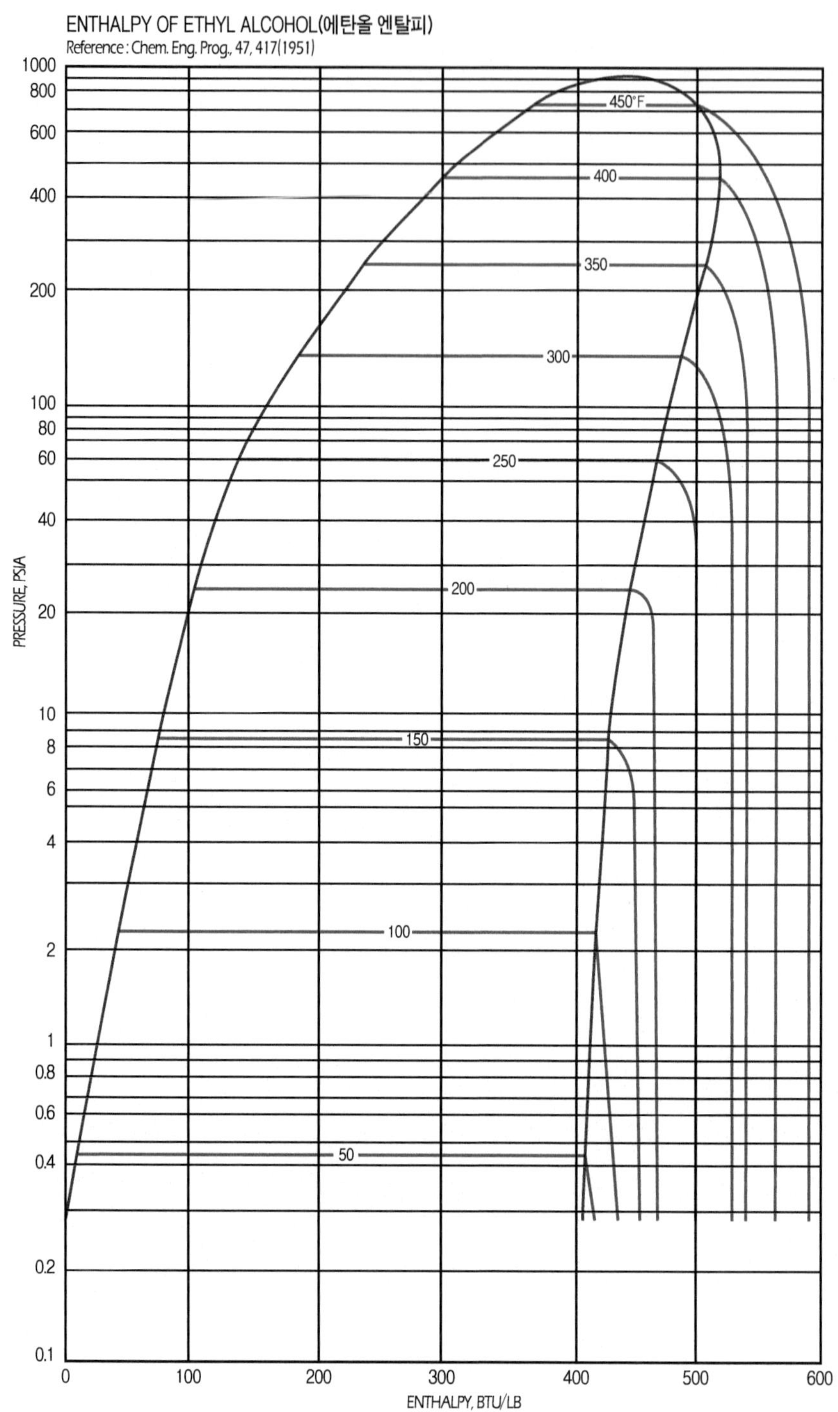

【그림 2-19】 알코올 압력에 따른 잠열표 (출처 : Ethylalcohol Handbook)

R.C. Wilhoit & B.J. Zwolinski, 'Physical and Thermodynmic Properties of Aliphatic Alcohols,'
American Chemical Society and American Institute of Physics (1973)

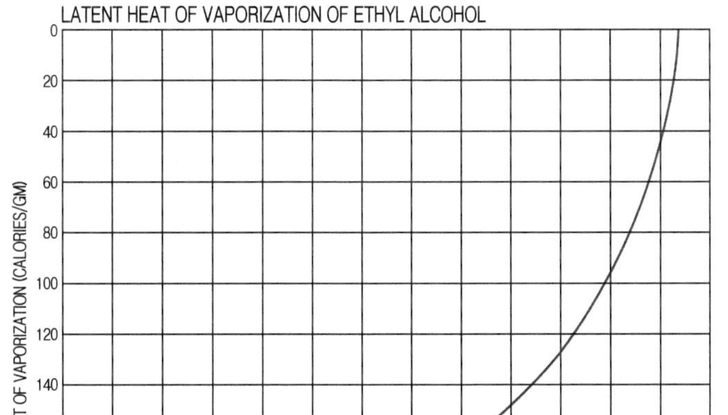

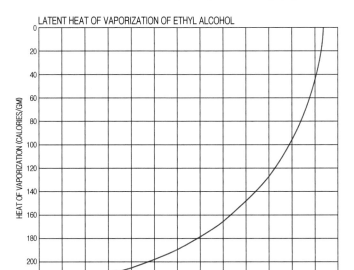

【그림 2-20】 알코올 기화 잠열 (출처 : Ethylalcohol Handbook)

Data from International Critical Tables

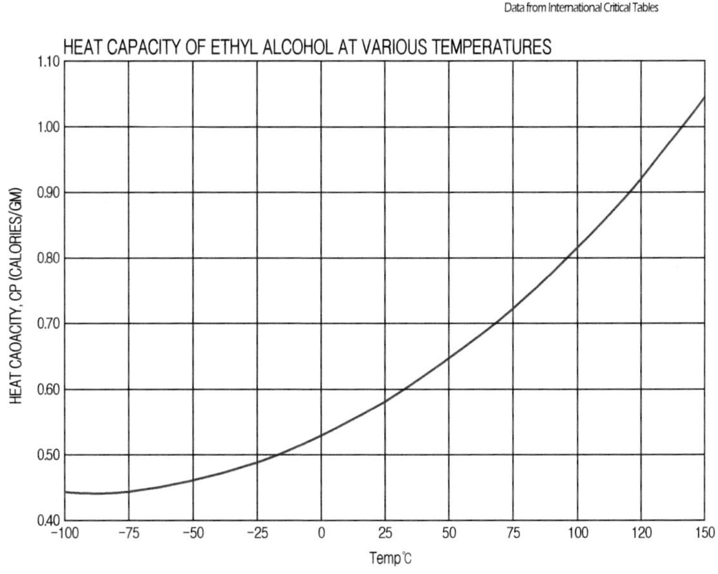

【그림 2-21】 온도에 따른 알코올의 비열 (출처 : Ethylalcohol Handbook)

〈표 2-5〉 질량 단위 변환표

Name of unit	Symbol	Relation to SI units
kilogram (kilogramme)	kg	= 1 kg (SI base unit)
ounce (US food nutrition labelling)	oz	= 28 g
pound	lb	= 0.45359237 kg

〈표 2-6〉 압력 단위 변환표

Name of unit	Symbol	Relation to SI units
atmosphere (standard)	atm	= 101325Pa
atmosphere (technical)	at	$= 9.80665 \times 10^4$ Pa
bar	bar	$= 10^5$ Pa
barye (cgs unit)		= 0.1 Pa
kilogram-force per square millimetre	kgf/mm^2	$= 9.80665 \times 10^6$ Pa
kip per square inch	ksi	$\approx 6.894757 \times 10^6$ Pa
millimetre of mercury	mmHg	≈ 133.3224 Pa
millimetre of water (3.98℃)	mmH_2O	= 79.80638 Pa
pascal (SI unit)	Pa	= 1 Pa
pound per square foot	psf	≈ 47.88026 Pa
pound per square inch	psi	$\approx 6.894757 \times 10^3$ Pa
poundal per square foot	pdl/sq ft	≈ 1.488164 Pa
torr	torr	≈ 133.3224 Pa

〈표 2-7〉 에너지 단위 변환표

Name of unit	Symbol	Relation to SI units
barrel of oil equivalent	boe	$\approx 6.12 \times 10^9$ J
British thermal unit (ISO)	BTUISO	$= 1.0545 \times 10^3$ J

British thermal unit (International Table)	BTUIT	= 1.05505585262 × 10^3 J
calorie (International Table)	calIT	= 4.1868 J
Celsius heat unit (International Table)	CHUIT	= 1.899100534716 × 10^3 J
kilocalorie ; large calorie	kcal ; Cal	= 4.1868 × 10^3 J
kilowatt - hour ; Board of Trade Unit	kW · h ; B.O.T.U.	= 3.6 × 10^6 J
litre - atmosphere	l atm; sl	= 101.325 J

(2) 열 손실

증류를 시행하기 위해 에너지를 투입하여 증류기가 가열되고, 주변 온도보다 높은 상태가 되면, 증류기는 완전한 단열체가 아니므로 주위 환경으로 열을 전달하게 된다. 주변으로의 열전달은 증류 에너지 소비 관점에서는 열손실로 표현된다. 증류의 열손실은 대류열 손실(Convection heat loss, Q_{Co})과 복사열 손실(Radiation heat loss, Q_{Ra})로 계산한다. 대류열 손실은 전도(Conduction)를 통한 열손실을 포함하고, 복사열 손실보다 더 크다.

증류의 열손실은 증류기에 대한 특성으로서, 증류기 안의 투입된 발효 술덧량과는 관계가 없고, 증류기의 재질(총 열전달계수, U는 재질과 표면 상태와 관련이 있는 계수)과 열이 통과하는 증류기 면적(A)과 관계한다.

증류기 열손실

= 대류열 손실(Q_{Co}) + 복사열 손실(Q_{Ra})

= U · A · △T · 증류 시간(초) + A · ε · σ · (T_1^4-T_2^4) · 증류 시간(초)

(3) 환류비(R)

환류비(Reflux ratio)를 구하는 방법으로 앞서 보았듯이 알코올-물의 기액 평형도표(VLE : Vapour-Liquid Equilibrium Curve)로 맥카베-티엘레 방법(McCabe-Thiele Method)으로도 구할 수 있지만, 증류 에너지 소비 관계식으로도 구할 수 있다.

만일 증류에 투입된 에너지가 일절 열손실 없이 그대로 소비된다면, 발효 술덧 가열에 전량 소비되어 기화된 발효 술덧 증기(Vapour)는 증류관(Still pot) 내에서 응축액(Condensate)

의 환류(Reflux) 없이 전량 증류액(Distillate)으로 유출된다. 그러나 증류기는 완전한 단열체가 아니므로 열손실이 존재하고, 열손실에 대한 부분이 바로 증류관에서 벽면을 따라 흘러내리는 응축 환류(L : Condensate Reflux)로 표현된다.

환류비(Reflux Ratio : R)
= 환류량(L : Condensate) / 기화 증기(V : Vapour)
= 증류기 열손실 / 술덧 증류 에너지
= $(Q_{Co} + Q_{Ra}) / (Q_E + Q_W)$

7. 증류 비율(Distillation Rate)

증류 비율이란 증류주 제조 효율을 나타내는 지표로서, 발효 술덧이 얼마만큼 증류로 이행되었는지를 나타낸다. 이는 알코올을 기준으로 하며, 발효 술덧에 존재하는 총 알코올양 대비 증류된 알코올양으로 계산한다. 증류 전 발효 술덧의 알코올 도수가 높을수록 증류 비율은 높아진다. 계산식은 다음과 같다.

$$\text{증류 비율(\%)} = \frac{\text{유출 증류액 부피} \times \text{유출 증유액 알코올(\%v/v)}}{\text{발효 술덧 부피} \times \text{발효 술덧 알코올(\%v/v)}} \times 100$$

증류 전 술덧 발효액의 알코올 도수가 각각 10, 15, 18%v/v의 경우에, 술덧량을 동일하게 하고, 목적되는 증류액(유출액 포집액)의 알코올 도수를 46%v/v로 했을 때, 증류 비율을 비교하였다.

〈표 2-8〉 발효 술덧 알코올 도수에 따른 증류 비율 비교

술덧 알코올 (%v/v)	술덧량 (부피)	증류 유출액 알코올 (%v/v)	증류 유출액량 (부피)	증류 비율 (%)
10	2000	46	348	80
15	2000	46	554	85
18	2000	46	750	96

03 증류 압력에 따른 특징

1. 상압 증류(Ambient Pressure Distillation)

상압 증류는 대기의 압력과 동일한 압력(1대기압, 1atm, 1,013mbar, 101.3kPa, 76cmHg, 760mmHg, 760torr) 상태에서의 증류를 의미한다. 위스키, 브랜디, 고량주 등 세계 증류주들은 여전히 상압 증류의 방식으로 생산되고 있다. 상압 증류 방식으로 생산되는 주질의 특징은 증류관 내 발효 술덧이 끓기 시작하여 증류액이 유출되기 시작, 완료되기까지 온도는 80~95℃ 정도로 고비점 성분들의 함량이 높고, 증류의 과정 중에 열에 의한 반응물들의 생성이 많은 특징이 있다. 증류기 재질과 디자인에 따른 주질의 차이가 크게 나타난다. 위스키 증류의 경우 2회 내지 3회 증류의 과정을 거쳐 제품이 되는 한편, 우리나라와 일본의 증류식 소주의 경우 대부분 1회 증류를 통하여 제품이 된다. 발효 술덧의 고형분을 제거하지 않고 증류를 하므로 상압 증류의 온도에서 고형분들로 인한 반응물 생성이 활발하다.

2. 감압 증류(Reduced Pressure Distillation)

감압 증류는 증류기(Pot still) 내부를 외부와 차단시켜 감압 펌프를 통하여 압력을 낮추어 증류를 시행하는 것으로서, 발효 술덧의 끓는점이 낮아지게 된다. 대부분의 감압 증류 압력은 110±20mmHg 정도로서 증류가 시작되는 온도는 40℃ 내외, 증류가 완료되는 시점의 온도는 50℃ 내외이다. 감압 증류는 상압 증류보다 현격하게 낮은 온도로 증류가 시행되기 때문에 증류관 내 발효 술덧의 열에 의한 성분의 변화가 없고, 유출 증류액의 성분은 상압 증류에 비해 고비점 성분의 함량이 적다. 또한, 상압 증류의 대표적인 성분인 푸르푸랄(furfural)이 검출되지 않는다. 휴젤류(fusels) 등 고급알코올(higher alcohols)의 함량은 상압 증류와 감압 증류 방식에 의한 차이는 없다. 감압 증류액은 상압 증류액보다 자외선 영역(10~275nm)에서의 흡광도(OD : Optical Density, Absorbance)가 낮게 나타나는 특징이 있다.

감압 증류의 경우 증류 온도가 상압 증류보다 낮으므로, 냉각기의 효율이 굉장히 중요하다. 가열을 위한 에너지는 상대적으로 적지만, 증류관을 넘어온 저온의 증기를 응축하기 위해 더 낮은 온도로 냉각해야 하므로, 감압도가 높을수록 냉각수 사용량이 현저하게 증가한다. 따라서 증류도관을 넘어온 증기를 응축하기 위해 감압 증류에서는 냉각기를 1차, 2차로 직렬 연결하여 냉각 효율을 높이기도 한다.

〈표 2-9〉 증류 압력과 증류 온도

증류 방법	증류 압력 (mmHg)	증류 온도 (℃)
상압	760	80 ~ 95
감압(중)	380±20	65 ~ 75
감압(강)	110±20	40 ~ 50

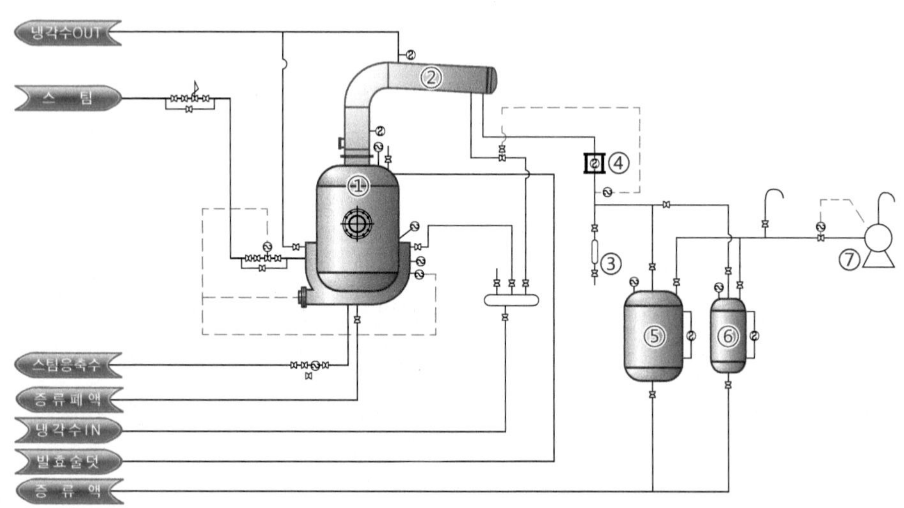

① 증류기 본체 ② 증류 도관 및 응축기 ③ 샘플링 ④ 증류액 모니터링 및 Cut 조절
⑤ 본류 T/K ⑥ 초류-후류 T/K ⑦ 진공펌프(감압펌프)

【그림 2-22】 감압 증류기 구성 및 도면

04 증류기 재질과 디자인

1. 증류기의 재질

증류기의 재질은 스테인리스 혹은 구리가 보편적이다. 스테인리스의 경우 내구성이 우수하여 오랫동안 사용이 가능하고, 또한 상압, 감압 방식 모두에 적용 가능하다. 그 외에도 열전도율도 우수하여 직접 가열 및 간접 가열 또는 스팀을 이용한 방법 등 모든 방법의 열원이 사용 가능하다. 세척과 살균이 용이하고 부식에 강한 특징이 있다. 한국과 일본의 증류식 소주, 중국의 백주 등 주로 동양의 증류주 제조용 증류기 재질로서 많이 이용되고 있다. 현재 우리나라 증류식 소주 제조 업체들의 경우 스테인리스 재질이 대부분이다.

구리의 경우 서양에서 전통적으로 증류기의 재질로 사용되어 왔다. 특성상 산에 강하고 열전도율이 스테인리스보다도 우수하여 지금도 위스키 및 브랜디 제조용 증류기의 재질로 사용되고 있다. 또한, 구리 증류기의 장점은 향미에 좋지 않은 영향을 주는 DMTS(dimethyltrisulphide)나 머캅탄(mercaptane)과 같은 황화합물을 제거시켜 주는 기능이 있다고 알려져 있으며, 과실을 원료로 하는 발효 술덧에 많이 포함되어 있는 에틸카바메이트(Ethylcarbamate)의 증류 시 제거 효과도 있다고 알려져 있다.

2. 증류기 디자인과 특징

증류기의 디자인이 주질에 미치는 영향은 상압 증류의 경우가 감압 증류보다 크게 나타나는데, 이는 열손실에 의한 이론적 단수의 변화와 환류(Reflux)에 크게 영향을 주기 때문이다. 증류기 몸체(Still Pot)의 모양, 목(Still neck)의 길이, 증류관(Lyne arm)의 길이와 각도에 따라서 주질의 차이가 있다고 알려져 있다. 환류가 많을수록 주질이 부드럽고 라이트(light)하고, 반면 환류가 적을수록 무거운(heavy) 주질의 증류주가 제조된다.

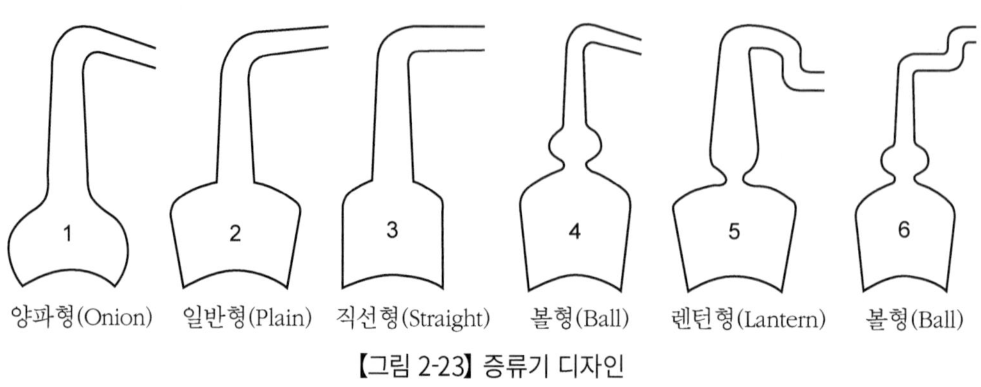

【그림 2-23】 증류기 디자인

A社 B社 C社 Da社

Du社 GE社 GA社 Kk社

Kd社 L社 L社 Lw社

【그림 2-24】 다양한 위스키 증류기 모양 (Whisky pot stills)

05 증류 가열 방식

1. 직접 가열 방식

1) 직화(Direct-fired)

증류기에 불을 직접적으로 가열하는 방식으로서 몰트 위스키와 코냑의 제조에 사용되는 방법이다. 화점이 발생하여 푸르푸랄(furfural) 등의 열에 의해 생성되는 성분들의 함량이 많아지고 주질의 특징은 무겁고, 강렬하다.

2) 직접 스팀 주입

스팀을 직접 술덧에 주입하여 가열, 증류하는 방식으로 점성이 높은 술덧에 적합하다. 중국의 백주 등에 사용되는 방법이다.

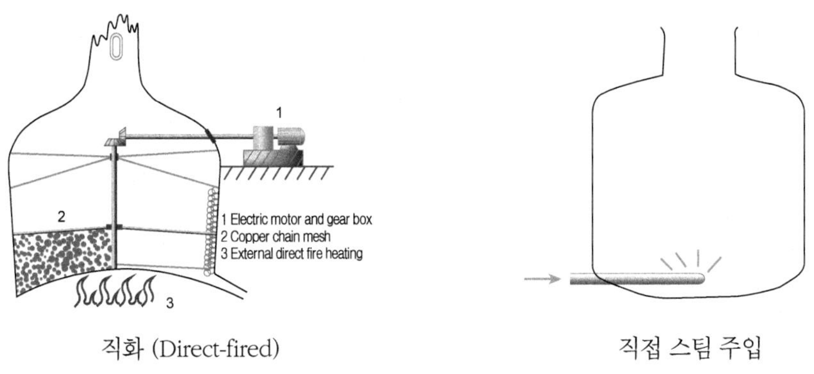

직화 (Direct-fired)　　　직접 스팀 주입

【그림 2-25】 직접 가열 방식

2. 간접 가열 방식

대부분의 단식(Batch)으로 제조되는 증류주에 사용되는 방법으로써 스팀 코일(steam coil)과 스팀 자켓(steam jacket)의 방법, 그리고 술덧을 증류기로부터 일부 빼내어 가열하여 다시 증류기로 돌려보내는 외부 가열 방식(Calandria)이 있다. 직접 가열의 방식보다 열원의 제어가 용이하고, 열에 의한 변성이 적다.

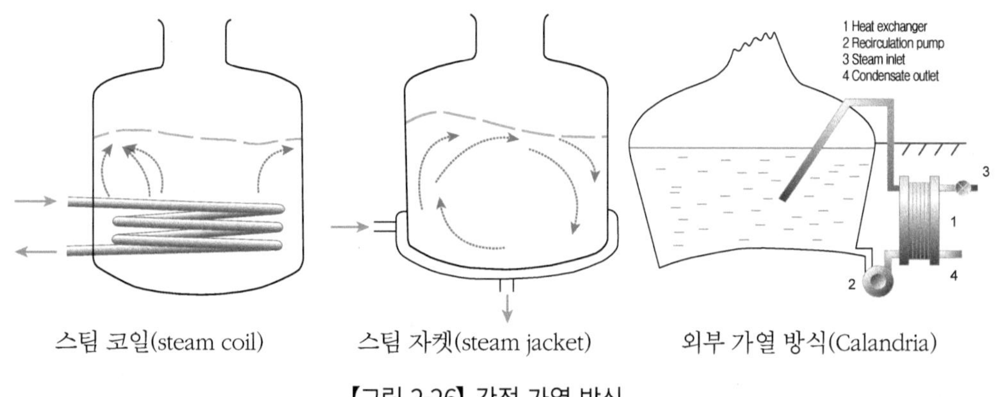

스팀 코일(steam coil)　스팀 자켓(steam jacket)　외부 가열 방식(Calandria)

【그림 2-26】 간접 가열 방식

직화(direct-fired)
Y社

스팀 자켓(steam jacket)
L社

직화(direct-fired)
Y社

스팀 코일(steam coil)
Lw社

【그림 2-27】 산업체 실제 활용

3. 냉각기 (Condenser)

냉각기는 증류관을 넘어온 증기를 증류액(Distillate)으로 응축시키는 설비로써 냉각 효율이 좋지 않으면, 알코올 손실로 인한 증류 비율이 감소하게 된다.

상압 증류에서는 증류 온도가 높아 냉각기를 통하는 냉각수의 온도가 15~20℃ 정도에서 충분한 온도차가 확보되어 알코올의 손실이 거의 없다. 1회의 증기 응축(냉각)을 통해서도 충분히 증류 비율이 확보된다. 냉각 후 증류액의 유출 온도가 최대 30℃를 넘지 않는 것이 좋다.

감압 증류에서는 앞서 설명하였듯이 냉각기의 효율이 굉장히 중요한데, 감압도가 증가할수록 증류 온도는 낮아져서, 증기를 응축시키기 위해 냉각수의 사용량이 증가하게 된다. 냉각 효율을 높이기 위해, 냉각수의 온도를 낮추거나, 냉각수의 순환 속도를 높인다. 감압 증류를 위한 증류기의 설계 시 냉각기를 직렬로 2기를 배치(Shell and Tube condenser + Worm condenser)하는 경우도 있다.

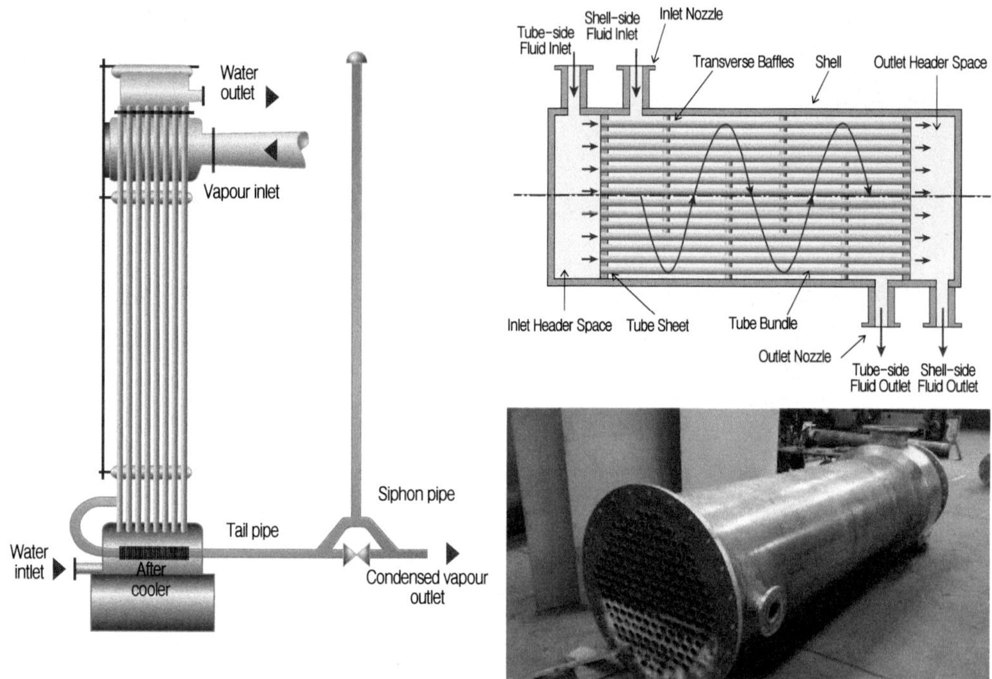

【그림 2-28】 쉘-튜브형 응축기(Shell and Tube Condenser)

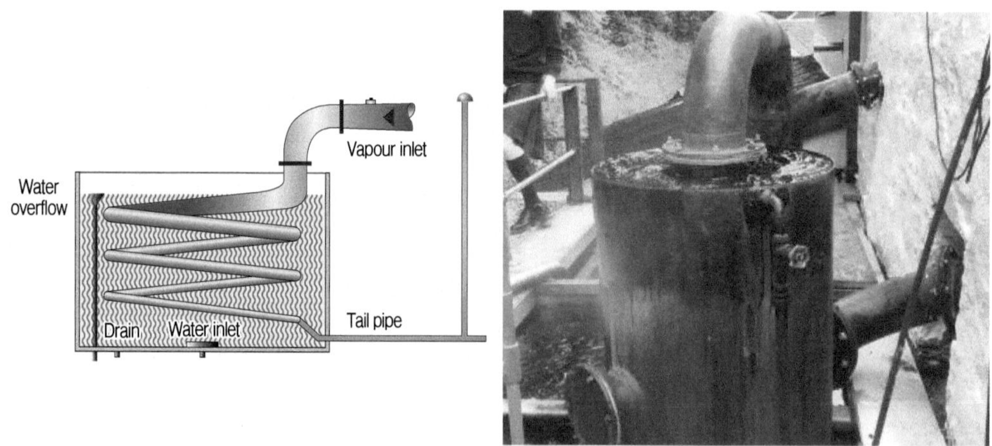

【그림 2-29】 웜 응축기(Worm Condenser)

Shell and Tube GM社

Shell and Tube + Worm H社

Shell and Tube M社

Shell and Tube + Worm L社

【그림 2-30】 산업체 실제 활용

06 증류 시스템과 증류주

1. 스카치 몰트 위스키 증류기와 증류 시스템

스카치 위스키의 증류기는 동(copper) 재질로써 물러 성형이 쉽고, 열전도도가 높아 열전달이 매우 좋은 금속으로, 향미 기여 성분들의 제어에 중요한 역할을 한다. 증류 압력은 상압 증류, 열원으로서는 대부분 스팀을 간접 가열하여 사용하지만, 고체 연료 혹은 가스버너와 같은 직접 가열을 하는 증류소도 있다.

스카치 위스키 증류는 2회에 걸쳐 진행한다. 증류기의 구조는 1차 증류기(wash still)와 2차 증류기(spirit still)는 크게 다르지 않지만, 증류기 중간의 내부창(sight glass)의 유무 차이가 있다. 1차 증류 시 끓어넘침(frothing)을 모니터링하기 위해 창이 있는 경우가 대부분이다. 크기는 대개 1차 증류기 대비 2차 증류기가 6할 정도의 규모로 설계 된다.

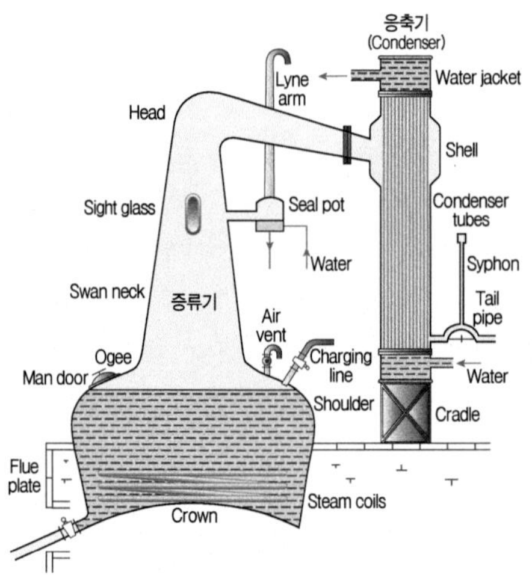

【그림 2-31】 스카치 몰트 위스키 1차 증류기 (wash still)

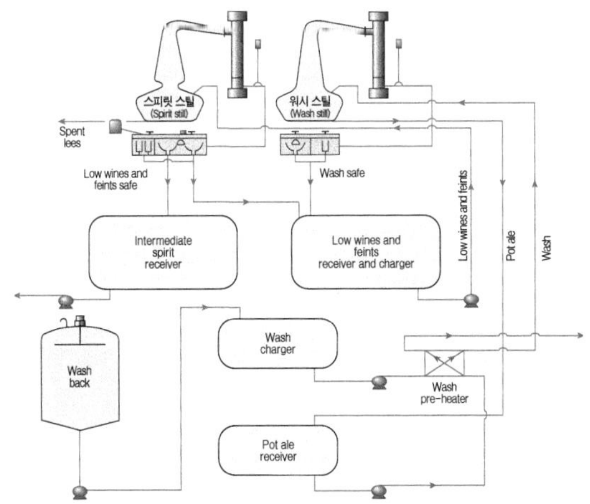

【그림 2-32】 스카치 몰트 위스키 증류 시스템

두 번 증류하는 스카치 몰트 위스키의 1차 증류시(wash distillation)는 발효 술덧에 있는 알코올과 향미 성분들을 뽑아내는 단계로서 투입 발효액량 대비 3.5할 정도로 승류액을 받는다. 이때의 모아진 증류액을 '로우 와인(low wine)'이라 하고, 알코올 함량은 약 19~23%v/v 정도가 된다.

2차 증류 시(spirit distillation) 컷포인트는 1차 컷(초류컷 : 초류→스피릿)은 68~75%v/v, 2차 컷(스피릿 컷 : 스피릿→후류)은 55~65%v/v, 3차 컷(후류 컷 : 후류→종료)은 1%v/v로 시행한다.

앞서 단식 증류(batch distillation)를 설명한 장에서 위스키의 2회 단식 증류를 자세하게 설명한 것을 참고한다.

2. 스카치 그레인 위스키 증류 시스템

1830년 아니스카피(Aneas Coffey, Ireland, Dublin)에 의해 고안된 연속식 증류기인 카피스틸(Coffey still)은 현재까지도 스카치 그레인 위스키 생산에 사용되고 있으며, 모든 연속식 증류 시스템의 기본적인 원리가 되고 있다.

카피스틸은 높이가 약 18미터(60피트)되는 두 개의 컬럼시스템(two columns system)으로 발효 술덧(beer)이 탑 내부에서 고형분이 제거되는 섹션인 아날레이저 컬럼(Analyser column)(beer still)과 상승하면서(단수가 높아짐에 따라) 알코올 함량이 증가하는 섹션인 렉티파이어 컬럼(Rectifier column)으로 구성되어 있다. 발효 술덧(beer)은 예열을 위해 탑 내부와 분리된 관을 통하여 Rectifier column으로 투입되고, 예열된 발효 술덧은 Analyser column 상부를 통해 컬럼 내부로 들어간다.

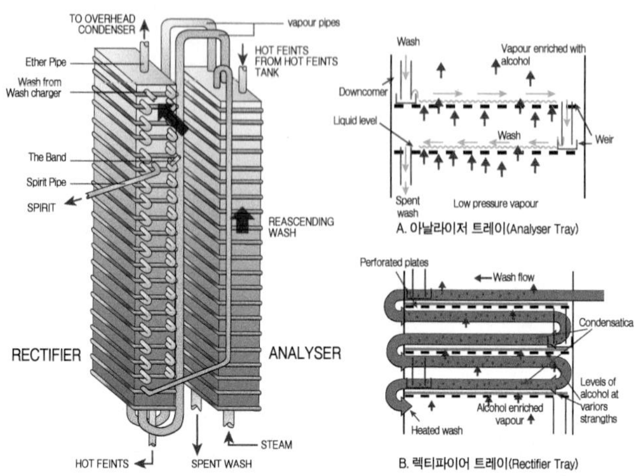

【그림 2-33】 카피스틸 (Coffey still)

투입되는 발효 술덧의 알코올은 7~10%v/v, Analyser에서 고형분이 제거되어 상승된 증기의 알코올 함량은 30~40%v/v가 된다. Rectifier의 하부로 들어가서 최상부로부터 6개 정도의 아래 단에서 알코올 함량이 약 94%v/v 되는 제품(new make spirit)을 받는다. 퓨젤(Fusel)의 제거를 위해서는 아래로부터 6개 정도의 상부단에서 퓨젤 오일 스팀(fusel oil stream)을 빼주게 된다.

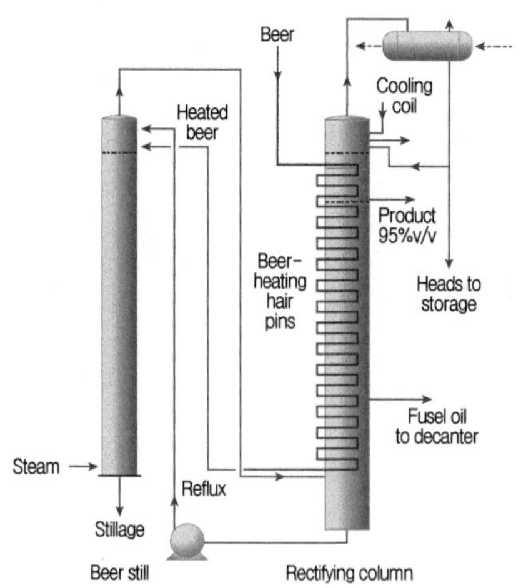

【그림 2-34】 스카치 그레인 위스키 증류 시스템 (Coffey still)

3. 캐나디안 위스키 증류 시스템

캐나디안 위스키는 대개 호밀(rye)을 원료로 하는 위스키로 알고 있으나, 옥수수(corn maize)의 사용 비율이 더 높다. 당화 공정에서는 몰트 또는 효소(Enzyme) 사용이 가능하고, 발효시 전 발효 과정에서 일부를 남겨 다음 발효 담금에 활용(Backset) 하기도 한다. 증류 공정은 대부분의 증류소가 연속식 증류기를 사용하고 있다.

알코올 함량 7%v/v 내외의 발효 술덧(beer, wash, mash) Beer still column을 통과하면서 고형분이 제거되고, 57%v/v의 증류액(high wine)이 생성된다. 이는 다시 물과 희석되어 28%v/v로 Extraction column을 통해 투입되고, 컬럼 하부의 12%v/v의 저비점 성분들(High volatile compounds)이 어느 정도 제거된 스트림(stream)이 Rectification column으로 투입되어 컬럼 상부에서 94.5%v/v되는 제품을 받고, 컬럼 하부에서는 fusel oil stream을 빼준다. Extraction 컬럼에서 물을 투입하여 희석시켜 주는 이유는 성분들의 분리도를 높여 분리를 더욱 쉽게 하기 위함이다.

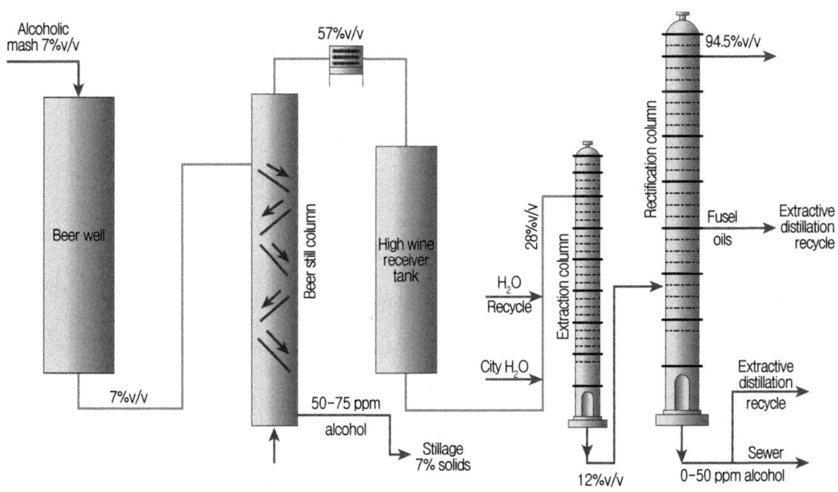

【그림 2-35】 캐나디안 위스키 증류 시스템

4. 아메리칸 위스키 증류 시스템

버번(Bourbon Whiskey)은 대개 70%의 옥수수(corn)와, 15% 호밀(rye), 15%의 몰트(malt) 원료가 사용된다. 법적으로 증류 시 알코올 함량이 80%(v/v)를 초과하면 안 된다. 보동 65~70%(v/v)로 제조한다.

증류는 대개 단컬럼(single distillation column) 시스템을 사용하나, 일부 증류소의 경우 더블러(doubler)를 사용하여 알코올 함량을 높여주는 동시에 기타 성분들을 제거해 주기도 한다. 제거된 성분들은 다시 첫 번째 컬럼에 되돌려 보낸다.

첫 번째 컬럼으로 생산된 알코올 도수는 62.5%v/v, 이 후 더블러를 통과하게 되면 67.5~70%v/v의 알코올 도수가 된다.

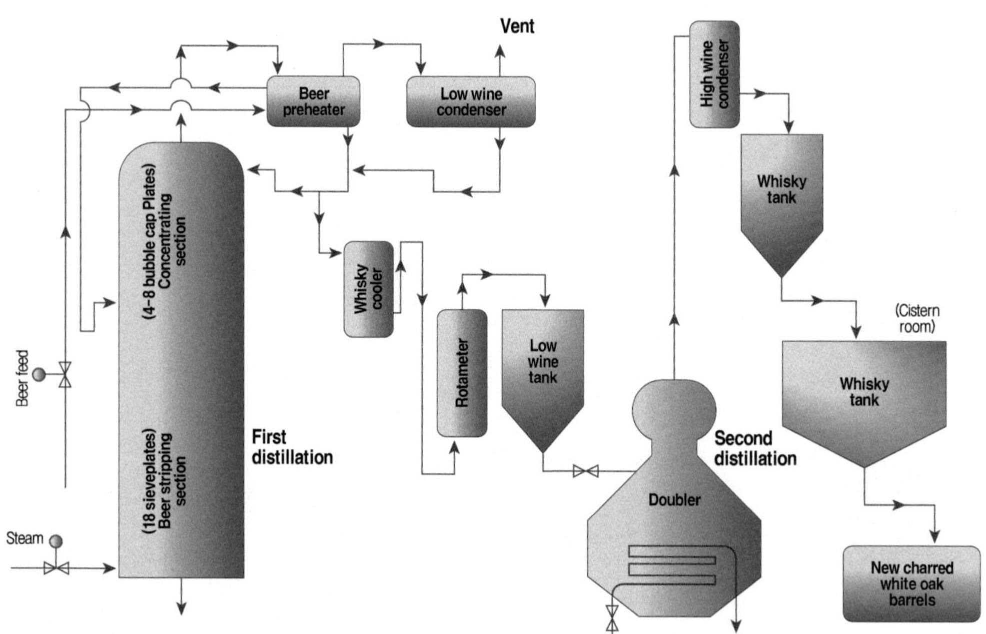

【그림 2-36】 아메리칸 위스키(버번) 증류 시스템

5. 브랜디 증류 시스템

브랜디는 포도를 원료로 제조되는 증류주로서 프랑스의 산지 명칭을 딴 코냑(Cognac)과 아르마냑(Armagnac)이 대표적이다. 동일한 원료를 사용하지만 증류 시스템은 차이가 있다. 우선 코냑의 경우 전통적인 알렘빅스틸(alembic still) 증류기로 두 번에 걸쳐 증류를 시행하여 제조한다. 코냑 증류기의 특징은 직화 증류기(direct fired pot still)로서 3,000리터 이하의 크기이다. 1차 증류 시 중심이 되는 증류 분할은 'Brouillis'라고 칭하고, 24~32%v/v 정도의 알코올 함량이다. 나머지 후류(tail) 부분은 다음 배치의 1차 증류에 와인과 함께 재증류를 시행한다. 2차 증류 시는 초류(head), 본류(middle), 후류(tail)로 나누어 증류를 시행하고, 제품화가 되는 본류 부분의 알코올 함량은 58~60%v/v 정도가 된다. 2차 증류의 초류와 후류는 다음 배치의 2차 증류 시 함께 재증류를 시행한다.

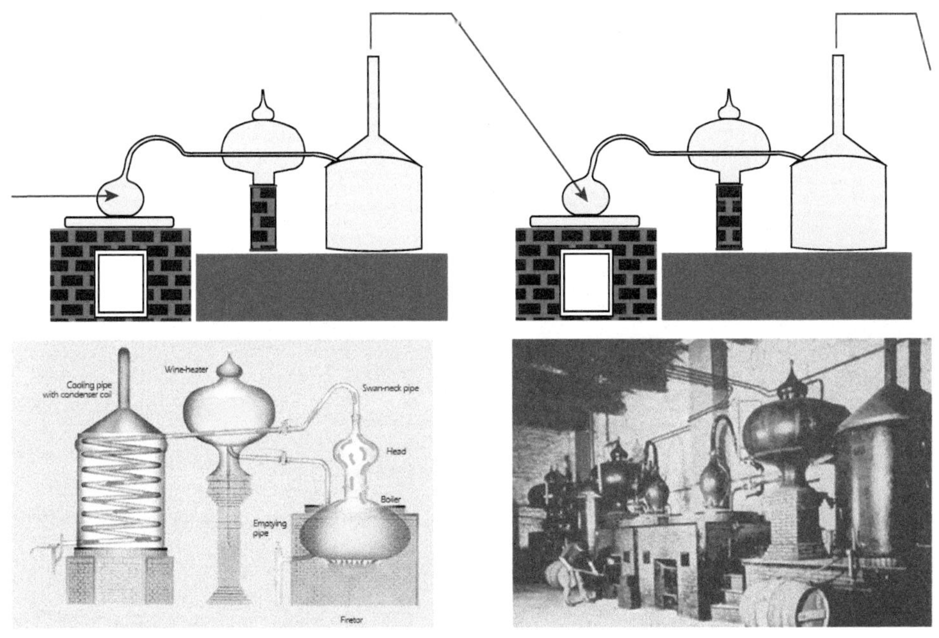

【그림 2-37】 코냑(Cognac) 증류 시스템

아르마냑(Armagnac)의 증류 시스템은 코냑과 동일한 증류 시스템으로 생산하는 경우도 있으나, 그림과 같이 단식 증류기(Pot still)에 5에서 15단(tray)으로 구성된 연속식 증류 컬럼(continuous column)을 설치한 증류기로 제조되는 경우도 있다. 제조되는 증류주의 알코올 함량은 53%v/v 정도로 코냑보다 낮은 알코올 함량이며, 기타 성분들의(congeners) 함량이 코냑보다 상당히 높은 것이 특징이다.

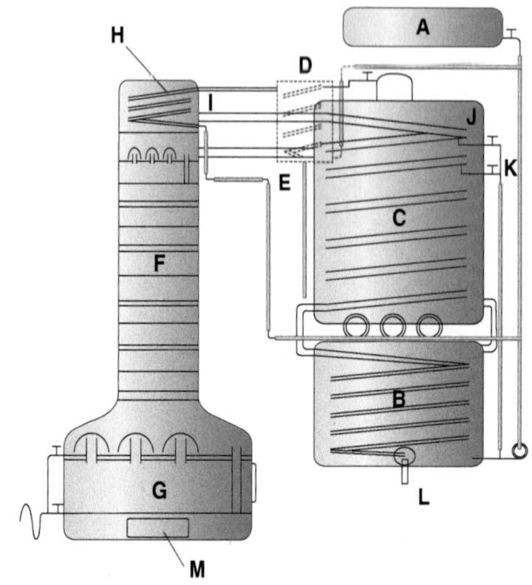

A: head of wine; B: cooler; C: wine heater; D: head condenser; E: wine arrival; F: column; G: boilers; H: head column coil; I: swan neck; J: coil; K: drawing and recycling of tailings; L: alcohol meter holder; M: furnace.

【그림 2-38】 아르마냑(Armagnac) 증류 시스템

6. 다크럼 증류 시스템

럼은 사탕수수를 원료로 하고, 스카치 위스키와 마찬가지로 단식 증류에 의한 다크럼과 연속식 증류에 의한 라이트럼으로 제조 방법에 따라 분류할 수 있고, 대부분의 제품들이 이 두 가지가 블렌딩되어 제조된다.

다크럼 제조를 위한 증류 시스템은 두 가지 경우가 흔한데, 단식으로 2회 3회를 하는 경우와, 단식에 연속식을 혼합한 단(Tray) 컬럼을 설치하여 제조하는 경우가 있다.

사탕수수를 원료로 하여 발효한 술덧은 6~10%v/v 정도로 1차 증류로 알코올 함량 20~25%v/v 정도로 증류하고, 이 증류액을 2차 증류를 통하여 30~35%v/v로 제조한다. 다시 3차 증류를 통하여 65~70%v/v 되는 증류액을 최종적으로 제조한다.

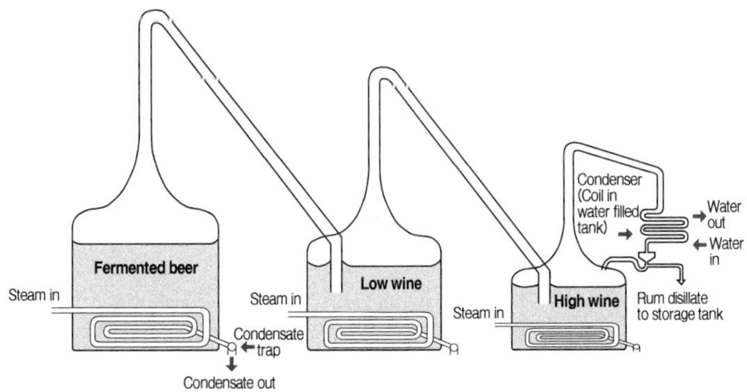

【그림 2-39】 다크럼 증류 시스템 1 (Triple Batch Distillation)

다크럼을 제조하기 위한 또 다른 증류 시스템으로 단식 증류(batch distillation)과 연속식 증류의 컬럼(column still)이 혼합된 증류기가 사용되기도 하는데, 증류기를 통과하여 나오는 액을 분할하여 비율별로 섞어주는 방법을 사용하기도 한다(fractional distillation).

예로 95.5%v/v의 분할 증류액을 6할, 93~94%v/v의 분할 증류액을 1할, 90~91%v/v의 분할 증류액을 2할, 25~30%v/v의 분할 증류액을 1할로 하여 증류액을 사용하기도 한다.

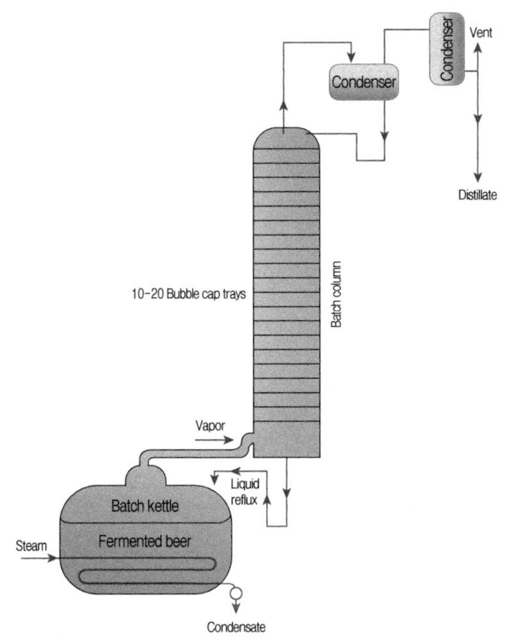

【그림 2-40】 다크럼 증류 시스템 2 (Batch and Column Still Distillation)

7. 라이트럼 증류 시스템

다크럼과 달리 라이트럼은 연속식 증류 시스템으로 생산되는 증류주로서, 연속식 증류기의 이름을 바벳스틸(Barbet still)이라고 칭한다. 바벳스텔은 남미(South America)와 유럽(Europe)에서 고알코올의 라이트 스피리츠(neutral and light spirits)를 생산하는데 널리 사용되고 있다.

바벳스틸의 특징은 Stripping column 위에 head removal section이 추가적으로 설치되어, 저비점 성분(more volatile compounds)를 사전에 제거해 준 후 Rectifying column으로 증류액이 이동하는 것이 특징이다. 기타 성분들(congeners)의 함량을 제어하는데 좋은 시스템이지만, 알코올의 소실이 크다는 단점이 있다.

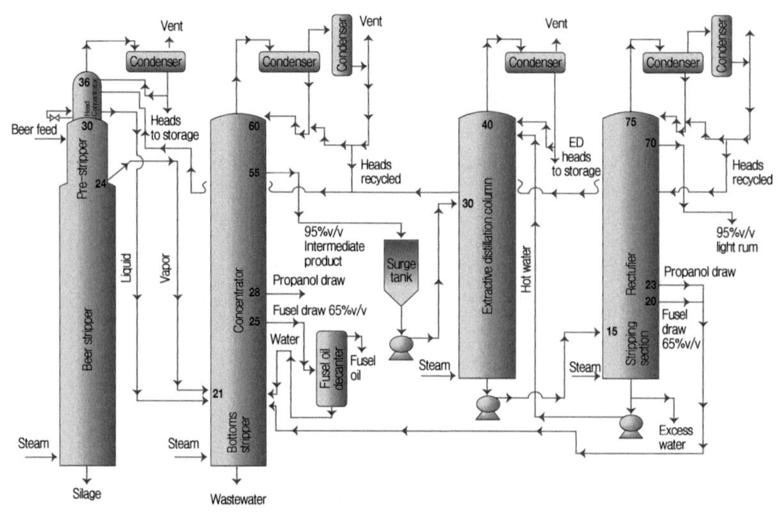

【그림 2-41】 라이트럼(화이트럼) 증류 시스템

8. 보드카 증류 시스템

보드카는 유러피언 유니온(European union)에서 '농산물 유래 알코올을 정류하거나 원료 유래에 의한 특성을 활성탄 여과를 통해 선택적으로 제거한 증류주 음료'로 정의한다. 앞서 설명하였던 증류 시스템으로 생산된 라이트 스피리츠(light spirits, neutral spirits)를 활성탄 여과를 통해 알코올을 제외한 기타 성분들(flavour compounds)을 제거하면 보드카가 된다. 활성탄 여과를 통할 때 활성탄의 제거 효과를 극대화시키기 위해 알코올의 함량을 55~77%v/v로 희석하여 처리한다.

보드카의 증류 시스템은 증류탑(still column)의 개수가 다른 고 알코올 스피리츠보다 많은데, 라이트 스피리츠 제조를 위한 연속식 증류 시스템에 아래의 부가적인 컬럼 스틸이 결합되어 잔여하고 있는 알데하이드, 저비점 에스터, 퓨젤오일, 메탄올 등 기타 성분들(congeners)이 제거됨으로써 보드카의 고 알코올 스피리츠가 제조된다. 일부 보드카 제품의 마케팅 콘셉트로도 활용되고 있는 '트리플 디스틸레이션 시스템(Tripple Distillation System)', '쿼드러플 디스틸레이션 시스템(Quadruple Distillation System)'은 제거에 주요 기능을 담당하는 보드카 제조 증류 시스템에서의 컬럼의 개수이기도 하다.

그림에서 Extractive distillation column은 95%v/v의 라이트 스피리츠를 재가수를 통해 희석하여 분리를 용이하게 해주어 일부 저비점 성분들을 제거해 주는 기능을 하고, 희석된 흐름(stream)은 Rectifying column을 통해 다시 고 알코올로 정류된다. 이때 아랫 부분으로는 퓨젤류가 탑 정상 부분으로는 저비점 성분(more volatile compound)이 다시 제거된다. 탑 상부로부터 5~6단의 밑에 제품 흐름(product stream)이 다음 증류탑인 Demethylizer로 들어가게 된다. 보드카 증류 시스템의 특징이기도 한 Demethylizer 컬럼의 상부는 메탄올이 응축되어 제거되고, 하부로 알코올 함량 96%v/v의 정제된 스피리츠가 유출된다.

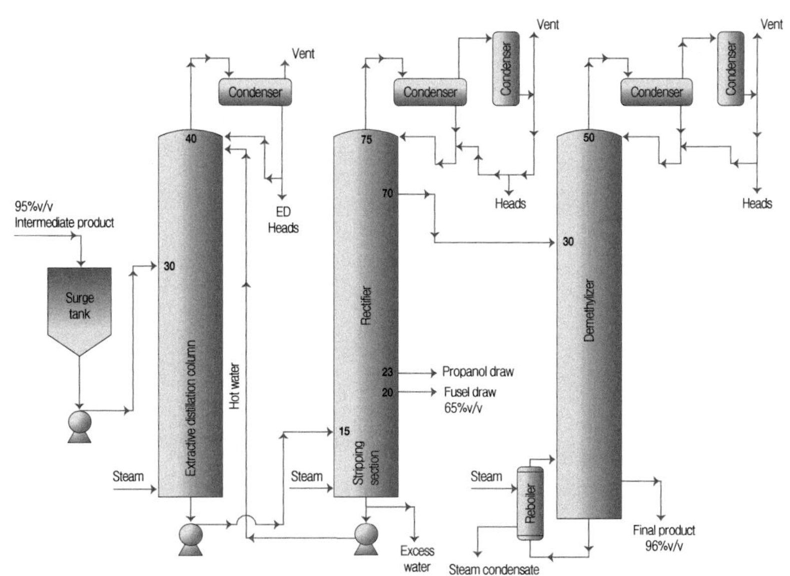

【그림 2-42】 보드카 증류 시스템

9. 주정 증류 시스템

우리나라에서 생산되는 주정은 원료로부터 발효 과정을 거쳐 연속식 증류 시스템으로 생산되는 발효 주정과 95%v/v로 수입되는 조주정을 원료로 재증류하여 생산되는 정제 주정이 있다. 정제 주정은 앞서 설명한 보드카의 증류 시스템과 거의 유사하다. 생산되는 라이트 스피리츠의 품질도 보드카의 그것과 큰 차이가 없다.

그림은 발효 주정의 증류 시스템이다. 발효 술덧의 고형분을 제거해주는 요탑 이후에 배치된 증류탑들은 보드카 제조를 위한 증류 시스템과 유사하다. 최초 발효 술덧의 알코올 함량은 9~10%v/v로 요탑(Analyser column)의 중간 높이로 공급되고, 아래로는 요폐액(고형분 잔류물)이 배출되고, 상부로는 70%v/v 함량의 알코올이 응축되어 추출탑(Extractive column)의 상부로 들어간다. 추출탑에서는 물(스팀 응축수 공급)과의 희석을 통해 알코올 함량 12~13%v/v로 희석되어 성분들의 분리도를 높인다. 추출탑 상부로는 저비점 성분인 알데하이드가 응축되어 제거된다. 추출탑 하부의 희석된 흐름은 다음의 정제탑(Rectification column)의 상층부로 공급되고 알코올 함량 96%v/v로 정류되어 응축된다. 정제탑 하부로는 퓨젤류 등 고비점 성분들의 흐름을 배출시켜 제거한다(불량 주탑으로 이동). 정제탑 상층부의 고 알코올 흐름은 다음의 제품탑(Demethylizer, Methanol column)으로 공급되고, 탑 상부로는 메탄올(methanol)이 응축되어 제거된다. 탑 하부로 96%v/v의 주정이 유출된다. 불량 주탑과 보조 불량 주탑, 그리고 탈수탑 등은 알코올의 회수와 기타 성분들의 분리를 더욱 효과적으로 시행하기 위한 기능의 증류 컬럼들이다.

우리나라의 희석식 소주의 원료가 되는 주정은 연속식 증류 시스템에서 적용하는 모든 기능의 증류 컬럼들이 설치되어 제조된다. 주정의 품질은 일본의 갑류 소주용 주정을 포함하여 세계적으로 유명 보드카를 생산하는 원료용 라이트 스피리츠와 견주어도 손색이 없다.

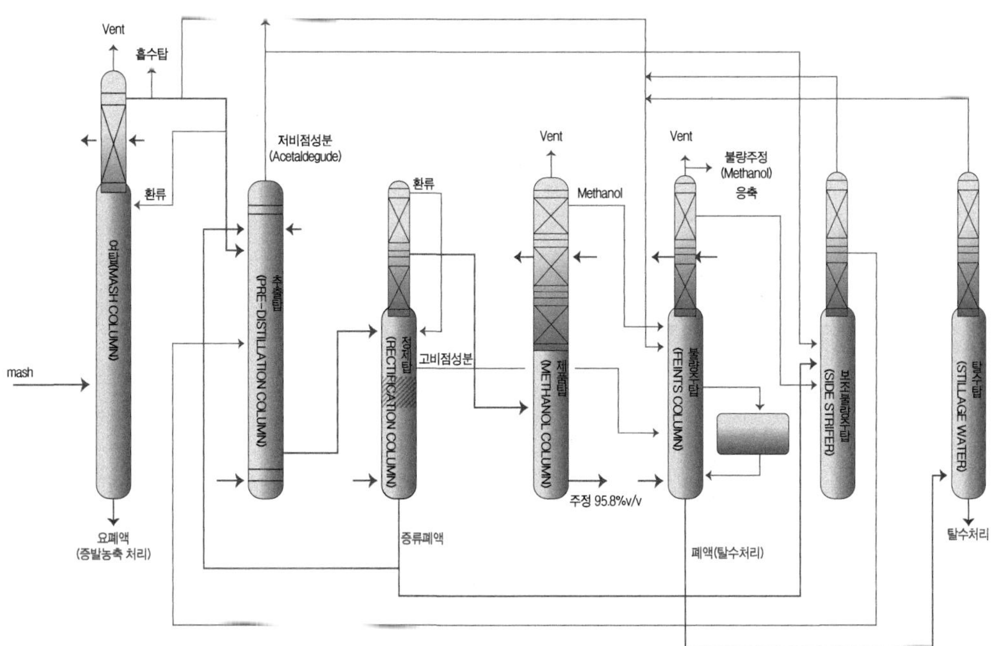

【그림 2-43】 주정(발효주정) 증류 시스템 (L社)

참고 문헌

〈국내 문헌〉

1. 프로세스설계시리즈 번역위원회, 「분해, 가열, 증류를 중심으로 하는 설계」, 세진사, 1987.
2. 일본양조협회, 배상면 편역, 「증류식소주제조기술」, 배상면주류연구소, 2001.
3. 산업훈련기술교재편찬회, 「증류의 실제」, 세화, 2005.

〈국외 문헌〉

1. Bryce J. H., Stewart G. G. Proceedings of the WOLRDWIDE DISTILLED SPIRITS CONFERENCE Proceedings Traditon and innovation. NOTTINGHAM University Press. 2004.
2. Bryce J. H., Piggot J. R., Stewart G. G. Proceedings of the WOLRDWIDE DISTILLED SPIRITS CONFERENCE Production, technology and innovation. NOTTINGHAM University Press. 2008.
3. Walker G. M., Hughes P. S. Proceedings of the WOLRDWIDE DISTILLED SPIRITS CONFERENCE New horizons : Energy, environment and enlightenment. Nottingham University Press. 2010.
4. Bruce T. Moran. Distilling Knowledge – Alchemy, Chemistry, and the Scientific Revolu tion, Harvard University Press. 2005.
5. Phillip Hills. APPRECIATING WHISKY – The Connoisseur's Guide to Nosing, Tast ing and Enjoying Scotch. Harper Collins Publishers. 2002.
6. Adam Rogers. PROOF – The SCIENCE of BOOZE. HOUGHTON MIFFLIN HAR COURT. 2014.
7. Don Lattin. DISTILLED SPIRITS. University of California Press, Ltd. 2012.
8. ICBD(The International Centre for Brewing and Distilling). Distilling Science. HeriotWatt Uni versity Press. 2001.
9. Sydney Young. DISTILATION PRINCIPLES AND PROCESSES. THE MACMIL LAN CO. 2011.

10. Hemry Z. Kister, DISTILLATION OPERATION. McGraw – Hill Inc. 1990.
11. LOCKETT M. J. Distillation tray fundamentals. CAMBRIDGE UNIVERSITY PRESS. 2009.
12. Frederic P. M., Agnes F. V., John M. Distillation. Alphascript Publishing. 2009.
13. Peter Jonas. THE DISTILLER'S GUIDE. General Books LLC2. 2012.
14. Inge Russell. Whisky – Technology, Production and Marketing. ACADEMIC PRESS. 2003.
15. Ian Buxton, Paul S. Hughes. The Science and Commerce of Whisky. The Royal Society of Chemistry Publishing. 2014.
16. Piggott J. R., Sharp R., Duncan R. E. B. The Science and Technology of Whiskies. Longman Scientific & Technical. 1989.
17. Jacques K., Lyons T. P., Kelsall D. R. The Alcohol Textbook. Nottingham University Press. 1999.
18. Tae Wan Kim. Batch Distillation of Binary Mixtures. Doosan R&D Center. 2003.
19. Stephen R. Holle. A Handbook of BASIC BREWING Calculations. Master Brewers Association of the Americas. 2010.
20. EQUISTAR CHEMICALS. ETHYL ALCOHOL HANDBOOK 6TH EDITION. 2003.

〈인터넷 사이트〉

1. Conversion of units http://en.wikipedia.org/wiki/Conversion_of_units

III. 위스키 제조

01 개요

1. 위스키의 정의

위스키의 정의는 국가마다 조금씩 다르다. 여기에서는 세계에서 생산량이 가장 많은 스코틀랜드의 정의와 한국의 정의를 소개하겠다.

1) 스카치 위스키의 정의(Scotch Whisky Association, The Scotch Whisky Regulation 2009)

스카치 위스키는

① 물과 맥아를 사용하여 스코틀랜드에서 증류된 것으로서
- 증류소에서 당화되어야 한다.
- 맥아 자체의 효소에 의하여 당화되어야 한다.
- 효모만 사용하여 발효되어야 한다.

② 알코올 농도 94%(V/V) 이하로 증류시킨 것으로서 증류액은 사용된 원료와 제조 방식으로부터 생성된 향미를 지녀야 한다.

③ 스코틀랜드의 보세 창고에서 700L 미만의 오크통에서 숙성한 것으로, 저장 기간은 3년 이상이어야 한다.

④ 숙성된 증류액은 사용된 원료와 제조 방식, 숙성 방식으로부터 생성된 색소와 향미를 보유하여야 하며, 물과 캐러멜 이외에는 첨가할 수 없다.

⑤ 스카치 위스키의 알코올 농도는 40%(V/V) 이상이어야 한다.

2) 한국 주세법상 위스키의 정의

- 주세법 4조 2항 관련 별표- 위스키(불 휘발분이 2도 미만이어야 한다)

① 발아된 곡류와 물을 원료로 하여 발효시킨 술덧을 증류해서 나무통에 넣어 저장한 것

② 발아된 곡류와 물로 곡류를 발효시킨 술덧을 증류해서 나무통에 넣어 저장한 것

③ ① 또는 ②에 따른 주류의 술덧을 증류한 후 이를 혼합하여 나무통에 넣어 저장한 것

④ ① 또는 ②에 따른 주류를 혼합한 것

⑤ ①부터 ③까지의 규정에 따른 주류에 대통령령이 정하는 주류 또는 재료를 혼합하거나 첨가한 것

02 몰트 위스키 제조

1. 맥아 제조

1) 원료 보리

보리와 수수는 인류가 고대로부터 사용해온 양소용 곡물이나. 특히 보리와 수수기 싹이 틀 때 나오는 다양한 효소의 함량이 다른 곡물에 비해 탁월하게 높기 때문이다. 세계에서 가장 대중적이며 생산과 소비량이 많은 맥주의 어원이 보리술[麥酒]인 것을 보면 원료가 양조적 적성이 탁월함을 알 수 있다. 위스키의 원료는 보리와 물 그리고 옥수수 등 곡물인데, 곡물을 분해하여 효모가 발효시킬 수 있도록 당화 하는데 맥아(보리를 싹 틔워 건조시킨 것)가 가장 중요한 재료이다.

보리는 인류가 재배한 가장 오래된 작물의 하나이다. 기원전 8000~5000년 전에 재배가 시작된 것으로 추정된다. 보리는 온대와 한대 지방에서 자라는 일년생 식물로서 키가 1m 정도다. 원줄기는 둥글고, 속이 비어 있으며 마디 사이가 길다. 너비 10~15mm의 좁고 긴 잎은 어긋나 있으며 끝은 뾰족하다. 이삭은 줄기 끝에 달리는데 15~20개의 마디가 있다. 이삭의 구조는 보리 종류나 품종에 따라 달라진다. 한 마디에는 3개의 이삭 꽃(영화, 穎花)가 달린다. 한 마디에 달리는 3개의 영화가 모두 여물어서 씨알의 배열이 6줄로 되어 있는 보리를 여섯줄보리(6條 大麥)라 하며, 3영화 중 가운데 영화만 여물고 2개의 영화는 퇴화되어, 씨알이 2줄로 배열되는 것은 두줄보리(2條 大麥)라 한다. 양조용 원료로는 두줄보리가 선호되고 있다. BC 5000년경에 이라크 북부의 자르모 유적에서 이삭이 부러지지 않은 두줄보리의 알을 발견함으로써 당시에 두줄보리가 재배된 것을 확인하였다. 중국에서는 은(殷)나라 때 갑골문자에서 보리에 대한 기록이 발견되었다. BC 2700년경의 신농시대(神農時代)에는 보리가 오곡 중의 하나로 선정되어 있다. 동양에서 보리의 재배 역사가 오래되었음을 알 수 있다.

위스키 산업에 사용되는 두줄보리의 품종은 재배의 용이성과 양조 적성을 두루 갖춘 것이 선호된다.(1995년 IBD 제맥 분과 추천)

양조적 적성으로는 제맥 시 맥아의 품질(분쇄성, 당화력 효소역가, 발효성 당 함량)이 높을 것이 요구된다. 이런 보리의 특성은 다음과 같다.

① 보리가 쪼개지지 않아야 함

② 배유는 쉽게 가루로 분쇄되어야 함

③ 침맥 시 수분 흡수 속도가 빠르므로 일정해야 함

④ 질소 함량이 적어야 함

⑤ 전분 함량이 높아야 함

⑥ 발아력이 왕성해야 함

⑦ 낟알이 굵고 일정해야 함

⑧ 휴면율이 적어야 함

⑨ 껍질의 형태가 양호해야 함

재배적 적성으로는 병충해에 강할 것과 강풍에 잘 견디도록 줄기가 튼튼해야 한다.

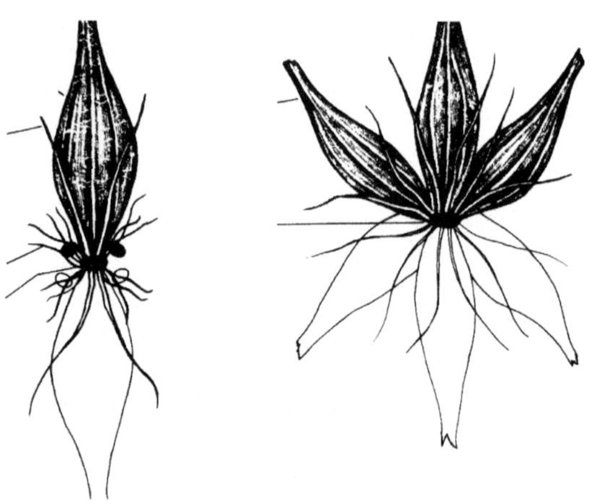

【그림 3-1】 두줄보리와 여섯줄보리(Malting and Brewing Science, page 18)

보리 품종으로 1960~80년대 골든 프라미스(Golden Promise)와 트럼프(Truimph)로부터 육종된 새로운 종들이 재배되고 있다. 스코틀랜드에서는 봄보리로서 Chalice, Charlot, Decanter, Derkado, Optic, Prisma 등이, 겨울보리로서 Melanie, Halcyon, Regina 등이 선호되고 있다.

2) 보리의 수확과 건조

보리는 휴면기를 거쳐야 발아되므로 장기간 저장해야 한다. 1940년대 이전에는 수확 후 건조한 보리의 수분 함량이 15~17%였는데, 곰팡이가 번식되어 발아력이 떨어지고 결과적으로 증류주의 수율 저하를 초래하였다. 1960년대 이후 건조된 보리의 수분 함량은 12%로써 발아력을 향상시키고 곰팡이와 해충의 피해를 줄이게 되었다.

3) 제맥 공정

보리가 발아하는 과정은 다음과 같이 설명할 수 있다.

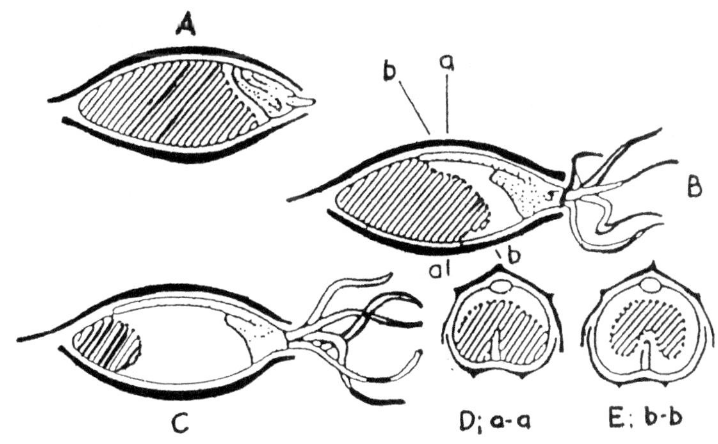

【그림 3-2】 (Malting & Brewing Science, Page 58)

(그림 3-2)에서 ABC는 맥아의 발아 과정을 황단면으로 나타낸 것이다. 싹과 뿌리가 자라며 빗금 친 부분은 원래 보리 상태로 있는 것을 나타내고, 공간 부분은 효소의 작용을 받아 분해된 상태이다. D와 E는 각각 a-a', b-b'의 종단면을 표시한 것이다.

제맥 공정 중 정선한 보리를 침맥하여 수분 함량이 충분한 보리는 발아 공정으로 투입한다. 발아 공정에서는 수많은 효소가 생성되는데, 보리의 껍질 바로 아래쪽 부분에서부터 효소의 작용이 시작되고 배아와 맞은편 끝에서는 싹과 뿌리가 돋는다. 발아 초기에 싹과 뿌리의 길이는 일정한 비율로 성장하는데, 약 5일~1주일 지나서 충분한 효소가 생성되면 건조시켜 생장을 멈추게 한다. 그 이상으로 자라는 싹과 뿌리는 낭비 요소이기 때문이다. 발아 과정은 거대한 생화학 변화가 일시에 일어나는 것과 같다.

위스키용 제맥 과정에서 맥주 제조 공정과 많은 차이가 있는 것은 훈연 과정이다. 여기서는 훈연 과정을 상세히 기술하고자 한다.

4) 훈연(燻煙 : Kiln)

맥아 제조 시 건조의 목적은 발아된 녹맥아의 생리 활성을 중단시키는 데 있다. 즉, 발아 과정에서 생성된 효소와 보리의 양분을 최대한 보존하는 것이다. 건조 과정은 단순히 수분 함량을 줄이는 것이 아니라 녹맥아 속에 생성된 효소가 온도의 변화에 따라 단백질, 탄수화물의 분해와 새로운 분자의 생성으로 인한 향기 물질의 변화, 그리고 효소의 보존 등 생화학 변화가 매우 활발하다. 따라서 이 과정을 단순한 건조(drying)와 구분하여 킬른(배초 : Kiln)이라 한다.

맥아 배초 기작은 보리를 건조할 때와 거의 비슷하다. 녹맥아의 수분 증발량은 수분 함량 20%까지는 활발하다. 이것을 수분 함량 10~12%까지 내리고, 이후 남아 있는 결합수 형태의 수분을 공기 온도를 높여 함량이 4~5% 되도록 건조시킨다. 배젖의 생리 활성은 멈추게 되고 일부의 효소는 불활성화 된다. 맥아의 온도가 상승함에 따라 배젖의 분해, 합성 속도가 감소되고, 맥아당이나 아미노산 같은 분자량이 적은 성분들이 늘어난다. 훈연 중에 가수분해 효소의 활성을 유지하는 것은 매우 중요하다. 맥아를 제조하는 이유는 당화나 발효 공정에서 전분, 단백질 등의 고가 화합물을 저분자로 분해하는 효소를 생성하기 때문이다. 따라서 킬른 시 온도~시간 사이클은 매우 중요하며, 증류액 수율이 20% 가량 변화하는 요인으로 작용한다. 70~80℃의 열풍으로 짧은 시간에 건조하는 방법에 비하여 60~70℃의 온도로 긴 시간 건조시키는 것이 효소 활성을 유지시키는 데 유리하다. 단백질 분해 효소의 최적 온도가 60℃ 이하이며, 당화 효소인 β아밀레이스의 최적 온도는 65℃ 내외이므로 30시간 정도의 긴 건조 시간 동안 맥아 속의 고분자들이 많이 분해되며 또한 효소 활성도 유지된다. 전형적인 열풍 건조 사이클은 60℃ 12시간, 68℃ 12시간, 72℃ 6시간이다.

킬른 방법에 따라 다음과 같이 효소 활성도의 편차 범위의 폭이 넓다. 훈연 시 초기에 α 및 β 아밀레이스, 글루키네이스, endo-, exo-펩티데이스 들의 활성은 계속 증가한다. 당화 시 역할을 하는 적절히 킬른된 맥아에는 α-아밀레이스와 펩티데이스 함량이 녹맥아일 때보다 높다. β-아밀레이스와 덱스트리네이스의 활성도는 약간 감소한다. 효소 이외의 화합물들의 농도도 킬른 중에 변화한다. 아미노산과 환원당이 결합하여 멜라노이딘을 생성하는 반응은 고온으로 빠르게 킬른할 때 촉진된다.

〈표 3-1〉 위스키 제조용 맥아 성분표(Whisky Technology, Production and Marketing, page 64)

보리의 품종	Chariot, Decanter, Optic
수분함량(%)	4.5 - 5.0
가용성 엑스분(0.2mm, dwb)(SE_2)(%)	〉 76
가용성 엑스분(0.7mm, dwb)(SE_7)(%)	〉 75
미분(微粉)/조분(粗粉) 가요성 엑스분(SE) 차이(%)	〈 1.0
발효비율(%)	〉 88
유연성(%)	〉 96
균질도(%)	〉 98
페놀함량(ppm)	0 - 50
SO_2함량(ppm)	〈 15
나이트로자민 함량	〈 0.1

스코틀랜드에서는 건조 시 피트(Peat, 泥炭)로 훈연하는 방법을 사용하였다. 스코틀랜드에는 광범위한 지역에 피트가 노천에 분포하고 있다. 헤더(Heather)라 불리는 관목이 탄화되어 생성된 피트는 초기 탄으로 노천에서 잘 마르며 태우면 연기가 짙게 난다. 스카치 위스키 역사 초기에 피트는 단순히 건조 시 사용하는 연료로 생각했는데, 차츰 최종 위스키 제품의 풍미에 크게 영향을 미치는 것을 알게 되었다. 피트의 페놀 유도체는 스카치 위스키의 스모키향, 피트 향의 중요한 성분이다. 이 성분들은 훈영 온도가 상승할 때 더욱 복잡해진다. 이러한 성분들은 훈연 시 맥아로 유입된다. 피트 연기에 함유된 페놀은 맥아의 수분 함량이 25% 이상일 때 맥아에 잘 흡수된다. 정량적으로 중요한 페놀들은 페놀, 이성화 크레졸 등이며, 관능적으로 중요한 과이어콜(Guaiacol) 같은 페놀은 미량이지만 큰 역할을 한다. 피트의 연소 온도가 400℃에서 750℃로 올리면, 페놀과 크레졸 농도는 몇 배 증가하지만 구아이아콜은 생성되지 않는다. 19세기까지는 주로 100% 피트 훈연으로 배초 공정을 소화했다. 그러나 배초와 훈연 방법이 향기와 맛, 그리고 수율에 많은 영향을 미치는 사실을 규명한 오늘날에는 천연가스 등으로 열풍 건조하는 맥아와 피트로 훈연한 맥아를 적절히 블렌딩하여 사용하는 것으로 알려져 있다.

2. 몰트 위스키 제조 공정도

몰트(malt) 위스키 생산 공정

몰트 위스키 제품 생산 공정

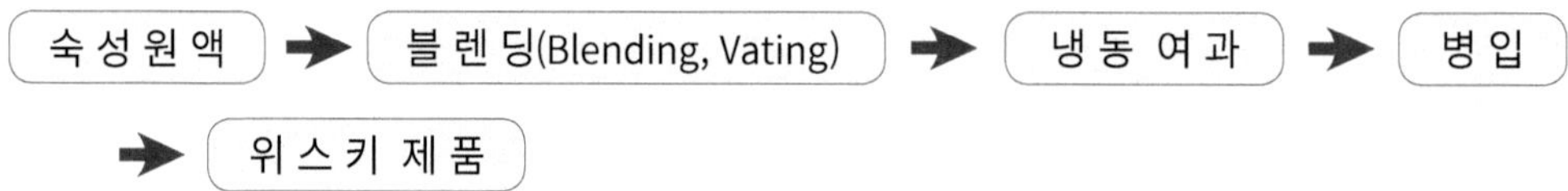

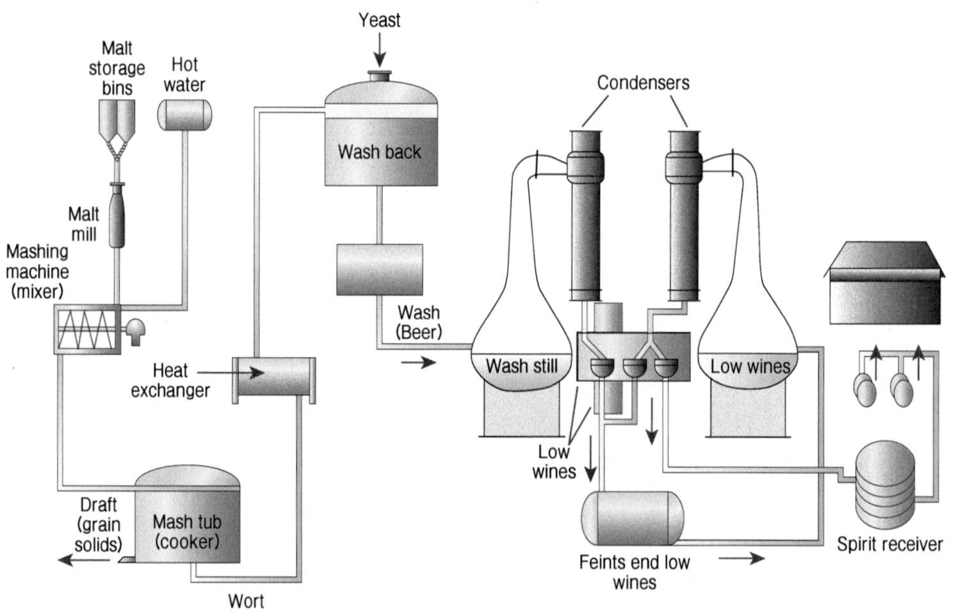

【그림 3-3】 몰트 위스키 제조 공정도 (Lyons, T.P., 2003. Production of Scotch and Irish whiskies : their history and evolution. Alltech Inc., Nicholasville, KY, USA)

3. 당화(糖化, Mashing)

당화 공정은 맥아 분쇄 시설(Grist Mill)과 당화솥(Mash Tun)으로 구성되어 있다. 맥아 분쇄 시설은 4 또는 6 롤러 분쇄기가 일반적이다. 맥아를 분쇄하는 목적은 두 가지이다. 첫째는 맥아를 가루로 만들어 물과 쉽게 혼합되고 효소가 잘 침투되도록 하는 데 있다. 두 번째는 당화된 맥즙이 잘 여과되도록 맥아 껍데기가 좋은 여과층을 형성하도록 하여 맥즙 분리가 잘되도록 하는 것이다. 따라서 맥아 분쇄는 거칠게 한다. 분쇄도는 당화조의 구조에 따라 차이는 있는데, 표준체로 검사했을 때 대략 껍질 20%, 맥분(입자성 가루) 70%, 고운 가루 10%이다.

당화조는 5~10톤의 맥아를 당화시키는 용량으로서 발효조와 증류기의 용량과 일관성이 있도록 설계되어야 한다. 전통적 당화조는 동제로 되어 있는데 최근에 신설하는 당화조는 스테인리스 재질을 사용하는 것이 일반적이다. 당화조는 몸체와 밑바닥에 여과가 될 수 있도록 중층으로 되어 있다. 열수와 혼합된 맥분이 잘 섞이도록 교반용 회전봉이 설치되어 있다.

【그림 3-4】 당화기(Mash Tun)

당화의 시작은 분쇄 맥아를 중량비로 4배의 열수를 혼합하여 당화조에 투입하는 것(1차 급수)으로 이루어진다. 당화 공정의 목표는 최대한 많은 양의 당분을 분리하는 것이므로 각 효소의 최적 온도를 맞추어 당화 프로그램을 진행한다. 전통적인 당화 프로그램을 예시하면 다음과 같다. 1차 급수에서 열수가 혼합된 후의 온도는 63℃로서 20분간 잘 교반하여 1시간 정치시킨 후 하부의 밸브를 열어 자연 여과된 맥아즙을 얻는다. 이때 당화조에서는 β-아밀레이스가 활발하게 작용하여 맥아즙은 맥아당(Glucose-Glucose)으로 구성된 1번 즙을 생산한다. 2차 급수 시에는 75℃가 되도록 하고 동일한 방법으로 여과 액을 받는다. 이때는 최적 온도가 약간 높은 α-아밀레이스가 작용을 하여 당도가 옅은 맥아즙이 나온다. 3차 급수는 80℃로 하고 4차 급수는 90℃로 하여 잔당을 회수한다. 보통 급수량은 1차 : 2차 : 3차 : 4차를 맥아 톤당 4 : 2 : 4 : 2를 표준으로 한다. 1, 2차 맥아즙은 20~22℃로 냉각하여 발효조로 이송한다. 3, 4차 맥아즙은 다음번 당화 용수로 사용한다. 맥즙의 당도는 OG(Original Gravity)로서 1.050 이하로 맞춘다.

4. 양조 용수

물은 맥아의 제조와 위스키 제조의 핵심 원료이며 증류 시 냉각 에너지의 원천이다. 양조 용수는 당화, 효모 배양수, 할수 용수로 사용되며, 공정수로서 냉각수와 청소수가 필요하다.

1) 당화 용수(Mashing Water)

맥즙 제조 시 사용되는 물은 위스키 품질에 큰 영향을 미친다. 용수에 녹아있는 염들은 맥즙의 향기와 pH, 최종 제품의 품질에 영향을 미치고 효모 생장에 필요한 미량 원소들의 공급원이다. 용수에 함유된 황산염은 당화액의 pH를 낮추고, 효모가 필요로 하는 칼슘을 제공하고, 탄산염은 pH를 상승시키며, 질산염은 오염도를 나타내고, 망간 아연 등은 효모 생장에 필요한 필수 미량원소이다.

〈표 3-2〉 위스키 증류소에서 요구되는 수질 특성

수질 항목	특 성
외관	맑고 색깔이 없을 것
냄새	이취가 없을 것
무기질 함량	당화, 할수, 양조 용수의 기준에 적합할 것
미생물	할수 용수는 음료수 음용수 기준에 적합할 것
수량	풍부하여 항시 사용할 수 있을 것

2) 희석수(稀釋水)

증류액을 오크통에 주입하기 전에 알코올 농도를 낮추기 위해 첨가하는 용수를 말하며, 음용수 기준에 적합해야 한다.

3) 공정수

위스키 증류소는 수량이 풍부한 계곡 주위에 위치한 곳이 많다. 증류 시 냉각수가 다량 필요하기 때문이다. 스코틀랜드에서 위스키가 발달된 원인 중의 하나가 풍부한 계곡물이 냉각용수로 적합한 연수이기 때문인 것으로 알려져 있다. 설비 세척수 등의 공정수도 음용 수질에 준하는 연수라야 좋다.

5. 발효(醱酵, Fermentation)

위스키 제조 시 맥즙을 완전히 발효시키는 것은 맥주에서와 약간 차이가 있다. 맥주 제조 시에는 호프 첨가를 위해 자비(煮沸, Wort Boiling)하므로 당화 효소가 불활성화되는 비율이 높은 반면, 위스키용 맥즙 제조 시에는 대부분의 효소가 보존된다. 맥주 발효 시 비중이 1.005~1.010에서 발효가 멈추나(attenuation) 위스키 제조 시 발효에서는 0.997~0.998로 떨어진다. 위스키 발효 공정의 수율은 그 후 증류 및 긴 숙성 기간 동안 원가에 미치는 영향이 절대적이라 할 수 있다.

1) 발효조(Fermenter, Washback)

스코틀랜드에서는 소나무로 만든 3만L 발효조를 사용하고 있다. 목제 발효조는 세척·살균이 어렵지만 오늘날에도 많이 사용되고 있다. 목제 발효조는 구조 역학상 상부로 갈수록 좁아지는 원통형이 선호되며, 목제 뚜껑이 있다. 최근 새로 건설하는 공장에서는 스테인리스 통을 사용하는 곳이 늘어가고 있다. 발효조의 청소는 가성소다수를 사용하며, 살균은 생스팀으로 하는 것이 통상적이다.

2) 효모(酵母, Yeast)

알코올 발효 효모의 유전적 명칭은 1838년 Meyen에 의해 Saccharomyces라 명명되었다. 1889년 덴마크의 Hansen은 효모를 분류하여, British Ale과 벨기에 맥주에서 발견되는 머리가 형성되는 효모를 *S. cerevisie*, 라거맥주에서 발견되는 머리 없는 효모에 *S. calsbergensis*, 알코올성 타원형 와인 효모에 *S. ellipsoideus*라고 이름 지었다. 그러나 오늘날에는 *S. cerevisiae*로 통일된 명칭이 사용되고 있다. 위스키 생산에 사용되는 효모는 교잡종으로 타원형이다. 위스키용 효모로서 적합하려면 다음의 특성을 가져야 한다.

① 맥즙(당화액)의 신속하고 완전한 발효

② 초기 맥즙의 높은 당 농도에서 견디는 내 삼투압 특성(15~20%)

③ 발효액의 알코올분이 7.5~10% 되도록 완전 발효 능력

④ 응집되지 않고 거품이 적을 것

⑤ 고온(35℃)에서도 생장이 가능할 것

⑥ 좋은 향기를 생성할 것

⑦ 저장 시(3~5℃) 높은 생존율

위스키용 효모는 35℃에서도 활발하게 생장하는 것이 선호되는데, 증류 시 에너지 절감에 유리하기 때문이다.

발효에 투입되는 효모의 양은 ml당 10^6 이상인데, 초기에 우점종을 차지할 수 있도록 한다.

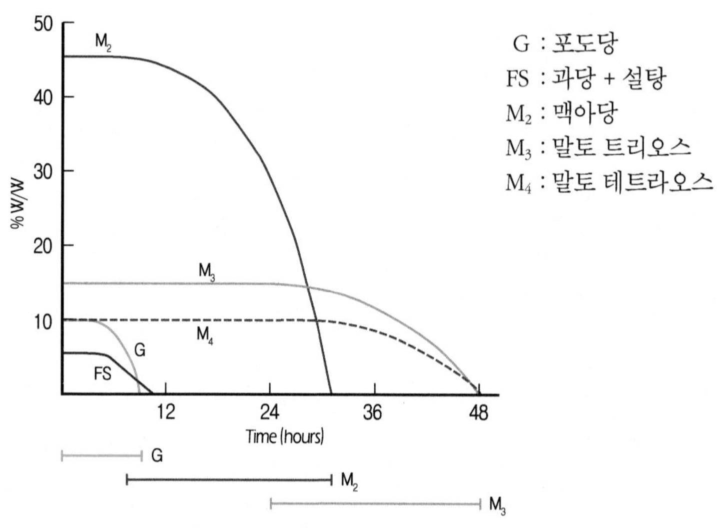

【그림 3-5】 발효 시 증류용 효모의 당분 소모 순서

맨 밑의 수평으로 나타낸 선의 길이는 연관된 효소가 주로 작용하는 기간이다. (Whisky Technology, Production and Marketing, page 122)

6. 발효 공정

1) 발효조

스카치 위스키 제조 시에는 전통적으로 목제 발효조를 많이 사용한다. 발효조로 인한 품질 변화 요소는 크지 않으나 위생 관리상 최근 신규 설비는 스테인리스 발효조가 늘어가고 있다.

【그림 3-6】 목제 발효조

2) 발효 기작

위스키 제조 시 발효 온도는 에일 맥주 제조 시와 유사한 고온 발효이다. 단기간에 발효를 마침으로써 설비 효율과 원가를 절감할 수 있기 때문이다. 보통 48시간 발효를 많이 하는데 특성 있는 향을 생성시키기 위해 5일 또는 7일 하는 경우도 있다.

효모 생성 기작은 다음 표와 같다. 발효 초기에 충분한 산소가 있을 때에는 효모는 생식 생장을 한다. 즉 잠복기를 지나 대수기에 기하 급수적으로 개체 수를 늘린다. 발효조 내에 산소가 결핍되기 시작하면, 이른바 알코올 생성 기작(EMP 경로)이 가동된다. 즉, 호기적 조건에서는 호흡으로 포도당 1분자에서 36ATP를 생성하여 생식 생장을 하지만, 혐기적 조건에서는 알코올을 만들면서 2ATP를 생성하여 간신히 생명을 유지하는 것이다. 물론 알코올 농도가 5% 이상으로 높아지면, 효모는 알코올 독성으로 인해 자가 용해가 시작되고, 내 알코올성 효모만이 존속한다.

발효에 영향을 많이 주는 요소는 온도와 pH인데 다음은 발효 기간에 따른 pH 변화를 설명하는 표이다.

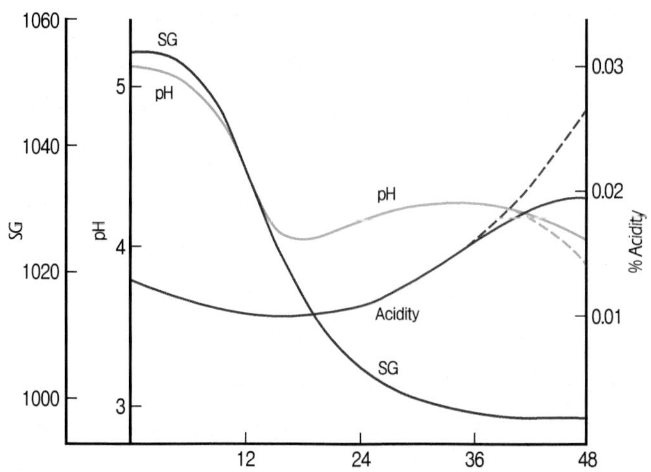

【그림 3-7】 발효 중의 당과 산의 변화 (Whisky Technology, Production and Marketing, page 141)
몰트 위스키 증류소의 발효 기간 중 pH와 산도의 변화(Dolan 1976)

SG, 발효즙의 비중, 36시간 후에는 젖산균의 활동으로 점선과 같이 산도와 pH 가 변화할 수 있다.

3) 지방산과 에스테르의 생성

양조에서 발효를 논할 때 주로 에틸 알코올 생성에 관해서만 설명한다. 그러나 실제로 술의 품질에 영향을 주는 성분들은 물과 에틸 알코올 이외의 성분들이다. 술의 품질을 좋게 하기 위해서 양조가들이 실제로 하는 노력은 색깔, 향기, 맛을 좋게 하고 숙취를 줄이려는 것에 주력한다. 이 과정에 영향을 주는 요소가 너무 복잡하므로 쉽게 규명하거나 설명하기는 어렵다. 여러 가지 향미 요소 중 향긋한 향미의 주성분인 에스테르 생성 기작에 대하여 설명하고자 한다.

에스테르는 발효 중에 생성되는 또 다른 그룹의 향기 성분이다. 산류와 알코올류의 비효소적 에스테르화는 위스키 숙성 중 향기의 증진에 중요한 부분이다. 에스테르 반응은 매우 느리게 진행되므로 발효 중에는 생성에 대해 설명할 수가 없다. 에스테르의 생성은 효소 공통 인자인 coenzyme A의 재순환과 관계가 있다.

초산과 고분자 지방산(longer chain fatty acid)들은 생화학적 합성 활동에서 중요한 중간 물질들로 일부는 배지로 이용되지만 일부는 향기 성분으로 생성된다. Acetyl CoA와 고분자 동족체는 (그림 3-8)에서는 통털어 R-CO~S.CoA로 나타냈는데 이것은 효소 단백질, 핵산, 지질의 생합성에 필요한 중간 물질이다.

특이하게 두 개의 인산기가 ATP로부터 제거되어(adenine monophosphate 형성) 고에너지 결합이 ATP에서 CoA 복합체로 이전되는 현상을 주목해야 한다. 만약 아세틸이나 고분자 acyl CoA가 필요 없게 되면 이 물질들은 관습적으로 ~결합으로 표시되는 결합으로 재순환되어 결합의 에너지를 재생시킨다. 또한, 제한적이지만 세포 내 CoA의 자체 공급을 유지시킨다. CoA가 제거되면 산류는 에스테르화되어 안정적으로 되고 에스테르 효소도 보유하게 된다.

아세테이트와 에탄올은 발효 중에 가장 다량으로 생성되는 산과 알코올이므로 자연적으로 에칠 아세테이트는 가장 생성량이 많은 에스테르이다. 그렇지만 인지 농도가 낮은 그 외의 에스테르들은 발효액, 증류액, 최종 제품까지 더 큰 영향을 미친다. (그림 3-9)는 CoA의 재순환을 개략적으로 나타내는데 그림에서 알 수 있듯이 에탄올, 고급 알코올류, 다양한 산류들이 에스테르 생성에 관여한다.

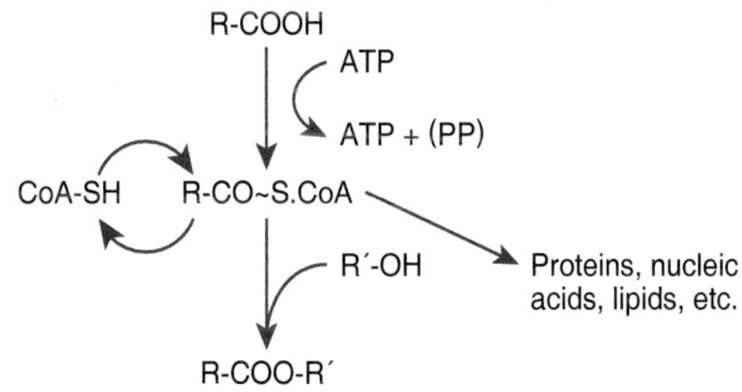

【그림 3-8】 coenzyme A의 재순환에 의한 에스테르의 생성
(Whisky Technology, Production and Marketing)

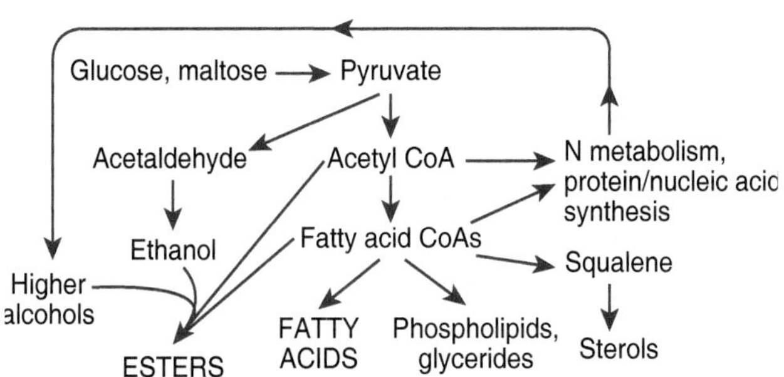

【그림 3-9】 효모 증식의 부산물에 의한 에스테르의 생성
(Whisky Technology, Production and Marketing, page 129)

7. 단식 증류(單式蒸溜, Batch Distillation)

1) 증류기(單式 蒸溜器, Pot Still) 구조

아래 그림은 다양한 형태의 단식 증류기를 보여준다.

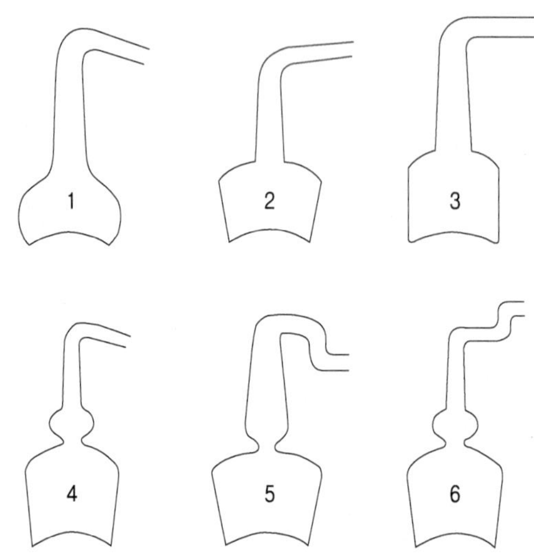

1. 양파형 - 상단 증기 이동, 팔이 아래쪽으로 기울음
2. 평　형 - 상단 증기 이동, 팔이 위쪽으로 기울음
3. 직선형 - 상단 증기 이동, 팔이 수평
4. 구　형 - 상단 증기 이동, 팔이 아래쪽으로 기울음
5. 횃불형 - 상단 증기 이동, 팔이 아래쪽(또는 수평)
6. 직선형 - 상단 증기 이동, 팔이 수평이거나 위쪽으로 기울음

【그림 3-10】 (Whisky Technology, Production and Marketing, page 155)

2) 증류기의 설계

(1) 증류솥(Pot)

간접 가열식 증류기의 경우 사관 전체가 증류 후에도 충분히 잠겨 있도록 설계하여야 한다. 증류솥에는 증기를 차단하는 장치, 증류액 투입 장치, 배출 장치, 안전 밸브가 있어야 한다. 증류 솥은 반 곡선 부분을 통해 목 부분으로 연결된다.

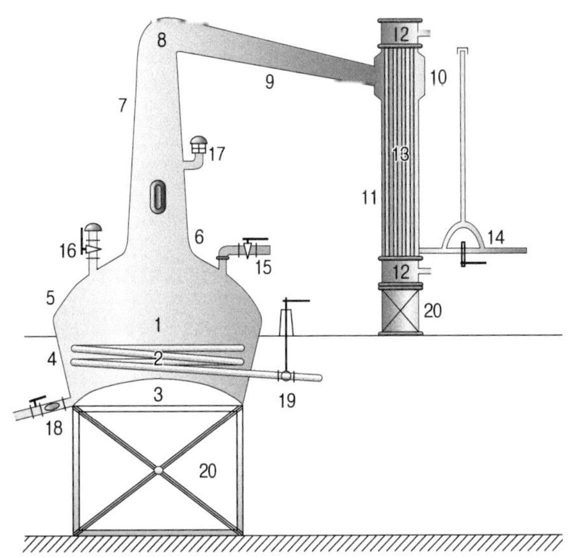

1. 증류솥(Pot)
2. 스팀 사관(Steam Heating Coil)
3. 바닥(Crown)
4. 증류솥 하단(Flue Plate)
5. 어깨(Shoulder)
6. 목 하단(Ogee)
7. 백조 목(Swan Neck)
8. 머리(Head)
9. 팔(Lean Arm/ lye pipe)
10. 증기 방(Vaper Chamber
11. 쉘 앤 튜브 냉각관(Shell and tube condenser)
12. 냉각수 공급 자켓(Water Jacket)
13. 냉각관(Tube Bundle)
14. 사이폰 부착된 증류 말기액 배출관
15. 발효액/ 증류액 투입관(Charging Line/ Valve)
16. 공기 밸브(Air Valve)
17. 진공 방지 밸브(Anti collapse valve)
18. 싸이트 글라스 장착 배출관(Discharge line/sight glass)
19. 스팀 라인/ 밸브(Steam line valve)
20. 증류기 받침대(Cradle)

【그림 3-11】 단식 증류기의 구조((Whisky Technology, Production and Marketing, page 157)

(2) 백조 목(Swan Neck)

솥에서부터 위쪽으로 점점 가늘어지는 목은 긴 것과 짧은 모양이 다양하다. 목의 밑부분에서 보면 호리병 모양인 것도 있다. 목 부분에는 두 개의 투시경을 반대 위치에 장착시켜 발효액이 끓을 때 올라오는 거품을 관찰하여 가열량을 조절할 수 있게 한다.

(3) 머리(Head)

목의 맨 상단에 굽은 부분으로서 냉각기에 연결 팔과 연결된 부분을 머리라 한다. 변곡 부분에는 온도계를 장착하여 기체의 온도를 알 수 있게 한다. 머리의 높이(목 부분의 높이)로서 증류기의 환류 비율을 조절할 수 있다. 즉 솥에서 머리까지의 높이가 높을수록 환류량이 늘어나고 짧을수록 환류량이 줄어든다.

(4) 팔(Lyne Arm)

팔 또는 증기관은 실린더 형태로 머리와 냉각관을 연결시킨다. 팔의 기울기는 증류액의 특성에 영향을 미친다. 팔이 아래로 기울어져 있으면 일단 머리까지 다달은 증기가 냉각기로 바로 투입되므로 휘발성 낮은 분자들이 증류액에 유입되기 쉽다. 팔이 위로 향해 있으면 환류량이 많아 휘발성이 낮은 분자들의 유입량이 적어진다. 향미가 가벼운(Light) 위스키를 제조하려면 위로 향한 팔 내부에 저항판(Baffle)을 설치하여 고가 알코올 등을 환류시키는 역할을 하게 한다.

(5) 냉각기(Condenser)

3KL 미만의 소형 증류기에는 용수철 모양의 튜브형 사관이 들어있는 냉각기가 많이 사용되고 있다. 규모가 큰 증류기에서는 셀앤튜브(Sell and tube) 형태의 냉각기가 선호된다. 냉각수는 지표수로서 연수를 사용하며 아래쪽에서 위쪽으로 흐르게 한다. 냉각수의 온도가 높거나(15℃ 이상) 수량이 풍부하지 않은 경우 보조 냉각기를 사용할 수도 있다.

8. 1차 증류기(1st Still)와 2차 증류기(2nd Still)

1차 증류기의 용량은 분쇄기-당화조-발효조에서 생산되는 발효액의 생산 능력과 균형을 맞도록 일관성 있게 회분 증류량이 결정되어야 한다. 2차 증류기 또한 1차 증류기에서 생산되는 1차 증류액(Low Wine) 양에 맞추어 설계된다. 1차 증류기는 발효액의 에틸알코올을 비롯한 휘발성 성분을 대부분 증류하므로 용량이 2차 증류기보다 30%가량 크다. 2차 증류기의 어깨와 목 부분 또는 팔 부분은 환류량이 1차 증류기보다 많도록 설계하는 것이 보통이다.

물론 가열을 위한 에너지 공급 장치와 냉각수 공급량은 1, 2차 증류에 충분하도록 설계해야 한다.

증류액 분리 장치(세이프, Safe)

1차 증류기에서 증류 시 증류액(Low Wine)의 알코올 농도는 증류 후반기로 갈수록 낮아지는데 어디까지 증류해야 할지 결정하기 위해서 알코올 농도와 온도를 측정한다. 2차 증류기에서는 초류(Foreshot), 중류(Center, Whishy), 말류(Feints)를 분획(Cutting)하기 위하여 알코올 농도를 측정한다.

1) 1차 증류(1st Distillation) 작업

발효조에서 발효가 완료된 발효액(Low Wine)은 증류 시 회수하는 열로 예열하여 1차 증류기로 이송한다. 증류기 용량의 2/3(맨홀 바로 밑부분)까지 발효액을 채운다. 발효액을 끓이는데 공급되는 에너지는 시대별로 에너지 가격에 따라 달라져 왔다. 목재나 석탄으로 직화하는 방법에서 석유나 가스로 보일러를 가동하여 스팀으로 간접 가열하는 방식으로 변천하였다. 오늘날에도 소규모 증류를 할 때는 직화식을 사용하기도 한다.

증류 초기에 가열하면 공기 벤트의 뚜껑이 열려 공기가 배출되는 소리가 난다. 투시경에 거품이 보이기 시작하면 공급 열량을 줄여 조절하여야 한다. 밸브류의 조절은 보통 자동으로 하나 비상시를 위해 수동 장치와 연동시켜 놓아야 한다.

투시경을 보면서 에너지 공급량을 조절하면서 1차 증류액 양을 조절한다. 증류 후기에 세이프의 주정계를 관찰하여 알코올 농도가 1%에 이르면 증류 종료를 결정한다. 1차 증류는 투입 에너지 비용과 생산되는 증류액의 가격을 비교하여 0.5~1.0%에서 결정한다. 증류 시간은 5~8시간 정도로 당화나 발효 시간과 연계하여 진행한다. 증류 종료 시에는 에너지 공급 중단과 함께 진공 방지 밸브를 열어서 증류기 내부 압력이 외기압과 같게 조절하여야 한다. 안전 장치가 작동하지 않을 경우 증류기가 쪼그러들거나 폭발될 수도 있다. 발효액을 예열 없이 갑자기 승온하거나 증류기를 장기간 사용한 후에는 발효 잔재물이 찔어 붙을 수 있으므로 가성 소다로 세척하여 증류기 내부 표면을 관리하여야 한다. 1차 증류 시 열교환된 냉각수를 열교환 하여 에너지를 회수하는 기술이 발전되고 있다. 1차 증류액의 용량은 증류 전 발효액 양의 1/3 정도이다.

2) 2차 증류 작업(2nd Distillation)

2차 증류기에 투입되는 액은 1차 증류액과 전기(前期) 2차 증류에서 파생되어 나온 초류와 말류이다. 이때 알코올 농도가 높으므로 예열하지 않는다. 투입량은 2차 증류기 용량의 2/3을 초과하지 않는다. 2차 증류액은 세 부분으로 나뉜다.

(1) 초류(Foreshot)

초류는 2차 증류 초기에 나오는 에틸 아세테이트 등의 휘발성이 강한 성분들로서 톡 쏘는 냄새를 가지고 있다. 초류는 85~75%의 알코올 농도를 나타내고 중류 시간은 증류액이 나오기 시작해서 처음 30분 이내이다. 세이프에서 초류와 중류를 분리하는 데, 이것을 분리(Cutting)라 한다.

커팅은 중요한 품질관리 포인트라 할 수 있다. 일반적으로 증류 중 혼탁 소멸 시험을 하는데, 초류를 물과 혼합하여 알코올 농도 45.7%(Sykes proof 80°)로 희석하여 혼탁 여부를 관찰한다. 처음에는 이 액이 혼탁되어 보인다. 이것은 지방산과 결합한 에스테르 등인데, 전회 증류 시 2차 증류기의 냉각기 부분에 기벽에 부착되어 있다가 초류에 용해되어 함께 나오는 성분들이다. 초류와 물의 혼합물이 80 proof에서 투명해지면 고가 지방산들이 더 이상 나오지 않는다는 뜻이기도 하다. 여기가 초류의 커팅 포인트라 할 수 있다. 노련한 품질관리 요원들은 관능검사로 커팅 시점을 정하기도 하는데, 실제 작업 시에는 증류 시간이나 알코올 농도로 판정하여 분리한다. 초류액은 별도의 용기(Foreshot Receiver)로 받아 차기 2차 증류 시 투입한다.

(2) 중류(Center, Whisky, Middle Cut)

초류를 커팅한 후 약 3시간 동안 중류를 받는다. 대략 알코올 농도는 75%에서 60%로 감소한다. 중류 후기에는 말류와 구분하기 위하에 세이프에서 다시 커팅한다. 증류액의 향미 품질은 증류기의 모양과 높이, 그리고 증류 속도에 밀접한 관련이 있다. 수많은 휘발성 성분이 목(Swan Neck) 부분에서 환류되고 향기 성분이 복잡하고 다양해진다. 단식 증류기에서는 에틸알코올 농축도가 연속식 증류기에 비해 낮은데 이는 단식 증류액이 훨씬 복합적이라는 뜻이며, 향기가 가볍거나(light), 과일향이나 꽃향기가 나거나, 묵직한 것에 이르기까지 다양할 수 있다. (Alcoholic Beverage John Piggott, WP 2012, pp382)

탄산가스나 유황으로 인한 증류기의 침식은 증류기의 동판을 얇게 한다. 침식된 증류기는 헐떡거림 현상이 나타나면 교체해야 한다. 초류 액과 말류 액을 1차 증류 액과 환합했을 때 알코올 농도는 30% 이상 되지 않아야 한다. 초류 커팅이 잘못될 경우 알코올 농도가 30% 이상 될 수도 있는데, 이 경우 별도의 저장조에 분리했다가 차기 1차 증류 액과 조금씩 섞어서 사용하는 것이 좋다. 초류가 혼입된 중류에는 고급 지방산 에스테르와 지방산의 함량이 높아져 후류에서 나는 오일 향이 날 수 있다. 따라서 혼탁 소멸 시험, 관능검사를 함께하면서 커팅하는 것이 바람직하다.

중류 후기에는 물에 난용성인 고분자 유지와 에스테르 함량이 높다. 고가 지방산은 알코올 농도가 높을 때 용해도가 높다. 이런 성분들은 알코올 농도 30% 이하에서 액체와 고체로 분리되는데 에스테르는 대부분 위로 뜬다. 알코올 분이 30% 이상이면 지방산들은 수성층으로 혼입되어 용해된다. 이런 현상은 커팅뿐만 아니라 2차 증류에도 영향을 미친다. 증류는 중유(Heavy Oil) 함량이 높은 1차 증류액이나 말류와 혼합되어서는 안 된다. 표면에 뜬 고형분들이 2차 증류 시 유입되어서는 안 된다. 경우에 따라 1차 증류액이나 초말류를 물로 희석하여 알코올 농도를 30% 이하로 하여 중유를 분리하기도 한다. 1차 증류액과 초말류 성분들이 균형을 이룰 때 차기 증류 시에도 성분들 간의 균형을 이룰 수 있다.

3) 증류액의 품질

좋은 품질과 수율을 확보하기 위하여 증류소의 각 설비들은 균형을 이루어야 하며, 전통적으로 사용하여 오던 방법은 과학적으로 엄격하게 검토되어야 한다.

첫째, 발효액은 48시간 내에 완전 발효되도록 OG 1045~1050로 맞춘다. 48시간 이상 발효하면 말로 락틱 발효가 일어나 고품질의 향이 있는 증류액을 얻을 수 있다. CO_2가 완전히 제거되어 거품이 없는 발효액을 증류하는 것이 선호된다. 거품이 많이 발생되면 증류 시 에틸 카바메이트가 생성될 우려가 있다. 발효액의 예열과 적정량 투입(증류기 용량의 2/3 이하)이 품질 유지에 중용하다. 냉각수 공급이 불충분하면 응축이 덜 된 증기가 세이프로 넘어와 올바른 커팅을 저해한다.

증류액의 향기는 보리의 품종, 효모, 양조 용수 등 원료에 영향을 받는다. 제맥 시 당화 및 발효 공정에서 온도, 기간 등에 영향을 받는다. 그밖에 피트로 훈연한 맥아의 사용 비율에 따라 스모키 향이 크게 달라진다. 증류기의 모양과 증류 속도도 매우 중요하다. 급속 증류하는 경우 향미가 강렬해지고 향기 성분들의 균형이 깨질 수 있다.

동은 위스키의 품질에 기여하는 바가 크다. 증류액의 좋지 않은 냄새를 줄여주고, 유황 화합물을 없애주며, 에스테르 형성을 촉진한다. 스테인리스는 위스키 품질을 저하시킬 우려가 있으며 증류기에는 사용되지 않으며, 배관이나 저장조 제조에 사용된다.

분쇄, 당화, 발효, 증류 시설의 용량과 작업 시간이 균형과 조화를 이루는 것이 생산 효율을 높이는 데 필수적이다. 당화 시간을 기준으로 하여 일주일 작업 시간을 분배할 때 만일 당화 시간이 6시간이라면 발효액의 분할 사용과 증류 시간이 6시간으로 맞춰지는 것이 균형을 이룬다고 할 수 있다. 이 경우 매일 4회의 당화를 할 수 있으며 또한 4회의 증류를 할 수 있다.

당화율을 잘 관리하고 완전 발효가 되도록 하여야 한다.

증류 면에서는 증류 시스템이 새는 곳이 없는지 설비 보전을 잘해야 한다.

증류 방법에서도 수율이 영향을 받는다. 1·2차 증류 시 최종 증류 시점의 커팅이 너무 이를 경우에는 알코올의 손실이 발생되고, 너무 늦을 경우 에너지 손실이 발생될 수 있다. 또한, 초류-중류-밀류의 커팅이 잘못될 때도 수율이 낮아질 수 있다. 증류 시 알코올 손실 허용치는 다음과 같다.

① 1차 증류 폐액 〈 0.03

② 2차 증류 폐액 〈 0.03

(2) 증류소 수율 계산

① 재증류할 말류 액 15,500L (100% 알코올) 전번 증류에서 이월된 것

② 오크통 주입한 증류액 7200L (100% 알코올)

③ 창고 내 증류액 저장조 30,300L (100% 알코올)

④ 후류 액 남은 양 13,500L (100% 알코올)

⑤ 생산된 위스키 ②+③+④-① = 35,500L (100% 알코올)

⑥ 사용된 맥아량 85.54M/T

⑦ 증류소 수율 생산된 위스키/맥아 사용량 = 415.1L(100% 알코올)/MT

1톤의 맥아로 효율적인 당화, 발효 증류 공정을 거쳤다면 425L의 알코올을 생산할 수 있다.

9. 위스키 성분

위스키 제조 시 공정관리와 품질관리를 위하여 이화학적 분석이 필수적이다. 공정 이상 유무와 수율 관리를 위해서 당도, 알코올 농도를 기본으로 하여 당의 종류와 함량, 향기 성분의 종류와 함량 또는 식품 위생법과 환경법에 규정된 사항을 충족시키기 위해 HPLC와 GC로 분석을 한다. 미생물 분석을 위하여 미생물 배양 및 측정 기구들이 사용되고 있다. 관능검사를 겸하여 하고 화학 분석치와 비교하여 품질관리를 행하여야 한다. 〈표 3-3〉는 스페이사이드와 아일레이 증류소의 전형적인 증류액 성분 분석치를 보여주고 있다.

〈표 3-3〉 전형적인 몰트 위스키 증류액 성분 분석표(g/100L abs. alc.)
(Whisky Technology, Production and Marketing, page 157)

구분	Speyside	Islay	구분	Speyside	Islay
Acetaldehyde	5.4	7.0	Ethyl acetate	3.7	5.3
Ethyl acetate	26.3	33.2	Ethyl octanoate	1.8	2.7
Diacetyl	2.1	2.8	Furfural	3.6	4.8
Methanol	4.8	9.0	Ethyl decannoate	6.0	8.9
Propanol	40.3	37.6	β-Phenethyl alcohol	7.2	8.7
Isobutanol	80.1	85.6	Ethyl myristate	0.9	1.2
o.a. Amyl alcohol	44.2	53.1	Ethyl palmitate	2.8	3.3
Iso-amyl alcohol	138.9	17.8	Ethyl palmitoleate	1.6	2.1
Total higher alcohols	3.3.5	34.1	Phenols	1.0	4.5

03 그레인 위스키 제조

1830년대 단식 증류기보다 효율이 높은 연속식 증류기가 Coffey에 의해 발명되었다. 발명 당시 발효액은 맥아로만 당화하여 사용하였지만 향기 성분이 단조로왔다. 그러나 몰트 위스키에서 100% 맥아를 원료로 하는 데서 점차 몰트를 일부만 사용하고 비 맥아 곡류를 원료로 하여 값싼 위스키를 생산하게 되었다. 이것을 그레인 위스키라 하며, 몰트 위스키와 블렌딩하여 블렌디드 위스키를 탄생시킴으로써 단조로운 풍미를 극복하게 되었다.

1. 원료

1) 보리(Barley)

보리가 옥수수나 밀에 비해 가격이 저렴하더라도 그레인 위스키 제조에는 사용되지 않았다. 보리에는 β-글루칸과 같은 껍질의 함량이 높아 처리 공정상에 문제점들이 많았기 때문이다.

그레인 위스키 제조에서 보리는 통상적으로 맥아의 형태로 사용되었는데, 맥아의 기능은 밀이나 옥수수와 같은 곡류 전분을 발효성 당으로 전이시키는 공급원이었다. 스카치 위스키 법령에 따르면 당화용 효소로는 맥아 외에 다른 효소는 사용할 수가 없다.

그레인 위스키 제조용 맥아는 고농도 디아스타제라고 불려지듯이 전분 분해 효소 함량이 높다. 보리의 효소 수준은 보통 호화력(dextrinizing units DU)와 당화력(diastatic power DP)으로 정의한다. DU는 α-아밀라제의 측정치이고 DP는 α-, β아밀라제 전체 활력 측정치이다. 일반적으로 그레인 위스키 제조용 맥아의 표준 요구 수준은 DP 180~200units, DU 200units 이상이다. 그레인 위스키 증류소에서는 생산비 중 맥아가 차지하는 비중이 높기 때문에 맥아 사용량을 감소시켜 생산비를 줄이고자 하는 노력을 계속하여 맥아 사용 비율을 10% 수준까지 낮추기도 하였다. 이러한 노력의 결과로 그레인 위스키 제조용 맥아는 무엇보다도 강한 효소력이 중요시되었다.

그레인 위스키 제조용 맥아의 처리 공정은 몰트 위스키용 공정과 형태에서 차이가 있다. 그레인 위스키 제조용 제맥용 보리는 발아 기간이 5~6일 정도로 길어야 하고 훈연은 효소력을 향상시키거나 보존하기 위해 약하게(50~60℃) 행해져야 한다. 녹맥아의 사용으로 효소력은 35~50% 정도 유지되는데 훈연을 하게 되면 효소력이 실활 될 수도 있다. 그레인 위스키 제조용 보리는 몰트 위스키 제조용 보리보다 단백질 함량이 높다.(1.8~2.0%) 왜냐하면, 그레인 위스키 제조업자들은 알코올 수율과 관련이 있는 전분 함량에는 관심이 적고 많은 양의 효소를 생성시키는 데에 관심을 가지기 때문이다. 그레인 위스키 제조에는 훈연시키지 않은 녹맥아를 사용하였다. 녹맥아는 연료비가 적어 생산비가 저렴하고 훈연 맥아보다 효소력이 높아 적은 투입량으로도 전분을 당화시킬 수 있다.

2) 옥수수(Corn)

옥수수는 5,000~6,000년 전에 멕시코 중앙에서 유래되어 지금은 전 세계적으로 재배되고 있다. 옥수수는 마치종 옥수수(dent corn), 낱알이 딴딴한 옥수수(flint corn)를 포함하여 몇몇 종류가 있다. 옥수숫대에 붙은 옥수수자루는 1,000개의 낱알로 성장한다.

대체적으로 익은 옥수수 알맹이는 71~72%의 전분과 10%의 단백질을 함유한다. 옥수수 알맹이는 기본적으로 4개 부분으로 구분된다. 4개 부분 중 증류주 제조업자들에게 가장 중요한 부분은 배유로 알맹이의 82%를 차지한다. 배유는 알맹이에 함유된 전분의 98%를 차지하고 단백질의 74%를 차지한다. 알맹이의 또 다른 중요 부분은 배(胚)로서 배는 알맹이 중량의 11%를 차지하고 또 다른 부분은 과피(5%)로 알맹이를 부드럽게 감싸는 덮개이다. 또 다른 부분은 끝자루(0.8%)로 속과 알맹이의 접착제 역활을 한다. 잘 익은 옥수수 배유는 연결되어 둘러싸고 있는 단백질망에 채워진 수많은 전분 입자들로 구성된다. 또 전분 입자들은 모나고 촘촘히 채워져 단단하고 투명한 구조를 지닌다. 따라서 단단한 옥수수(flint maize)와 같이 단단한 배유의 함유율이 높은 옥수수는 처리 공정이 어렵고 효율적인 전분 추출이 어렵다.

이러한 이유들로 증류 업자들은 옥수수를 높은 온도와 압력하에서 처리하게 되는 것이다.

위스키 제조에 옥수수의 사용은 최근에 급격히 감소하였고 1980년대부터는 밀의 사용이 증가되었다. 그렇지만 몇몇 증류소들은 아직도 옥수수 사용을 선호하고 있는데 이유는 원료 처리 공정이 옥수수에 맞춰져 있고 옥수수는 최종 제품에 독특한 향미를 부여하기 때문이다.

3) 밀(Wheat)

밀은 밀과 식물의 열매 또는 종자를 말한다. 알맹이는 구조적으로 3개 부분으로 나눠지는데 83%의 배유, 14%의 겨, 3%의 배아이다. 배유는 증류주 생산에서 알맹이 중 가장 중요한 부분으로 80% 이상의 탄수화물(대부분이 전분), 12%의 단백질, 2%의 지방질, 1%의 광물질 등으로 구성되어 있다. 전분질은 가장 중요한 탄수화물이다.

밀과 옥수수는 제조 공정이 다르므로 증류 폐액과 같은 부산물의 처리법도 달라져야 한다. 대부분의 증류소들은 증류 폐액을 건조시켜 동물사료를 생산한다. 옥수수에서 발생한 부산물은 밀의 부산물에 비해 점도가 낮아 건조하기가 효율적이고 용이하다. 이와 같은 이유로 밀은 제조 공정상 많은 문제점이 발생한다. 왜냐하면, 밀로 위스키를 제조할 때 발생하는 증류 폐액은 열교환기나 증발 농축기에 부착되어 효율을 감소시키고 가동을 멈추게 하기도 하기 때문이다. 밀은 점성으로 말미암아 문제를 발생시키는데 점성은 글루텐 함량이나 아라비노스크실란과 같은 다중결합 펜토산에 기인한다. 밀의 배유벽은 75%의 아라비노즈크실란을 함유하는데 옥수수는 25%만 함유하고 있다.

그레인 위스키는 블렌디드 위스키의 베이스로 볼 수 있으므로 몰트 위스키보다 경제성이 더욱 강조된다. 밀과 옥수수의 제조 공정상 장단점보다는 당시의 곡물 가격과 관세 정책 등에 의해 선호된다. 또한, 두 곡물이 제조 공정 설비가 다른 부분이 있고, 그 규모가 매우 크므로 일시적인 가격 등락에는 설비를 바꾸기 어려우므로 그레인 위스키 공장마다 선호하는 곡물이 존재한다.

2. 당화 공정

그레인 위스키 제조에서 비발아 곡류 처리는 두 가지 목적으로 이루어진다. 첫째는 곡류에서 전분을 추출하는 것이고, 둘째는 추출된 전분을 발효성 당으로 전환시키는 것이다. 일반적으로 첫 번째 목적은 곡류에 높은 온도와 압력을 가하여 이루어지는데 이 경우 전분질은 젤라틴화되어 배출되고 용해성으로 변한다. 고농도의 효소를 지닌 맥아로부터 방출된 효소는 전분질을 발효성 당으로 전환시키고 발효성 당은 효모에 의해 알코올로 전환된다.

그레인 위스키 생산 공정

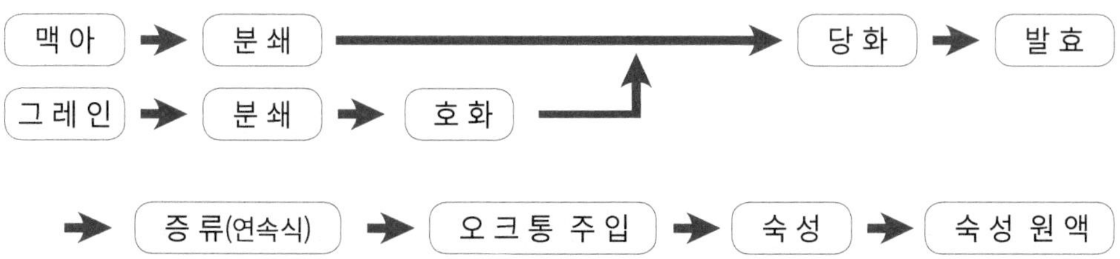

공정을 파악하기 위해서는 곡류 처리에 관한 기본적인 생화학적인 지식과 공장의 원료 처리 공정에 이러한 지식들이 적용되는 원리를 이해하여야 한다. 전분질의 구조와 조성, 전분질의 호화(gelatinization), 원상 회복(retrogradation), 전분질 분해 효소와 효소들의 작용기작들을 알 필요가 있다. 이러한 것들은 모두 곡류를 증자하고 증자된 곡류를 발효성 당으로 전환시키는데 직접적인 영향을 미치는 요소들이다.

1) 전분의 구조

위스키 제조에 사용되는 주요한 전분질 원료는 밀, 옥수수, 보리이고 경우에 따라서는 호밀도 사용된다. 전분의 조성은 원료에 따라 달라지는데 조성의 차이는 이러한 곡류들을 증류소에서 발효성 당으로의 전환이나 처리 효율을 극대화하는 처리 방식에 중요한 의미를 부여하게 된다. 전분은 식물에서 생산되는 탄수화물 중 셀로로즈 다음으로 많다. 전분은 글루코스의 다중 결합체로 식물들의 모든 조직체에 존재하고 탄수화물의 형태로 비축되어 휴면기의 영양 공급원이 된다.

밀, 보리, 옥수수와 같은 곡류에서는 여분의 전분은 주로 전분질 배아로 저장되는데 전분질 배아는 단백질 세포간질(matrix) 사이에 끼워 채워진다. 전분은 입자들로 쪼개져(직경 2~20 마이크로미터) 배아세포 내의 아밀로프라스트(plast, 원형질) 세포기관 안에 축적된다. 밀의 전분은 주로 두 가지 형태의 전분 입자들로 구성된다. 곡물마다 전분의 크기와 입자들의 배열이 다르다, 옥수수 전분 입자는 모양이 불규칙하고 다면체이며 평균 직경도 평균 15마이크로미터 정도로 작다. 옥수수 전분의 입자들은 크기의 분포가 일정하지만 밀 전분의 입자들은 두 가지 크기의 입자들로 분포되어 있다. 전분 입자들의 크기와 모형은 호화온도와 같이 곡류를 효율적으로 처리하는데 요구되는 지표들에 영향을 끼친다. 옥수수에서 입자 크기가 작다는 것은 호화와 전분 입자들의 추출에서 높은 온도가 필요하다는 것을 의미한다.

전분 입자들은 단백질이나 지질과 같은 비탄수화물을 함유하고 있는데 이러한 성분들은 곡류의 처리 시 문제점들을 내포하고 있다. 지질이 존재하면 전분의 가수분해가 쉽게 이루어지지 않는다. 또한, 증자 후에 전분의 호화를 역행시키는 경향에 영향을 미치는 중요한 인자이다.

전분의 결합 구조는 두 개의 중요한 부분으로 구성되어 있다. 아밀로오스는 글루코스 분자가 α(1-4)결합으로 연결된 긴사슬로 전체 전분의 15~37%를 차지한다. 아밀로펙틴은 가지가 많은 구조로 α(1-6)가지에 짧은 α(1-4) 사슬들이 수없이 많이 연결되어 있으며 전분의 대부분을 차지한다. 아밀로오스는 규칙적으로 왼쪽으로 돌아가는 나선형 구조를 지녔고 아밀로펙틴은 커다란 결정형 구조를 지녔다. 전분의 특성은 아밀로오스와 아밀로펙틴의 비율에 따라 달라진다. 전분질 원료에 따라 아밀로오스와 아밀로펙틴의 달라지는데 밀, 옥수수, 사탕수수와 같은 곡류는 아밀로오스가 28% 정도로 높고 덩이줄기나 뿌리 전분은 (감자, 타피오카, 칡뿌리) 20% 정도로 낮다.

아밀로오스 함량이 높을 경우 전분의 처리 공정에서 호화 온도, 점성, 원상회귀성, 재결정성에 영향을 미친다. 이것들은 처리 공정의 효율이나 알코올 수율에도 영향을 미친다.

전분의 조성은 α-β, 아밀라제와 같은 전분 분해효소에 의한 분해에 영향을 미치는데 이 효소들은 스스로는 α(1-6)글루코스 결합을 분해할 수 없기 때문에 이러한 효소들로 아밀로펙틴을 분해시키기 위해서는 α와 β 덱스트린과 말토스, 말토트리오스와 같은 발효성 당이 존재하여야 한다. α와 β 리미트덱스트린의 α(1-6)결합은 리미트덱스트리나제에 의해서만 분해가 가능하다.

2) 호화

곡물은 전분질 입자로 축적된 후전분의 일부는 결정으로 되고 대부분은 물에 불용성으로 된다. 전분을 이용하기 위해서는 전분의 입자 구조를 파괴시켜 물에 용해되도록 하여야 한다. 일반적으로 이 과정은 전분을 물에 현탁시킨 후 녹기 시작할 때까지 가열하여 이루어진다. 이 과정을 거치면 아밀로오스와 아밀로펙틴 입자들을 함유한 현탁액으로 되고 다음에는 전분 분해효소의 작용에 의해 용해성 전분이 발효성 당으로 전화된다. 호화는 몇 단계에 걸쳐 이루어진다. 먼저 건조된 전분 입자들이 낮은 온도(0~40℃)의 물홀 흡수하여 팽윤이 일어난다. 열이 계속 가해지면 전분 결정들의 원형이 파괴되기 시작하고(용해 단계) 비결정성 부분들과 결합되어 비가역적 팽윤과 가수화가 진행된다. ([그림 3-2] 참조)

이 단계에서는 점성이 증가하는데 입자들에서 아밀로오스가 방출되기 때문이다. 팽윤이 되면 전분실 입사 내의 분지 구조가 파괴된다 팽윤 정도는 아밀로펙틴의 특성에 기인한다. 전분질 입자들은 호화되면 아밀로오스의 나선형 부분이 풀려 분리되고 아밀로펙틴의 결정 구조가 파괴되어 방출된 아밀로펙틴의 가지사슬들에 가수화와 팽윤이 일어난다. 이로 인해 전분 입자들이 팽윤되는데 먼저 선형의 아밀로오스가 입자로부터 방출되어 입자 구조가 완전히 파괴된다. 이러한 현상으로 인해 아밀로오스의 비율과 호화의 진행 사이에 불균형 현상이 나타나 아밀로오스는 증가한다.

온도가 일정하게 유지될 경우 호화전분이 용해되기 시작하면 점도도 떨어지기 시작한다. 온도가 낮아지면 점도는 이전 최고점보다 더 높게 상승하는데 호화전분이 뭉쳐지고 재결정화되어 끈끈한 겔을 형성하기 때문이다(resistant gel). 이러한 현상을 회귀(setback or retrogradation)라 한다.

곡류들의 호화온도는 측정에 사용된 방법에 따라 많이 달라진다. 그렇지만 옥수수와 소맥은 차이가 크다. 옥수수는 호화온도가 70~80℃이고, 소맥은 52~54℃ 정도로 옥수수가 훨씬 높다. 이러한 사실은 스카치 그레인 위스키 생산에서 중요한 의미를 지니는데 옥수수를 원료로 사용할 경우 높은 온도 조건이 요구된다는 것을 의미하기 때문이다.

3. 분쇄

1) 분쇄(milling)

분쇄의 목적은 곡류의 조직을 부수어 증자 시 물이 곡류의 배유에 쉽게 침투할 수 있도록 하기 위한 것이다. 미분으로 분쇄하면 전분 입자들에게 기계적인 손상을 입혀 물의 흡수를 쉽게 하고 곡류의 단백질 모형(matrix)으로부터 전분이 기계적으로 쉽게 탈착되도록 하며 호화온도를 낮춘다. 분쇄는 아라비노실란, β-글루칸과 같은 껍질과 세포막 구성 물질들의 분해를 쉽게 하고 다음 공정에서 단백질의 용해가 잘되도록 한다.

스카치 위스키 제조에서는 분쇄 시 주로 두 종류의 분쇄기를 사용하는데 roller mill과 hammer mill이다.

Roll mill은 일반적으로 몰트 위스키 제조 시에 사용하는데 경우에 따라서는 그레인 위스키 제조에도 사용된다. 특히 roll mill은 맥아나 소맥과 같은 작은 크기의 곡류를 분쇄하는데 적합하다. Roller mill은 비교적 부드럽게 곡류를 분리하여 껍질 부분이 손상을 입지 않는다. 이것은 껍질이 여과기에서 맥즙을 분리할 때 유용하게 사용될 수 있도록 해 주는데 분리된 껍질은 당화 시 여과막 역할을 하게 된다.

일반적으로 햄머 분쇄기는 곡물이 취급하기에 쉽도록 일정한 크기의 미분으로 분쇄시킬 수 있기 때문에 그레인 위스키 증류소에서 주로 사용된다. 햄머 분쇄는 그레인 위스키 증류소에서 단시간에 증자와 당화를 가능케 하며 특히 연속적인 공정에 알맞다.

분쇄 입자의 크기는 일정한 크기의 지지체(screen)를 사용하여 조절하고(주로 0.3cm, 0.5cm 구멍 크기의 체 사용) 지지체는 구멍을 통과하지 못하는 커다란 입자들이 일정한 크기로 분쇄될 때까지 보유하게 된다. 햄머 분쇄기를 사용할 때는 너무 미세하게 분쇄되지 않도록 조심하여야 한다. 왜냐하면, 미세하게 분쇄될 경우 뭉침 현상이 발생하여 전분의 일부분이 증자나 당화가 일어나지 않은 상태로 다음 공정으로 이송될 우려가 있기 때문이다. 과도한 미분쇄는 증류 폐액의 고형분 성분에 역효과를 주어 증류에 부하가 걸리게 되고 마치막 처리 공정에 잠재적인 문제를 일으킬 수 있다. 0.2cm 정도 입자의 크기가 증가하면 알코올 수율이 7.5% 감소한다는 보고도 있다. 분쇄가 거칠게 되면 전분의 호화가 불완전해진다.

2) 증자(Cooking)

증자 공정의 주요 기능은 전분 분자들이 연결되어 있는 수소 결합을 절단하고 단백질 구조(matrix)로부터 전분을 분리해내는 것이다. 즉 입자 구조를 파괴시켜 현탁액으로 전환시키는 것이다. 옥수수와 같은 곡류는 실제적으로 호화온도가 효소가 전분을 발효성 당으로 전환시키는 온도(62~67℃)보다 높다. 따라서 전분이 발효에 들어가기 전에 증자가 이루어진다. 증자 조건은 곡류의 종류에 따라 달라지는데 일반적으로 호화온도의 영향을 가장 많이 받는다. 밀에 비해 호화온도가 높은 옥수수는 격렬한 조건에서의 증자가 필요하다. Swinkells는 전분 분자의 실제적인 용해는 전분 호분액이 100~160℃에서 증자될 때 일어난다고 하였다.

몇몇 증류소에서는 그레인 위스키 제조에 아직도 옥수수를 사용하지만 대부분의 증류소들은 밀을 사용한다. 이론적으로 밀은 거의 증자가 필요 없거나 약간 필요하다. 그렇지만 증류소들의 실제 경험은 증자가 전분의 품질을 향상시키고 곡류의 완전한 분해를 촉진시키다는 사실을 보여준다. 추가적으로 향후 옥수수를 사용하는 대규모의 공정이 경제적으로 유리하게 될지도 모른다는 예상하에 여러 증류소들은 옥수수와 밀을 사용하는 공정을 모두 갖추고 있고 증자법도 Wilkin 등이 제시한 저온 증자법보다는 전통적인 증자법을 유지시키고 있다. 이러한 사실을 원료 시장의 변화에 쉽게 대처하기 위한 방법이라 할 수 있다.

증자에 대한 개념의 범위는 회분식에서 연속식, 고압에서 상압, 햄머밀 분쇄 곡류에서 미분쇄(unmilled) 곡류, 소맥 또는 옥수수 등으로 매우 광범위하다. 각개의 개념마다 독특한 특성을 지니고 있으며 사용되는 기술과 연관되어 장점과 단점을 지닌다.

첫 번째 혼합은 실온에서 행해지나 경우에 따라서는 공정에서 발생하는 폐열을 이용하여 40℃ 이상의 더운물을 사용하여 행해지기도 한다. 높은 온도의 물을 사용하는 혼합 은수화(hydrate)를 촉진하고 증자 시 소요되는 에너지를 절감시킬 수 있다. 어떤 공정 특히 연속식 공정에서는 소량의 몰트를 예비 몰트로 첨가하기도 한다. 예비 몰트를 첨가하는 목적은 맥아 중의 효소(이밀라제, 프로테아나제, 글루카나제 등)들이 전분, 단백질, 껍질 등을 일부 가수분해시켜 점도를 낮추어 공정 중에 혼합 액의 이송을 쉽게 하는 것이다.

혼합 액은 다음 공정인 증자기로 이송되는데 증자기는 원통형의 가압탱크로 교반장치를 갖추고 있다. 증자 중에 혼합 액을 충분히 교반시켜 점착을 방지하여 캐러멜화를 감소시킨다. 다음 증자기로 증기를 투입하여 혼합 액이 호화, 액화되어 전분이 유출되는데 필요한 온도로 가열한다. 일반적으로 증자기는 특수한 공정에 알맞도록 고정시킨 프로그램에 따라 운전되는데 원료 곡물, 증자 온도, 증자 시간 등은 증류소마다 각기 다르다. 실제로 증자온도는 최고 130℃까지 상승시키는데 130℃는 짧게 유지시킨다.

일반적으로 회분식 증자는 에너지 소비가 많고 증자 시간이 길다. 따라서 조작이 정확하게 이루어지지 않으면 갈변 현상이 발생하고 수율이 감소될 수 있다. 그렇지만 회분식 증자는 맥즙의 살균은 확실하다. 회분식 증자는 여러 종류의 곡류를 취급하는데 적합하다.

1980년대에는 연속식 증자가 스카치 그레인 위스키 생산에 무한한 잠재력을 갖고 있는 것으로 각광을 받았다. 그렇지만 여러 가지 이유(공정 작업의 지연, 열효율, 위스키 시장의 기호 변화)로 인해 연속식 증자는 스카치 위스키 산업에서는 빛을 발휘하지 못하게 되었다.

연속식 증자 공정에서 증자 시 점도가 감소되도록 곡류는 미분쇄되어 소량의 맥아와 혼합된다. 혼합 액은(slurry) 90℃ 정도까지 가열하여 예비 증자관으로 이송하고(전분을 호화시키기 위함) 다시 증자관으로 이송시켜 130℃까지 가열한다. 5분간 정치시킨 후 증자 액을 급속 냉각기를 통과시켜 온도를 68℃로 낮추어 맥아와 혼합시킨 후 당화관으로 이송시킨다. Wilkin은 연속식 증자 공정의 개략도를 제시하였다.

연속식 증자는 증자 시간을 단축시키는 장점이 있는데 증자 시간이 단축됨으로써 호화 시 전분이 열분해가 되는 것을 최소화시킬 수 있다. 이것은 브라운 반응에 의한 갈변화를 최소화시킬 수 있다는 것이다.

그렇지만 공정 시간이 단축됨에 따라 혼합 액의 전분이 충분히 호화되기 위한 온도에 도달하지 않을 수도 있다. 따라서 살균이 충분히 이루어지지 않아 다음 공정에서 오염이 발생할 가능성이 있다. 연속식 증자의 또 다른 단점은 회분식 발효탱크의 용량과 조화시키기가 쉽지 않다는 것과 다음 공정들의 흐름이 원활하지 못할 수도 있다는 것이다.

종합적으로 살펴보면 증자 공정은 호화, 전분의 추출, 열분해로 인한 불쾌한 물질들의 생성이라는 상관관계가 미묘하게 포함되어 있다. 온도가 과도하게 낮을 경우에는 일부 전분 입자들은 원상태로 호화되지 않고 남아 있어 완전한 발효가 이루어지지 않아 알코올 수율이 낮아지는 결과를 초래하게 된다.

반대로 온도가 높아지거나 증자 시간이 길어지면 갈변 반응이 발생한다. 이러한 반응들은 아미노산, 단백질, 설탕 등을 분해된 전분으로부터 제거시켜 결과적으로 알코올 수율을 감소시킨다.

최적의 증자 시간과 온도는 곡류의 종류, 제조 공정에 따라 달라진다. 일반적으로 옥수수는 소맥보다 증자온도가 높고 증자 시간이 길다.

3) 전분의 가수분해

전분의 분해에 필요한 주요한 효소는 α-와 β-아밀라제인데, 이 효소들은 전분의 α-글루크사이드 사슬에서 α(1-4)결합을 끊어준다. 첫 번째 효소인 α-아밀라제는 가장 중요한 전분 분해 효소인데 전분을 분해시켜 분자량이 작은 덱스트린과 당으로 만든다. 이 효소는 칼슘이온이 존재할 경우 70℃까지 열에 안정하고 pH6에서 활성이 좋다. 그렇지만 67℃ 이상이 되면 활성이 저하되기 시작한다.

두 번째 효소인 β-아밀라제는 비발효성 덱스트린과 다당류들을 발효성 당으로 분해시키는데 발효성 당은 말토스가 대부분이고 말토트리오즈도 소량 포함된다. α-아밀라제보다 열에는 덜 안정적으로 정상적인 당화온도에서 불활성화될 수 있는데 65℃에서 40~60분 방치하면 효소 활성이 완전히 실활된다. 67℃에서는 덱스트린이 말토스로 전화되지 않고 그대로 남아 있다. 이러한 사실들은 그레인 위스키 생산 시 전화 공정에서 온도관리가 매우 중요하다는 것을 의미한다.

α-아밀라제는 세포 내 효소로서 빠르게 전분 분자의 α(1-4)결합을 사슬 내에서 불규칙하게 분해시켜 작은 분자량의 다당류들과 덱스트린을 생성시킨다. α-아밀라제는 젤라틴화가 일어

나지 않은 전분 입사들을 공격하기도 하지만 속도는 매우 느리다. 직선 모양의 작은 다당류들과 덱스트린은 다시 β-아밀라제에 의해 말토스로 분해된다. β-아밀라제는 세포외 효소이다(exo-enzyme). 이것은 사슬의 비환원성 말단 부분으로부터 순차적으로 말토스를 생성시킴으로써 남아 있는 전분을 분해시킨다.

전분에 대한 α-와 β-아밀라제 효소들은 모두 아밀로펙틴과 연관된 수많은 α(1-6)분기점을 분해시키지는 못하므로 당화액에는 많은 양의 가지들(branch)의 잔재들이나 한계 덱스트린이 남게 된다. 한계 덱스트린(limit-dextrin)들은 세 번째 효소인 한계 덱스트리나제에 의해 분해되는데 한계 덱스트리나제는 아밀로펙틴의 α(1-6)결합 분기점과 사슬이 달린 다당류들을 공격하여 분자량이 작고 직선형의 성분들을 생성하고 이 성분들은 다시 α-와 β-아밀라제에 의해 분해된다.

한계 덱스트리나제는 아밀로펙틴 자체를 매우 느리게 일정량만 분해시키지만 α-아밀라제에 의해 생성된 한계 덱스트린에는 빠르게 작용한다. 최근의 연구에서 대부분의 한계 덱스트리나제는 당화 단계에서는 불활성의 결합 형태로 존재하다가 발효 단계에서 활성을 나타내는 것으로 밝혀졌다.

세 개의 주요 효소인 α-, β-아밀라제와 한계 덱스트리나제는 당화온도(62~65℃)에서 전분을 연속적으로 분해시켜 우선 거대 분자인 다당류로 만들고 다당류들은 다시 말토스와 말토트리오스, 가지가 달린 덱스트린으로 분해된다. 맥아즙에서 전화가 안 된 덱스트린의 함량이 높다는 것은 효소에 의한 가수분해에 문제가 있다는 것을 나타내는 것이다.

네 번째 효소인 α-글루코시다제(glucosidase)는 일반적으로 발아 중에 전분의 대사에 관여하지만 당화 과정에서도 부분적인 역할을 한다. 이 효소는 α-글루코시드나 작은 분자량의 덱스트린에서 포도당 분자를 생성시킬 수 있지만, 전화 공정에서 전분을 분해시키는 역할에 대해서는 아직까지 잘 알려지지 않고 있다.

맥주 제조와는 달리 맥즙을 증자하지 않기 때문에 전분 분해 효소들은 발효 단계에도 활성이 유지되어 덱스트린의 가수분해에도 주요한 역할을 하게 됨으로써 알코올로 전환 가능한 발효성 물질들 생성을 최대한 생성하게 되는 것이다.

4. 연속식 증류

1) 연속식 증류기의 구조

연속식 증류기의 기본 구조는 분획탑(Analyser Column)과 농축탑(Rectifier Culumn) 두 개의 기능을 결합한 이중의 다단형 구조이다.

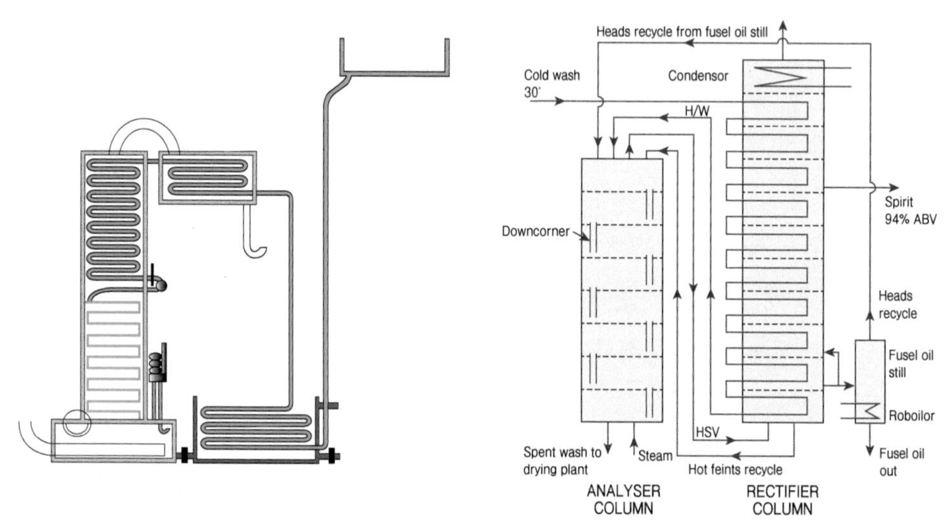

【그림 3-12】 연속식 증류기의 구조((Whisky Technology, Production and Marketing, page 186, 188) 좌) 원래의 구조도. 우) 연속식 증류기의 기본도. HSV(Hot spirits Vapour) ; HW(Hot Wash) ; X는 주정 플레이트에 있는 발효액 코일이다. 이곳의 온도가 발효액의 유속을 조절한다.

스카치 그레인 위스키 업계에서는 다양한 연속식 증류기가 설계되었다. 연속식 증류기에서 유입되는 발효액은 분리탑의 투입단으로 투입되기 전에 동사관 내의 정제탑 부분을 통과시켜 90℃ 이상으로 가열시킨다. 개량형에서는 발효액을 분리탑 상단으로 투입하기 전에 별도의 열 교환기로 90~93℃로 가열한다.

2) 운전의 종료와 개시 절차

연속식 증류기는 가능한 한 장기간 가동되어야 한다. 그러나 분리탑의 단위에 발효액의 고형분이 축적되면 세척을 위해 운전을 종료시켜야 한다. 내부의 동 표면에 발생하는 산화와 재활성화는 증류기가 공기 중에 노출될 경우에 발생한다. 실제 알코올양은 시스템 내에서 어느 순간에 순환되고 있지만 가동이 중지된 과정에서는 어떠한 손실의 발생도 방지하여야 한다. 이러한 절차는 다음의 방식에 따른다.

① 발효액 사관 공급은 발효액에서 같은 온도의 물로 바꾼다.

② 교환 시점에서 주정의 품질을 자주 검사한다. 일정 기간은 품질이 좋다가 나빠지기 시작한다. 이 시점에서 냉각된 후류액조로 이송시키지만 동시에 발효액의 양이 감소되므로 분리탑 하부 제품의 조성도 검사하여야 한다. 고형분이 없는 경우에는 사료공장으로 이송시키지 않고 그대로 배출시킨다.

③ 냉각된 후류액으로 에탄올이 유입되지 않으면 스팀 공급을 중지시킨다.

④ 정제탑 안의 내용물은 가열된 후류액 저장조로 배출시켰다가 다음 가동 시까지 저장한다.

⑤ 마지막으로 응축기와 냉각기에 물 공급을 중지시킨다.

위와 마찬가지로 운전 개시 절차에서도 전회 증류에서 회수된 알코올의 손실을 방지하여야 한다. 증류소별로 개별적인 방법이 있지만 다음은 사용이 가능한 운전 개시 시스템이다.

① 증류기는 발효액 사관으로 물을 통과시켜 운전 온도로 가열시킨 후 정제탑 하부의 밸브로 물을 배출시킨다.

② 동시에 전회에 증류하여 저장된 후류액(원래는 뜨거운 상태, feints)은 가열된 발효액 투입을 위해 분리탑 상부로 정상적인 유속으로 투입한다. 투입된 후류액은 분리탑 상부로부터 분리탑 안으로 공급되고 공급되는 스팀에 의해 증발된 뜨거운 주정 증기는 정제탑의 발효액 사관을 가열시킨다. 냉각된 후류액 저장조는 이 단계에서도 가득 채워진 상태이다. 왜냐하면, 알코올 농도가 높기 때문에 소량만으로도 뜨거운 후류액의 알코올 농도를 보충하기에 충분하기 때문이다.

③ 발효액 사관의 온도가 일정한 상태로 되면 사관 내의 물을 발효액으로 교체한다. 처음 투입된 발효액이 하부 배출구에서 보이기 시작하면 흐름의 방향이 분리탑 상부로 향하도록 밸브를 잠근다.

④ 분리탑 상부로 가열시킨 후류액의 공급할 때 공급 속도는 추출되는 유속에 맞춰 조절되고 이 속도는 운전 중 일정하여야 한다.

⑤ 주정은 숙성하기에 알맞은 품질에 도달한 경우에만 냉각된 후류액으로 추출한다.

⑥ 후류액은 알코올 함량이 높기 때문에 냉각된 후류액을 증류기에 추가 투입시키면 운전 조건이 불안정해다.

따라서 저장되어 있는 냉각된 후류액은 운전 중지와 개시 과정부터 예정된 가동 기간 중에 저장조가 비워지도록 계산하여 일정한 속도로 분리탑 상부로 투입시킨다. 운전 중에 소량의 새로 냉각시킨 후류액만 추출된다. 상부 냉각기에서 응축된 대부분(몇몇 증류소에서는 전체)의 응축액은 정제단으로 환류시킨다. 그러나 휴젤유탑 상부의 응축액은 냉각된 후류액으로 재순환시킨다.

냉각된 후류액이 과량 생산되어 축적되면 주정 품질에 미달되기 때문에 재순환시킨다.

운전 개시 절차의 또 다른 방식은 위에 있는 ①단계에서와 같이 발효액 사관 하부에서 물을 배출시키는 대신 물을 분리탑의 투입구로 투입한다. 투입된 물이 하부로 내려오면서 발생하는 스팀에 의해 증류기가 가열된다.

정상적으로 가동할 수 있는 온도가 되면 사관으로 주입되는 물을 발효액으로 교체하고 추가적으로 가열시킨 후류액과 냉각시킨 후류액을 분리탑으로 투입시킨다. 분리탑의 하부로 물 대신 폐액이 유출되면 유출액은 사료공장으로 이송시킨다. 주정단(plate)에 축적된 증류액은 품질 규격에 도달할 때까지 냉각된 후류액으로 이송하거나 경험으로 품질 규격에 도달할 시간이 되었다고 생각되면 제품으로 채취한다.

주정이 화학적인 검사나 관능검사에 합격하지 못하면 재증류시킨다. 자주 발생하지는 않는 일이지만 대규모로 운전하는 연속식 증류 공정에서는 재증류시킬 양이 너무 많아 냉각된 후류액을 원료에 일부 혼합시켜 공급할 수 없게 되는 경우가 발생한다. 이 경우에는 품질이 미달하는 주정만 분리하여 온수로 발효액과 같은 알코올 농도와 온도로 희석시킨 후 증류를 하게 된다. 폐액을 발생하지 않으므로 분리탑의 하부로 배출되는 물질은 폐기한다. 이렇게 하지 않으면 증류기는 모든 좋지 않은 품질의 주정이 재증류될 때까지 정상적으로 가동을 하게 된다.

5. 증류에 의한 향기의 생성

이 장의 앞부분에서는 물에 용해된 단순한 에탄올 용액에 대한 연속식 증류 이론을 서술하였다. 실제로 증류기로 공급되는 알코올 용액에는 곡류와 효모 구성 물질, 그리고 발효 중에 생성된 효모 내사산물로부터 생성된 수백 가지의 화합물들이 포함되어 있다. 이러한 성분들이 증류된 주성의 향기에 미치는 전반적인 역할과는 별도로 하고 일반적으로 증류주 산업에서는 이러한 성분들을 세가지 형태로 분류한다.

(A) 에탄올보다 휘발성이 높은 성분

(B) 에탄올과 휘발성이 동일한 것

(C) 에탄올보다 휘발성이 낮은 것

휘발성은 성분들의 비점(boiling point)과 연관되어 있지만 에탄올의 농도와도 관계가 있다. (B)형 성분들은 에탄올의 농도가 높으면 에탄올보다 휘발성이 낮고 에탄올의 농도가 낮아지면 에타놀보다 휘발성이 높아진다. 단식 증류에서는 증류 중에 알코올분이 감소된다. 따라서 B형 성분들의 휘발성은 시간이 경과하면 상대적으로 높아진다.(그림 3-13)

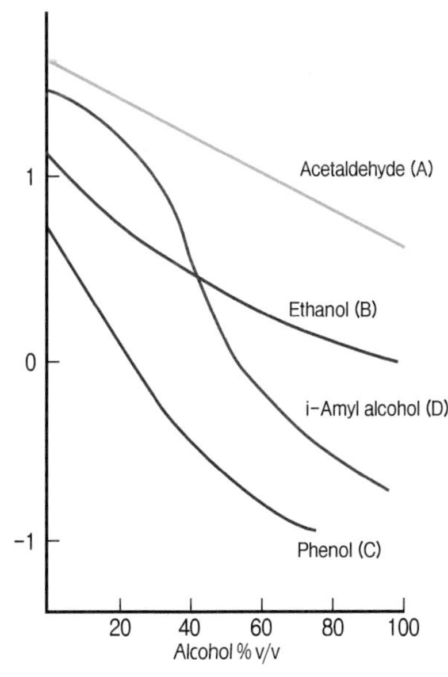

【그림 3-13】 향기 성분들의 상대적 휘발도(Panek and Boucher, 1989(Whisky Technology, Production and Marketing, page 201)

그렇지만 연속식 증류에서는 증류 시스템 내의 어느 일정한 부분에서는 시간이 경과하여도 에탄올 농도는 일정하다. 그러나 증류기의 높이에 따라 변하는데 정제탑의 하부에서는 10%의 농도가 상부에서는 94% 이상의 농도로 상승한다.

(그림 3-14)는 단식 증류에서 A, B, C형 성분들의 증류 형태를 나타낸다.

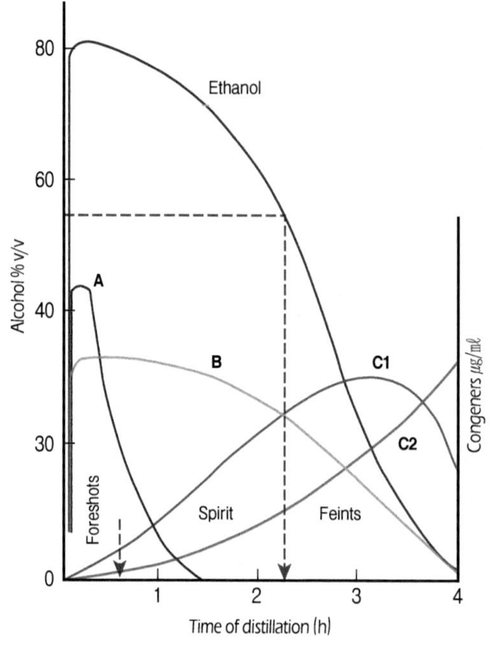

【그림 3-14】 단식 증류 시 휘발도에 따른 향기 성분들의 분리
(Whisky Technology, Production and Marketing, page 202)

A선은 대부분 초류액에서 유출되는 A형 성분을 나타낸다. B선은 전체 증류 공정 중에 에탄올과 유사한 분포도로 유출되는 것을 나타낸다. 그러나 매우 소량이다. (그림 3-14)의 C1선은 C형 성분들이 주정 생산 말기에 최고치로 유출되지만 다른 성분들(C형이지만)은 주정 생산 후에 유출되기 시작하여 후류액 증류 중에 증가한다(C2선). 이러한 효과들은 (그림 3-14)에서 나타내는 에탄올에 대한 상대적 휘발도란 어휘로 설명할 수 있다.

연속식 증류 공정에서는 C형 성분들은 정제탑에 어떠한 역활도 하지 않는다. 분리탑의 최상단에서 소량이 증발되고 나머지는 정제탑으로 이송되어 하부에서 응축되어 가열된 후류액이 있는 분리탑으로 환류된다. 분리탑에서도 동일한 효과가 발생하는데 휘발성이 낮은 물질(C형)은 탑을 흘러내려 증류 폐액으로 배출된다.

따라서 정제탑 하부로 흘러들어가는 뜨거운 알코올 증기는 A와 B형의 성분들이 많고 C형 성분은 소량이다.

이 수정 증기는 곧바로 분리탑으로 환류된다. A형 성분들은 모든 알코올 농도에서 알코올보다 휘발성이 높으므로 탑의 상부로 유입된다. 상부 냉각기의 운전 조건에 따라 혼합물의 일부 성분은 대기 중으로 증발되고 나머지는 정제탑의 상단으로 환류되거나 분리탑의 상부로 재순환시키기 위해 냉각된 후류액으로 배출시킨다. B형 성분들의 경우 상황은 더욱 복잡해진다. 왜냐하면, 증류탑의 높이에 따라 에탄올의 농도도 달라지기 때문이다.

이러한 성분들은 휘발도가 에탄올과 동일해지는 증류탑의 높이에서 안정화된다.

(그림 3-13)은 정제탑 내에 알코올류, 에탄올, *n*-프로판올, 부탄올, 이소 아밀아코올의 분포를 나타낸다.

주정 추출단(plate)이 에탄올의 농도가 가장 높은 지점에 항상 위치하지 않는다는 것은 주목할 사항이다.

그러나 알코올 농도가 높은 상부의 단들은 휘발성 A형 성분들이 과량 함유되어 있다는 것을 알 수 있다.(그림 3-14) 이러한 성분들은 주로 아세트 알데히드 시스템 내에서 동과 반응하지 않은 황 화합물들이다.

주정의 향기는 알코올 농도보다 중요시되므로 상부에서 응축된 에탄올은 최종적으로 주정 추출단으로 환류되어 추출될 것이다. 모든 성분들의 농도는 (그림 3-13)에서 용량 백분율로 나타냈다. 그러나 보통 mg/L 단위로 측정되고 1% 미만에서도 품질에 영향을 미친다. 따라서 (그림 3-13)에서 볼 수 있는 모든 성분들은 그래프에서 보이지 않는 상하 몇 개의 단(plate)에서 향기에 커다란 영향을 미친다. 〈표 2-4〉는 새로 제조한 곡류 원액(grain spirit)의 향기 성분 농도를 나타낸다. 모든 성분들은 몰트 위스키에 비해 함량이 매우 낮다.

〈표 2-4〉 새로 제조한 곡류 원액과 몰트 원액의 향기 성분 비교
(목통에 주입하기 위해 희석시킨 경우)
(Whisky Technology, Production and Marketing, page 203)

	곡류 원액(grain spirit)	몰트 원액(malt spirit)
에타놀(용량 %)	68	63
총 고급 알코올류(ppm)	800	2500
총 에스테르류(ppm)	50	650
총 산류(ppm)	0	100
총 알데히드류(ppm)	0	50

고급 알코올류 중에 이소아밀알코올이 가장 많지만 (그림 3-13)에 표시한 세 종류의 알코올은 일정한 비율로 계속 추출시켜야 한다. 그렇지 않으면 증류 후에도 주정에 과량 함유되게 된다. (그림 3-13)을 살펴보면 10단과 15단 사이의 어느 지점에서 세 종류의 성분들이 겹쳐지므로 일시에 추출하는 것이 가능하지만 실제로는 몇 개의 추출 지점을 정한 후 추출하여 휴젤유탑으로 이송하는 방법이 선호되고 있다. 증류가 안정된 상태의 조건으로 되면 이러한 성분들은 발효액으로 투입되는 양과 동일한 속도로 추출되어야 하는데 이것은 지류(side stream)관을 설치하여 쉽게 해결할 수 있다. 이러한 조작은 독립적이고 신중하게 이루어져야 주정의 향기를 조절하는 것이 가능하다. 예를 들면 특별히 주정의 부탄올 함량을 증가시키려면 지류관으로 배출되는 부탄올이 감소되어야 한다. 실제로 이 조작은 매우 복잡하다. 만약 프로판올 제거량을 처음과 같이 유지시킨다면 부탄올의 양이 증가되면 (그림 3-13)의 프로판올 함량의 팽창된 부분도 그래프 위 방향으로 이동하여 주정 추출단 수준으로 프로판올 함량이 증가한다. 따라서 휴젤유탑으로 배출되는 프로판올 비율은 주정에 함유된 초기 프로판올 함량이 유지되도록 증가시켜야 한다. 만약 이소아밀 알코올을 천천히 제거할 수 있으면 이러한 효과는 더욱 증대된다. 휘발성이 낮은 성분들은 하부로 집적되기 때문에 부타놀(프로파놀도 포함)이 증류탑 상부로 이동되는 것이 촉진된다. 그렇지만 실제로는 이러한 방식의 조작에는 한계가 있다.

증류주 제조 공급 원료에 대한 앞부분에서의 언급은 증류가 안정적으로 이루어지기 위해서는 발효액의 알코올분이 일정하여야 한다는 것이다. 알코올분이 변화하면 향기에 영향을 미친다. 왜냐하면, 정제탑의 높이에 따른 알코올 함량 변화는 B형 휘발성 성분들의 분리에 영향을 미치기 때문이다.

04 숙성

위스키의 숙성은 오크통과 불가분의 관계가 있다. 증류된 몰트나 그레인 위스키는 오크통에 주입하여 숙성 창고에 저장하는 것이 숙성의 일반적인 관례이다. 여기에는 오크통에 대한 막대한 투자와 장기간에 소요되는 금융 비용이 원가 상승 요인으로 작용하고 있다.

숙성의 목적은 갓 증류한 증류액의 거친 향미를 순화시키며, 목통으로부터 우러난 방향성 성분들을 유입시키고, 부적합한 향미를 줄여주는 것이다. 그러나 숙성 시에 증발량이 많아 원액의 손실이 매우 크다. 그럼에도 불구하고 숙성은 좋은 위스키를 제조하는데 필수적인 공정이다.

1. 오크 나무 품종

숙성을 이해하기 위해서는 오크통에 대한 지식이 필수적이다. 오크통의 대부분은 미국에서 수입되는 버번 목통이고 나머지 소량은 스페인에서 수입하는 셰리통이다. 이러한 목제용기들은 북미나 동 유럽 숲에 자생하는 몇몇 갈참나무종의 심재(heart wood)로 제작한다.

오늘날에는 미국에서 수입되는 버번 오크통의 대부분은 180리터용이다. 실제로 통을 해체시켜 운반하는 일은 점점 감소 추세에 있다. 운반된 통판들은 용량이 큰 통으로 재조립되는데 용량이 큰 통으로 조립하기 위해서는 수많은 통판과 새로운 뚜껑이 사용된다(250리터용). 또 하나의 목통 제조용 목재의 전통적인 공급원은 스페인으로 셰리 오크통이다(500리터용). 위스키 숙성용에 대한 명성과 미국 목통 용기에 비해 수명이 길다고 알려지면서 구하기가 힘들어졌다.

과거에는 조밀하여 새지 않는 목제 용기 생산에 여러 가지 목재가 사용되었다. 그렇지만 대부분의 목재들은 알코올 음료 숙성 시 좋지 않은 냄새가 생성되거나 다공성(구멍들)의 문제로 장기 저장에는 적합하지 않게 되었다. 단지 몇몇 참나무종만이 완벽하게 포도주나 증류주의 숙성에 적합하였다.

틈새가 없는 목통을 제조하는 데는 유럽산 참나무 중 두 가지 품종이 선호되는데, Quercus robu와 Quercus sessilis로 두 품종 모두 유럽 대륙에서 널리 자생하고 있다. 두 품종은 매우 유사한데 실제로 Q.sessilis는 Q.robur의 변종으로 여겨지고 있다. 스페인의 셰리 목통 제조에는 주로 유럽산 참나무인 Q.robur 품종이 사용되는데 이 품종은 스페인 북부 지방에서 조달된다.

미국에서 수입되는 참나무도 셰리 목통 제조에 사용되는데 셰리주 생산업자들이 매우 선호하고 있다. 새지 않는 목통의 제조에 사용되는 참나무 품종은 유럽보다 미국에서 더 다양하다. 미국산 참나무 품종에는 Q.alba, Q.bicolar, Q.muehlenbergii, Q.stellata, Q.marcocarpa, Q.lyrata, Q. Durandii 등이다.

Q.alba 품종은 사용되는 목재의 45%를 차지하고 있다. 미국에서 주요 버번 목통 생산 지역은 켄터키와 미주리 주이다. 이 지역에서 생산되는 목통에 사용되는 참나무 품종은 Q.alba, Q.bicolar, Q.macrocarpa이고 Q.lyrata 품종도 소량 사용된다.

2. 오크 목질

1) 오크목의 물리적 특성

참나무의 구조는 수질선(medullary rays)과 티로스(tyloses)로 이루어져 있다. 수질선은 가늘고 평평한 구조로 나무줄기의 중심부에서 껍질 방향으로 복사선처럼 펼쳐져 있다. 수질선은 나무의 다른 부분의 구조에 비해 훨씬 단단하여 물이 통과하지 못하는 것으로 알려졌다.

2) 오크목의 화학적 조성

나무의 조직은 세포와 세포 사이의 물질들로 구성된다. 세포벽 구조는 거대 분자인 셀룰로즈와 헤미셀룰로즈, 리그닌으로 구성되고 세포벽 사이는 주로 리그닌으로 구성된다. 나무의 주요 중합체 부분과 함께 저분자량 성분도 소량 존재한다. 나무 조직의 주요 거대 분자 세포벽 성분들 외에 참나무는 저분자량 성분들을 12%까지 함유한다. 이 성분들은 숙성시키는 증류액에 쉽게 추출되어 숙성 기간 중 향기의 발달에 크게 영향을 미친다. 추출된 물질들의 조성은 복잡하며 나무의 품종이나 지역에 따라 차이가 있다. 목통 제조용 참나무에서 관심을 끄는 성분들은 가수분해되는 탄닌과 휘발성 성분들이다. 가수분해되는 탄닌은 참나무의 쓴맛과 떫은맛을 내게 하고 숙성 중 산화 반응의 촉매 역할을 한다. Gallic acid와 Ellagic acid를 기본으로 하는 다양한 구조들이 규명되었고 이러한 구조들은 열처리 시 분해되지만 숙성 시 주정에 추출되는 주요 성분들은 유리산으로 된다.

참나무는 수많은 휘발성 성분들을 함유하는데 가스 크로마토그라피 질량분광계로 분석 시 100개의 피크가 검출된다. 위스키 숙성 시 흥미 있는 성분은 유기산 가운데 락톤, 노리스프레노이드(norisoprenoids)와 휘발성 페놀이다. 주요 유기산에는 초산과 리놀레닉산(linolenic acids)이 있다. 리놀레닉산은 위스키 숙성에서 혼탁 성분 중의 하나로 분해되어 냄새가 강한 알데히드와 알코올이 생성된다. 참나무 락톤(lactone)은 참나무의 주요 휘발성 성분으로 숙성 위스키의 향에서 주요 역할을 한다. Eugenol이나 바닐린과 같은 휘발성 페놀도 극미량 존재하는데 이러한 성분들은 참나무를 열처리하는 경우 증가될 수 있다.

3) 오크통 내부를 태울 때 일어나는 화학적 변화(Chemistry of Toasting)

증류액 숙성용 목통 제조에서 토스팅은 매우 중요한 역활을 한다. 토스팅에는 두 가지 방법이 사용되는데 하나는 굽는 것으로 약한 열로 장시간 열처리를 하고, 또 하나는 태우는(탄화) 것으로 가스 버너를 사용하여 목통 내부 표면에 불을 붙여 탄화시키는 것이다. 방법은 차이가 나더라도 열처리의 목적은 동일하다.

① 나무의 중합체 성분들을 분해시켜 향기를 생성시키는 것

② 나무에 함유된 수지 냄새나 좋지 않은 냄새 성분들을 제거시키는 것

③ 목통 내부 표면에 활성탄 층을 형성시키는 것(탄화 시에만 적용됨)

4) 향기 성분 생성을 위한 나무 중합체 성분의 분해

열처리의 중요한 효과는 나무의 중합체 성분들을 분해되어 색상과 향기 성분들이 생성되는 것이다.

리그닌의 분해 산물인 바닐린, 시링 알데히드(syringaldehyde) 등은 나무 자체나 숙성 증류액에서 바닐린 산이나 시린직 산(syringic acids)으로 산화된다. 이들 성분 중 바닐린은 인지 농도가 낮아 관능에 커다란 영향을 미친다. 새로 탄화시킨 목통에 저장 중인 위스키를 분석해 보면 저장 후 처음 6개월 동안에는 바닐린의 농도가 인지 농도보다 높다. 리그닌 분해 산

물들의 혼합물의 인지 농도도 감소되는 것이 보고되었다. 열처리의 강도는 방향성 알데히드나 생성되는 산(acid)들의 함량에 영향을 미친다. 참나무 조각을 사용한 시험에서 탄화온도가 200℃까지 상승하면서 방향성 알데히드와 산들의 농도도 증가하였다. 그 이상의 온도와 탄화는 guaiacol이나 syringol과 같은 휘발성 페놀의 생성이나 방향성 물질들의 탄화로 알데히드와 산들의 농도가 감소한다.

그렇지만 목통에서는 주정에 추출되는 리그닌 분해 산물들의 농도가 증가한다. 탄화층에는 방향성 물질들이 거의 없지만 탄화층 안으로 열이 투과하면 열분해 반응이 촉진되어 6mm 깊이에서는 방향성 알데히드와 산들의 농도가 증가한다. 결론적으로 탄화 시간이 증가하면 탄화층 내부에서는 나무 성분들의 열분해도 증가하는 것이다. 통판의 두꺼운 탄화층 내부가 깊어져도 이러한 성분들이 침출이 억제되지는 않는다. 왜냐하면, 탄화 중에 목제 구조의 파괴는 숙성 주정이 내부로 침투하는 것을 증가시키기 때문이다.

몇몇 학자들의 연구에서 굽기와 탄화는 성분들의 농도를 증가시키기도 하지만 영향을 미치지 못하기도 한다고 보고하였다. 열처리에 의해 증가된 성분들은 비점이 낮아 저장 중에 목통 표면을 통해 증발된다.

또한, 열처리는 주정에 의해 나무로부터 추출되는 색소 성분들의 농도를 증가시킨다. 그렇지만 목통의 색소 물질들에 대한 화학적 성질에 대해서는 규명되지 않고 있다. 주요 성분들의 열처리에서 색소 물질의 생성은 대부분 헤미셀룰로즈나 리그닌의 분해에 의하고 셀룰로즈와는 거의 무관하다. 추출이 가능한 색소 물질의 농도는 굽기와 탄화의 강도가 높을수록 증가한다. 그렇지만 방향성 알데히드나 산들에서와 같이 탄화층은 색소에 영향을 미치지 않는다.

토스팅의 정도에 따라 헤비(Heavy), 미디움(Medium), 라이트(Light)로 나누고 증류소 숙성 책임자들은 숙성 증류액의 품질을 설계하여 이를 결정한다.

5) 나무 중의 수지 냄새나 좋지 않은 냄새 물질의 제거

포도주나 주정을 새 목통에 저장하면 불쾌한 톱밥 냄새가 생성된다. 이러한 냄새를 발생시키는 주요 성분들은 trans-2-nonenal과 불포화 알데히드, trans-2-octenal과 1-octen-3-one과 같은 ketone들인 것으로 밝혀졌다. 이러한 성분들의 농도는 목통의 종류에 따라 차이가 크고 생성 경로는 주로 목재의 순화 기간 중에 linoleic acid의 화학적 자가 산화이다. 목통 제작 중에 굽기 강도를 증가시키면 trans-2-nonenal 함량은 크게 감소되고 좋지 않은 냄새 성분들도 제거된다.

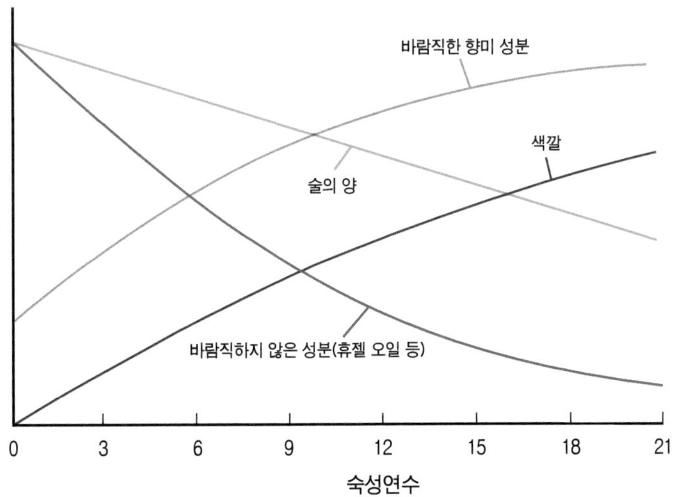

【그림 3-15】 위스키 숙성중의 변화

05 블렌딩(Blending)

옥스퍼드 영어사전에서 조합이라는 것은 “혼합시켜 분리할 수 없게 하고 구분할 수 없게 하는 것이다.”라고 정의하고 있다. 몰트 위스키와 싱글 그레인 위스키는 개별적인 증류소의 생산품으로 각기 독특한 향기의 특징을 지니고 있다. 조합은 20~50종류의 몰트 위스키와 2~5종류의 그레인 위스키를 혼합시켜 보다 원숙한 맛의 위스키를 제조하는 것으로 혼합된 후에는 개별적인 위스키 특성을 따로 구별하기는 쉽지 않다.

스카치 위스키 시장에서는 블렌디드 위스키가 주를 이루고 있어 판매량이 많은 위스키 중 블렌디드 위스키와 몰트 위스키의 비율은 9 : 1 정도이다.

블렌딩은 1860년대에 에딘버러의 앤드루 어셔(Andrew Usher)에 의해 처음으로 시도되었다. 그 이전에는 스카치 위스키의 인기는 제한적이었다. 그 당시 소비되던 블렌딩되지 않은 몰트 위스키는 많은 사람에게 매일 음용하기에는 너무나 향이 강하게 느껴졌을 것이라 추측된다. 그렇지만 부드럽게 블렌딩된 위스키가 탄생되면서 스카치 위스키의 인기는 영국을 시작으로 전 세계로 확산되었다.

블렌딩의 4개 영역

(1) 관능 전문가(Blender)

(2) 블렌딩 전략

(3) 블렌딩(blending)의 실제적인 업무

(4) 혁신

전통적으로 네 개의 영역은 회사 최고 브렌더(Master Blender)가 담당하는 고유 영역이었다. 그러나 위스키 회사들이 성장하고 합병되면서 고유 영역은 브렌딩팀의 여러 사람으로 나뉘는 경우도 자주 발생한다.

1. 관능 전문가(Master Blender)

오늘날에도 블렌딩은 과학이라기보다는 예술로 남아 있는 영역이다. 왜냐하면, 위스키 회사들은 블렌딩 처방에 대한 비밀이 노출되는 것을 꺼리기 때문이다. 각 블렌더는 자신만의 향기 스타일을 지니고 있는데, 선배로부터 물려받기도 하였다. 스타일이라는 용어는 특히 중요한 의미를 지닌다. 블렌딩 처방전은 단계적으로 발전하는 것은 아니다. 그것은 매우 역동적으로 첨가되는 위스키 종류나 첨가량이 매 블렌딩 시마다 달라진다.

새로운 브렌드를 창조할 때는 다른 향을 보완시키거나 증진시키는 몰트와 그레인을 선별한다. 블렌더의 기술과 지식은 매우 결정적이다. 유능한 블렌더가 되기 위해서는 다년간의 경험이 필요한데, 유능한 블렌더는 어떠한 위스키가 어떠한 비율로 사용되어야 원하는 향기 특성이 창조되는지를 정확히 알고 있다. 새로운 브랜드가 창조되면 특성을 그대로 유지시키는데 기술적인 노력이 요구된다. 이 경우 고려되어야 할 변수들이 무수히 많다. 블렌딩에 사용되는 위스키는 각개의 독특한 향기 분포도에 의해 선별되지만, 각개 위스키의 품질이 다르므로 블렌딩 처방전은 품질의 차이를 극복하기 위해 약간씩 조절될 필요가 있다. 브랜드를 조성하는 위스키 중 하나 또는 그 이상의 위스키는 어느 증류소의 가동 중단으로 사용할 수 없게 되는 경우도 항상 발생할 수 있는 문제이다. 그러한 경우 블렌더는 자신의 지식으로 적당한 대체품을 찾거나 공백을 메꿀 수 있도록 처방을 변경하여야 한다. 오늘날 향기와 맛 분석에 동원되는 화학 분석기기가 매우 발달되었는 데도 불구하고 종합적인 관능 판단에 있어서 블렌더의 역할은 무엇과도 대체될 수 없다.

2. 블렌딩에서 몰트 위스키의 역할

블렌딩에서 몰트 위스키의 역할은 핵심적인 향기 특성을 부여하는 것이다. 수많은 몰트 위스키들은 블렌더가 조합의 개성을 나타내기 위해 사용할 수 있는 위스키들을 다양하게 배열할(조합) 수 있게 해준다.

블렌더는 위스키들을 제품의 향기 스타일에 맞춰 선별하고 각개 위스키의 향기 분포도에 따라 첨가량을 결정한다. 강하게 훈연 시킨 아일레이(Islay) 몰트와 같이 향이 강한 몰트 위스키는 과량 첨가 시 다른 위스키의 특성이 사라지게 되므로 소량만 첨가한다. 로우랜드(Lowland) 몰트 위스키와 같이 특성이 약한 위스키는 다른 위스키의 특성을 살릴 수 있으므로 상대적으로 다량을 첨가하게 된다.

이론적으로 블렌디드 위스키는 몇몇 종류의 위스키를 블렌딩하여 제조할 수 있다. 그렇지만 실제적으로 20~50종류의 몰트 위스키가 블렌딩에 사용된다. 만약 제한된 종류의 몰트 위스키만 블렌딩에 사용하는 경우 이들 위스키 중 한 종류만이라도 갑자기 사용할 수 없게 되면 관능적인 충격은 수많은 종류의 몰트 위스키를 사용하는 것에 비해 훨씬 커진다. 블렌딩에서 수많은 종류의 몰트 위스키를 사용하는 것은 브렌드의 품질 유지를 쉽게 해준다.

3. 블렌딩에서 그레인 위스키의 역할

그레인 위스키는 몰트 위스키보다 향미가 약하지만 각 그레인 위스키들마다 각자의 독특한 향기 분포도를 지니고 있다. 그레인 위스키 제조에 사용되는 연속식 증류 공정은 몰트 위스키 제조 공정보다 경제적이다. 그렇지만 블렌딩에서 그레인 위스키가 단순히 희석용이라고 간주해서는 안된다. 왜냐하면, 그레인 위스키는 블렌딩의 향미를 부드럽게 조화시키기 때문이다. 그레인 위스키를 첨가하여 단맛을 내게 하고 거친 맛을 감소시키고 몰트 위스키의 특성을 두드러지게 할 수 있다.

스코틀랜드에는 8개의 그레인 위스키 증류소가 가동 중에 있지만 블렌더는 한 개 증류소의 그레인 위스키만 사용하지는 않는다. 블렌딩할 때 블렌더는 2~5종류의 그레인 위스키를 사용하여 그중 한 종류가 사용할 수 없게 되더라도 관능상의 충격을 최소화시킬 수 있다.

4. 몰트 위스키와 그레인 위스키의 혼합 비율

블렌디드 위스키에서는 일반적으로 그레인 위스키의 사용 비율이 많다. 그렇지만 상대적인 사용 백분율이 고정되어 있는 것은 아니다. 그레인 위스키는 가격이 저렴하다. 그렇지만 몰트 위스키의 사용량이 많다고 품질도 좋아진다고 할 수는 없다. 최종 제품의 품질은 블렌딩에 사용된 몰트 위스키의 숙성연수, 블렌더의 위스키 선별 능력과 몰트 위스키와 그레인 위스키를 적절하게 혼합시키는 능력에 좌우된다.

5. 블렌딩에 사용되는 위스키의 평가

블렌더들은 위스키의 향기를 측정할 수 있는 가장 예민한 기구로 코를 사용한다. 그렇지만 위스키의 관능적 특성을 신속히 측정하는 데는 다년간의 경험이 필요하고 각 위스키들이 브렌드의 전체적인 향기 분포에 어떻게 영향을 미치는지를 정확히 알기 위해서는 더 오랜 기간의 경험이 필요하다. 조합에 사용되는 위스키의 평가는기본적으로 향기 특성에 의한다. 그렇지만 블렌더는 시료 전체 또는 일부에 대해 맛을 보기도 한다. 각 위스키들의 시료를 목통에서 채취하여 소량을 튜립형 향기 검사용(nosing) 유리잔에 따른다. 위스키들은 원액 상태로 검사하기도 하지만 일반적으로 20%(V/V)로 희석하여 검사한다. 20%로 희석시키면 에탄올의 강한 자극을 감소되고 향기 성분들이 유리잔의 빈 공간으로 휘발되어 모인다. 또한, 위스키의 향기 특성들이 두드러지게 된다.

블렌딩에 혼합시키는 위스키를 평가할 때 블렌더는 향기에 대해 다음과 같은 관점을 중점적으로 주목한다.

① 시료에 좋지 않은 냄새는 함유되지 않았는가?

② 시료가 원하는 스타일이나 종류에 해당하는가?

③ 시료가 전체적인 향미의 조화에 적당한가?

앞에서도 언급한 바와 같이 성공한 조합이 되기 위해서는 품질의 일관성이 가장 중요한 요소이다. 그렇지만 일정한 품질의 브렌드를 생산하기 위해서는 브렌드 생산 시 언제나 원하는 품질의 위스키들이 충분하게 준비되어 있어야 한다. 블렌딩 처방전은 고정된 것은 아니고 필요하다면 몇 종류의 몰트 위스키나 그레인 위스키를 다른 종류로 대체할 수는 있지만, 대체는 적당하게 이루어져야 한다는 것이 중요하다. 블렌딩에 사용되는 여러 종류의 위스키들은 숙성연수가 수년간에 이르므로 브랜드에 대한 판매를 예측하는 것은 매우 중요하다. 왜냐하면, 향후 소요될 위스키 재고를 미리 준비할 수 있기 때문이다. 수요 예측은 중요한 업무로서 정확하게 수행되지 않으면 브랜드의 장래에 심각한 영향을 미칠 수 있다. 일반적으로 몇 종류의 몰트 위스키는 자가 소유 증류소로부터 공급을 받는다. 그렇지만 블렌딩에 사용되는 위스키들의 향기 특성은 다양하고 종합적이므로 나머지 종류의 위스키들은 경쟁 회사로부터 공급을 받아야 한다. 향후 판매 예측은 쉬운 일이 아니다. 예를 들면 최근에 고급 브랜드의 수요가 증가되었지만 앞으로도 이러한 수요를 충족시키기 위해서는 증류 업자들은 장기 숙성 위스키들을 충분히 보유하고 있어야 할 것이다.

6. 블렌딩의 실제

각 브랜드에는 수많은 종류의 위스키들이 함유되는데 이러한 위스키들은 숙성 기간이 다르고 생산 지역도 다양하다. 브랜드 처방 준비를 하기 위해 목통들을 확인하고 배열하고 부족한 것을 채우는 작업은 매우 복잡한 일이다. 더구나 한 종류라도 모자라면 심각해진다. 따라서 엄격한 재고관리는 브렌딩에 있어서 필수적이다. 사용할 오크통들이 집결되면 원액을 혼합조로 이송시킬 스테인리스 홈통으로 견인한다. 혼합조에서 위스키들을 교반기나 압축 공기로 충분히 혼합시킨다. 블렌딩에 사용되는 위스키들은 혼합조에서 일시에 혼합시키지만 일부 회사들은 몰트 위스키와 그레인 위스키를 따로 혼합시킨 후 병입 전에 두 종류를 혼합시키기도 한다.

혼합(vatting) 단계에서 블렌더는 제품을 평가하고 평가 결과를 승인하고 문제점들을 지적하고 추가로 필요한 사항들을 보완한다.

혼합에서는 3~6개월간의 혼합기(marrying period)를 거치는데 그 기간 중 혼합된 위스키는 대형 목제통에 저장되어 휴식된다. 혼합 기간 중에는 실제적인 숙성은 일어나지 않는다. 혼합조가 목제로 제작되었지만 여러 번에 걸쳐 재사용되었기 때문에 숙성 기능은 없다고 할 수 있다. 모든 회사들이 혼합기를 거치는 것은 아니다. 그렇지만 몇몇 브렌더들은 제품의 품질을 향상시키는 데 있어 필수적인 공정이라 믿는다. 왜냐하면, 블렌딩에 사용된 위스키들 간에 충분히 화합될 시간을 제공함으로써 제품에서 조화된 관능 특성의 얻을 수 있다고 믿기 때문이다. 브렌딩에 대해 여러 가지 관점에서 어떻게 또는 언제 변화가 발생하는지에 대한 비과학적인 연구가 현재까지도 진행되고 있다.

블렌더로부터 혼합에 대한 허락이 이루어지면 최종 생산 단계로 들어간다. 혼합 위스키의 알코올 농도를 낮추기 위해 가수하여 병입 알코올 농도로 한다(보통 40~43%(V/V)). 다음으로 목통 내에서 유출된 탄재를 제거하기 위해 스크린 여과를 하고 냉동 여과를 거친다. 냉동 여과는 저장 기간 중 혼탁을 발생하는 지방산 에스테르와 같은 성분들을 제거시킨다. 색상을 조절하기 위해 소량의 캐러멜을 첨가하면 모든 준비가 끝나고 다음에는 병입시켜 포장 후 출고시킨다.

7. 혁신(Innovation)

많은 회사가 수년간에 걸쳐 거의 변함이 없는 브랜드를 소유하고 있지만 그래도 혁신은 필요하다. 수많은 회사가 최근에 다양화되었다. 특히 고급 브랜드에 대한 다양화가 두드러졌다. 이것들은 최고급 품질의 제품들인데 12년 또는 그 이상 숙성시킨 위스키들을 사용하여 제조된 것들이다. 다른 제품들에 대한 시장의 개척도 요구되는데 위스키 믹서 시장이 성장 가능성이 크다. 전통적인 믹서에 대한 경쟁력이 있는 브랜드들만이 위스키 믹서 시장에서 성장할 수 있을 것이다.

IV. 브랜디

01 개요

1. 증류 기술의 기원

브랜디는 과실의 발효액을 증류한 술이다. 프랑스 코냑과 아르마냑 지방의 포도로 만든 브랜디는 생산량이 가장 많으며 유명하다. 프랑스에는 노르망디 지방에 사과 브랜디 칼바도스가 또한 유명하다. 브랜디는 남부 유럽, 아프리카, 남·북 아메리카의 과실 생산량이 많은 지역에 널리 분포하고 있다. 원료가 포도인 경우 이외에는 사과 브랜디, 체리 브랜디 등 과일의 이름을 함께 사용하여 부른다. 이 책에서는 세계 브랜디에서 가장 생산량이 많은 코냑과 특이한 증류 방법을 사용하는 아르마냑, 그리고 사과로 제조한 칼바도스 브랜디를 중심으로 기술하고자 한다.

2. 코냑의 정의

코냑은 백포도로 발효하여 증류한 술로서, 반드시 2년 이상 오크통에서 숙성해야 한다. 코냑은 프랑스 코냑 지방에서 생산된 포도로 발효 증류하여야 한다.

1) 1935년 원산지 명칭통제령(A.O.C) 제정

2) 원료 포도

코냑 제조 포도로서 Ugni Blanc(으니 블랑), Folle Blanche(폴 블랑쉬), Colombard(콜롬바르) 등 8가지 품종 허용(모두 백포도 품종) 실제로는 Ugni Blanc이 전체 재배 면적의 90%를 차지, 코냑 한 병 = 약 7kg의 와인

3) 지역 한정 : 지리적으로 코냑 시 내의 6개 지역에 한정

그랑드 샹빠뉴(Grande Champagne), 쁘띠뜨 샹빠뉴(Petite Champagne), 보르데리(Borderies), 황 보와(Fins Bois), 봉 보와(Bons Bois), 보와 솔디네르(Bois Ordinaires)

4) 증류 : 2회 증류해야 함

1차 증류(Brouillis 브루일리) : 예열기가 장착되어 있는 샤랑트(Charentais) 동 증류기를 사용해야 하고, 증류기 용량은 3,000L를 초과해서는 안 된다.

2차 증류(Repasse 레파세) : 증류가 잘된 상태(La Bone Chauffe, 라 본느 쇼프)라 하며 증류기 용량이 2,500L보다 커서는 안 된다.

증류액 농도가 72%를 초과해서는 안 된다.

반드시 3월 말일까지 증류를 마쳐야 한다.

5) 제품

첨가물 : 증류수 또는 이온 교환수, 캐러멜 이외의 물질 첨가 금지

알코올 농도 : 40%(V/V, 15℃) 이하 불가

- V.O.(Very Old) - 오크통에서 최소 2년(꽁트 2) 이상 원액 숙성
- ☆☆☆ - 꽁트 2 이상
- V.S.O.P(Very Superior Old Pale) - 꽁트 4 이상
- Napoleon - 꽁트 6 이상
- X.O - 꽁트 6 이상
- Extra - 꽁트 6 이상

3. 칼바도스의 정의

노르망디 지방에서 1942년 페이도쥬(Pays d'Auge)가 AOC 규정을 제정하였으며, 나머지 Calvados는 1984년 제정되었다. 노르만디 전역에 사과 과수원이 발달되어 있으며 Calvados는 프랑스 칼바도스 지방에서 생산된 사과로 발효 증류하여야 한다.

1) 원료 사과

칼바도스 제조 사과 최소 70%의 떫은 계열(Phenolic : sweet, bitter sweet, bitter) 품종을 사용하여야 하며, 최대 15%의 신맛 계열의 품종을 사용하여야 한다.

2) 지역 한정

노르만디 지역 중 AOC에 한정된 지역

3) 재배 규정

헥터아르당 1,000그루 이하, 가지의 최저 높이는 지표면에서 1.8m

4) 증류 : 단식 증류기로 2회 또는 연속식 증류기를 사용할 수 있다.

증류액 농도가 72%를 초과해서는 안 된다.

5) 제품

첨가물 : 증류수 또는 이온 교환수, 캐러멜 이외의 물질 첨가 금지

알코올 농도 : 40%(V/V, 15℃) 이하 불가

4. 한국 주세법상 브랜디의 정의

주세법 4조 2항 관련 별표

브랜디(불휘발분이 2도 미만이어야 한다.)

1) 과실주(과실주 지게미를 포함한다)를 증류하여 나무통에 넣어 저장한 것

여기서 과실주(주세법 별표)라 함은 다음을 말한다.

① 과실(과실즙과 건조시킨 과실을 포함한다. 이하 같다) 또는 과실과 물을 원료로 하여 발효시킨 술덧을 여과하여 제성하거나 나무통에 넣어 저장한 것

② 과실을 주된 원료로 하여 당분과 물을 혼합하여 발효시킨 술덧을 여과하여 제성하거나 나무통에 넣어 저장한 것

③ ① 또는 ②에 따른 주류의 발효·제성 과정에 과실 또는 당분을 첨가하여 발효시켜 인공적으로 탄산가스가 포함되게 하여 제성한 것

④ ① 또는 ②에 따른 주류의 발효·제성 과정에 과실즙을 첨가한 것 또는 이에 대통령령으로 정하는 재료를 첨가한 것

⑤ ①부터 ④까지의 규정에 따른 주류의 발효·제성 과정에 대통령령으로 정하는 주류 또는 재료를 혼합하거나 첨가한 것으로서 알코올분 도수가 대통령령으로 정하는 도수 범위 내인 것

⑥ ①부터 ⑤까지의 규정에 따른 주류의 발효·제성 과정에 대통령령으로 정하는 재료를 첨가한 것

2) 1)에 따른 주류에 대통령령으로 정하는 주류 또는 재료를 혼합하거나 첨가한 것

02 브랜디 제조 공정

브랜디 제조 공정은 원료에 따라 전처리 공정이 다르다. 여기에서는 대표적인 포도와 사과 브랜디 제조 공정을 중심으로 서술한다.

1. 코냑 제조 방법

1) 원료 포도

코냑 지방에는 8개의 포도 품종이 브랜디 제조용으로 재배되고 있으나 으니 블랑(Ugni Blanc)이 주 품종이다. 코냑 지방 포도의 95% 이상이 으니 블랑이다. 이 포도는 이탈리아 피아센자(Piacenza) 부근에서 유래된 트레비아노 토스카노(Trebbiano Toscano)의 아종이다. 그것은 화이트 와인에서 가장 생산량이 많은 품종으로 평가되는데, 다만 여러 다른 이름으로 불려지고 있다. 이 품종으로 제조한 와인은 연한 레몬, 산도가 높고, 향기나 바디가 옅고 알코올은 중간이다. 이것은 그다지 특색이 없는 와인이다. 그러나 코냑을 제조하는 데 있어서는 두 가지 점이 중요한 특징으로 기여한다. 첫 번째는 높은 산도인데, 늦게 수확해도 별 문제가 없다. 둘째로 생산성이 대단히 높다. 이러한 요소들은 비교적 중성에 가까운 증류액을 산출해 낸다.

으니 블랑 포도는 2.8m씩 떨어져서 심고, 키는 1~1.5m로 재배한다. 이 품종은 약을 치거나 수확하기 좋게 긴 와이어에 묶어 이랑을 형성한다. 수확량은 해마다 조금씩 다르긴 하나 대부분의 포도원에서는 매년 3만L의 와인으로 3,000병의 코냑을 만든다. 이 포도로 만든 와인은 중성에 가깝고, 8~10%의 알코올 농도로 증류에 적합하다.

개성이 강한 포도원에서는 으니 블랑과 복숭아 향이 있는 폴 블랑쉐(Folle Blanche)와 콜롱바(Colombard)를 함께 재배하기도 한다.

코냑 지방의 국지적 기후는 브랜디용 포도 재배에 적합하며, 토양 또한 잘 어울어져 있다.

국지 기후는 대륙과 대서양의 영향으로 온난하며, 적절한 일조량과 충분한 강우량을 갖고, 연 평균 온도가 13.5℃로서 매우 좋다. 이 국지 기후는 지역의 토양과 어울려 브랜디용으로 매우 품질이 좋은 와인을 산출한다.

코냑의 비결은 또한 토양이다. 이것은 와인용으로는 별로 좋지 않지만 증류용으로는 최적이다. 토질은 극단적으로 다양하다. 이곳의 토질은 석회질로서 붉은색 점토질이다. 이 지역 토양의 생성은 백악기로서, 다공성 석회질(탄화칼슘, 흰색)을 가지는 수생 생물들이 얕은 여울로 된 바다를 뒤덮었다. 이런 생물들의 잔해가 석회 퇴적층을 형성하였다. 그 후 해안선이 후퇴하여서 샤랑트 지방은 육지가 되었고, 퇴적된 석회질은 그 자리에 남아 하얀 지층을 형성하였다. 이 석회 토양은 적당량의 수분은 물론 미네랄 성분을 보존하는 성질이 강하여서 포도 농사에 좋은 조건을 제공하였다.

이런 천혜의 조건을 지닌 샤랑트 지방의 코냑 산지의 지도를 보면, 바다가 만든 이 석회질 토양이 코냑에 어떤 영향을 끼치는가를 짐작할 수 있다. 샤랑트 지방의 코냑 산지는 1960년대에 대략 확정된 대로 다음 6개 지역으로 나뉜다.

- 그랑 샹파뉴 (la Grande Champagne)
- 볼더리 (les Borderies)
- 봉 브와 (les Bons Bois)
- 쁘띠 샹파뉴 (laPetite Champagne)
- 팡 브와 (les Fins Bois)
- 브와 오디날레 (les Bois Ordinaires)

이상 6개 지역으로 공식 구분하며, 그랑 샹파뉴 지역을 중심으로 둥그런 동심원을 그리는 듯 산재되어 있다. 이 모양은 수억 년 전의 석회질 퇴적 모양과 유사하며, 산출되는 코냑도 동심원에 가까울수록 독특한 맛과 향을 포함하기 때문에 고급 품질로 쳐주는 경향이 있다. 토양 색깔 또한 그랑 상파뉴가 가장 흰색을 띤다.

포도 경작 면적을 보면, 그랑 상파뉴 지역은 전 경작지의 50% 이상이 포도원이지만, 브와 오디날레 지역은 5%도 안 된다.

코냑의 향기 중에서 몽땅(momtant, 첫 향 내음)과 둘째 향 내음(second-nose)은 주로 원재료인 포도의 증류 과정에서 발현되는 향기이기 때문에 거의 단일 품종을 재배하는 이 지역에서는 토질이 부케(원료 포도로부터 유래한 향 통칭)의 특징을 말해준다고 할 수 있다.

2) 수확

수확은 포도가 완전히 무르익어 향이 최고조로 달할 때인 이른 10월에 한다. 수백 년간 시간이 흐르면서 수확 방법이 변화하였는데, 국제적으로 요구하는 수요를 충당하기 위해서이다. 예를 들어 포도 줄간의 거리를 조금 늘려 3m 이상으로 하고, 60명의 일손을 내신하는 드렉터로 수확을 하게 되었다.

3) 전처리(Juice Making)

수확하자마자 포도를 전통적인 수평 플레이트 프레스로 또는 공기 압축식 프레스로 착즙을 한다. 아르키메데스 스크루 프레스로 연속적으로 착즙하는 것은 금지되어 있는데 껍질을 손상시켜 쓴맛이나 지나친 산도를 낼 수 있기 때문이다. 물론 이 단계에서 포도씨는 제거되어, 불필요한 탄닌이 유입되는 것을 방지한다. 포도즙은 착즙 즉시 발효조로 이송된다.

4) 발효

발효 시에는 항산화제 투입을 금지하고 있다. 별도의 효모를 넣지 않고 야생 효모에 의해 발효된다. 발효는 2~3주 지속된다. 와인이 아직 신선할 때 증류가 시작된다. 코냑의 규정은 이듬해 3월 31일까지 증류를 마치도록 규정하고 있다. 이 와인은 가볍고 신맛이 너무 강하다. 그러나 증류에는 매우 적합한 상태이다. 와인의 알코올 농도는 7~10%이므로 대략 10L의 와인에서 1L의 코냑이 나온다.

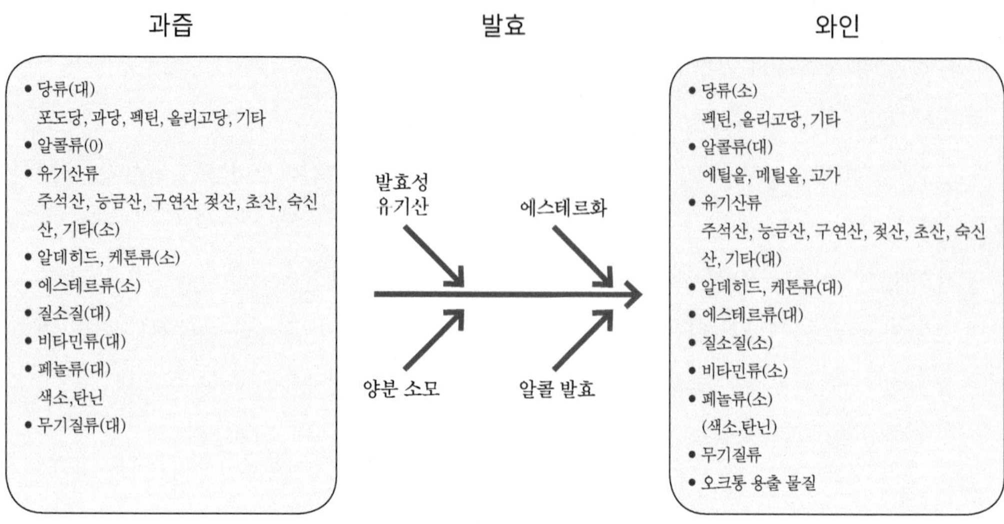

【그림 4-2】 발효중의 성분 변화

5) 증류

코냑은 반드시 2회 증류하여야 한다. 수세기 동안 와인을 증류하여 오드비(eau-de-vie)를 제조하는 것은 전통 그대로를 유지하고 있다. 1차 증류에서는 샤랑트 증류기(Charentais pot still) 또는 알람빅(Alambic)이라 불리는 증류기를 사용해야 한다.

(1) 증류기의 구조

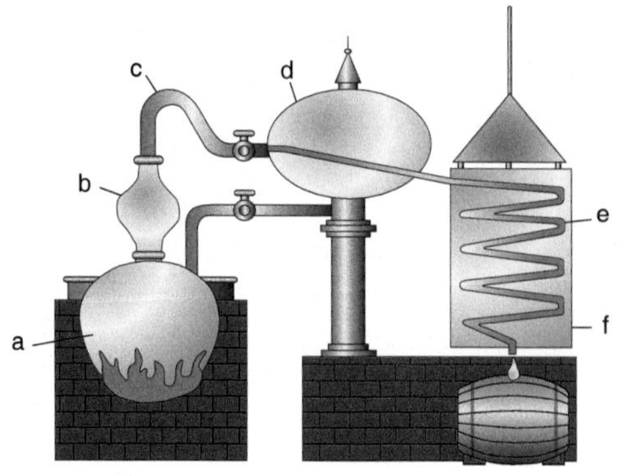

a : 증류 솥
b : 헤드
c : 스완 넥(거위 목)
d : 예열기
e : 사관(증기 냉각)
f : 냉각기

【그림 4-3】 샤랑트식 증류기

(2) 1차 증류기

1차 증류기의 증류 솥은 바닥이 넓직한 직화식 가열 솥으로 충분한 접촉면을 갖게 해야 하므로 용량이 3,000L를 초과할 수 없다. 증류 솥은 반드시 동으로 제작되어야 한다. 동은 좋은 촉매제이면서도 증류액에 손상을 주지 않기 때문이다. 증기는 스완 넥을 통해 예열기를 통하여 냉각된다. 1차 증류액은 브로일리(Brouillis)라 부르는데 알코올 농도는 28~30%이다. 브루일리는 여과하지 않은 와인을 증류하여 혼탁되어 있다. 1차 증류 시간은 8~10시간이 걸린다.

샤랑트 증류기의 특징 :

① 직화식 가열

② 바닥 면적이 넓은 양파 모양의 증류 솥-동판과 와인의 접촉 면적이 크다.

③ 예열기를 사용하여 에너지가 절약되며, 와인과 동판의 접촉 시간이 길어 방향성 성분이 생성되어 품질이 좋아진다.

(3) 2차 증류

1차 증류액은 2차 증류를 하여 더욱 농축된다. 2차 증류 시 처음 나오는 증기는 초류(Head)라 부른다. 이 부분은 매우 휘발성이 높은 데 바람직하지 않은 향미를 지니므로 따로 받는다. 가운데 증류액을 심장(Heart)이라고 부르는데, 이 부분이 최종적으로 음용되는 브랜디의 영혼이라 할 수 있다. 알코올 농도는 70% v/v이다. 나머지는 후류로서 따로 받는다. 초류와 후류는 1차 증류액과 섞어 다음 2차 증류에서 증류한다. 코냑에서는 손실량이 많아 보통 9L의 와인으로 1L의 증류액을 만든다.

6) 숙성

오크 통나무는 4등분으로 쪼갠 후에 결을 따라서 켠 다음 4년간 노지에서 숙성(weathering)한다. 숙성 기간 동안 오크 판재에서 탄닌이 감소되고, 목질이 조밀해져 나중에 새지 않게 된다. 판재는 가공되어 배럴로 성형되고, 마지막 순서로 내부가 그을려져(toasting) 활성화된다.

투명한 브랜디가 숙성이 되면, 목통에서 우러난 색깔로 컬러가 짙어진다. 처음 1년간은 새 오크통을 사용하고, 2년차부터는 오래 사용한 오크통을 사용하여 오랫동안 숙성된다. 보통 오크통은 지하 셀러에 저장되는데, 증발량이 적게 한다. 그중 일부는 기온이 높고 건조한 곳에서 숙성되기도 하는데 다양한 풍미를 내게 한다.

7) 블렌딩

블렌딩이야말로 코냑 제품을 진정한 고급 제품으로 탄생시키는 기술이다. 코냑에는 수백 개의 증류소가 있는데 각기 약간씩 다른 풍미의 증류액을 생산하며, 숙성된 원액의 품질도 다양하다. 20~60년 숙성된 원액을 적절히 블렌딩하여 일관성 있는 제품을 만들어내는 것이다.

블렌딩한 코냑은 알코올 농도가 60~70%인데, 이것을 증류수를 첨가하여 40%로 희석한다.

2. 아르마냑(Armagnac) 제조 방법

아르마냑 브랜디의 산지는 보르도 지방의 남서쪽에 있는 지방으로 북쪽은 가론느 강이 흐르고, 남쪽은 피레네 산맥이 가로막고 있는 프랑스와 스페인 접경 지역이다.

이곳은 일찍이 가스코뉴(Gascon) 부족이 살던 곳으로 지금도 가스코뉴 지방이라고 부른다. 이 지방의 브랜디 제조 역사는 코냑 지방보다 훨씬 오래되었다. 지리적으로 스페인과 가까워서 이슬람교도와 접촉이 북부 프랑스보다는 훨씬 빈번했기 때문이다.

코냑 지방은 석회질 토양이지만, 아르마냑 지방은 사질토양, 즉 모래땅으로 이루어져 있다.

그리고 온화한 코냑 지방과는 달리 겨울에 피레네 산맥에서 찬바람이 불고, 여름에는 남부의 강렬한 태양이 비춘다. 그러므로 재배하는 품종도 모래땅에 적합한 바코(Baco)를 석회질 토양에는 코냑 지방과 마찬가지로 생테밀리옹[St.Emilion, 간혹 우니블랑(Ugni-Blanc)이라고 부르기도 함]을 심는다.

아르마냑 지방의 생산 지역은 다음과 같이 세 지역으로 나눌 수 있다.

① 바사르마냑(BAS ARMAGNAC)

가장 고급품을 생산하는 지역으로 알려져 있다. 이곳에서 생산되는 브랜디는 바사르마냑(BASARMAGNAC)이라고 자랑스럽게 표기하고, 다른 지역에서 생산되는 것은 그냥 아르마냑(ARMAGNAC)으로 표시한다.

② 테나레즈(TENAREZE)

바사르마냑과 호타르마냑의 중간 지대에 위치하여 생산되는 브랜디도 역시 중간적인 성질을 갖고 있나.

③ 오타르마냑(HAUT ARMAGNAC)

아르마냑에서 가장 넓은 지역이며, 토양이 석회질이다.

테나레즈와 오타르마냑의 브랜디는 주로 블렌딩하여 아르마냑이라는 명칭으로 팔린다.

코냑과 함께 프랑스 브랜디를 대표하는 것이 아르마냑이다. 아르마냑 브랜디는 코냑보다 신선하고 남성적이며 살구 향에 가까운 고유의 향을 지니고 있다. 코냑이 정교한 기술에 의해 다듬어진 술이라면 아르마냑은 향이 풍부하고 거칠다. 아르마냑 브랜디도 코냑과 마찬가지로 숙성기간에 대한 관리를 국립 아르마냑 사무국에서 하고 있다. 코냑처럼 9, 10월에 증류를 시작해 이듬해 4월 공식적인 증류가 끝나면 콩트 0이 되고, 1년 단위로 숫자가 올라간다. 별 셋(★★★)은 콩트 2, V.S.O.P는 콩트 4, 오르다주와 나폴레옹 엑스트라는 콩트 5 이상이어야 한다.

아르마냑 AOC에서는 아르마냑 브랜디의 증류 시 아르마냑 증류기(Armagnac still)로 1회 증류하거나 혹은 단식 증류기로 2회 증류할 수 있도록 규정하고 있다.

1) 아르마냑 증류기의 구조

【그림 4-3】 전형적인 아르마냑 증류기(Brandy, Becky Sue Epstein Page 27)

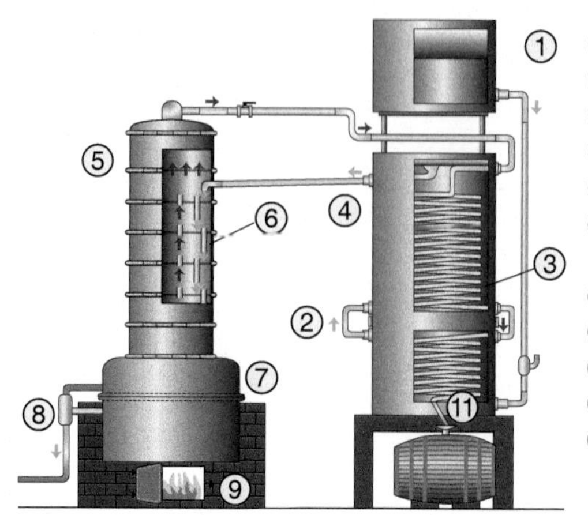

【그림 4-4】 아르마냑 증류기의 각 부분 명칭

2) 아르마냑 증류법

아르마냑 증류기는 주로 모바일로서 소규모 증류업자들이 공동으로 사용하는 곳이 많다.

가열 방법은 직화식이다. 직화식 솥에서 끓어 오른 알코올은 징발접시가 장착된 다단식 증류판 칼럼에서 승온·농축되어 증기가 되면 냉각 칼럼에서 차가운 와인과 열교환되어 연속식이며 1회 증류로 52~55%의 브랜디로 탄생된다. 한편, 겨울철에 차가운 와인은 냉각기로 투입되어 알코올 증기를 냉각시키는 한편, 자체는 예열이 되어 농축 칼럼으로 이송된다.

이 증류기의 특징은 냉각수를 필요로 하지 않으며, 직화식으로 에너지 효율이 매우 높은 것이다.

아르마냑 증류기는 단식 증류기와 연속식 증류기의 중간 형태로서 1회 증류한 증류액의 농도는 50~55%이다. 향도 단식 증류기로 2회 증류한 증류액에 비하면 풍부하고, 맛은 약간 거칠다.

아르마냑의 숙성은 아르마냑 산 블랙 오크가 주로 사용된다. 블랙 오크통은 수액이 많고 색이 진하여 오랜 숙성이 필요하다고 말한다.

〈표 4-1〉 They distill up to 55% ABV.

	CPGNAC	ARMAGNAC
Grapes	98% Ugni Blanc	Ubni Blac, Folle Blanche, Colombard, Bacco
Distillation	Double	Single
Abv	Usually 40%	46% ~ 48%
Vintage date	Rare	Usual
Blend	Usual	Very rare
Taste profile	More delicate, subtle, aromatic	Robust, heartier

3. 칼바도스 제조 방법

프랑스 북서부 해안 지역인 노르망디 지방에는 사과 와인(시드르, Cidre)과 사과 브랜디(Calvados) 양조장이 약 1만 개소가 산재해 있다. 1554년 사과주를 증류한 브랜디가 처음 만들어진 뒤 1606년 사과주 증류조합이 결성되었으며, 18세기에 칼바도스 지역에서 '오드비 드 시드르(eau de vie de cidre, 증류한 사과주)'를 제품명으로 출시하였으나 생산지 이름을 딴 '칼바도스'라는 명칭이 널리 통용되었다.

1) 사과

사과 품종은 800~3,000가지로 분류되는데, 칼바도스 지역에서는 약 50종의 양조용 품종이 주를 이룬다. 양조용 사과의 크기는 생식용에 비해 크기가 작고 딱딱하며 떫고 신 것이 대부분이다. 양조용 사과는 당도, 탄닌도, 산도에 따라 4가지로 분류된다. 이러한 성분들은 각기 단맛과 무게감(씁쓸함), 그리고 상큼함의 조화로 표현된다. 4가지 종류의 맛의 혼합 비율은 생산자들의 숨겨진 경험에서 나온다고 한다.

2) 배

양조용 배는 사과의 경우와 마찬가지로 크기가 작고 딱딱하며 떫고 신 것이 대부분이다. 배는 사과에 비해 당도가 높고 신맛이 강하여 청량감을 증가시킨다. 양조용으로서 사과 양에 비해 소량이지만 특징 있는 술을 만들기 위해 배를 재배한다. 양조용 배 품종은 조생종, 중생종, 만생종으로 50여 가지가 생산되고 있다.

3) 수확 · 세척 · 착즙

오늘날에는 주로 트랙터로 수확하여 콘크리트 수조에서 세척한다. 착즙 과정은 주로 천과 판을 사용하여 압착한다. 포도와는 달리 사과는 과육과 껍질을 분리하기 어렵고 젤라틴화되기 쉬우므로 여과포를 사용하여야 한다. 착즙된 즙은 필터를 거쳐 미생물 등을 제거한다.

4) 발효

사과는 발효조에서 보통 9월에 시작하여 11월 말에서 12월까지 완전히 드라이할 때까지 발효시킨다. 소규모 증류소에서는 오크통에서 발효하기도 하는데 큰 공장에서는 1만L 통을 사용한다.

5) 증류

칼바도스 증류 방법은 코냑과 아르마냑 증류기를 모두 사용하고 있다. 단식 증류기는 코냑 지방에서 사용하는 증류기와 똑같으나, 연속식 증류기는 아르마냑 증류기에 비해 냉각수를 사용하는 것이 다르다. 노르망디 지역이 아르마냑보다 북쪽에 있으나, 아르마냑은 산지 기후가 겨울에는 더 춥기 때문인 것 같다. 증류기에서 나온 알코올 도수는 68~72도까지 이르며 무색투명하다.

6) 숙성

칼바도스 숙성에 사용되는 오크통은 크기가 다양하다. 노르망디 지방은 목축업이 발달하여 농가마다 축사나 창고가 있는데, 이 장소를 활용하기 위해 비규격의 통을 현장 맞춤으로 제작하여 사용하였다. 그 결과 숙성용 통의 모양과 크기가 다양하게 되었다 한다.

칼바도스는 '아펠라시옹 도리진 콩트롤레(Appellationd' Origine Controlee, AOC)'의 통제를 받아 이를 라벨에 표시한다. 이에 따라 페이도주(Paysd'Auge) 지역에서 2차례의 단식 증류로 생산한 최상급 제품은 'AOC 칼바도스 페이도주', 돔프롱테(Domfrontais) 지역에서 배즙을 30% 이상 포함하여 생산한 제품은 'AOC 칼바도스 돔프롱테', 두 지역 외의 칼바도스와 망슈(Manche) · 오른(Orne) · 외르(Eure) · 마옌(Mayenne) · 사르트(Sarthe) · 외르에루아르(Eure-et-Loir) 등지에서 생산한 제품은 'AOC 칼바도스' 등으로 구분한다.

V. 증류식 소주

01 개요

증류식 소주는 고려시대부터 전승되어온 우리의 전통적인 술로서 95% 에틸 알코올인 주정(酒精)을 주원료로 하는 희석식 소주(稀釋式燒酒)와는 품질과 관능이 확연하게 차이가 나는 우리나라의 전통 증류주이다.

일제강점기와 우리나라 주세법이 제정된 1949년부터 1961년까지는 증류식 소주와 희석식 소주 구분 없이 소주(燒酒)로 명칭되었고, 1961년 12월 8일 주세법 개정에서 소주를 증류식 소주와 희석식 소주로 구분하였으며, 2013년 4월 증류식 소주와 희석식 소주는 주세율 등이 동일하여 별도로 구분할 이유가 없다 하여 소주로 명칭을 통합하였지만, 주세법 별표의 주류의 종류별 세부 내용에서는 증류식 소주와 희석식 소주를 증류 방법에 의해 구분하고 있다.

주세법상 주류의 종류별 세부 내용에서 증류식 소주는 "녹말이 포함된 재료, 국(麴)과 물을 원료로 하여 발효시켜 연속식 증류 외의 방법으로 증류한 것. 다만, 발아시킨 곡류(대통령령으로 정하는 것은 제외한다)를 원료의 전부 또는 일부로 한 것, 곡류에 물을 뿌려 섞어 밀봉 · 발효시켜 증류한 것 또는 자작나무 숯(다른 재료를 혼합한 숯을 포함한다)으로 여과한 것은 제외한다."라고 되어 있다.

증류식 소주는 단식 증류기로 증류하기 때문에 아세트알데히드와 고급 알코올, 에스테르 등 향미 성분이 희석식 소주에 비하여 풍부하고 원료에 따라 원료의 특성을 나타내는 독특한 방향을 지닌다.

우리나라 전통 소주는 쌀 등의 곡류 원료와 발효제로 누룩 등을 사용하여 발효시킨 후 소주고리를 이용하여 만든 증류식 소주이다.

현대의 산업화된 증류식 소주의 제조는 곡류 원료에 누룩도 사용하지만 누룩 대신 전분질 원료에 곰팡이 종균(種菌)을 접종하여 곰팡이를 번식시킨 입국을 사용하며 알코올 발효를 위한 효모도 순수 배양한 배양 효모를 많이 사용하고 있다.

증류기도 토기류인 소주고리 대신 구리나 스테인리스 스틸 증류기가 사용되고 있으며 동 증류기의 동 유출 등 관리 문제로 대부분 스테인리스 증류기를 사용하는 추세이다.

증류 직후의 증류 원액은 가스가 빠져나가지 못해서 향미가 자극적이며 맛이 거칠다.

대부분의 증류식 소주는 대략 3개월 이상 저장, 숙성을 거친 후 최종 제품을 제조하지만 즉시 제품화할 경우에는 활성탄소 등을 사용하여 인위적으로 거친 맛과 자극적인 향을 순화시킨 후 제품화한다.

최근에는 증류식 소주도 목통이나 옹기에 장기 숙성시켜 위스키나 브랜디에 비해서 품질과 향이 뒤지지 않는 고품질 제품도 출시되고 있다.

국내에서 증류식 소주는 희석식 소주 판매의 1%에도 미치지 못하지만 매년 꾸준하게 성장해 나가고 있고 주류 문화가 개성적이고 고급화로 변화되고 있어 앞으로 소비가 지속적으로 증가될 전망이다.

〈표 5-1〉 증류식 소주와 희석식 소주의 차이

구분	증류식 소주	희석식 소주
원료	전분이 함유된 물료로 쌀, 보리, 고구마 등	주정(타피오카, 당밀, 고구마, 쌀보리, 옥수수 등의 원료로 제조)
첨가물	희석식 소주와 동일하나 전통 증류식 소주는 대부분 첨가물을 사용하지 않고 주정을 일부 혼합하는 저도주의 경우는 첨가물을 사용하기도 함)	대통령이 정하는 물료(당분, 유기산, 아미노산류, 무기염류 등). 주정의 무미함을 보완하기 위해 2% 이하의 첨가물을 사용하여 제조함.
증류방법	단식 증류(상압 및 감압) 10~75% 알코올	연속식 증류로 95% 알코올인 주정을 제조하여 물로 희석
특징	단식 증류의 영향으로 원료 고유의 향미가 있어 기호에 따라 선택 가능. 음식에 따라 물, 얼음, 녹차 등으로 희석하거나 다양한 칵테일로 음용.	95%의 알코올로 원료에 따른 맛과 향의 차이가 전혀 없으며 무색, 무미, 무취하여 특징 없이 담백하여 스트레이트로 음용.
역사	13세기 몽고로부터 전래 이래 고급주로서의 명맥을 이어왔으나 1965년 정부의 양곡정책에 의해 백미(白米)를 주류 제조에 사용하지 못함. 1988년 서울올림픽을 계기로 우리나라 전통문화 전수, 보전, 발전 차원에서 주류 제조 규제를 1991년에는 소주 제조에 쌀을 사용할 수 있게 됨.	연속식 증류기 : 1830년 영국에서 개발. 1910년 일본에서 처음으로 제조 1912년 대량 생산 판매. 전쟁 후 소비가 크게 신장되고 1980년대 일본에서 소주 붐이 일어나 소비가 신장됨. 1965년 양곡관리법으로 쌀로 제조하던 증류식 소주의 생산이 중단되고 희석식 소주로 전환됨.

02 증류식 소주 제조 공정

대부분 증류식소주 의 제조공정은 전분질 원료로 당화와 발효를 하는 복발효 형식으로 양조주를 만들고 증류를 거쳐 숙성후 제품화한다. 흑당소주와 같이 당질원료인 흑당과 전분질 원료인 쌀누룩을 사용하여 단발효와 병행복발효의 중간 형식을 취하는 경우도 있다.

당화도 누룩, 입국, 효소제, 엿기름등 다양한 당화제를 사용하지만 이 장에서는 입국 사용공정을 채택하였다.

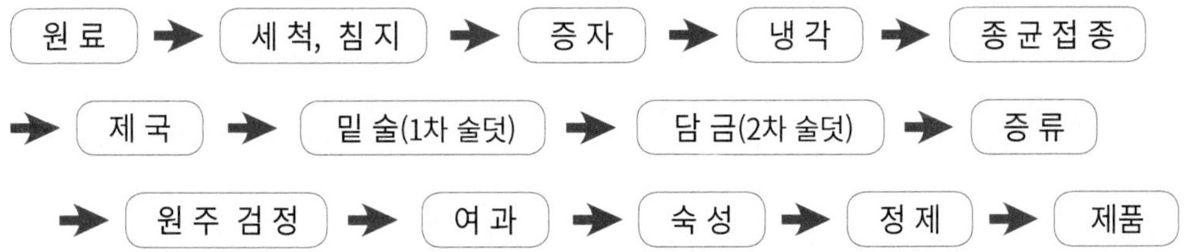

03 주조 용수

공정별로 세척, 침지, 담금, 희석용수, 냉각수, 보일러수, 세척수 등으로 구분되며 소주 공장의 용수 사용량은 보통 담금 원료의 약 20배 정도이나 자동화나 세척 정도에 따라 증가된다.

1) 담금용수 : 세척수 · 침지수 · 담금수

① 이취미(먼지, 곰팡이취)가 없을 것

② 아질산 또는 암모니아성 질소가 검출되지 않을 것

③ 유기물이 적을 것

④ 일반 세균이 적을 것(국, 효모의 발육 억제)

2) 희석용수 : 제품에 직접 투입되므로 수질이 중요함

① 앞의 담금용수 조건을 만족하는 수질

② 철(Fe), 망간(Mn)이 적을 것(지방산과 결합하여 침전 발생)

③ pH는 미산성에서 약알카리성(알칼리도가 높으면 주질 변화가 심함)

3) 냉각용수

① 증류식 소주 제조 시 가장 많이 사용

② 미생물 오염이 적을 것

③ 경도 성분이 적은 연수(軟水)나 순수(純水) 사용

04 원료

증류식 소주 원료는 크게 전분질 원료로 규정되어 있고 여기에는 미곡, 맥류, 서류 및 잡곡류 등이 포함되며 원료의 종류 및 성분은 아래의 표와 같다.

〈표 5-2〉 주요 전분질 원료의 종류 및 성분 (100g당)

구분	품명	에너지 (kcal)	수분 (%)	단백실 (g)	지질 (g)	탄수화물 (g)	섬유질 (g)	회분 (g)
미곡	일반미	366	11.7	6.8	1	79.6	0.4	0.5
	찹쌀	344	13.2	8.7	1.2	74.7	1.2	1
맥류	겉보리(whole)	322	13.8	10.6	1.8	68.2	2.9	2.7
	쌀보리(milled)	338	14	10.2	2	72.2	0.7	0.9
	맥주보리(whole)		15	10	2.1	65.5	4.8	2.6
	밀쌀(milled)	350	12.3	9.1	1.3	75.4	0.9	1
	밀가루(medium)	350	13.3	10.4	1.1	74.6	0.2	0.4
	호밀(whole)	333	12.5	12.7	2.7	68.5	1.9	1.7
	귀리(whole)	317	12.5	13	6.2	54.7	10.6	3
서류	고구마	100	73.6	1	0.5	23	0.8	1.1
	감자	80	78.1	1.5	0.2	18.5	0.5	1.2
	절간고구마	301	23.5	1.8	0.8	69.6		
잡곡류	조(milled)	364	12.5	10.5	2.7	72.4	0.5	1.4
	수수(milled)	365	12.5	9.5	2.6	73.9	0.4	1.1
	옥수수(dried)	336	13.1	9.6	3.8	69.1	2.9	1.5
	옥수수(grits)		13.7	6.7	0.2	74.3		0.3
	메밀	275	11.8	12.9	2.4	64.1	6.5	2.3

잡곡류	기장(milled)	357	12.6	11.1	1.4	73	0.5	1.4
	기장(whole)			8.7	10.8	67	0.7	2.8
	율무쌀	365	10.4	21.3	3.7	61.1	2	1.5

1) 쌀[米]

쌀은 중요한 곡류로서 중국에서 재배되기 시작하여 아랍의 행상을 통해 그리스로 전파되고 알렉산더 대왕 때 인도에 도입되었다. 그 후 A.D 8세기경 스페인, 17세기경 남아메리카에도 전파되어 오늘에 이르고 있다.

쌀은 단순하게 형태에 따라 단립종, 중립종, 장립종으로 구분할 수 있다.

단립종은 4~5㎜ 길이와 2.5㎜의 굵기를 갖고 전분 함량이 높다. 한국·중국·일본 등에서 주로 재배되며 둥근 모양으로 증자 시 점도가 높으며 국내에서 주로 식용으로 이용되고 있는 품종이다. 탁주나 증류식 소주의 제국용 및 덧밥용으로 사용된다.

중립종은 단립종과 장립종의 중간 크기이며 밥은 연하지 않지만 냉각하면 찰기가 형성되는 특징을 갖는다. 자바섬 등 동남아시아와 아열대 지방에서 재배된다.

장립종은 6㎜ 이상의 길이를 갖고 있으며 베트남·태국·필리핀 등 동남아시아 지방에서 주로 재배되며 가늘고 긴 모양으로 곡립이 단단하며 통상 안남미라고 부른다. 증자가 쉽지 않아 밥 짓는 시간을 늘리거나 2회 증자를 하여 제국용으로 주로 사용된다.

또한, 아밀로펙틴(amylo pectin)의 양에 따라서 찹쌀과 멥쌀로 구분되는데 증류식 소주에서는 주로 멥쌀을 사용한다. 쌀 중의 단백질과 지질 성분이 증류식 소주의 향과 맛에 중요한 인자이며, 증류식 소주에서는 주로 9, 10분 도미 정도의 쌀을 사용한다.

〈표 5-3〉 정미율에 따른 성분 조성

정미비율 / 성분	탄수화물	조단백질	조지질
현미	72.3	8.25	2.11
90% 도정미	75.4	7.46	1.04

원료 중의 협잡물을 제거하기 위해 세미(洗米)를 하는데 대량 처리 시 솔리드(solid) 펌프로 쌀을 수송하면서 세척하거나, 세미 폐수가 배출되지 않도록 연미기(硏米機)로 겨분을 제거하고 바로 침지하는 방법도 사용된다.

쌀을 고온 고압으로 유지하다가 상온 상압으로 급격하게 조절하면 내부의 수증기가 급격히 팽창하여 다공질로 되고 전분이 호화된 상태를 팽화미(膨化米)라고 하는데, 탁약주나 증류식 소주 제조 시 쌀 대용으로 사용하여 증자 공정을 생략하거나 술덧 원료로도 사용이 가능하다. 특히 탁주 제조 시 탁주 침전물의 풀림이 용이하고 음용 시 질감 개선의 효과가 있어 많이 사용되고 있다.

【그림 5-1】 쌀의 도정 비율별 분류

2) 보리[麥]

보리는 이삭의 형태에 따라 2맥 종과 6맥 종으로 구분된다.

보리는 쌀에 비해 흡수 속도(吸水速度)가 빠르고 최대 흡수량도 크다. 흡수하는 과정에서 보리가 서로 달라붙고 단단해져서 엉기는 응고 현상이 있다. 단단하게 굳어진 보리는 물리적으로 부스러뜨리지 않으면 불균일한 침지(浸漬), 증자(蒸煮)의 원인이 되므로 응고 현상의 조절이 필요하다.

보리는 도정(milling)에 의하여 껍질과 외층이 제거되는데 외층으로 갈수록 여러 영양 성분들이 다량 존재한다.

보리는 도정하지 않으면 제품에 냄새가 나고 또한 껍질에 포함된 펙틴(pectin)으로 인하여 메탄올이 많이 생성된다.

증류식 소주에는 주로 2조 대맥을 이용하며 정맥 비율 60~65% 정도로 도정하여 사용한다.

보리(도정 후) 보리(도정 전)

【그림 5-2】 보리 도정 전후

3) 고구마

고구마 소주의 2차 전분질 원료로 사용된다.

전분가가 20~30% 정도로 쌀이나 보리의 약 1/3 수준이다.

고구마는 수확하는 순간부터 변질이 진행되므로 즉시 사용하는 것이 좋다.

특히, 비를 맞은 고구마는 급격히 부패가 진행되며 변질된 불량 고구마의 혼입으로 증류식 소주의 품질이 나빠지므로 주의를 해야 한다. 소주 원료용 고구마는 전분 함유량이 많고 흑반병(黑斑病)등에 저항성이 강하고 저장성이 우수한 품종이 적합하다.

양조용 고구마

식용 밤고구마

【그림 5-3】 고구마

4) 기타 원료

메밀, 옥수수, 조, 수수, 율무, 흑당 등도 증류식 소주의 사용되기도 하나 우리나라는 주로 쌀을 사용하고 일부 전통주에서 조, 수수, 등의 원료도 사용하나 사용량은 그리 많지 않은 것으로 알려져 있다.

05 세척 및 침지

쌀, 보리 등 원료의 표면에 붙어있는 겨, 먼지 등 협잡물을 제거하고 적당량의 수분을 흡수시켜 증자 시 전분의 충분한 호화(糊化)가 이루어지도록 한다.

침지 과정은 증류식 소주 제조 과정 중 가장 기본이 되고 중요한 공정이라 할 수 있다.

쌀의 경우 상태가 양호하며 공장 등에서 대량 생산 시 폐수 배출을 줄이기 위하여 침지만 실시하고 세척을 생략하기도 한다.

보통 시중에 유통되는 쌀의 경우 2시간 침지가 적당하나 쌀의 수확연도, 보존 상태에 따라 침지 상태를 점검한 후 사용하는 것이 좋다.(물빼기 작업 후 흡수율은 25~28%가 적당함)

보리는 침지 시 발생되는 팽윤성과 응고 현상 때문에 가능한 범위에서 다량의 물로 단시간에 시행하는 것이 유리하여 정치식 침지탱크보다는 회전드럼식 탱크가 무난하다.

목표 흡수율은 34~38%이며 물빼기 후에도 보리 사이의 공간이나 보리 표면에 10%의 물이 부착되어 있어 침지 시간 중에는 24~28%를 흡수시키면 좋은 상태가 된다.

06 증자

1. 증자 이론

원료의 전분을 α-화하여 당화 효소의 작용을 용이하게 하고 살균도 같이 이루어지며 호화(糊化)라고도 한다. β-형 전분이 α-화되면 결정 구조가 없어지면서 점성과 탄성을 띠게 된다. 쌀 입자 중심부까지 완전히 α-화되려면 침미 표면에 수증기가 도달한 다음 약 15분 정도 걸린다.

장시간 증자를 해도 단시간 증자하는 것에 비해 전분의 소화성, 술덧에 용출되는 질소 분 등은 차이가 없으나, 증자 시간을 길게 할수록 지질의 분해, 휘산이 증가하여 지질량이 감소한다.

증기가 쌀층을 통과한 후 약 15분의 증자 시간이 최단 시간이 되며 증자에 필요한 시간은 쌀의 경우는 30~50분 정도, 보리는 40~60분 정도 증자시킨다.

2. 증자기

1) 대형 시루

목통 또는 스테인리스통의 바닥에 구멍을 뚫고 그 위에 증기가 통할 수 있도록 미세한 구멍의 철망판을 설치한 다음 대형 솥 위에 얹어놓은 형태로써 미세 철망 위에 포를 깔고 침지미를 투입하여 증자한다.

2) 평형 증자기

주행 벨트 위에 침지미를 얹고 벨트의 아래로부터 증기를 통과시켜 연속식으로 증자한다. 수직형에 비해 바닥 면적을 넓게 차지한다.

3) 수직형 증자기

수직 원통의 몸체 위쪽부터 연속적으로 침지미를 투입하여 바닥으로부터 증자미를 연속적 또는 간헐적으로 배출한다. 증기는 바닥에서 위의 방향으로 불어넣는다.

4) 회전 원통 드럼 증자기

회전 원통의 하부에 망창을 설치하여 침지미를 망창 위에 평평하게 배치시키고 상부에서 망창으로 스팀을 통과시켜 증자하는 방법으로 360도를 정방향과 역방향으로 회전이 가능하며 간편하여 요즘은 거의 대부분 회전 원통 드럼식 증자기를 사용한다.

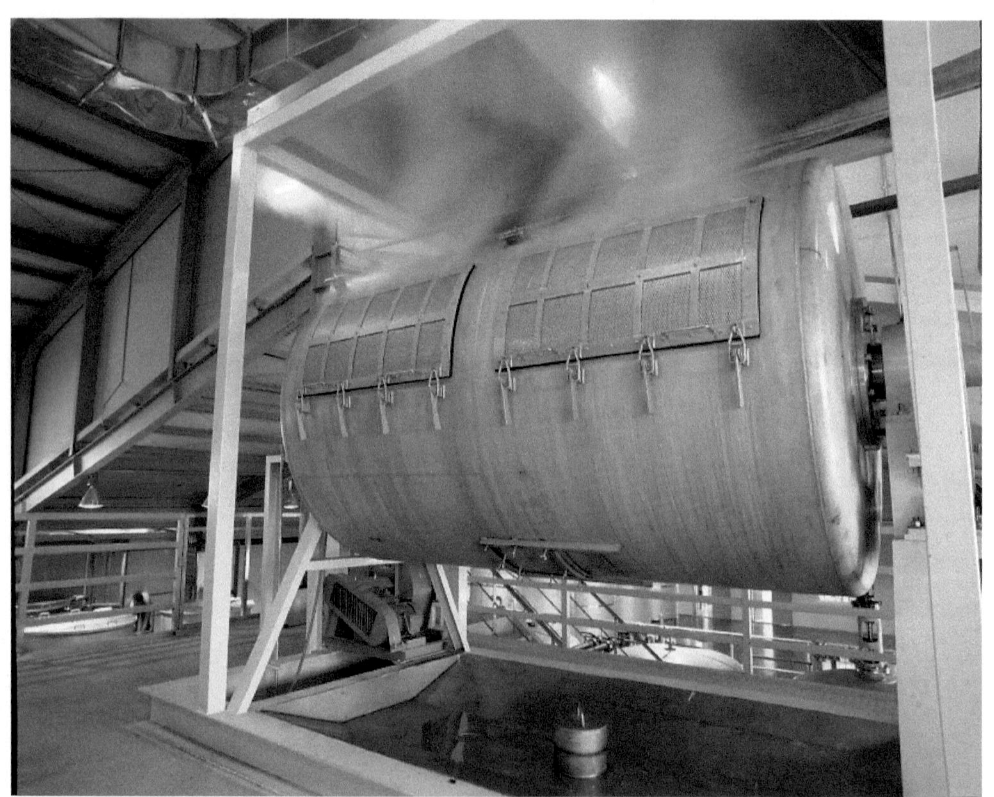

【그림 5-4】 회전 원통 드럼 증자기

3. 증자미의 판정

백미 중량 대비 증자 후의 중량 증가 비율을 증미 흡수율이라고 한다.

증자가 잘된 증자미는 증자 직후의 증미 흡수율이 35~40%로서 표면이 잘 달라붙지 않는 고슬고슬한 고두밥으로 내부까지 완전히 증자되어 충분히 α-화된 균질한 증자미이다. 이를 위해 침지 흡수율을 일정하게 하고 증기가 일정 균일하게 통과되도록 하여야 한다. 침지로 보리의 증미 흡수율은 36~40%가 적당하고 덧밥용은 발효 균형상 약간 단단하게 하는 것이 좋다.

4. 증자미의 냉각

주행 벨트 위에 증자미를 평평하게 얹고 벨트 하부로부터 공기를 빨아들여 증자미를 냉각하는 연속식과 평평한 바닥에 깔아 뒤적여 주며 자연적으로 냉각시키는 방법 등이 있다. 그러나 요즘은 회전 원통 드럼의 사용으로 증자가 완료되면 드럼을 회전시키면서 공기를 불어넣어 망창으로 배출시켜 냉각시키는 간편한 방법을 주로 사용한다.

07 제국(製麴)

증류식 소주는 일제강점기 이전에는 누룩을 당화제로 사용하였지만 일제강점기 이후에는 입국을 주로 사용한다. 입국은 주질에 많은 영향을 미치므로 그 제조에 세심한 주의를 요한다. 증류식 소주 제조에는 주로 백국균 및 흑국균을 사용한다. 백국균은 흑국균의 변이체로 포자 색상이 다르나 일반적인 성질은 비슷하다. 소주의 향미를 높이기 위해 황국균을 사용하기도 한다. 황국균은 청주 제조 시 사용되는 균이나 입국 제조 시 유기산 생성이 적어 술덧의 유기산이 많은 백국으로 밑술을 제조한 후에 2단 담금에 황국균을 사용하면 안전한 술덧 발효와 소주의 향미 증진에 도움이 된다.

1. 국(麴)의 역할

1) 효소에 의한 전분 분해

생 전분은 물에 녹지 않으나 물과 함께 가열하면 α화되어 효소의 작용을 받기 쉽게 변한다. 국에는 α전분을 분해하는 알파아밀레이스(α-amylase)와 글루코아밀레이스(Gluco amylase)의 당화계 효소가 함유되어 있다. 생 전분을 분해하는 효소력이 있어 무증자(無蒸煮) 곡류로 술을 제조하기도 한다.

2) 단백질의 분해 및 향미 부여

국에는 프로테이스(protease)·카복시펩티데이스(carboxypeptidase)와 같은 단백질을 분해하는 효소가 있다.

프로테이스는 단백질을 펩타이드(peptide)로 카복시펩티데이스는 단백질이나 펩타이드를 아미노산으로 분해한다. 이들에 의해 생성되는 다양한 아미노산은 효소의 영양원으로서의 역할뿐 아니라 효모에 의해 고급 알코올 및 에스테르 등의 향기 성분으로 변하는 중요한 성분이 된다.

3) 술덧의 오염 방지

백국균이나 흑국균은 다량의 유기산을 생성하여 밑술의 pH를 낮춤으로써 잡균의 오염을 방지할 수 있다.

그러나 유기산의 생성에는 전분이 소비되고, 산도에 따라 소주의 관능에 차이가 있으므로 적절한 유기산이 생성되도록 할 필요가 있다.

〈표 5-4〉 국의 산도와 전분

국의 산도	4	6	8
전분 소비량 (g/국100g)	1.22	1.83	2.44

2. 국의 품질

1) 관능에 의한 판정 기준

일반적으로 국균의 균사가 곡립의 표면뿐 아니라 내부로도 충분히 증식하면 효소역가가 높고 양호한 국으로 판정한다.

이에 비해 균사가 곡립 내외로 충분히 자라지 못해 효소의 역가가 낮거나, 제국 중 수분에 의해 고두밥이 되지 않으면 국균의 증식이 불량해지고 잡균에 오염되어 불량한 국으로 간주한다.

제국 과정이 지나치게 진행되면 당화력과 산은 증가하나 전분의 손실이 커지고 주질에도 좋지 않은 영향을 미친다.

2) 효소역가 및 산도에 의한 판정

소주국의 효소역가, 산도는 제조장과 원료에 따라 큰 차이가 있다. 원료별로는 쌀이 보리보다 전반적으로 역가가 높고 특히 카복시펩티데이스 역가의 차이가 크다. 그래서 효소의 역가 및 산도의 허용 범위를 자가 기준으로 정하여 품질관리를 시행하여야 한다.

3. 제국 중의 이화학적 변화

1) 쌀국의 중량 변화

제국 중에 수분의 증발이나 분해물의 생성에 의해 표와 같은 중량의 변화가 나다난다.

$$\text{출국 비율} = \frac{\text{출국 중량(kg)} - \text{원료 중량(kg)}}{\text{원료 중량(kg)}} \times 100$$

〈표 5-5〉 제국 중 중량 변화

(쌀국, 단위:kg)

원료미	제국 사입 시	출국 시	사용 시
100	138-142	117-122	115-120

2) 제국 경과와 효소역가 및 산도의 변화

산의 생성은 30~35℃에서 최대가 된다. 단백질 분해효소인 산성 펩티데이스와 산성 카복시펩티데이스 역가는 대체로 중고온인 35~40℃에서 가장 높다.

당화계효소인 알파아밀라제와 글루코아밀라제는 40℃에서 최대가 된다.

따라서 제국 온도 프로파일(profile)은 원료, 국균, 계절 및 목표로 하는 효소역가, 산도에 따라 각 제조량별로 다르지만 48시간 쌀 제국의 경우 전반 약 30시간 정도는 40℃ 부근의 고온 경과를 유지하여 효소가 생성되도록 하고 후반 35℃의 저온 유지함으로써 산이 생성되도록 하는 품질관리가 효소와 산이 동시에 충분히 생성될 수 있는 제국 방법이다.

4. 종국

증류식 소주에 사용되는 국균은 백국균, 흑국균 및 황국균의 3종류가 있으며 최근에는 제품의 다양화를 위해 국균의 혼합 사용 또는 세포 융합에 의한 중간 성질을 지닌 변이주의 개발 등이 시도되고 있으며, 일부 제조장의 경우는 종국회사와 공동으로 자사 고유의 종국을 개발하여 사용하는 경우도 있다.

08 술덧

소주의 술덧은 기본적으로 밑술[酒母]에 해당하는 1차 술덧과 여기에 주원료와 물을 가한 2차 술덧으로 구성되며 2차 담금까지가 일반적이다. 대형 담금에는 주원료를 2회로 나누어 3단 담금을 하는 경우도 있다.

1. 담금 배합

소주 술덧의 원료는 국, 주발효 원료 및 물이다.

담금 배합은 발효 원료의 종류, 국비율, 급수비율 및 담금 용기의 크기에 의해 결정된다.

〈표 5-6〉 원료별 국 비율 및 급수 비율

주원료	국 비율(%)	급수 비율(%)
쌀	30~50	150~170
보리	30~50	140~160
고구마	16~20	65~75
메밀	30~50	145~150
옥수수	38~40	150~160

1) 급수 비율

1차 술덧인 밑술은 120%의 급수 비율이 표준이다. 전체 급수 비율은 원료의 전분가와 목표로 하는 술덧의 알코올 도수에 의해서 결정되지만 급수 비율을 크게 하면 발효 촉진형의 술덧이 되어 발효가 왕성한 기간이 짧고 술덧 온도는 지속되지 않는다. 일반적으로 발효 비율은 양호하지만 술덧 양이 증가하여 증류 등의 부담이 크므로 반드시 유리하지는 않다.

2) 국 비율

일반적인 국 비율로는 효소역가 면에서 여유가 있어 극단적으로 국 비율을 낮추지 않는 한 술덧의 주발효에 악영향을 미치지 않으나 산도가 감소하고 제조장의 환경에 따라서는 부패 위험이 발생한다.

국 비율과 술덧의 산도, 당화, 발효작용의 관계는 국 비율이 적으면 산도가 낮고 당화, 발효작용이 완만하고 반대로 국 비율이 높으면 산도가 높고 당화, 발효작용이 왕성하게 된다. 국 비율은 향미에 영향을 주어 크게 하면 국에 의한 향기가 강하여 원료의 특징을 약화시킬 우려가 있다.

2. 밑술 제조 (1차 술덧)

1차 술덧은 국과 물을 원료로 효모를 가하여 3~8일간 발효시킨 것으로 2차 술덧의 순조로운 발효를 유도하는 밑술의 성격을 갖는 술덧이다.

1차 술덧은 발효 활성이 강하고 순도가 높은 우량 효모일 것과 유산균 등의 유해균에 의한 술덧의 변질을 방지하기 위하여 유기산과 에틸알코올이 충분히 함유되어야 한다.

1차 술덧의 유기산은 거의 전량이 국에서 생성되므로 국의 산도는 4 이상이 필요하고 부족한 경우 1차 술덧의 산도가 16 이상이 되도록 보산(補酸)한다.

에틸알코올은 유기산과 함께 2차 술덧의 산패 방지 역할을 하지만, 1차 술덧에서 에틸알코올이 너무 생성되면 효모가 사멸되기 쉬우므로 주의가 필요하다.

1) 효모(酵母)

소주의 술덧에서는 야생 효모의 번식을 억제할 방법이 없으므로 활성이 강한 배양 효모를 다량 접종하여 우량 효모가 야생 효모에 비해 수적으로 우위를 유지하도록 해야 한다.

소주의 효모는 낮은 pH, 높은 알코올, 고온의 술덧 중에 잘 증식하고 알코올 발효력이 강하며 동시에 향미가 우수해야 한다. 배양 효모를 사용할 경우 국 중량의 0.2%를 투입한다.

처음에는 순수 배양 효모를 사용하지만, 이후의 술덧은 1차 술덧을 종 효모로 번갈아 가면서 사용하는 연양주모법이 이용된다.

연양주모는 몇 회에서 수십 회 하는 경우도 있지만, 3회 이상 계속 사용한 경우에는 활성이 떨어지는 등의 문제가 발생될 수 있다.

연양주모는 국 중량의 0.2~1% 투입한다. 이때 효모의 숫자는 1ml당 2억 마리 이상이 되어야 한다.

2) 담금

담금 온도는 20~23℃를 표준으로 한다. 담금은 소정의 급수를 담금 용기에 넣고 국을 냉각시켜 담금한다. 여기에 효모를 첨가하고 교반 후 온도를 측정한다. 담금 후 온도 관리는 30℃를 넘지 않도록 한다.

담금 3일 후에 품온이 최고로 높아지며 30℃를 초과하는 경우 잘 저어서 품온을 조절해 준다. 담금 후 하루에 2~3회 정도 교반하여 품온을 균일하게 하고 술덧 표면에 떠 있는 국을 발효액 속에 잠기게 하여 호기성균 번식으로 향기가 나빠지지 않도록 주의 한다.

발효 일수는 4~8일 범위이며 대부분 5일 정도 발효시킨다.

3. 2차 술덧

1) 쌀 술덧

2차 담금에는 1차 술덧에 물과 증미를 넣어 담금한다. 증미의 전분은 당화효소에 의해 포도당으로 되고 이것은 효모에 의해 발효되어 알코올로 된다.

(1) 담금 후의 품온 경과

술덧에 증자미를 사입하면 효모의 왕성한 발효력에 의해 품온이 상승하기 시작하며 2일이 지난 3일차에 최고 품온(27℃)에 도달하고 이후부터 품온이 서서히 내려가기 시작하여 7일차에 약 25℃, 11차에 23℃ 정도가 되는 품온 패턴을 나타낸다.

효모의 발효작용은 30℃가 최적이나 이를 초과하면 효모의 사멸이 진행되어 발효가 급속히 느려진다. 따라서 술덧의 최대 온도가 30℃ 이하가 되도록 하는 것이 가장 좋으나 대량 제조의 경우 많은 발열량에 의해 일시적으로 30℃를 넘기는 경우가 많으므로 23~25℃ 정도로 품온을 유지 관리하는 것이 좋다.

(2) 술덧 품온 조절법

① 담금 배합

기온이 높은 시기에는 급수 비율은 높이고, 낮은 시기에는 급수 비율을 낮추면 품온 경과가 순조롭게 된다. 담금 배합의 시기에 따라 급수 비율을 달리하는 것이 여의치 않으면 후수(後水)를 준비하여 술덧에 첨가하면 된다. 후수의 첨가 시기는 술덧 초기인 2~5일차로 하는 것이 발효력을 지속하면서 품온을 내리는데 좋다.

② 교반

발효 규모가 작을 경우는 교반용 봉으로 술덧을 저어 주거나, 산소공급(aeration) 혹은 교반기를 가동하여 교반해 주는 것도 품온을 낮추는 데 어느 정도 효과가 있다.

③ 품온조절기 이용

알루미늄제의 냉각기를 술덧에 넣거나 재킷이 부착된 발효조에 필요에 따라 냉수 또는 온수를 흘려준다. 이 방법은 설치 비용이 들지만 품온 조절 효과가 빠르다.

④ 샤워법

구멍 뚫린 배관을 통해 냉수 또는 온수를 발효조 상부에 흘려주어 발효조 외벽을 흐르게 한다.

2) 보리 술덧

(1) 담금 배합

보리소주의 원료 사용법으로 쌀국으로 밑술을 만들고 보리로 덧밥을 하는 쌀국 · 보리덧밥 방법과 국과 덧밥을 모두 보리로 하는 보릿국 · 보리덧밥 방법의 2종류가 있다. 보릿국은 일반적으로 쌀국에 비해 국균에 의한 유기산 생성이 적기 때문에 세균에 의한 오염 위험이 높아 술덧의 적절한 산도 확보를 위해 산을 첨가하기도 한다.

급수 비율이 140~160%로 쌀보다 약간 낮으며, 이는 술덧 산도와 숙성 시 알코올 농도가 쌀에 비해 낮기 때문이다.

급수 비율 이외는 쌀 술덧과 담금 비율이나 담금 조작도 특별한 차이가 없다.

(2) 숙성 시의 알코올 농도와 급수 비율

보리소주의 알코올 농도는 총 급수 비율과도 관계가 있으나 쌀국을 사용하는 경우 17~18%, 보릿국에서는 16~17%가 일반적이다. 보리는 쌀에 비해 전분의 용해율, 당화율이 낮고 발효 비율의 차이에 의한 것으로 생각된다.

급수 비율을 크게 하면 일반적으로 알코올 수득량은 증가하지만 술덧의 양이 많아지므로 증류 작업에 부담이 커지는 단점이 있다. 총 급수 비율은 원료의 전분가, 효모 비율을 고려하여 숙성 시 알코올 농도가 17% 전후가 되도록 설정한다.

(3) 증맥의 경도와 발효 관리

일반적으로 보리는 최대 흡수율이 커서 침지 시간이 길면 과다 흡수되기 쉽고 국산도도 증맥 수분이 많을수록 잘나오므로 연질의 증맥을 사용하는 경향이 있다. 이에 따라 연질의 증맥을 사용하면 술덧 초기의 용해 · 발효가 촉진되는 전급형(前急型)이 되고, 경질의 증맥을 사용하면 전완형(前腕型)이 된다. 지나친 연질 증맥은 발효 중기에 술덧 표면이 두껍게 층을 형성하여 알코올 수득량이 감소되고, 반대로 침지 흡수율이 불충분한 경질의 증맥은 소화성이 저하되므로 주의하여야 한다.

(4) 품온 관리

보리 술덧 품온은 사입 시 22~25℃, 최고 온도 30~32℃가 표준으로 되어 있으나 쌀 술덧과 동일하게 진행해도 무관하다.

보리 술덧 표면의 두꺼운 스컴(scum)층이 형성되면 발효액이 분리되어 발효 진행이 어렵고 산취 발생 요인이 되어 교반을 통해 스컴층은 액과 접촉시켜 주어야 한다.

품온관리도 중요하지만 술덧 상황을 파악하면서 발효관리의 최적 조건을 구하는 것이 중요하다.

09 증류 방법

1. 개요

소주는 증류 방법에 따라 희석식 소주와 증류식 소주로 구별된다. 희석식 소주는 연속식 증류기에 의해 제조되고, 증류식 소주는 단식 증류기에 의한 회분식 조작에 의해 제조된다. 단식 증류법도 증류 시 압력의 조작 여부에 따라 감압 증류와 상압 증류법으로 나눌 수 있다.

감압 증류는 대기압 이하의 낮은 압력하에서 행하는 증류 방식으로 증류하기 위해서는 용액을 비등점까지 가열해야 하는데 대기압하에서는 비점이 너무 높아 분해 또는 화학 변화를 일으킬 우려가 있는 경우에 사용하기 위해 개발되었다.

감압 증류법은 1975년에 일본에서 시작된 방법으로 낮은 온도에서 증류되어 소프트 타입의 제품을 만들 수 있게 되어 높은 평가를 받았고 10년 만에 증류식 소주의 주류를 이루게 되었다.

상압 증류법으로 제조된 증류식 소주는 감압 증류 제품에 비해 휘발 성분이 풍부하게 유출되나 원료 특유의 냄새나 유취 등이 강하기 때문에 1990년대 이후 증류식 소주가 활성화되면서 감압 증류법이 주를 이루고 있다. 하지만 풍부한 향미를 갖고 있는 상압 증류 제품도 숙성에 의해 고급 제품 생산이 가능하여 앞으로 지속적인 연구가 필요하다.

2. 상압 증류

1) 상압 증류의 특징

역사적으로 술의 증류에는 대기압하에서의 증류 즉, 상압 증류를 일컫는다. 현재도 위스키, 브랜디, 고량주 등 긴 역사를 지닌 증류주는 상압 증류의 특성을 그대로 살리고 있다.

상압 증류는

① 미량 성분이 많이 함유되어서 농순한 맛이 난다.

② 증류 직후는 향미가 자극적이지만 숙성에 따라 주질이 크게 향상된다.

③ 증류 중에 2차적으로 생성되는 성분에 의해 개성적이고 특수성이 강한 주질이 된다.

④ 증류기의 형상, 재질, 증류 조건 등에 따라 주질의 변화가 크다.

증류식 소주에서는 제조 공정 중 여과 공정이 없기 때문에 고형분을 다량 함유한 상태로 증류하며 간접 가열 방식보다 증기를 술덧에 직접 주입하는 직접 가열식을 많이 사용한다.

대부분 높은 농도의 술덧을 단시간에 증류하며 1회 증류로 끝내는 경우가 많다.

2) 유출 성분

주요성분의 증류 시 유출 패턴은 크게 4가지로 분류할 수 있다.

(1) 급감형(에스테르형) : 증류 초기에 많고 그 후에 급격하게 감소한다. 알데히드, 초산에틸, 초산이소아밀 등

(2) 저감형(알코올형) : 증류 초기에 많고 그 후는 점차 감소한다. 에틸알코올, 휴젤유, 고급지방산 에스테르(팔미틴산에틸, 리놀산에틸 등)

(3) 점증형(산도형) : 경시적으로 완만하게 증가한다. 산도, 식초산, β-페닐알코올 등

(4) 급증형(푸르푸랄) : 증류 후반에 급격하게 증가한다. 푸르푸랄 등

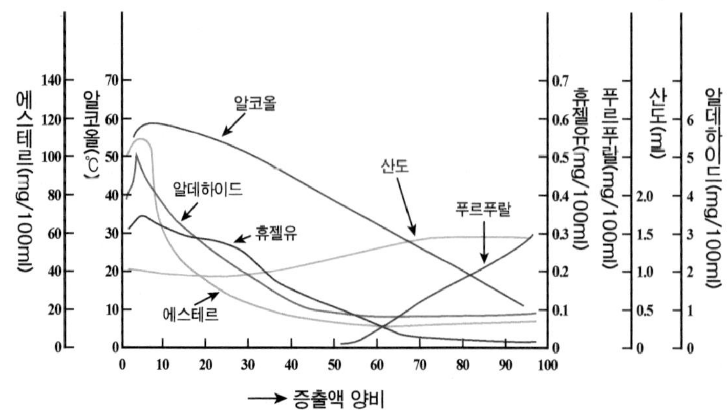

【그림 5-5】 유출액의 성분 변화

3) 유출 경과

초류 구분은 알코올 도수가 높을 뿐만 아니라 에스테르류나 고급 알코올류를 다량 함유하여 강한 에스테르 향을 갖는다. 경우에 따라서는 철분이나 동분 등의 증류기 재질에서 유래한 성분이 용출되는 일도 있다.

백탁(白濁)은 알코올분 45% 정도에서 시작되며 40% 부근이 피크이고 이후에 감소한다.

증류가 중반 정도 경과했을 때 에틸알코올은 75%, 고급 알코올이나 에스테르류는 90% 가까이 유출되며 향기 성분도 대부분 유출된다.

후류 구분은 소주의 맛과 폭, 그리고 개성을 부여해 주는데 중요하다. 그러나 불필요하게 증류 시간을 늘려 주질이 떨어지지 않도록 한다.

4) 증류기의 구조

(1) 증류기의 크기

대형 증류기는 관체의 재질, 두께, 증기 주입량에 따라 같은 증류 조건이라 할지라도 소형 증류기와 주질이 다르게 될 경우가 있다.

재질이나 두께에 따라 관체의 과열로 눌어붙어 탄내가 나기 쉽거나 같은 증기압에서도 액의 깊이 차이 때문에 증기량이 부족하게 되는 경우도 있다.

또 술덧 표면에서 연결관까지의 높이가 높이 짐에 따라서 주질의 미세한 변화도 일어난다. 그래서 증류기의 크기가 변화면 증류 조건도 변하므로 증류기에 맞는 방법이 고안되어야 한다.

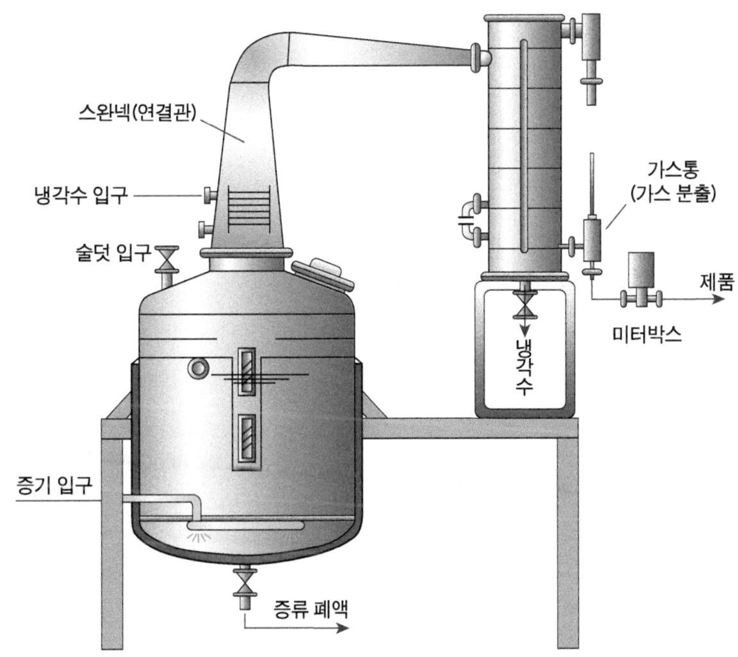

【그림 5-6】 상압 증류기

(2) 재질

증류기 본체는 법랑제, 철제, 스테인리스제 연결관은 동제, 스테인리스제 냉각관은 스테인리스제가 많다.

금속의 종류에 따라 푸르푸랄의 증가, 에스테르화의 촉진과 분해, 숙성 효과 등이 나타나지만 주질에 미치는 영향은 아직 불확실한 점이 많다.

철과 동 등 2가의 금속 이온은 고급 지방산에틸 등과의 집합 부유물(flock)의 형성을 촉진하므로 적당한 용출은 청정화에 도움이 되지만 너무 지나치면 나중에 침전물의 발생 원인이 된다.

냉각관은 이런 물질들이 용출되는 재질을 피하는 것이 좋다.

(3) 가열 방식

간접 가열 방식은 술덧 중에 스팀사관을 통과시키는 방식과 술덧 솥에 재킷(jacket)을 붙인 방식이 있다. 어느 방식이나 모두 교반기를 부착해 탄내를 방지하는 동시에 열효율을 높인다.

증류 중에 술덧 농축에 의하여 증류 종료 시에 가열부가 노출되어서는 안 된다.

직접 주입 방식은 증기 파이프를 여러 개 일정 방향으로 향하도록 설치하고 선단에서 술덧의 교반을 겸하면서 증기를 주입하는 방식과 선단을 막아 스플릿(split, 가는 틈) 모양으로 자른 것을 넣고 증기를 주입하는 방식 등이 있다. 주입 방법은 증류기의 소음, 진동, 열효율에 직접 영향을 미치고 증류 비율, 품질, 폐액량에도 관련이 있으므로 신중한 검토가 필요하다.

또한, 증기 파이프 안에서 술덧이 막히거나 역류하지 않도록 대책 강구가 필요하다.

〈표 5-7〉 증기 주입 방식 비교

구 분	간접 가열식	직접 가열식
전열 속도	전열 속도는 그다지 크지 않다. 교반기 필요	증기가 술덧 중에 직접 응축하므로 전열 속도가 크다.
증류 중의 술덧 농도	증기 배출에 의한 술덧의 희석은 없다. 역으로 증발하는 것만큼 휘발하지 않는 성분은 농축된다.	증기 배출에 의해 술덧이 희석된다.
증류 폐액량	술덧 첨가량에서 유출량을 뺀 것이 폐액이 되고 첨가량의 2/3	주입량에 비해, 10~15%의 증량이 된다.
유출 성분 향미 외 기타	산류의 유출이 많고, 향미가 짙은 경향, 술덧이 탈 우려 있음. 증류 비율이 높다.	술덧의 회전이 좋고, 점도가 높은 술덧에 적합 끓어 튀어 오름에 주의

(4) 냉각방법

알코올 증기의 응축 냉각 방법에는 사관 냉각식과 수형 튜브식의 냉각 방법이 일반적이다. 사관 냉각식은 큰 물탱크가 필요하지만 냉각 온도의 관리는 용이하다. 수형 튜브식은 넓은 공간을 필요로 하지 않지만, 냉각수의 용량이 적으므로 품온의 변동이 없도록 제어 방식에 주의한다.

5) 상압 증류의 실제

(1) 증류기의 세척

장기간 사용하지 않을 때나 거품이 많을 때 비말 동반 등으로 인하여 오염되는 경우는 증류관, 연결관, 냉각기를 분해하여 세척한다.

연결관이나 냉각기는 중성세제를 채워 넣어서 얼마 동안 둔 후 충분히 물로 씻는다.

본 증류에 앞서 물 증류 또는 수증기로 세척한다.

수증기 세척을 할 때는 미터박스(meter box)나 주정계가 파손되지 않도록 바이패스(by pass)를 설치한다.

미터박스나 주정계, 온도계는 오염되기 쉬우므로 항상 자주 세척하도록 한다.

증류가 끝난 다음에는 바로 증류관을 세척한다.

(2) 술덧의 증류관 투입

증류관의 배출구가 막혀 있는지 반드시 확인한 후에 술덧을 투입한다.

증류관이 냉각되지 않았는데 투입하여 그대로 방치하면 이상 발효, 변패의 원인이 되므로 술덧의 투입은 증류 직전에 하도록 한다.

술덧 탱크의 세척은 적은 물로 효과적으로 세척하여 술덧이 불필요하게 희석되지 않도록 한다. 술덧 투입량은 증류관의 1/2 정도가 일반적이나 거품이 나지 않도록 하고 증류 시간이나 작업성을 고려하여 결정한다.

간접 가열의 경우 증류의 진행에 따라 술덧의 농축에 의해 가열 부분이 노출되지 않도록 증류 종료 시 가열 최상부로부터 20cm에 있도록 주입하는 것이 좋다.

(3) 증기의 온도와 증기압

증기 온도는 큰 문제가 없으나 증기압은 증류 시간 및 술덧의 균일한 가열을 위해 필요하다. 직접 가열 방식의 경우 같은 증기압이라도 술덧의 깊이에 따라 주입하는 증기량이 변하기 때문에 표준시간을 정해 거기에 맞는 증기압을 정해 놓는 것이 좋다.

(4) 증류 시간

증류 시간은 주질에 크게 영향을 미치므로 착오가 없도록 관리한다.

증기 주입 후 최초로 술이 흘러나오기까지는 약 30분, 흘러나오기 시작한 후부터 180분 정도가 일반적이지만 증류기의 재질이나 크기에 따라 주질이 달라지므로 술맛이나 분석에 의한 적정한 시간을 결정하면 좋다.

(5) **후류 끊기** (tail cut)

후류취는 증류 시간이 길어지면서 강해진다. 후류취가 나지 않도록 하기 위해 너무 빨리 후류 끊기를 하는 것만이 좋은 것은 아니다.

효율적인 증기 주입, 적당한 증류 시간을 고려하면 주질이 나쁘게 되지 않도록 후류 끊기 도수를 낮추는 것이 가능하다.

후류 끊기의 알코올 도수는 8~10%가 일반적이다.

3. 감압 증류

1) 개요

감압 증류 기술이 증류식 소주에 도입된 것은 1973년경이다.

최초에는 일본 후쿠오카 현에서 청주의 증류에, 1974년에 구마모토 현에서 쌀 소주 증류에 도입되고, 이후 곡류 소주의 제조에 널리 보급되어 10년 정도 사이에 증류식 소주의 증류법으로 주류를 이루게 되었다.

2) 증류기

감압 증류기는 증류관, 농축탑, 응축기, 냉각기, 제품 탱크, 후류 탱크 및 진공펌프로 구성되어 있다(보통 증류 시간은 4~4.5 시간이 정상적임).

장치 전체를 진공펌프에 의해서 감압 상태로 하여 증류한다.

그러므로 각 부분의 재질은 스테인리스제가 좋고 정밀하게 제작되어 있다.

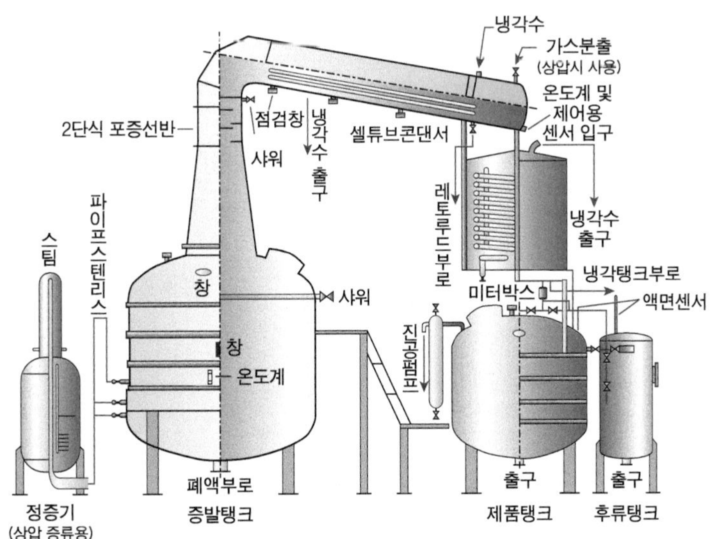

【그림 5-7】 감압 증류기

(1) 증류관

감압 증류에서는 술덧을 직접 가열하거나 증기를 주입하지 않고 간접가열만 한다. 가열부의 구조는 코일식, 도너츠환식, 재킷식 등이 일반적이다.

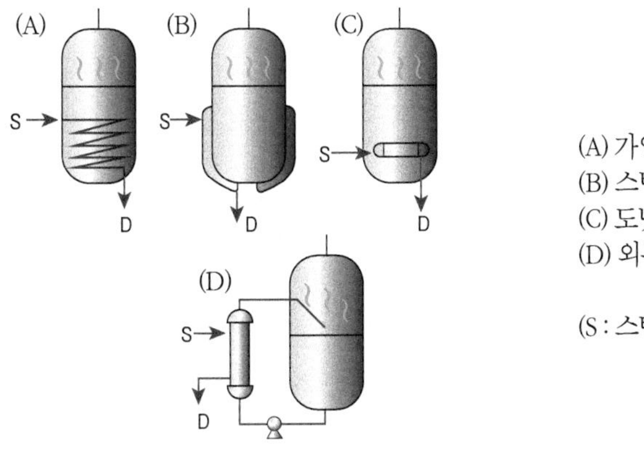

【그림 5-8】 증류관의 가열 방식

(2) 농축탑

이 장치는 발생 증기의 통로로 알코올 성분의 농축 및 술덧의 거품 및 비말이 응축기에 들어가 제품을 오염시키는 것을 방지하는 역할을 한다.

농축탑의 내부 구조는 공탑(空塔) 형태가 일반적이며 높이에 따라 표면에서의 열손실 또는 냉각 효과에 의한 증기의 분축과 환류 효과에 의한 제품의 품질 향상 및 제품의 농축에 기여하게 된다.

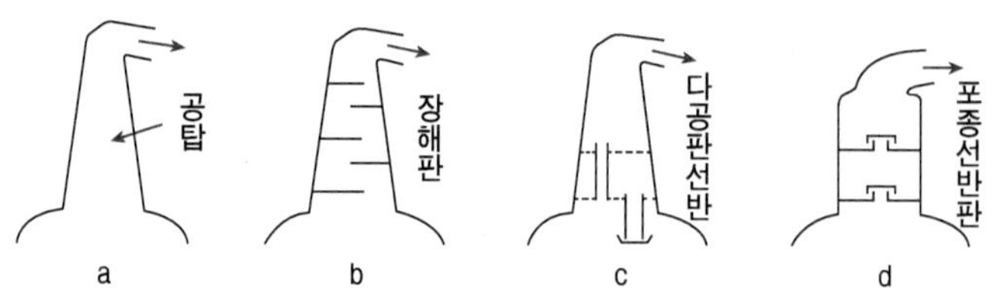

【그림 5-9】 농축탑의 내부 구조

③ 응축기

감압 증류기의 응축기는 상압 증류와 비교하여 증기 온도가 낮고 냉각수와의 온도차이가 적으며, 응축되지 않는 증기는 진공펌프에 의해 배출되므로 커다란 전열 면적과 진공에 견디는 구조의 확보를 위해 일반적으로 다관식 응축기(shell tube형 condenser)가 많이 사용된다.

감압 증류 시 응축기는 다량의 냉각수를 소비하므로 냉각수의 소비를 최소화시키는 것이 과제이다.

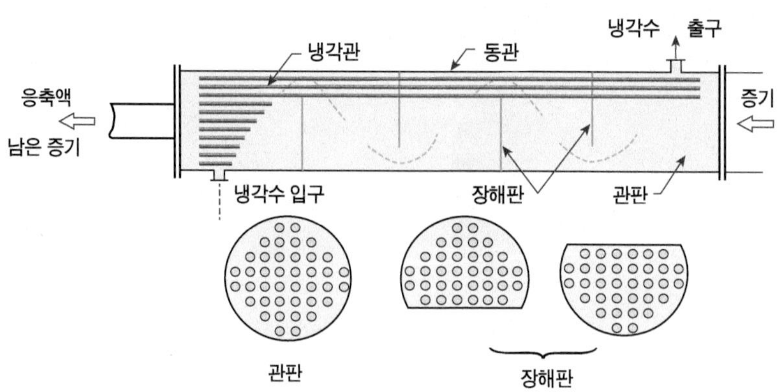

【그림 5-10】 셀(shell tube)형 콘덴서의 개략

(4) 진공펌프

감압 증류용 진공펌프는 공기, 증기, 물 등의 혼합물을 흡인하여 배출할 수 있는 기종이어야 하므로 수봉식(水封式, 물로써 펌프에 진공이 걸리게 하는 것)의 낫슈 펌프를 사용하고 있다.

펌프 내부의 물 온도가 상승하면 진공이 안 되므로(18℃ 이하) 항상 냉수를 공급해야 한다. 이 배수는 알코올을 함유하고 있어 하수로 흘려보내면 BOD 부하가 높아지므로 적절한 폐수 처리가 필요하다.

3) 상압 증류와 감압 증류 제품의 성분 비교

상압 증류 소주와 감압 증류 소주에는 동일한 술덧을 증류한 경우 상압이 향미 농후형이 되고 감압은 소프트 담려형(淡麗型)이 되며 관능적으로는 완전히 다른 종류의 술이라 해도 좋을 정도로 주질이 다르다.

상압 증류와 감압 증류 제품 간의 성분은 일반적으로 다음과 같은 차이가 있다.

① PH, 산도는 차이가 없다.
② 아세트알데히드는 감압 증류 제품의 함유량이 적다.
③ 초산에틸의 함유량은 변화 없지만 감압 증류의 제품이 약간 낮다.
④ 메틸알코올은 상압 증류와 감압 증류 제품에서 변화가 없다.
⑤ 비점이 낮은 향기 성분. *n*-프로필알코올, *i*-부틸알코올, *i*-아밀알코올 등은 상압 증류와 감압 증류 제품에서 변화가 없다.
⑥ 중고비점 성분의 함유량은 상압 증류 제품이 현저히 크다.
⑦ TBA값은 상압 증류 제품이 현저히 높다.
⑧ 자외선 흡광도는 상압 증류 제품이 높다.
⑨ 푸르푸랄은 감압 증류에서는 검출되지 않는다.

증류 초기, 중기에 유출되어 나오는 저비점 성분은 상압, 감압 증류에 관계없이 술덧에 함유되어 있는 전량이 유출되어 나오므로 어느 쪽이든 양적인 차이는 없다.

아세트알데히드가 감압 증류 제품에 적은 것은 비점이 낮고 증류 초기에 유출하여 응축이 완전히 되지 않은 가스 상태로 미스트세퍼레이터 또는 진공펌프의 수중으로 빨려 나가기 때문으로 추정된다.

중고비점 성분은 상압에서 수증기 증류를 하는 경우에 비해 감압은 간접 증류를 하게 되므로 유출이 어려워 양적인 차이가 발생하는 것으로 예측된다. 따라서 감압 증류 제품은 유취의 원인이 되는 고비점 지방산 에스테르의 함유량이 상압 증류에 비해 현저히 낮으며 그 결과 유취의 세기에 관계되는 TBA가도 현저히 낮아지게 된다.

상압 증류와 감압 증류의 커다란 차이점은 상압의 경우 술덧이 고온에서 장시간 가열되기 때문에 가열에 의한 분해, 축합 등의 물질이 생성되며 이들 성분 중 휘발 성분은 제품으로 옮겨져 원료의 특성을 나타내는 성분이 되며 눌음취 등의 원인이 된다. 눌음취의 대표적인 성분인 푸르푸랄이 감압에서 검출되지 않는 것은 푸르푸랄 등 퓨란환(furan)을 갖는 화합물에서 기인하는 것으로 생각되는 파장 275mm 부근의 흡광도에서 뚜렷한 차이가 확인되는 것으로 알 수 있다.

4. 증류 이론

1) 알코올 · 물 혼합액의 비등점 및 조성

〈표 5-8〉 알코올·물 혼합액의 비등점 및 조성

알코올% (v/v) A	혼합액의 비등점 (℃)	혼합증기 알코올%(v/v) a	증발계수(Ka=a/A)
0	100	0	-
10	92.5	51.00	5.10
20	87.05	66.20	3.31
30	85.00	69.20	2.31
40	83.75	71.95	1.80
50	82.50	74.95	1.50
60	81.25	78.17	1.30
70	80.00	81.85	1.17
80	79.38	86.49	1.08
90	78.75	91.98	1.02
95	-	93.35	1.004

주정 증류는 먼저 물과 주정의 비점 차이를 이용하여 물과 주정분을 분리하고 다음 주정분에 포함되어 있는 미량 성분을 정류하여 정제한다.

비등 응축을 반복하면 그때마다 주정 농도가 높아지고 비점이 낮아져 K로 표시되는 공비점에 이르게 되며 주정 농도 97.2 v/v %(95.75 w/v %) 비점과 응축점이 78.15℃ 100% 알코올의 비점은 78.3℃ 이다.

2) 정류계수

숙성 술덧 중에는 알코올과 물 이외에 알데히드류, 에스테르류, 고급 알코올류, 휘발산, 불휘발성 성분(단백질, 탄수화물, 염류, 호박산 등), 고형분 등이 있다. 이들 미량 성분의 비점이 주정 수용액에 대한 증발계수(Kn)는 각각 달라서 주정 증류와 깊은 관계가 있다.

정류계수는 kn/Ka로 나타내며 1인 경우 증류하더라도 유액 중의 알코올과 미량 성분 비는 변하시 않고 1보다 크면 미량 성분의 증발계수가 크므로 유액 중의 미량 성분이 원액보다 많아지며 초류탑이나 가수탑의 상부에서 나오는 유액이 이러한 예이다.

10 제성과 저장

1. 제성(製成)

증류 직후의 소주는 가스가 빠져나가지 않아, 자극적이며 맛이 거칠다. 또한, 원료의 특성이 강하고 유취(油臭) 등의 원인이 되는 유성 물질이 많고 제성 단계에서의 처리가 이후의 주질을 결정하는 중요한 요인이 된다.

1) 탈기(脫氣)

상압 증류 제품에서는 검정(檢定) 후 개방 상태로 저장한 경우는 약 1개월 정도 지나면 가스가 빠져나가지만, 밀폐 상태서는 가스가 잘 빠져나가지 않으므로 다른 탱크로 이동시키거나 교반을 시켜 탈기한다.

감압 증류 제품은 가스 성분인 아세트알데히드 등 함유량이 비교적 적으므로 탈기를 하지 않아도 된다. 또한, 이온교환 처리된 제품은 이미 처리 단계에서 제거되므로 탈기할 필요가 없다.

2) 유성 물질(油性物質)의 제거

(1) 유성 물질의 조성과 특징

소주 제품에는 원료에서 유래하는 유성 물질이 함유되어 있는데 대부분이 팔미틴산(Palmitic acid), 올레인산(Oleic acid) 및 리놀렌산(Linoleic acid)의 에틸 에스테르(Ethyl ester)이며, 이들은 원료 중의 고급지방산이 술덧 중에서 에틸알코올(Ethyl alcohol)과 결합해서 생긴 것이다. 이들은 술덧의 물질이 거의 용해될 시기(담금 후 6일째)에 대부분 생성되고 그 후로는 변화가 적다.

증류에 의해 제품으로 이행되면서 일부는 제품 중에 용해되어 있으나, 대부분 표면에 떠 있다.

이 유성 물질은 저장 중에 서서히 산화되어 유취를 발생시키고 희석수의 경도 성분, 철분 등의 금속과 결합하여 일종의 응집 침전물을 형성함으로써 제품 중의 실 모양의 침전물 또는 부유물이 되어 제품의 상품 가치를 떨어뜨린다.

이상과 같이 소주 중의 유성 물질은 제품에 나쁜 영향을 주지만, 한편으로는 제품에 원숙미를 더해주는 효과도 있다. 이것을 제거하는 정도에 따라 제품의 원료, 품질 설계, 출하 시기, 출하 지역 등을 고려할 필요가 있다.

(2) **유취의 생성 조건**

알코올 도수가 30% 이하인 경우에 유성 물질의 대부분은 액면에 부유한 상태로 존재하다가 공기와 접촉하면 산화 분해되어 유취 물질이 생성된다. 이것은 화학 변화이므로 온도가 높을수록, 그리고 일광 중 특히 자외선에 의해 유취물질의 생성이 촉진된다.

유취가 발생하지 않도록 하는 조건으로는

① 여과 등으로 소주 중의 유성 물질을 제거하고
② 저장 알코올 도수를 높인다.
③ 저장 온도를 낮게 유지한다.
④ 병입 후 직사광선을 피하는 것 등이다.

기본적으로는 유성물 질을 빠른 시일 내에 충분히 제거하는 것이다.

(3) **유성물질의 제거 방법**

① 떠내는 법

검정 탱크 중의 소주 품온이 25℃ 전후이면 유성 물질을 분리하기가 어렵다. 품온을 15℃ 이하로 유지시켜 유성 물질이 표면에 떠오르게 되었을 때 체로 며칠에 걸쳐서 떠낸다.

② 냉각법

소주품 온이 15℃ 이하가 되지 않는 시기에 제조하거나 효율적인 제거가 필요하게 되면 냉각 장치를 설치하여 10℃ 이하로 냉각시켜 여지여과 등으로 제거한다.

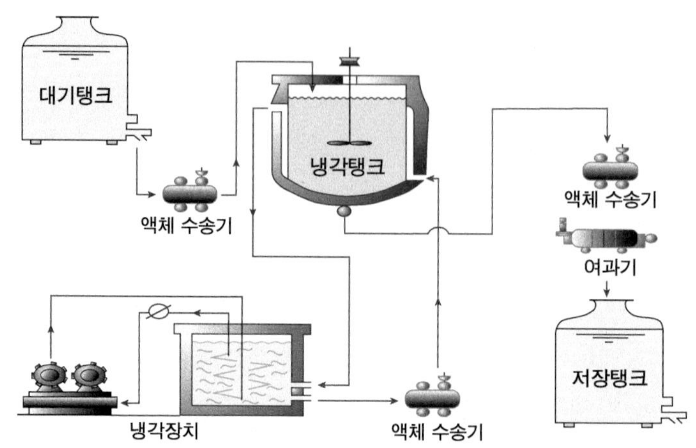

【그림 5-11】 냉각 여과법의 흐름

③ 이동 대체법

이 방법은 품온이 15℃ 이하가 되면 유성 물질이 떠오르는 성질을 이용하는 것이다. 그림과 같이 1차 저장탱크 아래의 배출구로부터 유성 물질이 적은 2/3 정도를 2차 저장탱크로 이동하고 유성 물질이 많은 나머지 상부 1/3은 여과한 후 2차 저장탱크에 혼합한다.

이 방법은 이동 대체와 동시에 조합(Blending)할 수 있는 이점이 있고 제품을 지나치게 처리하지 않아 원료 특유의 풍미가 남아 있으며 이로 인해 약간의 백탁 상태로 되어 있다.

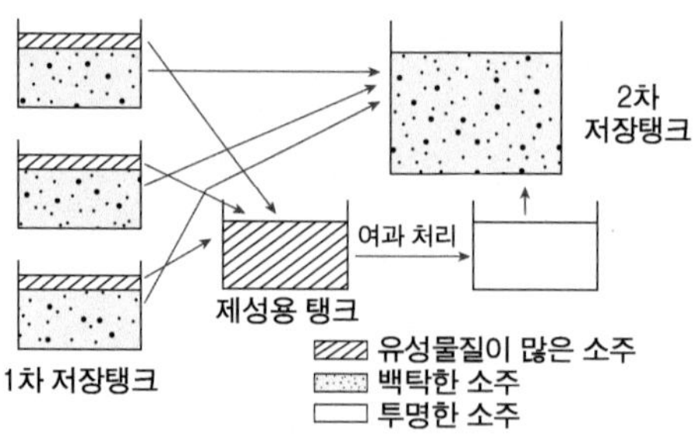

【그림 5-12】 유성 물질의 제거

④ 여과법

유성 물질은 여과에 의해서도 소주와 분리할 수 있는데, 여과의 정도에 따라 제거되는 유성 물질의 양이 달라진다. 여과 정도의 가벼운 순서로 나열하면 다음과 같다.

- 원료의 풍미와 혼탁을 남기는 경우에는 포(布)여과나 간단한 면(綿)여과를 한다.
- 혼탁은 제거해도 풍미를 어느 정도 남기고자 할 때는 여과면의 층을 두껍게 하거나 규조토 등의 여과 조제를 병용한다.
- 면여과 층을 두껍게 하고 알코올 도수를 30% 이하로 희석하여 여과한 경우는 실온에서도 유성 성분을 충분히 제거할 수 있다.
- 물질을 완전히 제거하고 맛을 담백하게 할 경우에는 활성탄소로 여과한다. 그러나 지나치게 처리하면 맛이 거칠고 소주의 특성이 없어진다.

2. 저장

소주는 제성 공정을 거쳐 향미의 조화를 조절하기 위한 저장에 들어간다. 저장 중 관리 여하에 따라서 품질의 우열이 정해질 정도로 중요한 공정이다. 저장 관리에서 가장 중요한 것은 제품의 품질을 저하시키지 않는 것이다.

1) 저장고

저장고는 소주의 품온 관리가 쉬운 구조여야 한다.

① 직사광선을 피할 수 있는 구조로 저온을 유지한다.(북서 위치가 유리)

② 밀폐할 수 있고 창문 수가 적은 것이 좋다.

③ 단열로 외부 공기의 영향을 받지 않고 일정한 품온을 유지시키고 급격한 변화를 받지 않도록 한다.

④ 하절기 응축수를 제거할 수 있도록 한다.(제습기, 환풍기 등)

2) 저장 용기 및 관리

① 법랑, 스테인리스, 항아리, 목통 등을 사용한다.

② 목통을 제외하고는 철저히 세척한 후 사용한다.

③ 용기는 항상 만량(滿量)으로 채워 저장한다.

④ 품온을 저온으로 일정하게 유지한다.

⑤ 주변의 오염을 대비하여 항상 청결 유지한다.

11 숙성

1. 숙성의 정의

소주뿐만 아니라 일반적으로 증류 직후 증류주는 자극적인 냄새와 거친 맛의 풍미가 있어 음용하기가 어렵다. 숙성을 통해 이러한 풍미의 결점이 제거되고 원숙한 풍미로 변한다. 이러한 변화를 '숙성 변화'라고 한다.

소주의 숙성 변화는 숙성 초기에 저비점 성분의 급격한 변화 단계를 계속해서 유지 성분이 산화 분해하는 단계 및 향미 성분이 안정화되면서 농축되는 단계로 나누어진다.

소주의 숙성 변화는 법랑 탱크 또는 스테인리스 탱크에서 숙성시키는 경우처럼 용기에서 용출물이 거의 나오지 않는 것과 옹기에서 숙성시키는 경우처럼 용기로부터 무기물이 용출되어 나오는 것이 있는데, 이들은 모두 원주(原酒)에서 유래된 향미 성분만의 변화를 가져온다.

옹기에서 용출되는 금속 성분은 그 자체는 향미 성분이 될 수 없으나 숙성 변화를 촉진하는 촉매적인 역할을 하고 있다.

따라서 소주의 전통적 숙성 용기인 옹기는 우리나라 산야 곳곳에서 채취할 수 있는 유색토(찰흙)인 태토에 식물성이 함유되어 있는 부엽토의 일종인 약토와 식물성 재, 그리고 물을 함께 개어서 잿물을 만들고 이것을 그릇의 안과 밖에 입힌 뒤 1,200℃ 내외의 고온에서 10일 동안 구워낸 그릇을 말한다.

2. 옹기의 특성

1) 자연 환원성

옹기는 그릇 중에서 천연에 가장 가까운 용기로서 인체에 무해·무독하며 수십 년 내지 수천 년 동안 활용 가치를 지니고 있는 그릇이다.

파손이나 파괴되었을 경우는 자연으로 토화 현상(土化現象)이 매우 빠르게 진행되며 습기 있는 땅속에 묻히거나 노출 상태에서 풍화작용에 의해 본래의 모습을 잃고 원래의 자연 상태인 흙으로 돌아간다.

2) 통기성

옹기의 기본 재료가 되는 태토에는 근본적으로 작은 모래 알갱이가 수없이 함유되어 있고 유약 또한 부엽토의 일종인 약토와 재로 형성되어 있기 때문에 소성 시 점토질과 모래 알갱이가 고열에 의해 이완되어서 그릇 전체의 표면에 미세한 숨구멍이 생긴다. 대부분의 옹기는 섭씨 1,200℃ 이하에서 1번의 소결로 제작되는데 1,200℃에서 소결된 옹기 시편의 광학현미경 관찰에서 5~20㎛의 다양한 크기의 기공들이 뚜렷하게 나타난다. 이 기공을 통해 옹기는 숨을 쉬고 산화작용에 의해 술의 숙성이 진행된다. 또한 흡입, 기회 시에 온도를 발산시키고 발효식품의 경우 끈적한 액질을 밖으로 내뿜고 있어 옹기 내면의 불순물을 옹기 밖으로 배출시키기도 한다. 그래서 일정 기간을 주기로 옹기를 닦아 주는 것이 효율적인 옹기 관리법이다.

3) 방부성

진흙은 불을 먹으면 굳어지고 그중에서도 구울수록 더욱 단단해지는 경화성과 내화성이 있다. 찰흙으로 만들어진 날 그릇을 가마에서 1,200℃에서 고열을 가하게 되면 다량의 탄소 알갱이들이 그릇 기벽에 부착되어 미세한 숨구멍을 만든다. 연료로 사용되는 나무가 가마 속에서 연소될 때 생기는 탄소와 연기는 옹기들을 휘감아 싸고 감돌아서 검댕이가 입혀지는데 이것이 옹기그릇 자체에 방부성 물질로 옷이 입혀졌음을 뜻한다. 또한, 옹기 내외 벽에 시유되는 잿물은 식물성 재를 사용하는데, 이 재의 기능도 동일한 작용을 하여 방부 효과가 더욱 높아진다.

4) 견고성

일상생활에서 필요에 따라 사용하는 용기들은 내구성을 지니고 있어야 하는데 경우에 따라 특성과 기능이 다를 수 있다.

이러한 면에서 볼 때 옹기는 놓는 장소와 사용 용도에 따라 외부의 물리적인 작용에 급변하지 않고 자연 현상에도 강한 이점을 보이고 있다. 오랫동안 강한 햇빛과 비바람에 노출된 장독대나 발효식품의 저장 용기로 장기간 사용하는 것으로 보아 알 수 있다.

3. 증류주의 숙성

동양계 증류주인 소주 및 마오타이는 옹기 또는 탱크에서 숙성시키므로 술 성분의 화학적 변화 및 에탄올, 물 분자의 물리적 변화가 주로 일어난다.

서양계의 증류주인 위스키, 브랜디, 럼 등은 나무통에서 숙성시키므로 술의 성분 이외에 나무통에서 용출되는 리그닌류를 포함한 화학적, 물리적 변화가 일어난다. 이에 비해 진, 보드카는 숙성이라기보다는 조숙(調熟)이라는 조작을 취하고 있다.

진은 증류 공정에 잣나무 열매의 향미 성분을 추출하여 독특한 향미를 내고, 보드카는 자작나무 탄소층을 통과시켜 자극적 성분 및 산류 등을 흡착 제거시켜 완숙한 향미로 변화시킨다.

4. 소주의 숙성

소주의 숙성 변화는 다음 두 가지 영역으로 대별된다.

1) 향미 성분의 산화적 조건하에서의 화학적 변화

자극적 향미가 없어지고 방향이 증가된다.

가스취 성분인 아세트알데히드류와 유황 화합물이 없어지고 에스테르류가 생성되면서 나타나는 변화이다.

이 변화는 공기와 접촉되면서 생긴다.

2) 알코올과 물 분자의 회합(會合)에 의한 물리적 변화

증류 직후의 알코올의 특유한 자극미가 감소되면서 원숙미를 갖는다.

이 변화는 알코올과 물 분자가 서로 흩어져 존재하다가 시간이 지나면서 서로 회합하여 분자 클러스터(결정)를 형성하기 때문이다.

이는 화학적인 변화가 아니고 알코올과 물이 안정화되는 상태로 숙성이라고 보기는 곤란하다.

〈표 5-9〉 증류식 소주의 숙성

숙성단계	기간	숙성변화
초기 숙성	3~6개월	가스취 성분의 휘발, 자극취 감소
중기 숙성	6개월~3년	카르보닐 화합물의 중축합, 산화적 변화, 원숙미 증가
장기 숙성	3년 이상	에스테르화, 성분의 농축, 원숙미 증가, 고유 향미 형성

12 정제

증류식 소주는 원료의 풍미를 살리는 것이 바람직하기 때문에 출하할 때 간단한 여과 과정을 거치는 것이 가장 바람직하나 최근에는 경쾌한 향미 제품 등의 수요에 맞추어 품질의 다양화가 시도되고 각종 정제 처리한 제품도 생산되고 있다.

1. 각종 정제법

1) 면 여과 및 여지 여과

원료의 풍미와 혼탁은 어느 정도 남겨두고자 하는 제품에 적합하다.

투명하게 처리하기 위해서는 규조토의 여과 조제를 병용하면 된다.

투명한 소주라도 알코올 도수 40% 이상의 것은 25%로 희석하면 백탁 현상이 생기는 경우가 있으므로 제품을 투명하게 하고자 할 때는 희석 후 며칠이 지난 후에 여과를 한다.

2) 활성탄소 여과

활성탄소로 여과를 하면 투명해지고 풍미는 담백해진다. 활성탄소의 사용량은 목표로 하는 주질이나 정제 방법과의 조합 등에 따라 차이가 있기 때문에 미리 예비 실험을 통해서 결정해야 한다.

탄소의 사용량은 일반적으로 고구마 원료일 경우 거의 사용하지 않고 보리의 경우는 0~500g/*kl*, 쌀의 경우 0~300g/*kl*를 사용하고 있다.

3) 야자껍질 탄소 여과

야자껍질 탄소는 입상(粒狀)과 분상(粉狀)인 것이 있으며 활성탄소보다 흡착력이 강하다. 입상은 원통 컬럼에 충진시켜 사용하지만 탄소의 양, 탄소층의 두께, 소주의 유속은 목표로 하는 품질에 따라 결정한다.

분상은 여러 가지 사용량을 예비 실험 후 사용한다.

4) 이온교환수지 처리

이온교환수지 처리에 따라 성분의 균형이 변화되며, 기존의 소주와는 따른 풍미의 제품을 만들 수 있다.

또한, 전처리 방법, 수지의 종류, 소주의 유속, 후처리 방법 등을 변화시킴으로써 다양한 제품 생산이 가능하며 동시에 각 업체마다 독특한 제품을 생산할 수 있다.

2. 주질 교정

교정을 해야 할 불량주를 제조하지 않도록 제조 단계에서 충분히 관리해야 한다.

1) 산취(酸臭)

원인은 국의 유기산 생성 부족으로 술덧의 산도가 부족한 상태로 제조장이 청결치 못하거나 잡균이 번식했기 때문이다.

산취가 붙은 소주는 교정이 쉽지 않아 사전 대책 강구가 중요하다.

① 출국 시 술덧의 산도 분석을 철저히 하여 산 부족 시 부족분을 보산하여 원인을 규명하고 국 제조를 개선한다.
② 제조장 내 청소, 살균을 철저히 하여 미생물적으로 청결을 유지시킨다. 특히 국실 또는 조풍탑, 담금 용기의 청소와 살균을 철저히 한다.
③ 연양주모 사용 횟수를 줄이고 순수 배양 효모를 사용한다.

교정 방법은 제품의 산도 측정 후 탄산소다로 중화시켜 산도를 1.0 정도로 하고 알코올 도수는 15% 정도로 한 후 분말 활성탄소를 투입하여 재증류한다.

감압 증류가 효과적이다.

2) 원료취

① 양질의 원료를 사용한다.

② 후류 끊기(Tail cut) 도수를 높인다.

③ 마감 증류분을 분할하여 활성탄소로 처리한다.

④ 증류 시간을 단축시킨다.

교정은 활성탄소로 여과 처리한다.

3) 증류취

① 증기압과 양을 너무 강하지 않도록 한다.

② 술덧을 증류 전에 물로 희석한다.

③ 증류 시간을 짧게 한다.

④ 후류 끊기(Tail cut) 도수를 높인다.

교정은 산취 처리 시와 동일하다.

참고 문헌

1. 焼酎の 基本(the basic of shochu)
2. 最新酒造講本, 사단법인 일본양조협회, 평성 23년 3월 11일
3. 누룩의 과학, 정동효, 유한출판사, 2012년 8월 25일
4. 조선주조사, 배상면 편역, 우곡출판사, 2007년 6월 12일
5. 본격 소주제조기술, 일본양조협회, 평성 3년 12월 10일
6. 분해, 가열, 증류를 중심으로 하는 설계, 세진사,1990. 1. 30.
7. 옹기와의 대화, 정병락, 옹기민속박물관, 2000. 6. 21.
8. 발효식품의 기능성, 정동효, 신일북스, 2012. 3.
9. 증류식 소주 증류중 유기산에 의한 에스테르화, 유이하, 2001.8.
10. 도자기와 물성 비교를 통한 옹기의 기공 형성 원인 분석(Journal of the Korean Ceramic Society, Vol. 51, No. 1, pp. 11 ~ 18. 2014)

VI. 희석식 소주

01 개요

1. 희석식 소주의 개발

1830년 영국의 아네스 코피(Aeneas Coffey)에 의해 획기적인 연속식 증류기가 개발되어 증류 방법이 단식(單式)에서 연속식(連續式)으로 발전되었으며 알코올 중의 불순물을 제거하는 기술이 향상되었고 세계의 증류주의 맛은 대변화를 맞이하게 되었다. 영국의 연속식 증류기에 개량을 가한 일게스 연속 증류기가 일본에 처음으로 도입되었던 것은 1895년이다. 1910년에 일본주정(주)은 절간고구마(자른 후 말린 고구마)를 원료로 하여 연속식 증류기로 증류한 '일본소주'를 발매했다. 이 제품은 '하이까라소주'로 불리었으며 처음으로 만든 희석식 소주였다. 당시에 품질이 양호했으며 가격 또한 쌌기 때문에 대호평을 받아 제조는 주문량을 받을 수 없을 정도로 인기를 누렸다. 그 후 연속식 증류 소주는 '신식소주'로 불렸으며 기존의 단식 증류 소주와 구별되었다.

2. 우리나라의 희석식 소주

우리나라의 희석식 소주는 1919년 평양의 주정식 소주공장의 창설에 이어 인천과 그 외의 지역에도 소주공장이 설립되면서 국자소주(麴子燒酒)로는 도저히 채산을 맞출 수 없게 되었다.

그 당시 신식 소주(新式燒酒)로 불리던 희석식 소주는 1925년 평양, 부산, 마산에 각 1개씩 3개소가 신설되어 모두 6개의 공장으로 그 생산이 배로 증가되었다.

이때는 대부분 당밀을 원료로 사용하였고 1932년경부터 대만의 사탕수수와 절간고구마 및 수수 등을 원료로 하여 밀기울 국으로 당화하여 주정을 발효하는 방법이 사용되었으며 일부에서는 곡물 원료로 아밀로법에 의한 소주 제조도 시도되었다.

당시 소주(燒酒)는 1927년 흑국소주(黑麴燒酒)가 늘어나면서 국자소주는 점차 그 모습이 사라지고 주정식 소주가 증가하기 시작했다. 주정식 소주는 화학적으로 순수하지만 기호 상으로는 바람직하지 못하여 이전에 일본에서 박취(粕取)소주를 혼합하였던 것처럼 국자소주 또는 흑국소주 10~20%를 혼합하여 판매하였다.

주세법에서 1961년 전에는 증류식 소주와 희석식 소주의 구분을 하지 않고 소주로 표기하던 것을 1961년 12월 주세법 개정에서 증류식 소주와 희석식 소주를 구분하기 시작하였다. 1965년부터 정부의 양곡 정책에 따라 소주에 곡류 사용이 금지되어 증류식 소주의 제조가 중단되면서 1991년 증류식 소주 면허가 허용되기까지 우리나라의 소주는 희석식 소주가 전부였다.

전국 지역별로 다양한 소주가 있었는데 1시도에 1개 소주공장의 구도가 되기 전에는 서울은 물론 지방 각지에 다양한 소주가 있었다.

1973년 주류 제조장 통폐합 방침에 따라 전국 250여 개에 이르던 소주 업체가 60개로, 다시 1977년에 이르러 각 도(道)에 1개씩 총 10개의 소주 업체로 통합되었다.

이 기간 동안 희석식 소주에 대한 정부의 적극적인 보호 정책으로 1976년 자도주(自道酒) 규정이 도입되어 자도에서 생산되는 희석식 소주를 일정 비율 이상 강제로 구입하도록 했다. 1991년에 폐지되었지만 주정(酒精) 배당 제도와 함께 우리나라의 희석식 소주의 확산과 정착에 커다란 영향을 주었다.

현재는 수도권에 하이트진로, 강원도의 롯데주류, 충남의 더맥키스컴퍼니, 충북의 충북소주, 경북의 금복주, 부산의 대선주조, 경남의 무학주조, 전북의 보배, 전남의 보해양조, 제주도의 한라산소주가 있다.

3. 희석식 소주 알코올 함량의 변화

주세법상의 소주 알코올 도수의 변화를 보면 1961년 이전에는 알코올 도수에 대한 규정이 없었으나 1961년 12월 '증류식 소주와 희석식 소주의 알코올분은 25도, 30도, 35도 또는 40도로 한다'로 주세법에 알코올분 규정을 두기 시작하였다. 1969년 25도, 30도 또는 35도로 변경되었고 1970년에 20도가 추가되었으며 1974년에는 35도가 제외되었다. 그리고 1988년에 20

도 이상 30도 이하로 구간으로 규정을 변경하여 규제를 완화하였으며, 1990년에는 증류식 소주는 30도 이상, 희석식 소주는 35도 이하로 되었다가 2002년에는 주정과 일부 주류를 제외하고는 알코올분 제한 규정이 폐지되었다.

희석식 소주의 알코올 도수는 1965년 삼학에서 30도의 희석식 소주가 등장하면서 보편화되었다. 당시 30도 소주는 지금의 소주에 비해 도수가 높고 거친 맛을 가지고 있었지만 소주의 전성시대로 불릴 수 있을 정도로 전국적으로 수백 개의 소주공장에서 각각의 상표로 생산되었다. 1973년에 8년 만에 소주의 도수가 25도로 낮추어졌고 이 25도 소주는 오랫동안 유지되어 오다가 1990년대 후반부터 알코올 도수가 하락하기 시작하여 23%, 20%를 거쳐 최근에는 15%까지도 내려갔다.

이렇게 저도화(低度化)되면서 맥주나 음료에 희석시켜 마시거나 칵테일로 제조하여 음용하는 사례도 증가하고 있다.

소비자의 개성과 기호에 맞추기 위해 알코올 도수를 낮추었다고 설명하지만 이 과정에서 희석식 소주 제조사의 원가 하락 등의 반사이익과 알코올 도수 하락에 의한 소비량의 증가도 발생되었다.

지난 10여 년간 우리나라의 희석식 소주의 출고량은 25% 환산량으로 비교해 보면 증감이 거의 없는 출고량이 유지되고 있으며 출고 금액은 희석식 소주 알코올 도수 하락에 의해 늘어난 출고량 정도가 증가되었다.

〈표 6-1〉 희석식 소주의 출고량 추이

연도	2004	2005	2006	2007	2008	2009	2010	2011	2012	2013
출고량 (천*kl*)	928	929	956	960	1001	936	931	923	959	906
출고 금액 (10억 원)	2339	2419	2559	2685	2881	2856	2871	2867	2995	3115

자료: 국세청 국세통계

02 희석 소주의 제조 공정

희석식 소주는 제조 방법은 증류식 소주와 다르게 아주 단순한 제조 공정을 가지고 있다.

증류식 소주는 발효와 증류를 거친 후 숙성 공정을 거쳐 제품화되는 데는 적어도 3개월 이상의 기간이 소요되지만, 희석식 소주는 주정을 주조용수로 희석하고 간단한 정제 과정 후 첨가물 배합으로 원료에서 제품까지 24시간 내에 제조가 가능하다.

그러므로 희석식 소주는 타 주류에 비해 제조 공정이 간단하고 생산 설비 규모는 제품 생산량에 비해 소규모로도 가능하다.

03 주정(酒精)

1. 주정의 특성

주정은 녹말 또는 당분이 포함된 재료를 발효시켜 알코올분 85도 이상으로 증류한 것으로 자극성이 있으며 인체에 흡수되면 정신안정제로 작용하고 중추신경을 마비시킨다.

순수한 에틸알코올은 태우면 파란 불꽃을 내는 자극성이 있는 유동성 액체이며 물, 에테르, 글리세린 등과 임의의 비율로 배합된다.

1) 주정의 물성

① 성상(性狀) : 무색 투명한 휘발성, 가연성의 액체

② 분자식 : C_2H_5OH(분자량 46.07)

③ 비중(比重) : 0.7947(15/15℃)

④ 융　점 : -117.3℃

⑤ 비　점 : 78.3℃

⑥ 인화점 : 12.8℃

2) 주정의 용도

① 주류용 : 소주, 청주, 양주 등, 94.32%(2000년)

② 기　타 : 식초, 향료, 인삼, 장유, 면류, 과자, 농수산 가공용 등, 4.39%

③ 의약용 : 드링크류, 제약, 소독제 등, 1.28%

④ 기　타 : 시험연구 등, 0.01%

2. 주정의 원료

주정은 사용 원료에 따라 쌀, 보리, 고구마 등의 원료 특성을 나타내는 증류식 소주와는 달리 원료가 쌀, 보리, 고구마, 타피오카, 사탕수수 등 어떠한 원료를 사용하여도 에틸알코올의 동일한 맛과 향을 내는 독특한 특성을 지니고 있다.

주정의 원료는 당질 원료, 전분질 원료, 섬유질 원료로 나누어진다. 당질 원료로는 사탕무우, 사탕수수, 당밀 등이 있으나 주정 제조에는 설탕 제조 후의 폐당밀이 널리 사용되며 전분질 원료로는 고구마, 감자 등의 서류와 쌀, 보리, 밀, 옥수수, 수수 등의 곡류가 있다.

1950년대에는 당밀을 1960년대에는 고구마를 주로 사용하였고, 1980년대부터는 공해 문제로 당밀을 사용하지 않고 있으며, 현재는 많은 양의 타피오카(Tapioca)를 태국 등 동남아시아에서 수입하여 사용하고 있다.

우리나라 주정은 수입 원료까지 계산하면 국산 원료보다는 수입산의 비중이 훨씬 높다고 할 수 있다.

3. 주정의 생산

주정은 연속식 증류기에서 증류하며 연속식 증류기의 요탑, 추출탑, 정제탑, 제품탑을 거쳐 생산된다. 추출탑에서는 추출 증류에 의한 불순물 정리, 정제탑에서 추출된 알코올의 농축 및 정제, 제품탑에서 메탄올(Methanol) 분리 및 제품 생산이 이루어진다. 추가적으로 메탄올이나 알데히드 등 저비점 알코올을 분리 배출하는 저비탑, 분리된 알코올을 회수하는 회수탑, 퓨젤유 분리 배출 및 불순 알코올을 농축하는 고비탑 등 여러 단계를 거쳐 순수한 에틸 알코올을 얻게 된다.

4. 희석식 소주의 제조

희석식 소주의 주원료는 95% 에틸알코올인 주정으로 희석식 소주의 품질은 주정의 품질과 정제 방법에 따라 결정된다고 할 수 있다.

희석식 소주에서 주정의 품질 기준은 무색(無色), 무미(無味), 무취(無臭)이다.

이는 희석식 소주의 가장 좋은 품질이 깨끗하며 다른 향이 없고 첨가물에 의한 조화미가 있는 것이기 때문이다.

희석식 소주의 주원료로 사용되고 있는 주정은 절반이 조금 넘는 수량이 국내에서 생산되고 나머지는 알코올 함량 약 85%의 조주정 형태로 수입되어 정제 공정을 거쳐 생산되는 정제주정(精製酒精)이다.

주정은 희석식 소주 제조 공장에서 직접 제조하지 않고 전국적으로 분포되어 있는 10여 개의 주정 공장에서 제조되어 대한주정판매주식회사를 통해서만 판매되고 있다.

희석식 소주는 여러 주정 공장에서 제조한 주정을 사용하여 항상 동일한 주정 품질을 유지한다고 볼 수 없기 때문에 주정의 품질 판정과 정제(精製)가 희석식 소주 제조의 가장 핵심적인 공정이라고 할 수 있다.

주정의 품질 판정은 가스크로마토그래피(gas chromatography) 분석으로 휘발성 성분을 분석하여 판단하지만, 이러한 기기 분석보다도 더욱 미세한 이취미를 감시할 수 있는 관능검사에 의한 주정의 품질 판정이 우선적으로 행해진다.

관능검사의 기준은 각 제조사별로 차이가 있겠으나 95% 에틸알코올인 주정의 특성상 순수한 알코올 외의 향과 맛이 느껴지지 않는 깨끗한 상태를 기준으로 하고 있다.

희석식 소주의 판매량에 따라 주정의 사용량이 많은 제조사는 10여 개의 주정 제조사의 주정을 정제하고 혼합 사용으로 균질화시켜 일정한 품질 유지가 가능하나 주정 사용량이 적은 제조사는 혼합 사용이 곤란하여 희석식 소주의 일정한 품질 유지에 어려움이 발생될 수 있다.

요즈음 희석식 소주의 알코올 함량이 점점 하락되면서 발생되는 희석식 소주의 가벼운 맛과 주조용수에 의한 맛의 변화를 보완하기 위하여 주정 이외에 증류식 소주를 소량씩 첨가하여 증류식 소주의 향취에 의한 바디감을 증가시켜 제조하는 사례도 있다.

04 용수(用水)

희석식 소주의 제조에는 주정의 희석과 청소, 제품 용기의 세척 등에 다량의 용수가 소요된다.

주조용수로 지하수(地下水), 지표수(地表水), 수도수(水道水) 등 여러 종류의 수원(水原)을 사용하고 물리적, 화학적 처리로 다양한 용수처리 공정이 채택되고 있다.

희석식 소주에서 주조용수는 탁주, 증류식 소주, 고량주, 맥주 등과 같이 발효를 진행하는 주류와는 다소 다른 기준을 가지고 있다.

희석식 소주에서 가장 중요한 주조용수는 주정을 목표 알코올 도수까지 희석시키는 물로서 이 과정에서 오염이나 변질이 없어야 한다.

소주에서 함량으로 볼 때 주조용수의 비중은 주정보다도 훨씬 높기 때문에 희석식 소주 품질에 수질(水質)의 영향이 상당히 크다고 할 수 있다.

희석식 소주는 무색, 무미, 무취의 깨끗한 품질기준을 가지고 있어 주조용수도 역시 깨끗한 품질이 요구되어 용수 중의 경도(硬度) 성분과 금속이온 등의 성분이 적거나 없는 것이 유리하여 연수(軟水)나 순수(純水)로 처리하여 사용하는 경우가 많다.

이를 위해 물리적 처리로 역삼투압여과(逆滲透壓濾過), 한외여과(限外濾過), 세라믹여과와 화학적 처리로는 이온교환수지에 의한 연수 또는 순수처리장치 등을 사용한다.

지하수나 지표수는 계속적으로 사용하면 수질이 점점 변하여 수질이 악화되고 수원이 감소되는 현상이 발생될 수 있어 수질과 수량의 변화를 주의 깊게 관찰하고 오염에 의한 세균과 대장균 등의 미생물의 발생 가능성이 높아 정기적인 수질 분석이 필수적이다.

특히 주조용수 중 주정 희석에 사용되는 희석용수에서 경도 성분이나 철과 망간 같은 금속 성분의 증가는 침전이나 이불 발생 가능성이 있어 이러한 성분들의 감소나 제거에 신경을 써야 한다.

최근에는 수도수를 사용하는 제조사가 많아지고 있다.

수도수는 하천수, 지하수, 강물 등을 물리화학적으로 처리하여 염소살균으로 소독한 후 사용한다. 그래서 수도수에는 잔류염소가 남게 되어 염소취가 발생되므로 잔류염소를 제거 후 사용하는 것이 바람직하다.

잔류염소의 제거는 일정 시간 방치시켜 염소취를 제거하거나 활성탄소를 사용하여 흡착 제거시키는 방법 등이 사용된다.

05 탈취(脫臭)

주정의 정제(精製)에 가장 일반적으로 사용되는 방법은 활성탄소(活性炭素)를 이용한 탈취(脫臭) 공정이다.

활성탄소란 탄소를 주성분으로 하는 기공성(氣孔性) 물질로 야자계(야자, 팜, 목탄 등)와 석탄계(갈탄, 역천탄, 야탄, 무연탄 등)가 있으며 주로 야자를 원료로 하는 활성탄소를 많이 사용하고 있다.

활성탄소는 입자 하나하나가 잘 발달된 많은 미세공으로 이루어져 있으며 내부 표면적이 500~1500㎡/g으로 대단히 넓은 표면적을 가지고 있고 화학 물질에 대한 친화력으로 뛰어난 흡착 능력을 발휘한다.

알코올 95%의 주정을 주조용수로 40~50%로 희석시켜 분말 형태의 활성탄소를 투입하거나 입상 활성탄소 충진탑을 통과시켜 정제한다.

주정을 40~50%로 희석시키는 이유는 활성탄소의 흡착력이 가장 효과적이기 때문이고 활성탄소의 사용량은 주정의 품질 상태와 활성탄소의 흡착력에 따라 변하지만, 희석식 소주에서는 일반적으로 분말 활성탄소는 주정량 기준으로 약 1% 이하를 사용한다.

희석식 소주에서 활성탄소를 과량으로 사용하는 경우에 활성탄소로부터 탄소취(炭素臭)가 유발될 가능성도 있어 사용하는 주정의 품질 상태에 따른 적정 사용량이 중요하다. 분말 활성탄소를 투입한 후에 약 1~2시간이 경과하면 90% 이상의 탈취가 진행되지만 좀 더 향상된 탈취 효과와 분말 활성탄소의 침강으로 다음에 진행될 여과 공정의 편이를 위해 1일 정도 정치시키기도 한다.

활성탄소의 사용 시에 주세법의 소주는 "자작나무 숯(다른 재료를 혼합한 숯을 포함)으로 여과한 것은 제외한다"라고 규정되어 있어 희석식 소주에는 자작나무로 제조한 활성탄소를 사용할 수 없다.

또한, 활성탄소는 공업용과 식품용이 구분되이 있어 식품용 활성탄소를 사용하여야 한다.

활성탄소는 공기 중의 이취미를 흡착하는 성능을 가지고 있어 작업장에서 보관에 특별한 주의를 기울여 공기와의 접촉을 차단시키는 것이 좋고 분말 활성탄소는 미세 입자가 공기 중에 비산되어 작업장의 환경을 오염시킬 수 있으므로 세심한 취급이 필요하다.

입상 활성탄소로 주조용수를 처리하는 경우에 입상탄소에 미생물이 증식되는 경우가 자주 발생되어 입상탄소는 정기적인 살균과 관리로 미생물 증식을 억제 시켜야 한다.

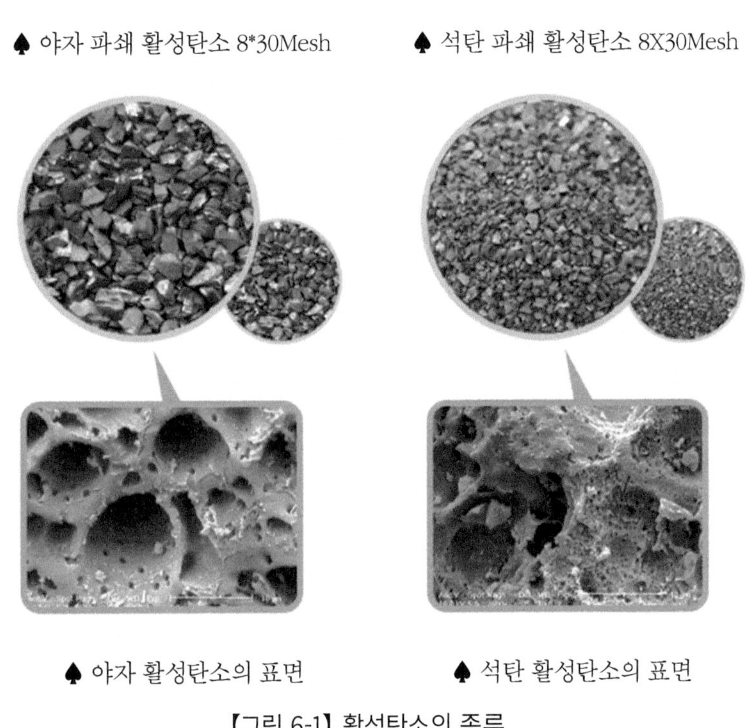

【그림 6-1】 활성탄소의 종류

06 여과(濾過)

여과란 한 가지 이상의 혼합된 상태에서 특정한 물질을 분리해내는 조작을 말한다.

희석식 소주에서는 대부분 분말 활성탄소를 사용하여 탈취 공정을 거치므로 탈취 공정 이후에 활성탄소를 제거하는 여과 공정이 필수적이다. 활성탄소의 흡착 능력 등의 성능 개선으로 점차 더 미세해져서 미세 입자의 여과에 세심한 주의를 기울여야 한다.

희석식 소주에서는 여과재에서 미세한 이취미도 발생되지 않아야 하기 때문에 셀룰로오스나 규조토를 여과 조제로 많이 사용한다.

규조토를 여과재로 사용하는 여과기로 전에는 필터프레스형 여과기가 사용되다가 리프형(葉狀) 여과기를 거쳐 요즈음은 캔들형 여과기가 주로 이용된다. 캔들형 여과기는 여과 조건에 따라 적합한 캔들로 교체할 수 있으며 특정 하우징 내에 여러 개의 캔들을 장착하여 대용량 처리도 가능하다.

캔들의 기본 조직은 섬유조직으로 압착되거나 메쉬(mesh) 형태의 정교한 그물망 형태로 되어 있으며 재질은 셀룰로오스(cellulose), 코튼(cotton), 나이론(nylon), 합성수지가 첨가된 셀룰로오스, 유리섬유 등을 사용한다.

여과 범위는 0.5~100㎛이나 프리코팅(precoating)으로 사용되는 셀룰로오스나 규조토의 코팅 상태에 따라 달라질 수 있다.

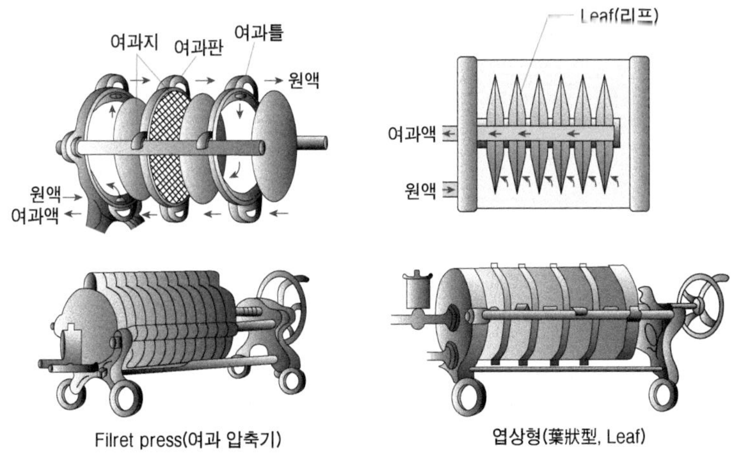

【그림 6-2】 여과기의 종류

2차 여과는 희석식 소주를 병에 담기 전에 행하는 여과로 미세한 먼지나 협삽물을 제거하는 최종 여과이다. 여기에 사용하는 여과기는 카트리지 형태의 여과기를 주로 사용한다. 카트리지 여과기의 재질은 종이나 다공질의 플라스틱 계열의 막, 세라믹 소재를 사용한다. 카트리지 여과기의 공경(孔徑)은 0.5~1㎛ 정도의 것을 사용한다.

이 경우 재질에서 이취미가 미약하게라도 발생될 가능성이 있으면 사전에 이취미를 제거시키고 사용하거나 이취미가 발생되지 않는 재질을 선택하여야 한다.

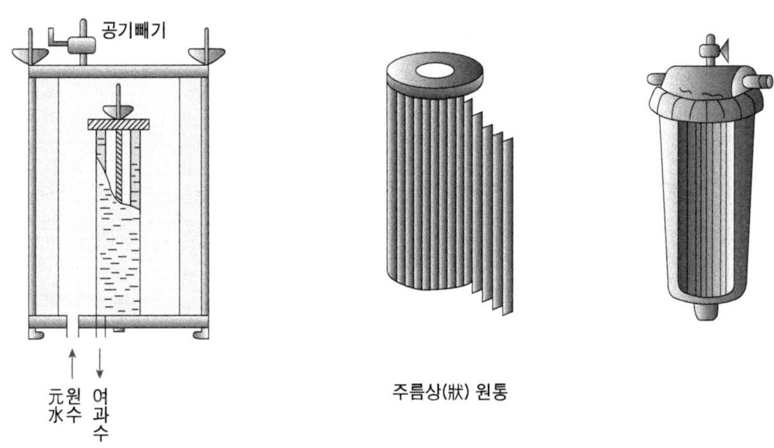

【그림 6-3】 카트리지형 여과기

07 배합(配合)

세계적으로 대부분의 정통 증류주들은 첨가물(添加物)을 사용하지 않고 천연 원료로만 고유한 향과 맛을 내는데 반하여 희석식 소주에서는 상당량의 감미료 등 첨가물을 사용하여 제조하고 있다.

희석식 소주의 주원료인 주정은 95%의 에틸알코올로 어떠한 원료를 사용하여도 무색, 무미, 무취의 동일한 맛과 향을 내는 특징을 지니고 있다. 그렇기 때문에 주정의 무미함을 보완하기 위하여 감미료(甘味料)와 산미료(酸味料), 조미료(調味料) 등의 물료를 첨가하게 되었고, 첨가물의 종류나 배합 비율이 제조사별로 희석식 소주의 맛을 결정하는 제조회사의 비법으로 알려지기도 했었다.

현재 주세법에서 허용되는 소주의 첨가물은 '당분 · 구연산 · 아미노산류 · 소르비톨 · 무기염류 · 스테비올배당체 · 효소처리스테비아 · 삭카린나트륨 · 아스파탐 · 수크랄로스 · 토마틴 · 아세설팜칼륨 · 에리스리톨 · 자일리톨 · 다(茶)류(단일 침출자 중에서 가공 곡류 차를 제외한 것을 말한다)'로 2001년 12월31일에 개정되었다.

주세법상의 소주 첨가물의 변화를 보면 1971년 11월 30일 이전에는 첨가물에 대한 규정이 없었고, 1971년 11월 30일에 신설되어 "사탕 · 포도당 · 구연산 · 사카린 · 아미노산류 · 솔비톨 또는 무기염류로 하며, 섭씨 15도 때에 제성주 100㎖ 중에 함유하는 증발잔사가 0.2g에 달하기까지 이를 첨가할 수 있다.'라로 규정되었고, 1988년 12월 31일에 "사탕 · 포도당 · 구연산 · 사카린 · 아미노산류 · 솔비톨 또는 무기염류로 하며, 섭씨 15도 때에 제성주 100㎖ 중에 함유하는 증발잔사가 2g에 달하기까지 이를 첨가할 수 있다."로 첨가물에 대한 규제를 대폭 완화시켰다.

1989년 12월30일 "사탕 · 포도당 · 구연산 · 아미노산류 · 솔비톨 · 무기염류 · 스테비오사이드 · 아스파탐 또는 물엿으로 하며, 섭씨 15도 때에 제성주 100㎖ 중에 함유하는 증발잔사가 2g에 달하기까지 이를 첨가할 수 있나."로 변경되었고, 이후 1995년 9월 30일에 "당분 · 구연산 · 아미노산류 · 솔비톨 · 무기염류 · 스테비오사이드 또는 아스파탐"으로 변경되었다가 2001년 12월 31일에 현재의 첨가물 규정으로 변경되었다.

희석식 소주에 사용되는 첨가물은 감미료, 산미료, 조미료로 분류할 수 있다.

1. 감미료(甘味料)

희석식 소주의 첨가물 중에서 감미료가 관능에 가장 영향을 많이 미치는 대표적인 첨가물이다.

감미료로는 단맛을 내는 물질의 총칭으로 식품업계에서 사용되는 감미료는 다양하지만 원료에 따라 크게 당질계 감미료와 비당질계 감미료로 분류할 수 있다.

당질계 감미료에는 설탕이 가장 대표적인데 이외에 포도당, 과당, 맥아당 등의 전분당과 유당, 자일로스, 벌꿀 등이 있으며 전분 당류를 가공하여 만든 올리고당, 자일리톨, 솔비톨 등도 있다.

비당질계 감미료는 천연 감미료와 인공 감미료로 나눌 수 있는데, 천연 감미료로는 스테비아에서 추출한 스테비오사이드, 서아프리카에서 생육하는 식물의 과일에 함유된 단백질인 토마틴(Thaumatin) 등이 있고 인공 감미료로는 아스파탐, 아세설팜 K, 사카린나트륨, 수크랄로스 등이 있다.

1) 사카린

1970년대부터 1989년까지는 대부분 제조사에서 사카린을 사용하였으나 사카린의 발암물질 논란으로 1989년12월에 주세법에서 제외되었고, 사카린 대신에 스테비오사이드, 아스파탐, 물엿이 추가되었다.

사카린은 무색이나 백색의 결정성 분말로 사카린나트륨은 일반적으로 두 분자의 결정수를 가진 사방정계판상 결정이며 공기 중에서 서서히 풍화되어 백색 분말이 된다. 염, 산, 알칼리에 약하여 분해되면 감미를 잃고 쓴맛이 생긴다. 감미도는 설탕의 125~500배인데 이는 농도에 따라 다르다.

무색-백색의 결정 또는 백색의 결정성 분말이다.

사카린은 1969년 쥐 시험에서 방광에 종양 형성이 발생한 연구보고서가 있었고 발암성에 문제점이 있다 하여 1989년 12월 주세법 개정에서 제외되었다가 2001년 12월에 다시 사용이 허가되었다.

화학식은 $C_7H_4O_3NSNa \cdot 2H_2O$이다.

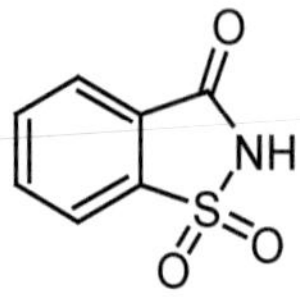

사카린

2) 스테비오사이드

희석식 소주에 사카린의 유해성이 문제가 되자 1989년부터 사카린을 대체하여 대부분 스테비오사이드를 사용하여 왔다. 스테비오사이드는 남미 파라과이가 원산지인 국화과 식물 스테비아(Stevia)에서 추출한 천연 감미료로 감미도가 설탕의 250~300배 정도이다. 스테비오사이드는 스테비아의 품종과 정제 과정에 따라 감미도 및 감미질이 차이가 나며 설탕에 비해 입안에 감미가 지속적으로 남아 스테비오사이드에 덱스트린을 혼합한 후 사이클로말토덱스트린 글루카노 트란스퍼레이스(cyclomaltodextrin glucano transferase)를 이용하여 당전이(糖轉移) 과정을 거쳐 감미질이 우수한 제품을 사용하고 있다. 스테비오사이드는 수용성으로 통상 물 혹은 열수에서 추출되나 정제된 고순도의 것은 물에 잘 용해되지 않는다. 따라서 설탕 농도 15% 이상의 감미를 가지는 용액을 만들려면 소량의 에탄올에 먼저 녹인 다음 물에 희석하는 방법으로 용해해야 한다. 스테비오사이드는 생체 내에서 흡수되지 않고 그대로 배설되므로 칼로리가 전혀 없다. 따라서 저칼로리를 목적으로 하는 당뇨병 환자의 식품이나 다이어트 식품에 이용이 적합하다.

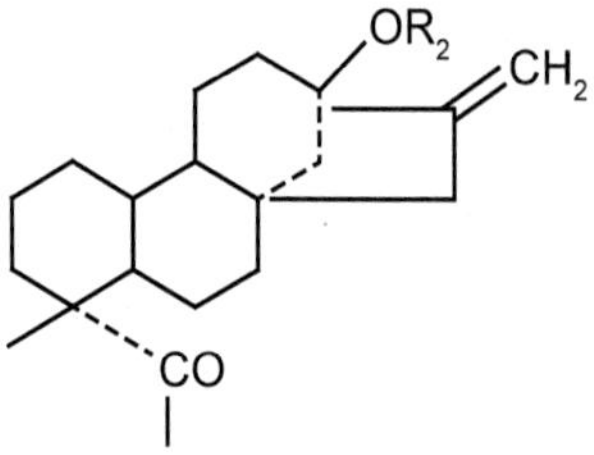

스테비오사이드

3) 아스파탐

스테비오사이드 다음으로 주류에 사용되는 감미료는 아스파탐(Aspartame)이다.

아스파탐은 1965년 미국의 제약회사인 G.D. Searle & Co에서 합성한 물질로 처음 개발 의도는 위궤양 관련 치료제의 합성인 것으로 알려져 있다.

아스파탐은 아미노산인 페닐알라닌(L-phenyl I-alanine)과 아스파르트산(L-aspartic acid)의 합성 물질로 설탕보다 150~200배의 감미도를 가지고 있다. FDA에서 1983년 탄산음료에의 사용이 허가되어 저칼로리, 무설탕 식품과 음료에 사용되고 있다.

아스파탐은 아미노산으로 구성된 감미료이므로 체내에 흡수되면 분해하여 4kcal/g의 열량을 내지만 사용량이 매우 적으므로 저칼로리 식품에 사용이 가능하다.

감미료 선정에서 가장 중요한 요소는 감미질(甘味質)과 안정성(安定性), 비용 등이다. 아스파탐은 감미질이 설탕과 유사한 감미를 가지고 있어 좋게 나타나지만 안정성에서 온도, pH, 습도에 의하여 영향을 받는다. 특히 수용액 상태에서 온도와 pH에 따라 안정성이 변한다. 20℃에서 보다 5℃에서 안정성이 더 좋으며 pH 4~5일 때 가장 좋은 것으로 나타났다. 아스파탐은 pH 5 정도의 식품을 냉장 보관하였을 경우에 75% 이상 남아 있지만 pH 6에서 상온으로 보관하였을 경우는 2개월 후 대부분 분해되어 버린다. 이런 이유로 희석식 소주에는 사카린 대체 시 초기에만 사용되었다가 요즈음은 유통 기간이 짧은 탁주에 많이 사용되고 있다.

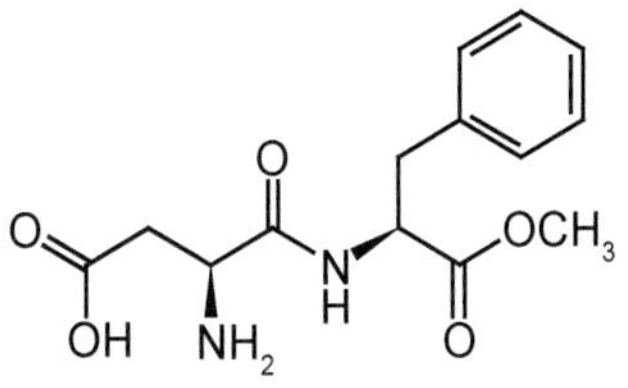

O OH NH₂ O N H OCH₃ O

아스파탐

이 외의 희석식 소주에 사용할 수 있는 비당질계 감미료로 수크랄로스, 토마틴, 아세설팜칼륨 등이 있으나 현재는 많이 사용되지는 않고 있다.

1988년부터 소주의 증발잔사가 0.2%에서 2%로 완화되어 이때부터 희석식 소주에 비당질계 감미료인 스테비오사이드나 아스파탐 등과 감미도가 비당질계 감미료보다 낮은 당질계 감미료인 설탕, 과당, 물엿 등을 혼합하여 사용하게 되었다. 당질계 감미료를 같이 사용하면 비당질계 감미료의 비교적 날카롭게 느껴지는 감미질을 보완하여 부드러운 감미를 낼 수 있다.

희석식 소주에서 사용되는 당질계 감미료로는 과당, 설탕, 올리고당 등이 주로 사용되고 있다.

4) 과당

$C_6H_{12}O_6$ 분자량 180.16. 녹는점 102~104℃(α형). 비선광도 [α]D-92°(끝값). 환원력이 있고, 당류 중에서 가장 감미가 강한 케토헥소오스의 일종. 수용액 내에서는 피라노오스형, 푸라노오스 형의 평형 혼합물로서 존재하지만, 결정은 피라노오스에서만 일려져 있다. 단과실, 당밀, 포유동물 정장(精漿), 유제동물 태아 혈청 내에 단당으로 존재하는 외에 멜라노오스형으로 2당인 수크로오스, 3당, 다당인 푸라노오스 등의 성분으로 널리 생물계에 존재한다.

당질계 감미료 중 과당이 가장 많이 사용되며 천연의 당류 중에서 가장 감미도가 높아 설탕의 1.5배이고 온도의 변화에 의하여 감미도가 변하는 특징이 있는데, 그 이유는 과당은 6탄당으로 케토헥소스(ketohexose)의 대표적인 당으로 α, β 형의 이성질체가 있어 자연에 결합된 상태로 존재할 때는 항상 β 형으로만 존재하는 것으로 알려져 있다. 수용액 상에서 이성화가 일어나 α, β 형의 평형 혼합액이 되는데 온도가 높아지면 α형으로 기울어지게 된다. α형은 β형보다 감미가 1/3 정도로 약하므로 과당 용액은 온도가 상승함에 따라 감미도는 감소하게 된다. 반대로 온도가 내려가면 감미도가 증가하면서 과일의 풍미를 더할 수 있어 차갑게 마시는 음료에 설탕을 대용하면 사용량을 줄일 수 있고 입안에 남는 감미도 짧아 희석식 소주의 감미료로 많이 사용되고 있다.

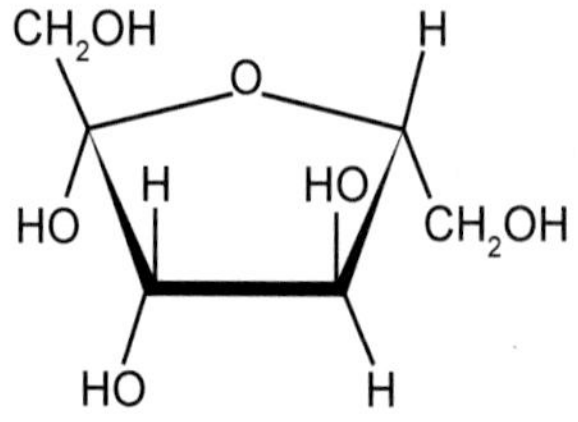

과당

5) 설탕

설탕은 이용 범위가 넓어서 제과용을 비롯하여 양조, 식품 가공, 식품 보존, 음료 등에 널리 사용되는 대표적인 당질계 감미료이다. 설탕은 포도당과 과당이 결합된 2당류이고 원료에 따라 수수설탕과 무설탕으로 나누며, 가공 방법에 따라 형태와 종류도 다양하다. 제당 공정은 분밀, 정제 및 결정화의 3단계가 있다. 정제 과정을 거쳐 생산되는 정백당은 정제 정도에 따라 상백당(上白糖), 중백당(中白糖), 삼온당(三溫糖)이 있고 흑설탕은 사탕수수를 짠 즙에 석회를 가하여 중성으로 만들고 걸러서 농축하여 굳힌 설탕이다.

설탕은 체내에서 쉽게 흡수되고 흡수된 설탕은 포도당과 과당으로 분해되어 열량원으로 사용된다. 설탕은 감미도가 좋고 결정형으로 사용에 편리한 점은 있으나 과당에 비해 가격적인 면에서 비싸고 건강상 논란으로 사용이 많지 않다.

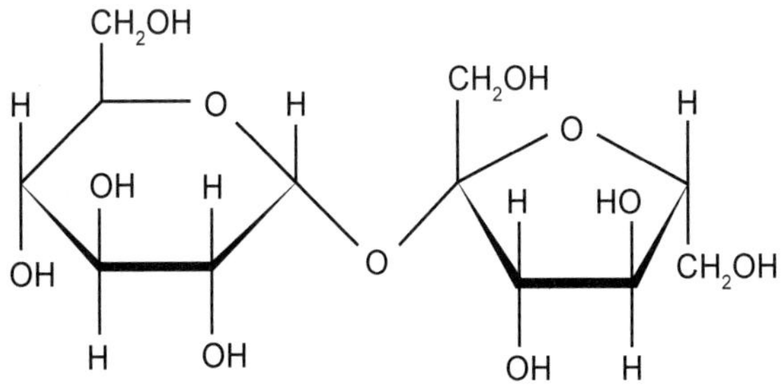

설탕의 구조

6) 올리고당

올리고당은 포도당, 과당, 갈락토오스 등의 단당류가 2~8개 정도 결합된 소당류이다. 대부분의 당질이 신체 내 소화효소에 의하여 단당으로 분해되어 흡수되는데 반하여 올리고당은 소화효소에 의해 분해되지 않고 대장에 도달되어 장내 유용 세균인 비피더스균에게 선택적으로 이용되어 아세트산(Acetate), 프로피온산(Propionic acid)와 같은 지방산(Volatile fatty acid)으로 전환되므로 칼로리가 거의 없는 당질이다. 장내 부패균의 증가는 장내 유해물질을 대량 생산하게 되어 노화 현상을 일으킨다. 그러므로 장내 비피더스균 구성을 높이고 유해균의 구성을 낮추는 것이 필요하다. 이러한 건강상의 이유로 최근에는 설탕이나 과당보다 올리고당을 선택하는 사례가 늘고 있다. 올리고당의 종류는 단당의 종류에 따라 구분하며 국내에서 많이 유통되는 이소말토올리고당, 프락토올리고당, 갈락토올리고당과 대두올리고당, 자일로올리고당, 키토올리고당 등 여러 종류가 있다.

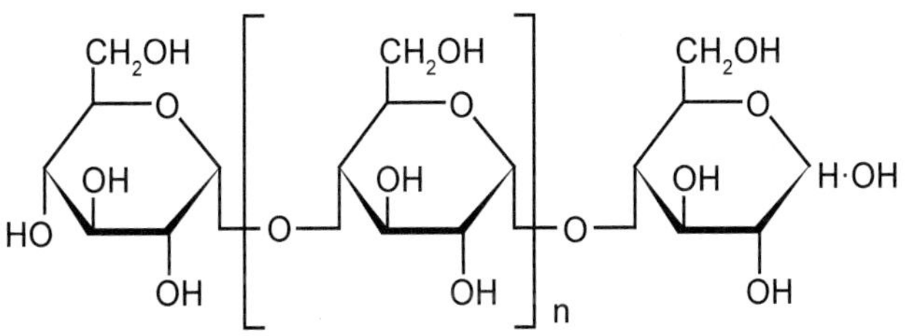

말토올리고당

희석식 소주에 사용되는 감미료로 당알코올이 있는데 당알코올류에는 솔비톨, 자일리톨, 에리스리톨, 만니톨, 말티톨 등 여러 종류가 있으나 희석식 소주에는 주로 솔비톨이 사용된다.

당알코올은 당류에서 카보닐기가 환원되어 얻어진 다가 알코올을 말하는데 저칼로리 소재라는 이유뿐만 아니라 갈변이 적고, 보습성과 식감 등으로 선호된다

7) 솔비톨(Sorbitol)

솔비톨(sorbitol)은 포도당과 같은 육탄당을 환원하여 얻는 6가 알코올의 일종으로 설탕과 유사한 단맛을 낸다. 대한민국에서 식품첨가물 중 감미료로 허가된 성분으로 디-소르비톨(D-sorbitol)이 식품공전에 올라 있다.

백색 무취의 투명한 용액으로 청량감이 있고 감미도는 설탕의 60~70% 정도이다. 순수한 솔비톨은 물에 잘 용해되고 에탄올, 초산, 페놀 등과 대부분의 유기용매에 용해되지 않는다. 인공감미료와 혼합하여 사용하면 감미도 상승 효과와 인공 감미료의 감미를 개량시킬 수 있다. 솔비톨은 신선 유지를 위한 습윤 조정제, 단백질 변성 방지제, 냉동식품의 수분 증발 방지제, 유연제, 보향제, 산화 방지제, α-전분의 안정제 등으로 사용된다.

녹는점은 93~97.5℃. 화학식은 $CH_2OH \cdot (CHOH)_4CH_2OH$이다.

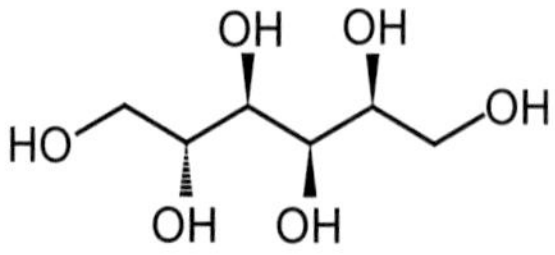

솔비톨

8) 자일리톨(Xylitol)

자일리톨은 자연계에 폭넓게 분포되어 있는 5탄당 알코올로서 자작나무, 옥수수, 채소, 과일 및 곡류에 많이 존재하며 인체 내에서도 합성되는 천연 감미 물질이다. 화학식은 $(CHOH)_3(CH_2OH)_2$이다.

1960년부터 감미료로 사용되어 왔으며 JECFA (FAO/WHO 합동 식품첨가물위원회)에서 "1일 섭취량을 별도로 정하지 않음"으로 규정하는 안정성이 확보된 식품첨가물이다. 자일리톨은 추잉껌, 과자류 등의 식품과 치약, 구강청정제 등과 같은 의약품 분야에서 기능성 감미료로 널리 이용되고 있다.

$$
\begin{array}{c}
CH_2OH \\
| \\
HCOH \\
| \\
HOCH \\
| \\
HCOH \\
| \\
CH_2OH
\end{array}
$$

자일리톨

2. 산미료(酸味料)

산미료는 가공식품에서 신맛을 내기 위해 가하는 첨가물로 주로 유기산을 사용한다. 첨가되는 유기산은 pH 조정, 보존, 항산화 작용도 동시에 갖는다.

식품이나 주류(酒類)의 첨가물료 중 감미료와 함께 맛의 조화와 특성을 나타내는데 중요한 부분을 차지하고 있다. 주세법에서 산미료는 젖산 · 호박산 · 식초산 · 푸말산 · 글루콘산 · 주석산 · 구연산 · 사과산 또는 탄닌산이 있으나 소주(燒酒)에는 구연산만 허용된다.

1) 구연산(Citric acid)

여러 식물의 씨나 과즙 속에 유리 상태의 산으로 함유되어 있다. 레몬이나 덜 익은 감귤 등의 과일에 특히 많이 함유되어 있다. 물에서 결정시키면 1분자의 결정수를 지닌 큰 주상 결정이 생긴다. 가열하면 무수물(無水物)이 되는데, 이것은 녹는점이 153℃이다. 온도를 더 높이면 175℃에서 아코니트산이 되고, 고온에서는 이타콘산 무수물이나 전위 생성물인 시트라콘산 무수물 및 아세톤디카르복실산을 생성한다. 물·에탄올에 잘 녹는다.

구연산은 강한 신맛을 가지고 있으나 냄새는 없다. 건조한 대기 중에서 풍화하며 물, 에탄올, 에테르에 잘 녹는다. TCA 회로를 구성하는 한 요소로 구연산은 고등식물의 물질대사에 중요한 구실을 한다. 구연산은 과즙, 청량음료에 첨가하거나 식품이나 의약품의 신맛을 내는 용도 외에 분석 시약과 pH 조정제나 공업약품의 제조에 사용된다. 특히 희석식 소주에서 감미료와 조화로 상쾌하고 깨끗한 느낌을 주기 때문에 대부분의 제조사에서 사용된다.

구연산은 OH기 1개가 있는 트리카르복시산 $C_3H_4(OH)(COOH)_3$이다.

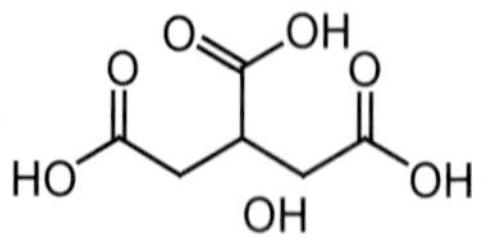

구연산

2) 주석산(Tartaric acid)

포도주를 만들 때 침전하는 주석(酒石)에 함유되어 있어 주석산이라고 불리며 물에 잘 녹고 에탄올에도 녹으나 에테르에는 거의 녹지 않는다. 주석산은 청량음료의 시럽, 주스 등에 널리 사용되고 의약품, 제과, 유기 합성, 금속 착색, 합성 포도주, 도금 등에 사용된다. 식품첨가물로의 사용에서 청량음료에 약 0.1~0.2%의 비율로 사용되나 단품으로 사용하는 경우가 적으며 구연산, 사과산, 푸말산 등과 병용하고 있으며 과자류에는 2%까지 사용된다.

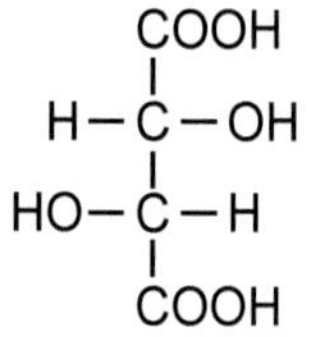

주석산

3. 조미료(調味料)

일반적으로 식품에 있어 조미료는 '음식을 만드는 주재료인 식품에 첨가하여 음식의 맛을 돋우며 조절하는 물질'이라고 정의할 수 있다. 주세법에서 조미료는 '아미노산류, 글리세린, 덱스트린, 홉, 무기염류와 기타 국세청장이 정하는 것'으로 되어 있고 소주에는 아미노산류와 무기염류만 허용된다.

1) 아미노산류

주세법상 아미노산류라 함은 글라이신, 글루타민산, 이소류신과 같은 아미노산과 이들 아미노산에 나트륨 등과 결합한 염류를 말한다. 단백질을 구성하는 주요 아미노산은 글라이신,

알라닌, 발린, 류신, 트레오닌, 메타오닌, 아스파라긴산, 글루탐산, 라이신 등 20종이다. 아미노산은 백색 결정으로 비교적 안정된 물질이며 시스테인, 티로신은 물에 잘 녹지 않으나 프롤린, 히드록시프롤린은 알코올에 잘 녹지 않는다. 그 외의 아미노산은 대체로 물에 잘 녹는다. 희석식 소주에는 주로 사용되는 아미노산류는 알코올이나 사카린의 쓴맛을 마스킹 해주는 글라이신, 콩나물 뿌리에 많아 숙취에 좋은 것으로 알려진 아스파라긴, 간장 기능을 강화하고 알코올대사를 촉진하여 숙취 등에 효과가 있다고 알려진 알라닌 등이 있고 글루탐산나트륨은 유해성이 논란이 되어 과거에는 많이 사용하였지만 현재는 사용하지 않고 있다.

2) 무기염류

무기염류는 식염(염화나트륨), 탄산칼슘, 산성 인산칼슘처럼 무기산이 나트륨, 칼슘, 칼륨 등과 결합한 것으로 생물체를 구성하는 원소 중 탄소, 수소, 산소를 제외한 생물체의 무기적 구성 요소를 말한다. 이들은 각각의 특성을 지니고 있어 목적에 따라 식품, 음료, 주류 등의 제조에 사용된다. 식염이 주류에 가장 많이 사용된다.

08 포장

희석식 소주의 제조 설비는 원액 제조 시설과 병에 포장하는 병입 공정으로 나눌 수 있다. 포장에 사용되는 병은 대부분 세척하여 재활용되고 있어 병을 세척하고 포장하는 설비가 원액을 제조하는 설비에 비해 훨씬 규모가 크다.

현재 우리나라에서 판매되는 희석식 소주의 수량이 연간 30억 병 이상이 되고, 이에 따라 고속의 병입 설비가 요구되어 1분에 1,000병을 포장하는 설비도 사용하고 있으며, 대부분의 제조사는 공병 투입에서 완제품 출고까지 자동화된 설비를 운영한다.

공병을 세척하여 재활용하는 과정에서 일부 이물질이 제거되지 못하는 경우가 있어 이에 대한 철저한 품질관리가 요구된다. 과거에는 사람이 직접 눈으로 검사를 하였지만 대용량의 고속 설비가 도입되면서 고성능 카메라가 장착된 기기에 의한 검사를 실시하는 추세이다.

참고 문헌

1. 조선주조사, 배상면 편역, 우곡출판사, 2007년 6월 12일

2. 식품과학 기술 대사전, 한국식품과학회, 광일문화사. 2008.10.

3. 화학용어사전, 화학용어사전편찬회(윤창주), 일진사, 2011. 1. 15.

4. 영양학사전, 1998. 3. 15.

5. 두산백과

6. what's 甲類燒酎, www.shochu.jp

7. 국세청 국세통계

8. 주세법, 주세법시행령

9. 전통주제조기술, 배상면, 배상면주류연구소, 2002.1

VII. 백주

01 개요

중국 술의 역사는 대단히 길다.

기원전 5000~3000년의 유적에서 출토된 유물 중에는 술그릇으로 추정되는 수많은 기물이 있고 갑골문과 금정문(金鼎文) 등에도 술과 연관된 문자가 있다는 점에서 지금부터 약 6000년 이전에 벌써 중국에서는 술이 생산되고 있었다고 생각된다.

백주가 언제부터 만들어졌는지는 중국에서도 의견이 분분하다

동한(東漢, 기원후 25~220년) 시대나 당대(唐代)에 만들어졌다는 주장이 있으나 증류주였다는 근거가 희박하여 인정을 받지 못하고 있다.

송대(宋代)의 문헌에는 백주(白酒), 소주(燒酒) 등과 함께 증주(烝酒)라는 술 이름이 나타나고 송자(宋慈)의 《세원록》이란 책에 소주의 약효가 적혀 있고, 송대의 사적 중에 증류기에 관한 기록이 있으며, 명대(明代)의 약물학자 이시진의 《본초강목》에 소주는 원나라 때에 처음 만들어졌다고 되어 있는 등 여러 주장들을 종합해서 판단할 경우 송나라 말기나 원나라 초기(13세기)에 백주 제조 방법이 일반에 퍼져 있었다는 것이 대체적인 의견이다.

따라서 중국의 백주의 역사는 약 700~800년 정도로 보는 것이 무난하다.

우리나라에서는 1960년대 동해, 수성, 복천, 풍년, 덕홍 등의 업체에서 고량주를 생산하여 주로 중국음식점에서 판매되었고, 1980년대 동해고량주에서 동해백주란 상표로 대량으로 생산 판매가 되었으나 원액의 부족으로 인한 향료 사용에 따른 품질 문제와 세무 문제 등으로 판매가 중단되었다.

1980년대 후반에 중국의 저가 백주가 다량 국내에 유입이 되면서 국내에서 생산되는 고량주의 수요가 급감하면서 수성과 풍원양조 2곳에서만 생산되었고, 중국 백주 원액을 수입하여 제품을 제조하다가 생산을 중단하였다. 현재는 수성고량주에서 중국의 선양에 공장을 설립하여 생산 판매 중이다.

02 백주의 명칭

중국에서는 배갈에 대하여 백주(白酒, 빠이지우)란 통일된 명칭을 쓰고 있지만 소주(燒酒), 백간(白干 또는 白干儿), 고량주(高粱酒) 등으로 호칭하기도 한다.

'배갈'이라는 명칭은 백주의 또 다른 명칭인 백간(白干)에서 유래되었다.

원래 이는 허베이성(河北省) 헝쉐이현(衡水縣)의 양조장에서 만들어지는 특정한 배갈의 호칭이었다. 1940년대 후반 이곳의 다리 공사장에서 일하던 기술자며 인부들이 이 술을 마셔보고 "정말 깨끗해, 깔끔해서 좋아(眞潔 진결, 好干 호간)"라고 칭찬한 데서 유래되었다. '결(潔)'은 '백(白)'과 같아서 무색 투명한 빛깔을, '간(干)'은 수분이 거의 없는 높은 알코올 도수를 지칭했는데, 이 말이 곧 다른 지역으로 퍼져 나갔다. 백간(白干)의 중국식 발음이 '빠이간'이지만 말을 부드럽게 하는 '알(儿)'음이 첨가되면 '빠이갈'로 발음된다. 따라서 '배갈'이란 말은 우리말이라기보다 중국말에 더 가깝다. 드물게 '빼주'라고 부르는 경우도 있는데, 이는 백주의 중국식 발음 '빠이지우'에서 유래된 것으로 추측된다. 그 밖에 술의 재료를 나타내는 '고량주'라는 호칭도 통용되고 있지만 대중적인 것은 못 된다.

03 백주의 분류

1. 술 제조법에 의한 분류

1) 고태법(固態法) 백주

중국의 독자적인 전통 기법으로 고체 형태의 누룩으로 당화(糖化)를 촉진하는 것이다. 발효와 증류 과정도 원료들은 대부분 단단한 고체 상태를 유지하기 때문에 고태법이라 부른다. 일차 증류를 거친 원료에는 새 원료와 새 누룩이 투입되어 다시 발효 과정을 거친다. 여러 종류의 균들이 발효를 도울 수 있도록 낮은 온도로 원료를 찌고 익히며 당화발효 과정도 저온을 유지한다. 원료 배합으로 밑술의 전분 농도와 산도를 조절한다. 마오타이주, 우량예, 동주 등 국가 명주 대부분이 이 방법으로 제조한다.

2) 고액결합법(固液結合法) 백주

쌀을 주원료로 하는 백주를 만들 때 쓰는 방법이다. 당화발효제인 누룩은 밀로 만든다. 먼저 누룩은 고체 상태에서 균을 키우지만 당화가 시작되면 물을 가하여 반고체 형태로 한다. 반액체 상태에서 발효 과정을 거치며 이를 증류해서 술을 얻는다. 계림삼화주(桂林三花酒)와 광동옥빙소주(廣東玉氷燒酒)가 여기에 속한다.

3) 액태법(液態法) 백주

액체 상태에서 발효 과정을 거치고 액체 형태에서 증류된 술을 말한다. 액체 상태에서 당화와 발효가 함께 이루어지게 하는 일괄법으로 생산된 백주뿐만 아니라 고태법으로 생산한 밑술에 식용 알코올을 배합한 것[산동 지역의 방자(坊子) 백주] 그리고 고태법으로 생산된 술에 액태법으로 생산한 알코올을 섞어서 만든 백주까지 포함한다. 이들 백주는 쌀을 주원료로 하며 액체 상태에서 누룩을 첨가한다. 이 방법은 노동력이 적게 들면서도 생산량을 높일 수 있고 원료를 쉽게 다룰 수 있다는 장점을 가지고 있다.

2. 당화발효제에 따른 분류

1) 대곡주(大曲酒)

밀, 보리, 완두 등을 원료로 해서 만든 누룩을 당화발효제로 사용하여 만든 술을 말한다. 이는 자연 발효의 양조 기술로 생산된 백주이다.

대곡은 누룩을 띠우는 온도에 따라 고온곡(高溫曲), 중온곡(中溫曲), 저온곡(低溫曲)으로 구분된다. 고온곡은 주로 장향형(醬香型) 백주를 만드는데 사용되고, 중온곡은 청향형(淸香型) 백주를 만들 때 사용된다. 국가 명주 등 다수의 유명 제품들은 고온곡으로 만들어진 것이다. 대곡주는 발효와 저장 기간이 길고 수율이 적지만 향미가 좋고 가격이 비싸다. 마오타이주, 우량예, 낭주, 서봉주, 검남춘, 전홍대곡주, 양하대곡주 등 대부분의 국가 명주들은 대곡주이다.

2) 소곡주(小曲酒)

쌀, 밀기울 등의 원료에 곰팡이균을 접종하여 만든 누룩을 당화발효제로 하는 술이다. 소곡주는 보통 고태법을 사용하여 당화 과정을 거치고, 액태법으로 발효와 증류 과정을 거친다. 발효 기간이 비교적 짧고 대곡주에 비해 수율이 좋으며 양조 설비가 간단하여 기계화 생산이 쉽다. 소곡주의 생산량은 전체 중국 백주의 1/6에 해당한다. 삼화주(三花酒), 옥빙소주(玉氷燒酒), 동주(董酒) 등이 여기에 속한다.

3) 부곡주(麩曲酒)

밀기울을 원료로 해서 필요한 균을 접종하여 누룩을 만들며 여기에 효모균을 보완한다. 이는 신 중국 수립 후 산동의 연태(煙台) 지방에서 해온 조작법을 발전시킨 것으로 발효 기간이 짧고 수율이 높아 원가가 절감된다. 중국의 많은 술 회사들이 이 방법을 쓰고 있으며, 백주 시장에서는 이 방법으로 만든 술이 가장 많아 백주 총생산의 80% 이상을 차지한다.

4) 혼곡법(混曲法) 백주

대곡법과 소곡법을 혼합해서 만든 백주이다.

5) 기타 당화제법(糖化劑法) 백주

누룩 대신에 당화효소를 당화제로 사용해 만든 술이다. 술 만드는 과정에 활성 효모를 넣어 발효를 촉진한다. 이 방법은 수율이 높고 여러 가지 향을 내기 쉽다. 가장 저가의 백주들은 이렇게 만들어진다.

3. 향형(香型)에 따른 분류

1) 장향형(醬香型)

장향형 백주는 고유의 장향과 발효지에서 배어든 토양의 향, 그리고 단맛이 도는 알코올 향 등이 잘 조화된 특수한 향미를 가진다. 술의 색깔이 맑고 투명하며 부유물과 침전물도 없다. 장향이 강하지만 섬세하고 부드러운 특징이 있으며 맛이 풍부하며 입안에 남는 향과 맛이 오래간다. 장향형 백주에 쓰이는 누룩은 초고온에서 띄운 것이다. 발효 기술은 술마다 특색이 있고 매우 복잡하다. 마오타이가 대표적인 장향형 백주이고 낭주와 무릉주 등이 여기에 속한다.

2) 농향형(濃香型)

여러 가지 원료가 있지만 대부분 고량을 사용한다. 전통의 혼증혼소속(混烝混燒續) 발효 기법을 채용하고 연륜이 오래된 발효지를 사용하지만, 일부는 인공 구덩이를 쓰기도 한다. 향미 성분은 에틸류가 절대적으로 우세하고 에틸 성분이 전체 향미 성분의 60%를 차지한다. 품질이 우수한 농향형 백주는 색이 없거나 아주 옅은 황색을 띤다. 술이 순하면서 깨끗한 초산에틸이 주된 향이고 발효지 자체가 만드는 향이 특별하며 감치는 단맛이 향과 잘 어울리며 입안에 향미가 많이 남는다. 쓰촨성(四川省)과 장쑤성(江蘇省)에서 생산되는 명주는 대부분 농향형이다. 우량예, 루저우라우자우, 검남춘, 고정공주, 쌍구대곡주, 양하대곡주 등이 여기에 속하고 전체 백주의 70%를 차지한다.

3) 청향형(淸香型)

청증청사(淸蒸淸渣)의 양조 기법을 사용하여 땅속 항아리에서 발효 과정을 거친다. 중간 온도로 띄운 밀누룩을 당화발효제로 쓰며 밀기울 누룩 또는 당화효소를 첨가하기도 한다. 향미 성분은 에틸류가 우세하고 초산 에틸과 젖산 에틸의 결합이 주도적인 향을 만든다. 입안에서 느끼는 자극감은 농향형에 비해 조금 더 강한 편이고 미미하게 쓴맛이 느껴지는 것이 청향의 특징이다. 산시성(陝西省)의 분주(汾酒)가 대표적인 청향형 백주이고 전체 백주의 약 15%를 차지한다.

4) 미향형(米香型)

쌀을 원료로 하고 소곡(쌀누룩)을 당화발효제로 쓰는데, 당화 과정을 거치고 반고체 상태로 발효 과정에 들어간다. 발효 기간이 짧으며 제조 방법은 비교적 간단하며 향과 맛이 약한 편이다. 깔끔한 단맛이 느껴지지만 술을 머금고 있을 때 약간의 쓴맛도 있고 향미가 오래가지 않는다. 계림삼화주와 장락소주가 미향형에 속한다.

5) 봉향형(鳳香型)

서봉주와 같은 향과 품격을 지닌 술을 가리킨다. 에틸에스테르가 주가 되고 일정의 유사한 향이 보완되어 청향형과 농향형의 중간이며 이 술의 특징은 짙은 향기가 돌출한다는 점이다. 명칭 그대로 서봉주가 여기에 속한다.

6) 겸향형(兼香型)

장향, 농향, 청향을 모두 가지고 있는 술이다. 이 술의 특징은 향이 그윽하면서도 풍부한 점이다. 술을 마신 뒤에는 상쾌하고 깨끗한 맛이 길게 남는다. 구이저우성(貴州省)의 동주(董酒)가 대표적이다.

04 중국 명주

중국의 주류 총생산량은 2003년 기준으로 3,200만 톤이며 이 중 백주는 331만 3,500톤으로, 금액으로는 약 550억 위안으로 우리 돈 약 10조 원 정도로 추산된다. 중국의 백주 제조업체는 3만 7,000여 개에 달하고 시장에 나오는 브랜드만도 1,000개가 넘는다.

4대 명주나 8대 명주는 공적인 기관에서 인정한 것이 아니고 편의상 분류에 지나지 않는다. 수천 종의 중국 백주 중에서 공식적으로 '국가 명주'란 말을 붙일 수 있는 술은 30종이나 백주는 17종뿐이다. 중국 정부는 신 중국 수립 후 주류제조업을 발전시키기 위하여 다섯 차례(1952년, 1963년, 1979년, 1984년, 1989년)에 걸쳐 전국주류평가대회를 열었다. 이 대회에서는 까다로운 심사를 거쳐 가장 좋은 술에 금질장(金質獎, 금장)을, 그 다음 단계에는 우질장(優質獎, 은장)을 주었다. 이 대회에서 한 번이라도 금장을 받은 술만이 상표에 '국가 명주'를 표시할 수 있는 것이다. 대회에서 어떤 상을 받느냐가 술 회사의 생사 문제가 되어 대회가 열릴 때마다 극심한 경쟁이 벌어졌으며, 그에 따른 부작용도 많았다. 이 때문에 5회 대회(1989년) 이후 이 행사는 재개되지 못하고 있다. 그러나 과거 대회에서 금장을 받은 술만이 '국가 명주'를 쓸 수 있는 규정은 여전히 유효하다.

제1회 대회는 중국전매사업공사가 주관하여 1952년 7월 베이징에서 열렸다. 여기에서 뽑힌 국가 명주는 모두 8종이었는데 그중 백주는 마오타이(茅台酒), 분주(汾酒), 루저우라오자오특곡주(瀘州老窖特曲酒), 서봉주(西鳳酒) 4종이었다. 제2회 대회는 중국 정부의 경공업부가 주관하여 1963년 11월에 베이징에서 개최되었다. 이 대회에서 국가 명주로 뽑힌 백주는 제1회 대회 4종을 포함하여 모두 8종이었다. 추가된 백주는 우량예(五粮液), 고정공주(古井貢酒), 전흥대곡주(全興大曲酒), 동주(董酒)이다. 제3회 대회는 역시 경공업부가 주최하여 1979년 8월 1일부터 16일까지 다롄(大連)시에서 열렸다. 이 대회에서도 8종의 백주가 국가명주로 뽑혔다. 과거 대회에서 국가 명주로 뽑혔던 '서봉주'와 '전흥대곡주'가 탈락하고 새로 '양하대곡주(洋河大曲酒)'와 '검남춘(劍南春)'이 추가되었다. 제4회 대회는 중국식품공업협회가 주관하고 경공업부, 상업부, 농목어업부와 국가표준국, 공업행정관리국이 균등한 자격으로 대회를 관리 감독하여 1984년 5월 6일부터 15일까지 산시성 타이위엔(太原)시에서 거행되었다. 대회 결과 13종의 백주가 선정되었으며 3회 대회에서 탈락된 '서봉주'와 '전홍대곡주'가 다시 선정되었고 '쌍구대곡주(雙溝大曲酒)', '낭주(郎酒)', '황학루주(黃鶴樓酒)'가 추가되었다. 제5회 대회는 1989년 1월 10일부터 19일까지 안후이성 허페이(合肥)시에서 거행되었다. 이 대회에서는 총 17종의 백주가 국가 명주로 선정되었는데 4회 대회에서 금장을 받았던 제품 모두에 '송하양액(宋河粮液)', '타패곡주(沱牌曲酒)', '무릉주(武陵酒)', '보풍주(寶豊酒)'가 추가되었다.

결과적으로 중국 백주 중 국가 명주는 마오타이, 분주, 루저우라오쟈우특곡주, 서봉주, 우량예, 고정공주, 전홍대곡주, 동주, 양하대곡주, 검남춘, 쌍구대곡주, 낭주, 황학루주, 송하양액, 타패곡주, 무릉주, 보풍주의 17종만이 인정된다.

중국 백주의 국가 명주 중 5차례 전대회에서 금장을 수상한 제품은 마오타이, 분주, 루저우라오쟈오특곡주 3종이고, 4차례 금장 수상 제품은 서봉주, 우량예, 고정공주, 동주 4종이며, 3차례 금장 수상 제품은 전홍대곡주, 양하대곡주, 검남춘 3종, 2차례 금장 수상 제품은 쌍구대곡주, 황학루주, 낭주 3종, 1차례 금장 수상 제품은 송하량액, 타패곡주, 무릉주, 보풍주 4종이다.

중국의 행정구역은 크게 23성 4직할시 5자치구와 홍콩, 마카오 등 2개의 특별행정구로 편재되어 있다. 이들 34개 성시 중 한 종 이상의 국가 명주를 배출한 곳은 9곳에 지나지 않는다. 6종의 국가 명주를 배출한 쓰촨성과 그에 인접한 구이저우성에서 2종을 배출하여 과반이 이 지역에 편중되어 있어 좋은 술은 지역적 조건에 많은 영향을 받는 것을 알 수 있다.

【그림 7-1】 중국 국가 명주

05 백주 제조

1. 제조 공정도(개량식)

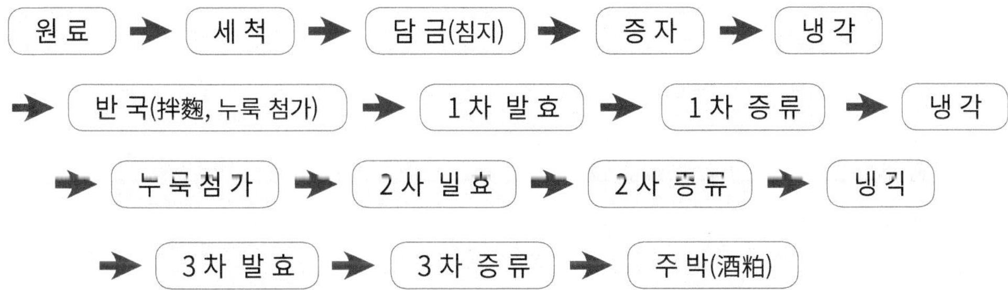

2. 마오타이 제조 공정도

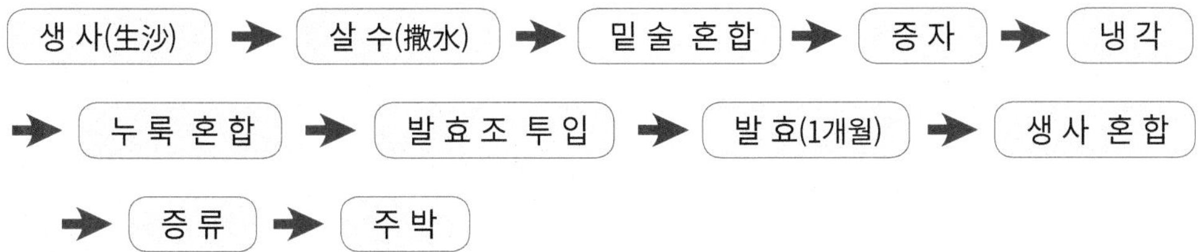

① 1차 원액 : 생사주(生沙酒)
② 2차 원액 : 회사모주(回沙茅酒)
③ 3차 원액 : 대회모주(대회茅酒)
④ 4차 원액 : 원조모태(原糟茅台)
⑤ 5차 원액 : 회조모주(回糟茅酒)
⑥ 6차 원액 : 회조모주(回糟茅酒)
⑦ 7차 원액 : 추조주(追糟酒)

차수별 원액을 3년간 구분 저장 후 배합 후 3년 이상 항아리 밀봉 숙성

1) 백주 제조 공정의 특징

백주 제조는 중국의 고유 방법에 따라 소맥(小麥)을 주원료로한 누룩을 사용하여 당화와 발효가 동시에 진행되는 병행 복발효 방법이다. 발효요(醱酵醪)의 함수량이 50% 내외로 수분 함량이 적고 고형분의 함량이 높아 발효와 증류 전체 제조 공정이 고체 상태로 진행되는 특수한 제조 방법이다. 제품별로 차이는 있지만 대부분 백주는 동일 원료로 고체 발효 3회, 고체 증류 3회를 거친다. 발효조는 재래식의 경우 나무나 벽돌로 땅속 웅덩이 설치하며, 개량식은 고정식 시멘트 발효조나 녹이 슬지 않는 철제 발효조를 사용한다. 증류는 상압 단식 스팀 증류 방법을 사용하고 쌀겨나 벼껍질을 부재료로 사용하여 고체 증류의 난점인 증류요의 수분 함량을 조절한다. 백주는 상압 단식 증류주의 강한 맛을 완화시키고 부드럽고 완숙한 향을 위하여 장기 숙성을 거쳐 제품을 제조한다.

2) 원료

백주는 학명 andropogon sorghum brot인 고량(高粱)을 주원료로 제조하며 고량은 인도산 야생식물로 중남미, 일본, 한국에서도 재배되는 일년생 식물이다.

중국에는 둥베이(東北) 및 화베이(華北), 랴오닝(遼寧), 지린(吉林), 산둥(山東), 허베이(河北), 허난성(河南省) 등에서 많이 생산하며 고량은 생장이 쉽고 건조에 잘 견디며 모래흙의 메마른 토양에서도 수확이 가능하다.

그 품종은 색깔로써 홍(紅)고량, 백(白)고량, 갈(褐)고량의 3종으로 구분하며 점도로서 경(粳)고량, 찹쌀고량 2종으로 구분하며 북방(北方) 사람들의 주요 식량이다.

고량의 규격은 과립이 크고 고르며 협잡물이 2/100 이하, 과립의 색상이 선명하고 절단면이 유리 색일 것, 벌레 먹은 입자가 1/100 이하, 수분이 13/100 이하이고 전분가는 60/100 이상이어야 하며 1되 과립이 720g 이상이다.

【그림 7-2】

〈표 7-1〉 고량의 화학 성분표(%)

수분	조단백	조지방	조섬유	전분가	회분
12.83	8.65	4.61	2.84	68.52	2.55

중국 본토의 재래식 방법은 고량과 누룩을 분쇄하여 사용하는데 제품의 종류별로 차이는 있지만 대체로 고량은 4~8개 조각으로 분쇄시키며 가루가 약 20% 이하가 되도록 한다. 누룩은 차수별로 약간의 차이를 두는데 1차에는 비교적 2차에 비해 굵은 것으로 완두콩에서 녹두 크기 정도로 분쇄한다. 크기가 1.2mm 이하인 가루가 55%를 넘지 않아야 한다. 2차 술에 쓰이는 누룩은 상대적으로 고우므로 녹두에서 쌀알 크기 정도로 분쇄한다. 크기가 1.2mm 이하인 가루는 70~75%여야 한다. 고량과 누룩의 분쇄는 계절에 맞도록 조절하여야 하며 여름에는 굵게, 겨울에는 작게 분쇄한다.

3) 양조용수

물은 양조공업의 중요한 요소로서 중국 백주 중 국가 명주 대부분이 지역의 좋은 수질과 풍부한 물을 가지고 있다. 산과 샘물이 어우러져 만든 적수하(赤水河)의 깨끗한 강물의 마오타이, 신정(神井) 혹은 선정(仙井)이라 부르는 달고 맛있기로 소문난 우물의 분주, 용천정의 맑고 깨끗하며 단맛이 도는 물로 만드는 장강(長江) 가의 주성(酒城) 루저우(瀘州) 시의 루저우 라우쟈오, 역시 장강의 최상류 이빈(宜賓) 시 민강(岷江)의 맑은 물로 빚는 우량예, 장쑤성(江蘇省)을 대표하는 미인정(美人井)의 술 양하남색경전 등 대부분의 국가 명주가 양질의 물을 사용한다.

주조용수에는 양조용수, 냉각용수, 보일러용수, 청소용수 등이 있는데 양조용수는 미산성이 적합하며 pH 6.8~7.0 사이의 비중이 가볍고 혼탁이 없으며 끓여서 침전물이 없어야 하고 단맛이 조금 있고 적당한 광물질을 함유하여 미생물의 생육에 적당한 물이 좋다. 냉각용수는 주로 증류 시에 사용되며 중성의 광물질이 적고 잡물질과 부유물이 없어야 한다. 보일러용수는 약알카리성이 적합하며 pH 7~8 사이, 광물질 함유량이 5ppm 이하, 유지 성분과 기체를 함유하지 아니하고 부유물과 고형물이 없는 물이 적합하다.

4) 원료 담금

고량은 먼저 물로 세척하고 담금을 하는데 수분이 고량 내부로 완전히 침투하여 증자 시 전분질이 쉽게 연화되도록 하고 핵심 부분까지 잘 익어야 원활한 발효가 진행된다. 담금 전에 고량과 섞여 있는 협잡물과 살충제 등 수면(水面)으로 떠오르는 물질과 흙, 모래 등의 물에 가라앉는 잡물들을 깨끗이 제거해야 정상적이고 양질의 백주를 제조할 수 있다. 개량형의 백주 제조에서 담금 용기는 녹슬지 않는 철제 혹은 시멘트 제품이 사용되며 깔대기 모양과 비슷하고 매 용기의 담금 고량 양은 2,000~3,000kg이 가능하다. 담금 시간은 고량의 품종, 원료의 상태 및 계절 기온에 따른 수온(水溫)의 높고 낮음을 감안하면서 결정하는데 통상 겨울에는 온수(40~60℃)로 72시간, 여름은 냉수(30℃)로 48시간이다. 고량은 담금 중에 반드시 1, 2차 물갈기를 하는데 물 갈기 전에 수면에 떠오른 협잡물과 가라앉은 침전물을 깨끗이 제거하고 2차 담금수는 1차 담금수로 재시용하며 담금 후 고량의 수분함량은 35~40%가 적합하다.

재래식 방법은 물에 담그는 것이 아니라 분쇄 고량에 물을 뿌려서 흡수시키는 방법으로 1,000~1,100kg의 분쇄 고량을 그릇 형식으로 쌓고 물과 섞어 자루 등을 이용하여 덮어 놓는다. 서너 시간마다 한 번씩 섞어주어 원료가 물과 잘 섞여 수분 유실을 방지한다. 첫 번째, 두 번째 섞을 때 껍질이 건조하면 온수를 적당량 섞어준다.

〈표 7-2〉 전통 침지 조건

명칭	봄	여름	가을	겨울
가수량(%)	60~65	60~65	60~65	60~65
수온(℃)	-	28~32	-	50~60
침지 온도(℃)	20~30	25~28	25~30	27~32
침지 시간(시간)	14~18	14~18	14~18	14~18

5) 증자(蒸煮)

고량을 증자한 후의 상태를 고량반(高粱飯)이라 하는데, 가장 좋은 고량반은 핵심까지 완전히 익고 외피(外皮)가 열려져 찢어지고 내부는 연하고 외부는 단단한 상태를 유지하며 수분이 균일하여야 한다. 증자 작업이 백주 제조 과정 중 아주 중요한 공정이며 당화와 발효 효율에 영향을 주어 제성주의 품질을 좌우한다. 증자 시 고량반의 핵심 부분이 잘 익지 않으면 이후 어떠한 방법으로도 완전한 발효를 시키기 어렵다.

고량의 증자는 연속식과 가압식 두 종류의 기계로 나눌 수 있는데 연속식 증자기의 구조는 외각이 녹슬지 않는 강판으로 만들어져 있으며, 내부 전후로 주축륜(主軸輪)이 있고 움직이는 스테인리스 벨트와 그물 아래에는 증기판이 부착되어 있고 그물 위에는 가수관이 설치되어 증자 중 필요 시 가수(加水)를 시키고 아울러 냉각과 표피 파열에 이용하여 증자 효과를 증가시킨다. 연속식 증자기는 사용은 편리하나 소모 증기가 많아 가압식 증자기의 8배를 사용하고 초기 제작 비용이 과다하고 넓은 면적이 필요한 단점이 있다. 가압식 증자기는 연속식 증자기의 결점을 배제시키고 제작된 증자기로 원료를 담금 처리 없이 증자가 가능하고, 증자 효율이 높으며 고량 과립의 크기나 품종에 관계없이 균일하고 쉽게 증자가 되며 표피가 잘 찢어져서 당화와 발효 효율을 높이고 용수량과 증기 사용량을 감소시키고, 구조가 간단하여 제작 비용이 저렴하고 고장이 적은 장점이 있다. 가압식 증자기의 구조는 녹슬지 않는 강판으로 된 원통형이며 상하가 반구형(半球形)이다. 밑층의 보호판에 장방형(長方形)의 통기 구멍이 설치되어 있고 증류기와 비슷한 증기 분출구가 있어 증기가 이 입구로 균일하게 분출된다. 전후 방향으로 360° 회전하며 증자 중 고량반으로 하여금 내부에서 상하로 균일하게 혼합게 하여 엉겨 붙은 덩어리나 불완전 증자 현상 발생을 방지한다.

6) 냉각(冷却)

재래식 방법은 주요(酒醪)를 지면(地面) 쏟아 놓고 쇠삽으로 반복해서 뒤집어 주요의 품온을 서서히 냉각시킨다. 이 방법은 장소를 많이 차지하고 시간이 오래 걸려 인원이 많이 필요하며, 경험에 따른 작업 편차가 심하고 잡균 오염 우려가 높고 비위생적이다.

요즈음은 스테인리스 그물망으로 제작한 자동냉각기를 사용하여 인력과 노력을 감소시키고 잡균 오염과 비위생적인 문제를 많아 줄이고 효율적으로 냉각을 진행한다. 냉각기의 출구 온도는 30℃ 이하로 하는 것이 적당하며, 동절기에는 30~31℃로 하여 급격한 온도 하락에 대비한다. 만약 요(醪) 온도가 너무 높으면 발효력이 감소하므로 냉각기 양편의 작은 창을 닫거나 그물 위의 주요의 두께를 얇게 조절하여 요 온도를 하강시킨다.

재래식 냉각

자동냉각기

【그림 7-3】 냉각기

7) 누룩 혼합(반국, 拌麴)

누룩은 백주 양조(釀造)에서 중요한 역할을 하므로 누룩의 품질이 백주의 품질과 생산량을 좌우한다. 그래서 백주 양조에서는 우량 누룩의 선택이 중요하며 우량 누룩은 단면 상태가 회백색 또는 황갈색 반점의 환상(環狀)이 2~3개 정도 있고 맑은 향기의 맛이 나며 건조 상태가 양호한 것이 좋다.

누룩의 사용량은 30%, 25%, 20%를 사용하도록 하고 있으나 누룩의 품질에 따라 제조자가 스스로 결정하여야 한다. 누룩 사용량이 너무 많으면 원가가 증가할 뿐만 아니라 술에 쓴맛이 나타나며 누룩 사용량이 너무 적으면 발효 진행이 더디게 된다.

대만의 경우 3차 발효에 사용되는 누룩량은 13~17%가 가장 적합한 것으로 알려져 있고 제1차 발효에서 5~6%, 2차 4~6%, 3차 4~5%를 기준으로 첨가한다. 증자 후의 고량반과 증류 후의 주요는 요 품온이 매우 높으므로 냉각 후에 누룩을 혼합한다. 누룩 혼합 방법으로 재래식은 냉각시킨 증류요를 쇠삽으로 뒤집으면서 혼합하고 요즈음은 자동 반국기를 사용하거나 자동 냉각기에 연계하여 누룩을 균질하게 혼합한다.

【그림 7-4】 반국(拌麴)

8) 발효(醱酵)

요즈유 발효 용기는 주요 용량이 약 300㎏ 용량은 교반식 발효소, 약 1,800㎏은 고정식 시멘트 발효조를 주로 사용하는데 스테인리스 발효 용기로 많이 대체되고 있다. 고량반이 반국을 경과하면 주요(酒醪)라 하는데 주요가 발효조에 들어가기 전 반드시 발효조의 청결 여부를 검사하여 깨끗이 하며 건조하게 유지하여야 한다. 만일 습기가 있으면 반드시 바람으로 건조시키고 난 뒤 발효조 내의 4각에 소량의 누룩 가루를 뿌리고 주요를 넣어야 하며 당화균 및 효모를 먼저 번식시켜 잡균 침입을 방지해야 한다.

전통 기법으로 발효 기간은 21일이고 술의 맛을 더하기 위하여 28일까지도 늘릴 수 있다. 발효 과정은 전기, 중기, 후기 세 단계로 나눌 수 있다. 발효의 온도 관리는 발효 전기에 1~7일간은 온도가 점점 상승하여 28도가 되어야 한다. 발효조 투입 시 온도가 높거나 누룩 가루가 지나치게 가늘고 누룩 첨가량이 많은 경우 온도가 빠르게 30℃까지 올라 갈수 있는데, 이는 효모의 빠른 노화로 인하여 발효가 조기에 멈출 수 있으며 생산 수율이 떨어지고 술 맛이 강하게 된다. 이런 상황이 발생되면 주요를 압축하고 밀폐를 유지하여 발효 속도를 늦추도록 하여야 한다. 발효 중기는 주 발효 단계라고 하는데 기간은 10일 정도로 온도는 27~30℃로 제어되어야 한다. 이 단계에서 주요의 온도가 최고점까지 상승한 후에는 천천히 2~3도 내려간다. 만약 온도의 하강이 지나치게 빠르면 발효가 덜 되어 제품 효율도 떨어지고 품질도 좋지 못하다. 때로는 온도가 내려갔다가 다시 상승되는 경우도 있는데 이를 '반화(反火)'라고 하며, 호기성 세균의 작용으로 비롯된 것인데 이는 입구를 단단히 막아 해결할 수 있다. 발효 후기는 부 발효기라고 하는데 그 기간은 11~12일 정도이다. 곰팡이균의 감소로 효모균도 사멸하면서 발효가 거의 멈추는 시기이다. 그래서 주요의 온도가 24℃까지 내려간 후 거의 내려가지 않는다.

발효 과정 중 전분과 단백질 등이 미생물로 인하여 분해되는데 주요의 수분이 완만하게 상승할 수 있다. 초기의 52%에서 높을 때는 70%까지 상승할 수 있다. 발효 초기에 곰팡이 효소의 작용이 활발하여 3~7일 사이에는 전분의 함량 감소가 가장 빠르고 그 이후에는 천천히 감소한다. 산도(酸度)는 발효 전기에 증가 속도가 비교적 빠르고 발효 중기에는 효모균의 왕성한 발효 활동으로 산균의 활동이 제약을 받는다. 그러므로 산도의 증가 속도가 느리고 발효 후기가 되면 그 증가 속도가 약간 빨라지는데 이는 발효 작용의 정지 때문이다.

알코올 함량은 주요 투입 후 2~10일 내에 빠르게 증가한다. 발효 기간 동안 알코올 함량은 12%까지 증가할 수 있다. 발효 후기는 알코올이 거의 생성되지 않고 반대로 에스테르화 작용 등으로 알코올을 소모하지만 꺼낼 때 알코올 함량은 발효 중기의 함량보다 1% 이상 낮춰지지 않는다.

전통적인 방법이 아니라 요즈음 하는 방법으로 주요(酒醪)의 산소 보충을 위한 요 뒤집기를 하는 경우가 있는데, 당화균과 효모의 발효 과정 중 산소의 존재로 그 속도가 가속되는 것이 아니고 단지 균의 증식 속도가 산소의 존재에 의해 촉진된다. 그러므로 적당한 시간에 뒤집기 조작을 하면 당화균 및 효모로 하여금 다시 필요한 산소를 획득게 하여 번식을 촉진시키고 잡균의 침입과 성장을 억제시킨다. 뒤집기는 반국 후 48시간이 가장 적당하고 하절기는 비교적 서늘한 아침 일찍, 동절기에는 비교적 따뜻한 낮 시간이 적당하다. 요 뒤집기 조작 시 먼저 발효실 창문을 개방하고 공기를 유통시켜 주요 입자가 신선한 공기를 흡수하도록 한다.

발효조에 요(醪)를 투입 후 평평하게 깔아야 하며 상면(上面)을 접착포로 덮어 밀봉하고 네 주변을 눌러 공기를 차단하고 발효시켜야 한다. 만약 밀봉이 부족하면 호기성 산막균류가 다량 번식하여 불량취(不良臭)가 생성되고 수율이 저하된다. 백주의 발효 과정은 고체 상태에서 진행되고 주요 중 미생물로 곰팡이, 효모, 세균 등이 존재하여 발육 온도와 번식 조건이 각각 달라 변화가 매우 복잡하다.

발효 시간은 제조장별로 상이하여 명주들은 1개월 이상도 하지만 일반적으로 제1차 발효는 9~10일(동절기 10~11일), 제2차 발효는 11~12일(동절기 11~14일), 제3차 발효는 11~12일(동절기 11~14일)이다.

발효 과정 중 주요의 변화 상황은 반국 2~3일이면 요 품온이 2~3℃ 상승하고 뒤집기 후 더 빠르게 상승하여 매일 3℃ 이상 상승하여 5~6일 후 40~43℃까지 상승하고 있다가 제7일부터는 서서히 하강하여 증류 전 30℃ 이하로 되는 것이 가장 이상적인 현상이다. 백주의 주요 온도는 실온보다 12~15℃ 높은 것이 정상이며, 만약 요 품온이 완만히 올라가거나 올라가지 않으면 주요의 수분이 너무 적거나 반국이 균일하지 못하거나, 잡균이 침입한 경우로써 이때는 반드시 주요를 꺼내어 소량의 누룩 가루와 물을 가하여 균일하게 섞은 후 다시 발효조에 집어넣어 발효시킨다. 주요의 품온이 50℃ 이상에 달하여 하강하지 않을 때는 요 뒤집기를 수차례 하면 주요의 품온이 하강하여 정상으로 회복된다. 그러므로 발효 기간은 요 온도를 적절히 조절하고 발효실 통풍으로 이산화탄소를 배출하고 신선한 공기를 유입시켜야 한다. 발효실의 온도는 25℃ 정도로 조절하는 것이 가장 이상적이다.

발효 중 주요의 성분 변화에서 주요중 당류 발효 시 에탄올 등 휘발성 성분과 유기산과 지방산에스테르 등 비휘발성 성분이 생성되는데 발효가 진행될수록 양이 증가한다. 1차의 산량은 약 0.9%, 2차 약 1.2%, 3차 약 1.6% 등 최고 2.0%에 달하고 지방산 에스테르는 매차의 생성량이 0.1% 정도이다. 통상적으로 여름철에는 산(酸)이 겨울에 비해 높고 지방산 에스테르는 그 반대이다.

【그림 7-5】 발효실

9) 증류(蒸溜)

백주의 증류는 수증기를 이용하여 주요 중에 있는 휘발성 주정(酒精) 등의 물질을 증류해낸다. 그러므로 주요를 흩어서 증류기 내부로 넣을 때 반드시 균일하게 하여 증기가 충분히 접촉할 수 있도록 한다. 증기의 분포(分佈)는 강약이 있어서는 안 되며 주요의 번주(播酒, 흩어서 뿌림)가 높거나, 낮거나, 두텁거나, 얇아서는 안 된다. 증류가 시작될 초기에는 먼저 주요를 증류기 내 밀공(密孔) 판자 위에 평평하게 하여 5~6인치 정도 깊어졌을 때 주요면(面)을 보면서 증기가 뿜어 나오는 곳에 주요를 가볍게 흩어서 뿌리고, 동작을 민첩하게 해야 하며 번주(播酒)는 균일하게 해야 되며 증류기가 가득 찼을 때 속히 증류기 뚜껑을 덮고 냉각기를 점검한다. 이것이 백주제조의 최후 조작이다.

주의사항은 먼저 냉각수를 열고 증기 압력을 1.5~2.0kg/㎠으로 유지하고 냉각수가 흐르기 시작하여 냉각기 내에 이르면 다시 증기 압력이 0.5~0.8kg/㎠ 로 감소하게 되는데 이때 증류를 시작한다.

〈표 7-3〉 백주 증류 차수별 소요 시간 및 증기압

증류 차수	제1차 증류		제2차 증류		제3차 증류	
조작 항목	시간(분)	증기압(kg/㎠)	시간(분)	증기압(kg/㎠)	시간(분)	증기압(kg/㎠)
주요 투입	18~21	1.6~2.0	18~23	1.3~1.8	18~21	1.0~1.3
증류액 받기	10~17	1.4~1.7	15~20	1.0~1.2	8~12	0.9~1.1
휴류 받기	12~15	1.6~2.0	11~13	1.1~1.4	13~15	1.0~1.4
주박 배출	8~10		8~10		6~8	
합계	48~63		52~66		45~56	

주정 농도는 가장 먼저 유출되는 술은 주정도가 70도 이상인 것을 대곡주(大曲酒), 55~60도인 고량주를 반드시 구별하여 저장하여야 하며, 증류 시 술 온도와 증기 압력에 주의를 기울여야 한다. 만약 술 온도가 너무 높으면 증기 압력을 낮추고 반대로 술 온도가 너무 낮으면 증기 압력을 높여야 한다. 수시로 증류기의 움직임을 조절하고 주정도 10~55도 사이의 주미(酒尾)는 반드시 따로 수집하여 재차 증류해야 하고 60도 이상인 술과의 혼합은 품질이 나빠져 불가하다.

냉각수의 수질은 중성의 부유물이 없고 광물질 함유량이 적을수록 좋고 유지(油脂) 및 기체 성분이 용해되어 있는 것은 좋지 않다. 냉각수의 온도는 통상 40도를 초과하지 않는 것이 좋으며 주요 중의 주정 등 휘발성 성분이 냉각기를 통하여 응결(凝結)하여 술이 된 후에는 방출한 열량을 모두 냉각수가 흡수하여 냉각수의 온도가 점차 상승하므로 항상 냉수를 주입하고 열수를 배출하여 냉각 효과를 유지하여야 한다.

주정분이 55도에서 10도 사이의 주액(酒液)을 주미(酒尾)라고 하는데, 주미 중에 함유하고 있는 미량 성분과 유기산 등 고비점(高沸點) 물질, 부유물 등이 있어 항상 깨끗이 청소하고 증류를 다시 시작한다.

【그림 7-6】 증류기

3. 저농도 혼탁(低濃度 混濁) 원인 및 청징(淸澄)법

백주는 중국의 명주로서 지역에 관계없이 대부분 알코올 60% 이하로서 외관상 무색투명하고 독특한 풍미를 가지고 있다. 술을 잘 마시는 사람은 진품(珍品)을 알 수 있는데, 백주의 결점은 고농도 주정 성분이 가지고 있는 풍미(風味) 등이 가수(加水)를 하거나 희석(稀釋)을 시키면 즉시 백색 혼탁 현상(白色混濁現象)이 나타나는데 이는 소비자의 심리에 많은 영향을 미치고, 원래 술이 가지고 있는 풍미를 잃어버리기 때문에 백주를 고농도로 제조 판매하는 주된 원인이다.

이 혼탁의 원인 물질로는 부틸산($CH_3CH_2CH_2COOH$, b.p 163℃), 발레르산($CH_3CH_2CH_2CH_2COOH$, b.p 187℃), 프로필알코올($CH_3CH_2CH_2OH$, b.p 82.3℃), 아밀알코올($C_5H_{11}OH$, b.p 138℃) 등의 고비점 물질과 지방산 에스테르 성분 등이 존재하기 때문으로 추정된다.

이 혼탁을 제거하는 방법은 증류법, 여과법이 있는데 증류법으로 다시 증류하여 혼탁을 제거하면 증기의 소비가 늘어나고 증류 과정 중 휘발 손실 발생과 증류 후의 백주의 향이 감소하여 제품 품질이 저하되는 문제가 있다. 알코올 농도가 낮은 주미(酒尾) 등은 증류를 알코올 농도를 높이는 방법으로 유용하게 사용한다. 여과법은 가장 간단한 혼탁 제거 방법으로 백주를 알코올 40% 정도로 가수 희석시켜 혼탁하게 한 후 여과기로 2~3차례 반복 여과하여 투명하게 한다. 저농도의 백주도 여과를 통하여 혼탁이 제거되고 풍미가 순수하게 되어 제품화가 가능해진다.

참고 문헌

1. 中國白酒 (Chinese Liquor), 王延才, 主編, 2011.7.

2. 배갈을 알아야 중국이 보인다. 최학, 새로운사람들, 2010. 1.30.

3. 低度白酒生产技术(第二版), 主編, 李大和, 중국경공업출판사,2010.2.

4. 누룩의 과학, 정동효, 유한문화사, 2012. 8. 25.

5. 중국술대전, 정동효, 신광출판사. 2010. 10. 25.

6. 白酒生产技术(第二版), 편저, 화학공업출판사. 2013. 3.

Ⅷ. 일반 증류주와 리큐르

01 보드카(VODKA)

1 보드카 정의

보드카는 곡물이나 감자를 발효시킨 술덧을 높은 순도로 증류한 증류주이며, 다양한 증류주 생산에 원료로 이용되고 있다. 보드카의 알코올은 중성이며 장기 숙성시키지 않고 활성탄 필터링 공정을 통해 순하고 부드러운 맛을 특징으로 한다.

보드카의 알코올 함량은 주로 35~50% ABV이며, 러시아 폴란드, 리투아니아 등의 보드카의 기준은 40% ABV이고, 특수한 경우 42, 45, 50, 56, 80% ABV 제품도 있다

유럽 연합은 37.5% ABV를 최소 알코올 함량으로 기준하고 있다.

보드카는 1930년대까지 동유럽과 북유럽에서 음용되었으나, 1940년대 이후 미국시장에서 소비가 시작되었고, 칵테일 베이스로 사용됨으로 급격히 성장하여 요즈음은 전 세계에 걸쳐 광범위하게 음용되고 있으며 소비량은 지속적으로 증가하는 추세이다.

블러디 메리(Bloody Mary), 스크류드라이버(Screwdriver), 화이트 러시안(White Russian), 보드카 토닉(Vodka tonic), 보드카 마티니(Vodka martini) 등의 칵테일로도 많이 소비되고 있다.

2 기원

슬라비아어인 보다(Voda-water), 즉 물의 의미가 어원이다.

GVA(Gin and Vodka Association)에 따르면, 폴란드(동유럽) 지역의 최초의 증류주는 8세기 무렵이고 보드카에 대한 폴란드의 최초 기록은 15세기 초이다. 이 시기의 증류주는 약이나 화장품의 용도로 사용했으며 '고자우카'(Gorzalka, 옛 폴란드 고어 태우다, 술 의미)라고 불리었다.

《브리태니커 대백과 사전》에는 보드카의 원조는 14세기 러시아라고 나타나 있지만, 정확한 기원은 사실 증명하기 힘들다.

다만, 보드카의 기원은 곡물 재배가 가능한 지역인 폴란드, 서부 러시아, 벨라루스, 리투아니아, 우크라이나 등의 지역이라는데 힘이 실리고 있는 실정이다.

수세기 동안 대략 발효주는 14% ABV 정도였으며, 8세기에 증류 장치가 발명되면서 증류주가 생산되었다고 본다.

3 역사 및 현황

1) 폴란드 보드카

폴란드에서 보드카의 첫 기록은 1405년에 나타나며, 초기 보드카의 용도는 의약품, 화장품이었다. 16세기 후반에 들어 폴란드의 보드카 생산 규모가 커지기 시작했으며, 16~17세기 중반에 이르러 폴란드의 귀족에게 생산 및 자신의 지역에서 보드카 판매에 대한 독점권을 부여함으로써 산업적인 생산이 시작되었다. 17~18세기에 들어와서 폴란드의 보드카는 헝가리, 러시아, 네덜란드, 영국 등 유럽 전지역에 알려지고 소비되기 시작하였다.

그 당시 일반적인 제조 방법은 알람빅(Alambic) 증류기를 사용하여 1차 증류 브란투브카(Brantówka), 2차 증류 스무부카(Szumówka), 3차 증류 오코비타(Okowita)까지 3회 증류를 실시하여 알코올 함량 70~80% ABV 증류주를 만들었고, 이 증류주를 물로 블렌딩하여 30~35% ABV의 보드카를 생산하였다.

19세기에 새로운 기술들이 나타나면서 투명한 보드카의 생산이 시작되었고, 1925년 투명한 보드카의 생산은 폴란드 정부의 전매사업이 되었다.

2차대전을 거치며 보드카 제조는 국유화되었지만, 최근의 민영화 단계를 거치는 등 많은 변화를 겪고 있다.

폴란드의 보드카는 세 단계 등급으로 구분한다.

① 스탠다드(Standard) : 즈비클리(zwykly)

② 프리미엄(Premium) : 위보로위(wyborowy)

③ 딜럭스(Deluxe) : 룩스서위(luksusowy)

2) 러시아 보드카

1430년경 모스크바의 수도사인 이시도르(Isidore)가 최초로 러시아 보드카를 만들었다고 한다. 1540년 이반 황제에 의해 정부에서 독점 사업화하였으나, 반면에 밀주도 성행하게 되었다.

보드카의 생산은 러시아 사회의 중요한 부분이 되었으며, 귀족들은 증류소를 운영하고 다양한 첨가물의 투입을 실시하여 점차 높은 품질의 제품을 생산하게 되었다.

1780년에 보드카를 여과하는 숯 처리법을 발명하여 시행하였고, 19세기에 서유럽의 산업혁명을 통해 증류 장비 등을 수입하여 보다 높은 품질의 제품을 제조하게 되었다.

러시아 보드카의 기준은 1894년 화학자인 드미트리 멘델레프에 의해 이상적인 알코올 함량은 38% ABV라고 정의되었으나, 세수 확대 등의 이유로 러시아 정부는 40% ABV를 기준으로 하도록 변경하였다.

소련 시대에 모든 양조장의 국유화가 진행되었고, 고품질의 밀 보드카는 권력층에서 주로 소비하였지만, 대중들에게는 곡물과 감자를 이용한 저렴한 제품을 공급하면서 소비의 형태가 분리되었다.

요즈음은 다시 혁명 이전으로 돌아오게 되었다.

러시아의 보드카는 수출하는 오소바야(Osobaya - special) 등급과 56% ABV 이상이 되는 크렙가야(Krepkaya - strong)급으로 나누어 진다.

4 보드카의 종류

1) 구반스카야(Kuvanskaya) - 건조한 레몬과 오렌지 껍질로 향을 낸 보드카
2) 리몬나야(Limonnaya) - 레몬향 보드카이며 주로 당(설탕)을 추가하여 맛을 낸다.
3) 옥혹니챠(Okhotnichya) - 헌터 보드카는 생강, 정향, 레몬 껍질, 커피, 아니스 등 다른 허브와 향신료를 첨가한 후, 설탕과 화이트 포트 와인(White port wine)을 혼합한다. 가장 특이한 보드카 중에 하나이다.
4) 페르초프카(Pertsovka) - 검은 후추와 빨간 고추가 첨가된 보드카
5) 스타르카(Starka) - 아주 오래된 보드카 종류이며 브랜디, 강화 와인, 말라가 와인, 말린 과일 등을 원료로 맛과 향을 내며, 일부 제품들은 오크통에 숙성하여 고급화한다.
6) 주브러브카(Zubrovka) - 폴란드의 보드카이며, 유럽 지역의 들소 먹이인 목초로 향을 낸다. 최근에 다양한 맛을 낸 보드카가 세계 시장에 출시되고 있다. 이들 중 건포도, 오렌지 등의 과일로 맛을 낸 보드카가 소비가 증가하는 추세이다.

5 보드카 생산 지역(Vodka Regions)

1) 동유럽 지역 - 보드카의 원산지에 해당하는 지역이어서 거의 모든 국가가 생산하고 있다. 향기의 특징을 살린 제품이 다양하다.
2) 러시아, 우크라이나, 벨라루스는 다양한 형태의 보드카가 모두 생산되며 사실상 보드카 생산을 리드하는 국가들이다. 그중에서 고급스러운 제품은 호밀과 밀로 만들어지고 있으며 미국이나 유럽에 수출하고 있다.
3) 폴란드 보드카는 곡물과 감자를 이용한 제품이고, 고급 제품의 대부분은 단식 증류기(Pot still)에서 생산하고 있다.
4) 핀란드는 발틱 3국인 에스토니아, 라트비아, 리투아니아와 함께 주로 곡물 원료 중 밀을 주원료로 하여 보드카를 생산한다.
5) 스웨덴은 최근 10년간 밀을 주원료로 하는 고급 보드카를 생산하며 수출 시장을 개척해 오고 있다.
6) 서유럽 국가 중 북부 지역의 영국, 네덜란드, 독일 등에는 곡물 위주의 보드카에서 벗어나 포도나 다른 과일들을 원료로 하는 보드카도 다양하게 생산하고 있다.
7) 북미 지역의 미국과 캐나다는 향기 성분을 추가 않는 보드카를 생산하며, 옥수수 등 다양한 곡물과 사탕수수 당밀 등을 원료로 사용하고 있다. 미국의 경우 설탕(2g/L 이하)과 구연산(150mg/L 이하) 첨가를 허용하지만, 캐나다에서는 향기와 맛의 보강이 금지되어 있다. 북미의 보드카는 법적으로 뉴트럴스피릿(Neutral sprit, 중성 알코올)에 속하며 부가 재료 사용이 제한되어 있으므로, 각 제품간의 특징은 맛보다 가격에 의존하는 경향이 많다.
8) 카리브 해의 국가들도 많은 양의 보드카를 생산하고 있으며, 거의 당밀을 발효하여 생산하며 대부분은 블렌딩 용도로 주로 쓰이며, 병입을 위해 외국에 수출하는 경우도 많이 있다.
9) 오스트레일리아도 당밀을 주원료로 하는 보드카를 생산하고 있으며 일부 수출하고 있다.
10) 아시아 국가들은 거의 없는 정도이지만 쌀을 100% 사용한 일본 제품이 평이 좋다. 기수이(Kissui) - 교토의 다카라 소주회사 제품, 40% ABV, 100% 쌀 원료

6 제조 공정

보드카의 순수성은 특히 증류 시 정제 탑에서의 불순물 제거와 활성탄을 이용한 발효 부산물의 제거에 있다고 볼 수 있다. 보드카는 숙성과 저장이 필요하지 않으며, 보드카의 부드러운 맛을 강화하는 방법에는 다음과 같은 방법이 있다.

① 보드카의 맛과 향에 영향을 미치지 않는 아로마 성분 첨가
② 설탕, 소금, 포도당, 구연산 등의 첨가를 통한 엑기스 함량 증가
③ 보드카의 알칼리화를 위한 탄산수소나트륨($NaHCO_3$) 용액 첨가

20세기 후반에 들어와 맛과 향을 낸 보드카가 인기를 얻게 되었다. 맛과 향을 내는 허브, 잔디, 향신료, 과일 에센스 등은 증류 후 보드카에 첨가할 수 있다.

곡물 원료를 기초로 하는 보드카의 제조법은 곡물 위스키(Grain whiskey)의 당화 및 발효 공정과 동일하다. 그러나 보드카 제조 과정의 가장 큰 특징은 장기간 숙성하지 않고 수차례의 여과를 통해 품질을 만들어 내는 공정이다.

우리나라의 희석식 소주 제조에서의 여과 공정과도 유사한 부분이 있다.

각 업체 및 제품마다 공정상에 차이가 있지만, 일반적으로 다음 (그림 8-1) 같은 공정을 진행하여 보드카를 제조한다.

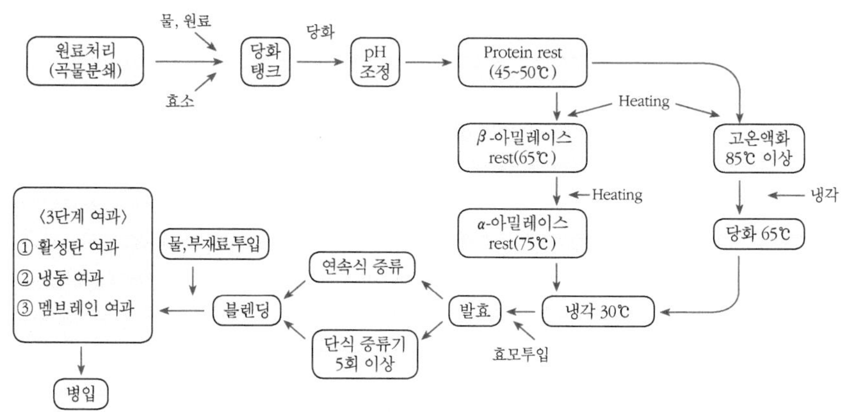

【그림 8-1】 보드카 제조 공정도

보드카의 제조 공정은 전분질 원료의 당화, 발효, 증류, 부원료 투입, 여과의 공정으로 나뉜다. 식물 재료인 부원료 투입 공정과 감자를 원료로 사용하는 부분을 제외하면 그레인 위스키의 제조 공정과 유사하므로 여기서는 간단히 요약하였다.

차이점은 위스키나 여타 증류주처럼 장기 숙성을 하지 않는다는 부분이다.

1) 당화 공정

① 원료 분쇄-원료의 크기는 1.5~2.4mm 정도로 분쇄한다. 원료인 감자의 싹이 난 부분은 독성물질이 존재하므로 잘라내어 사용하여야 한다. 글라이코알카로이드 솔라닌(Glycoalkaloid solanine) 뿐만 아니라 글라이코알카로이드 화합물이 싹에 함유되어 있는데, 솔라닌은 많이 섭취하면 구토, 복통, 설사를 야기할 수 있는 물질이다.

② 이중 재킷으로 구성된 당화조(Mash tun)에 원료 대비 600% 이상의 비율로 급수한다. 급수 비율은 원료의 조성에 따라 차이가 발생하지만, 일반적으로 육조맥(Six-row malts)과 같이 당화하는 경우 감자의 비율이 40%를 넘기지 않으며, 이조맥(Two-raw malts)을 사용하는 경우에는 감자의 함량을 30% 이상 사용하지 않는 편이다. 보편적으로 1파운드(0.45kg)의 감자 조각으로 1갤런(3.78L)의 당화즙을 만들며, 비중(S.G)은 1.035 정도이다.

③ 교반기를 회전하면서 분쇄된 원료를 공급한다.

④ 이중 재킷 내부에 스팀을 공급하면서 온도를 상승시킨다.

⑤ 당화 효소의 최대 활성 조건인 pH 5.2~5.5로 젖산, 구연산 등을 투입해 조정한다.

⑥ 규정된 양의 알파 아밀레이스(α-Amylase)와 베타 아밀레이스(β-Amylase) 등의 당화 효소를 투입하며, 필요에 따라 글루코아밀레이스(Gluco- amylase)도 당화효소로 투입하여 전분의 당화를 최대한 유도시켜 공정상의 수율을 증가시킨다. 수확한 감자는 78%의 수분, 18%의 전분, 2~3%의 단백질로 구성되어 있고, 감자의 전분은 20%의 아밀로오스(Amylose)와 80%의 아밀로펙틴(Amylopectine)으로 구성되어 있다. 또한, 섬유질과 아주 작은 양의 지방(약 0.1%)이 함유되어 있다. 감자를 자른 후 말려서 보관한 후에 사용하기도 하는데, 이때 수분 함량은 5~7.5%, 전분은 60~75%, 단백질 7~9% 정도의 함량을 가지게 된다. 감자 전분의 젤라틴화는 다소 낮은 온도에서 진행되는 특징을 보이는데 대략 54℃ 정도에서 일어난다.

⑦ 단백질 휴지기(Protein rest)를 45~50℃ 온도에서 실시하여 고분자량 단백질을 저분자량 단백질로 만든다. 단백질의 펩타이드 결합(Peptide bond)을 펩티다아제(Peptidase), 프

로테아제(Protease) 효소 작용에 의해 아미노산으로 분해시킨다.

⑧ 효소 활성 최적 조건으로 온도를 상승시키면서 조금씩 다른 당화 공정을 거치게 된다.

- 첫 번째로 전통적인 방식은 약 65℃의 온도를 장시간 유지시키면서 전분을 당화시킨다.
- 두 번째 방식은 고온 액화법으로, 내열성 액화효소를 사용하여 고온(85℃ 이상)에서 알파 아밀레이스에 의해 전분의 1-4결합을 무작위로 크게 먼저 잘라내어 액화시킨 후, 베타 아밀레이스의 활성온도인 65℃ 전후로 온도를 내려 당화를 진행시키는 공정이다.
- 세 번째는, 순차적으로 온도를 상승하면서, 당화효소와 액화효소의 최적 활성온도에서 효소 작용에 필요한 시간을 유지(Rest time)시켜 당화시키는 승온공정(Infusion)이다. 일반적으로 64~70℃에서 당화를 진행한다.

⑨ 당화가 종료됨은 요오드 발색 반응을 통해서 확인해야 한다. 당화 공정이 완료되면, 효모 투입이 가능한 온도로 냉각시킨다.

2) 발효

① 약 30℃까지 냉각한 후 효모를 투입하는데 배양 효모 혹은 상품화된 건조 효모를 사용하면 된다. 효모는 *Sacchasomyces cerevisea*를 사용한다.

② 발효 온도는 평균적으로 30℃를 넘지 않게 유지하면서 약 4~7일 정도 후 에 발효를 종료시킨다. 발효 후의 알코올 함량은 일반적으로 10% ABV 정도이다. 미국 보드카 업체 중에서 4일 발효하는 제조사(Middle west sprits Columbus Ohio)도 있으며, 일반적으로 발효를 장시간 진행하지 않는다. 목적하는 알코올의 생성이 늦게 진행되거나, 혹은 인위적으로 장시간 발효하게 되면, 발효 후반부에 이르러 효모의 자가소화(Autolysis)로 인한 황화합물 발생으로 바람직하지 않은 냄새가 유도되므로 양질의 제품을 만들수 없다. 당연히 이러한 냄새는 증류주에 전이되어 문제를 야기시킬 수 있다.

③ 그래서 발효가 종료되면 연이어 증류를 진행하고 제품에 따라 증류 방식은 나누어 진다. 연속식 증류기를 이용하는 방식이 일반적이지만, 단식 증류기를 이용하여 여러 번 증류하는 방식도 사용한다.

3) 증류

앞에서 설명되었듯이 연속식 증류기는 96.5% ABV의 높은 알코올을 생산하지만, 단식 증류장치는 높은 알코올을 생산하는데 여러 번의 증류를 거쳐야 한다. 단식 증류기에서 생산되는 알코올은 증류기 상단의 헤드(Head), 농축탑(Column)의 형태에 따라 많은 영향을 받게 된다.

즉, 동일한 발효주를 투입하여도 증류기의 헤드와 농축 타워의 형태와 크기에 따라 증류되는 알코올의 함량, 향기, 맛의 차이가 확연히 나타나므로, 목적하는 증류주에 따라서 증류기의 형태를 미리 설정하는 부분이 상당히 중요하고 증류주의 품질을 결정하게 된다.

프랑스에서 제조되는 그레이구스(Grey goose)는 밀로 만든 고급 보드카이며, 단식 증류기로 5회 이상 증류한 후 희석하는 제조법을 이용한다.

곡물 원료의 특징적인 향을 보드카에 부여하기 위해서는, 연속식 증류기를 통해 제조된 중성 알코올(곡물 주정)을 사용하는 것보다 단식 증류 장치를 통하는 방법이 유리하기 때문이다.

단식 증류에서는 메탄올(Methanol, CH_3OH), 에틸아세테이트(Ethylacetate, $C_4H_8O_2$), 아세트알데하이드(Acetealdehyde, C_2H_4O) 등의 성분이 포함된 초류(Foreshot, heads)가 제거되어야 하고, 후류(Tail)에 유출되는 퓨젤 오일(Fusel oil)도 제거되어야 한다.

〈표 8-1〉은 증류 공정 중에 유출되는 대표적인 물질들과 각 물질의 끓는점을 나타내었다. 비교적 낮은 온도에서 생성되는 물질은 분리나 제거를 통해서 제품에 유도되지 않아야 되지만, 높은 온도에서 나오는 물질은 공정상 불필요한 물질의 분리가 어렵고, 발효주의 점도, 증류 장치의 재질, 두께, 가열 방법의 차이, 교반 방식, 증류 장치의 가열온도 등의 조건에 따라 생성량에 많은 차이가 생기고, 생성 물질의 함량 차이는 주질에 직접적으로 영향을 미치게 되므로 세심히 주의할 필요가 있다.

특히, 증류 후반부로 넘어가면 알코올이 발생하는 만큼, 증류기 내부에 남아 있는 술덧의 양이 줄어들고 유동성이 떨어지기 시작한다.

교반 장치가 부착되어 있어도 술덧의 회전 속도는 늦어지게 되므로 점차 눌러붙거나, 고온에 노출되기 시작하여 고급 알코올의 생성이 증가하게 되고, 심한 경우 탄내가 나거나 제품에 가열취가 유도되므로, 규정된 양을 투입하는 증류 방식이 품질 저하 방지에 상당히 중요한 요인이다.

〈표 8-1〉 증류 과정의 유출 물질과 온도

끓는점(℃)	유출 성분	분자식
21	아세트알데하이드(Acetealdehyde)	C_2H_4O
52	아크롤레인(Acrolein)	C_3H_4O
64	메탄올(Methanol)	CH_3OH

72	에틸아세테이트(Ethylacetate)	$C_4H_8O_2$
78	에탄올(Ethanol)	C_2H_5OH
82	이소프로필알코올(2-propanol)	C_3H_8O
97	1-프로필알코올(1-propanol)	C_3H_8O
108	이소부틸알코올(Isobutanol)	$C_4H_{10}O$
128	활성아밀알코올(Active amyl alcohol)	$C_5H_{12}O$
131	이소아밀알코올(Isoamyl alcohol)	$C_5H_{12}O$
162	푸르푸랄(Furfural)	$C_5H_4O_2$

또한, 프리미엄 보드카들은 대개 겨울 밀을 주원료로 사용하는데, 겨울 밀은 재배 기간이 6개월로 일반 밀보다 다소 길다. 그러나 일반 밀에 비해 훨씬 높은 전분 함량을 나타내며 보드카 생산 시 고품질의 보드카를 생산할 수 있는 특징을 가지고 있다.

증류가 완료된 증류주는 일정 시간 경과 후 물을 투입하여 블렌딩한다.

이 공정에서 제품의 특징을 나타내는 첨가물을 투입하다

4) 여과 및 병입

(1) 활성탄 여과

현대의 보드카는 원료 처리나 정제 방법에서 전통과 현대의 접목을 통해 화학적으로 순수하고 무해한 제품 생산을 보장하고 있다. 미국 위스키나 럼의 제조 공정에서도 활성탄 여과를 하는 제품이 있긴 하지만, 보드카 제조 공정 중 활성탄 여과는 특징적인 중요한 공정이다.

보드카 활성탄 여과의 특징은 자작나무 활성탄을 여과에 이용한다는 점과, 소위 물과 알코올의 혼합물을 여과하는 공정이 단순히 활성탄을 처리하는 방식이 아닌 동적여과(Dynamic method) 방식으로, 활성탄으로 충전된 밀폐 컬럼을 액체가 통과하는 가장 효과적인 방식을 취한다는 점이다.

1785년 러시아의 화학자인 로비츠(T. YE. Lowitz)는 나무의 숯과 다양한 식품 간의 장기적인 실험을 통해 숯처리 공정을 개발하여 식품의 산, 물, 꿀, 알코올 등에서 맛을 개선하는 효과를 가져왔다. 보드카 제조 공정에서 알코올의 가벼운 산화를 통해 생성되는 초산, 아세트산 에테르 등의 특징적인 맛을 부드럽게 할 수 있는 기술적인 발전이며, 보드카의 생산에 새로운 시대를 열기 시작했다.

초기에는 너도밤나무, 오크, 라임, 대나무, 포플러나무의 숯을 만들어 사용하였으나, 가장 쉽게 구할 수 있는 자작나무의 숯이 특정한 맛을 형성하기보다는 저렴한 비용으로 인해 널리 사용되기 시작하였으며, 지금까지도 자작나무 숯으로 여과하는 것이 보드카의 중요한 공정으로 남아있다.

장시간은 아니지만 물과 알코올이 충분히 조화롭게 어울리는 시간이 경과한 후, 활성탄 여과를 먼저 진행한다.

탄소필터 처리 과정에서는 다음과 같은 화학 반응이 일어난다.

$$C_2H_5OH + O_2 \rightarrow CH_3COH + H_2O \rightarrow CH_3COOH$$

에탄올 알데하이드 초산

칼럼 여과 과정에서 여과하고자 하는 증류주 흐름의 정지나 속도의 감소는, 첫 번째 단계의 에탄올에서 아세트알데하이드로 가는 산화 반응이, 아세트 알데하이드에서 초산으로 가는 산화 반응보다 가속화되면서 아세트알데하이드의 증가를 유도하게 된다.

활성탄이 충진된 컬럼을 보편적으로 사용하지만 컬럼의 사용도 다음과 같은 단점이 있다.

① 가동초기 및 일시 중단되는 경우 탄소의 알데히드의 무게 점유율이 크게 증가하여 처리 능력이 떨어진다.

② 물과 알코올 혼합물의 처리 속도가 빠르지 않고 시간이 많이 걸린다.

③ 물과 알코올 혼합물의 처리가 불균일하게 된다.

④ 활성탄의 처리 손실이 상당하다.

⑤ 장비의 부피가 많이 차지한다.

⑥ 일반적 장비에 비해 유지 보수가 불편하다

⑦ 흐름에 따른 순차적 운전만 가능하고 일괄 운전이 불가능하여 불편하다.

아세트 알데하이드의 함량 증가는 증류주의 품질 저하를 유도하므로, 적정 규모의 여과 설비, 여과 속도를 유지하여야 보드카 품질을 저하시키지 않는다.

(2) 냉동 여과

활성탄 여과 공정의 다음 단계에서 2차 여과를 실시하며, 제조 과정의 퓨젤 오일이나 지방산(Fatty acid), 백탁(Cloudness) 등을 제거하기 위해 냉동 여과(Chill- filtration)를 진행한다.

지방산, 에스테르, 단백질 등이 증류주를 탁하게 만드는 요인이며, 단식 증류 공정에서 유출되는 알코올의 농도가 46% ABV에 이르면 나타나기 시작하여 그 농도 이하에서는 지속적으로 나타난다. 46% ABV보다 알코올 함량이 높은 경우의 제품은 냉동 여과를 하지 않고 일반 여과를 하여도 백탁 현상이 나타나지는 않는다.

그러나 여과를 하지 않았을 경우에 음용 과정에서 물을 섞거나, 얼음(On the rock)을 넣어 알코올 함량이 낮아지면 흐려지는 현상이 나타난다.

냉동 여과 공정에서 여과판의 수, 여과 속도, 여과 압력, 규조토의 입자 크기 등은 제품의 완성도에 많은 영향을 끼치므로 세심히 운영할 필요가 있다.

이러한 조건들이 충족되지 않을 경우 여과가 잘 진행되다가 후반부에 다시 탁해지는 현상을 흔히 겪을 수 있으며, 필터프레스를 이용하는 약주의 여과와 비슷하다고 판단할 수도 있지만, 입자 크기의 차이가 있는 만큼 다른 양상을 나타낸다.

냉동 여과에 적정한 온도는 원료 조성 성분 중 단백질 함량에 따라 차이가 나지만, 일반적으로 0~-1℃를 기준으로 많이 실시하며, 단백질 함량이 증가하는 경우 증류주의 온도를 점차 내려 여과하며, 심지어 -10℃까지도 내려가는 등 일반 기준보다 더 냉각하여 여과 공정을 진행하여야만 제품의 백탁(Cloudness)이나, 침전의 유발을 방지할 수 있다.

냉각 여과 온도는 원료의 조성 비율에 따라 결정되므로, 모든 증류주의 냉각 온도 및 여과 조건은 서로 차이가 나게 된다.

(3) 미세 여과

병입 전에는 마지막으로 세 번째 단계인 미세 여과(Polishing filtering 혹은 Membrain-filtering)을 진행하여 눈에 보이지 않는 작은 입자를 제거한다.

세 차례의 여과 과정을 마치면 즉시 병입한다.

미국 내 많은 작은 보드카 제조 증류소는 직접 증류하는 곳보다는, 거친 1차 증류주(Rough grain sprits)를 구매하여 재증류하거나 여과만 하여 판매하는 곳도 다수 있다.

02 럼(RUM)

1. 정의 및 기원

사탕수수즙이나 당밀 등의 제당 공정 부산물을 원료로 발효, 증류, 숙성시켜 만든 증류주로써 달콤한 향기와 특유의 맛이 있고, 알코올 함량은 44~45% ABV 정도이다.

우리나라 주세법에는 불휘발분이 2도 미만인 일반 증류주에 속하며, "사탕수수, 사탕무, 설탕(원당을 포함) 또는 당밀 중 하나 이상의 재료를 주된 원료로 하여 물과 함께 발효시킨 술덧을 증류한 것"으로 규정되어 있다.

세계 럼 생산의 대부분은 발생 지역인 카리브 해 및 라틴아메리카에서 생산되며, 다른 생산 국가들은 오스트리아, 스페인, 호주, 뉴질랜드, 피지, 하와이, 필리핀, 인도, 스리랑카, 모리셔스, 남아프리카공화국, 대만, 태국, 일본, 미국 및 캐나다 등이 있으며 특히, 자메이카 럼이 가장 유명하다.

반면에 카리브 해의 프랑스 문화권에서는 럼을 생산하지 않는 곳이 많이 있다. 남미의 브라질에서는 사탕수수 주스(즙)를 발효시킨 증류주를 '카샤사'(Cachaca)라고 부르며 럼과 유사하다. 럼은 지역 및 언어권에 따라 Rum(영어), Ron(스페인어), Rhum(프랑스어) 세 가지 명칭으로 불리며, 신대륙 개척자의 원고장인 유럽에 수출되는 첫 번째 럼은 1793년 수출되었다.

유럽연합에서 럼의 규정은,

① 설탕 제조에서 생성된 당밀, 시럽 또는 사탕수수의 즙을 원료로 하여 알코올 발효와 증류를 통해 제조된 96% ABV 이하의 알코올 함량을 가진 럼의 특징을 나타내는 증류주를 말하며

② 사탕수수의 즙을 알코올 발효와 증류를 통해 얻은 증류주가 럼의 특징이 나타나야 하며, 휘발 성분이 최소 225g/hl(100% ABV 기준)를 나타내는 증류주를 말한다.

2. 역사 및 현황

사탕수수의 재배는 동남아시아(뉴기니, 말레이시아, 인도네시아 등) 일대에서 먼저 시작된 것으로 보고 있으며 여전히 인도네시아[Batavia Arrack, 50% ABV, 사탕수수와 쌀(Red rice)의 혼합]에서는 럼을 만들고 있다.

사탕수수의 이동 경로는 중국 상인들에 의해 아랍 상인에게 소개하였고, 이들을 통해 유럽으로 이동하여, 대서양의 아열대 기후인 포르투갈령 아조레스(Azores)제도나, 카나리아(Canary)제도 등지에서 재배되었다. 콜럼버스는 두 번째 신대륙 항해(1493)에 사탕수수를 가져가 지금의 도미니카공화국에서 최초의 재배를 시작하게 되었다.

그 후 포르투갈의 탐험가들이 남아메리카로 이동하여 브라질 북부 지역에서 재배가 시작되었고, 16세기에 중엽에 이르러 사탕수수 찌꺼기로 발효, 증류한 것을 브라질 카샤사의 시초로 보고 있다.

카리브 지역은 푸에르토리코에서 1526년에 럼을 생산한 기록이 있으며, 바베이도스에서는 1600년경에 럼을 생산하였다.

멕시코에도 테킬라 외에도 차랑데(Charande)라는 사탕수수로 만든 럼과 유사한 제품이 미초아칸(Michoacán) 주에 대중적으로 소비되고 있다. 달콤한 버터 맛에 바닐라향이 나는 제품이다.

브라질의 카샤사의 생산도 몇 세기 동안 꾸준히 이어오면서 상당한 규모를 유지하고 있는데, 오늘날 연간 150만KL(2009) 정도 생산되고, 그중 4만KL 정도는 수출하고 있다.

3. 럼의 형태 및 종류

증류주 중에서는 원료, 생산 방법 등의 차별화로 인해 럼이 가장 다양한 종류와 품질을 나타내고 있다.

럼은 일반적으로 세 가지 범주로 나뉜다.

1) 라이트(Light) 또는 실버(Silver) 럼

2) 미디엄(Medium) 숙성된 골드(Gold) 럼

3) 향과 맛이 강한 헤비(Heavy) 럼

럼은 공정상 증류, 숙성, 블렌딩의 차이로 인해 풍미가 가벼운 라이트 럼, 미디엄 럼, 풍미가 중후한 헤비 럼으로 나뉜다. 색깔도 무색투명한 것에서부터 짙은 갈색까지 다양한 종류의 술이 있다.

이 같은 구분은 발효법, 증류법에 따라 결정하며 특히 헤비 럼은 다른 럼보다 숙성 기간이 길어야 한다. 럼은 블렌딩 기술에 따라 크게 좌우되며 착색은 캐러멜로 하기도 한다.

대체적으로 플로리다 반도 북부의 섬들이 라이트 럼을 생산하며 남쪽으로 내려갈수록 헤비 럼으로 되는 경향을 보이고 있다. 그리고 스페인어 사용 지역에서 라이트 럼, 영어 및 프랑스어 사용 지역에서 헤비 럼을 생산하는 경향도 보이고 있다.

쿠바의 럼 제조는 비록 국유화되어 있지만, 하바나클럽(Havana club)으로 대표되는 쿠바 럼은 〈표 8-2〉에 나타내었듯이 다양한 형태를 띄고 있다.

〈표 8-2〉 관능적 특징에 따른 쿠바 럼의 분류

럼 종류	관능적 특징
Rums Anejos	짙은 갈색의 럼으로 아로마와 숙성 톤이 강하며 단맛이 특징적
Rums Carta Blanca	엷은 황색으로 아로마가 약하며 단맛이 적음
Rums Carta Oro	황금색이며 아로마가 강함
Rums Refinos	무색이며 매운 풍미가 특징적이고 드라이한 맛
Rums Palmas	황색이며 약한 아로마가 특징적이며 약간 단맛
Rums Viejos	황색이며 약한 아로마가 특징적이며 드라인한 맛
Rums Vinados	짙은 황색이며 포도주 풍미와 단맛이 특징적
Rums Cana	무색이며 매운 풍미를 나타내고 사탕수수 냄새가 특징적

럼은 풍미에 의한 분류 이외에도 색상에 따라 분류되기도 한다. 즉 무색이거나 색이 아주 엷은 것은 화이트(White) 럼, 황금색 내지 호박색의 것은 골드(Gold) 럼, 그리고 농갈색인 것은 다크(Dark) 럼으로 부른다. 화이트 럼은 오크통 숙성을 하지 않은 것이고 다크 럼은 장기간의 오크통 숙성을 한 경우가 많으나 럼의 탈색 및 착색이 용이하므로 색상만 가지고 일률적으로 숙성 기간을 판단하기는 어렵다.

헤비 럼은 원료인 당밀에 발효액의 일부를 넣고 발효시켜 단식 증류기로 증류하여 4년 이상을 숙성시킨 것으로 맛과 향이 중후하여 좋다. 감미가 강하고 짙은 갈색으로 특히 자메이카산이 유명하다.

미디엄 럼은 헤비 럼과 라이트 럼의 중간 형태로 골드의 중간색으로 서양인들이 위스키나 브랜디의 색을 좋아하는 기호에 맞추어 캐러멜(Caramel)로 착색한다. 주요 산지로는 도미니카, 남미의 기아 등이 유명하다.

라이트 럼은 당밀에 순수 효모를 넣고 발효시켜 연속 증류기로 증류하여 숙성시킨 것으로 드라이 한 맛이 칵테일에는 잘 어울린다. 이를 화이트 럼 또는 실버 럼이라고도 한다. 담색 또는 무색으로 칵테일의 기본주로 사용된다. 쿠바산이 제일 유명하다. 그래서 럼은 해적들의 술이라고도 하지만, 럼을 시거와 더불어 쿠바 혁명의 원동력이 되었다고 말하기도 한다.

쿠바 외에 럼 생산국가들은 카리브 해 주위에 밀집되어 있으며, 각 국가별 특징은 〈표 8-3〉에 나타내었다.

〈표 8-3〉 카리브해의 럼 생산 국가 및 특징

국가별	내 용
바베이도스 (Barbados)	카리브 해의 최초 럼 생산 국가이며 가장 오래된 1663년에 설립된 마운트 게이(Mount Gay) 증류소가 있다.
도미니카공화국 (Dominican Republic)	향기가 강한 숙성된(Heavy) 럼 제조가 특징이다.
과달루페 (French-Guadeloupe)	프랑스 분류의 럼 아그리콜(Rhum Agricole)과 럼 인더스트리얼(Rhum Industrial)을 생산함 프랑스산 오크통에서 3년 이상 숙성된 럼이다.
과테말라, 니카라구아 (Guatemala Nicaragua)	잘 숙성된 중간 단계(Medium bodied)의 럼이 주종을 이룬다.
아이티 (Haiti)	프랑스의 전통적인 럼 제조 방식을 따르고 있으며, 2회 증류하여 3년 이상 숙성하는 향기가 풍부한 럼을 생산하고 있음
가이아나 (Guyana)	데마라라(Demerara) 강 근처에서 생산되는 사탕수수로 만드는 맛이 아주 강한 데마라라 럼이 특징이다. 다른 지역과 차별화된 증류기를 사용하며, 라이트한 다른 지역의 럼과 블렌딩 용도로 많이 사용된다.
자메이카 (Jamaica)	럼의 구분법을 독자적으로 시행하는 자부심이 강한 지역이고, 아주 강하며 향기로운 럼을 생산함
쿠바 (Cuba)	럼의 유명한 산지이지만 카스트로 집권(국유화) 이후로 개별 생산품의 장점이 사라져 버렸으며, 라이트하고 깔끔한 맛이 특징이다.
마르티니크 (Martinique)	카리브 해 동부에 있으며, 대부분의 증류소들이 있는 프랑스령 섬이다. Rhum Agricole과 rhum Industrial을 생산하며 프랑스의 브렌디 오크통에서 3년 이상 숙성한다.

푸에르토리코 (Puerto Rico)	럼에 대한 규정이 강한 국가이며, 푸에르토리코의 주세법은 라이트 럼은 1년 이상 숙성, 헤비 럼은 3년 이상 숙성하여야 병입을 할 수 있도록 규정하고 있다.
버진아일랜드 (Virgin Islands)	가벼운 라이트 럼이 생산품의 대부분을 차지한다.
트리니다드 토바고 (Trinidad And Tobago)	라이트 럼이 대부분 제품이며 상당히 많은 양을 수출하는 국가이다.

4. 원료

럼 제조에 사용되는 원료는 사탕수수나 설탕 제조 후 남은 부산물을 이용하는 것이며 주로 사용되는 원료는 다음과 같다.

① 사탕수수, 사탕수수 압착 설탕즙, 설탕 시럽

② 설탕 제조 부산물 등

③ 당밀

④ 설탕이 함유된 세척수

⑤ 사탕수수를 압착한 찌꺼기

그 외 특수한 향을 강조하는 럼 제조를 위해 럼주박을 이용하는데 럼주박을 열대 온도에서 구덩이에 수일간 저장하고 미생물에 의한 산성화 과정을 거친다. 이때 산도는 30g/l에 달하며 그중 30%는 휘발산인 초산(CH_3COOH), 뷰틸산 및 비휘발산인 젖산 등이 분포하게 된다. 여기에 사탕수수 즙과 사탕수수 끓일 때 생성되는 거품 및 럼주박을 사탕수수 잎과 줄기가 들어있는 통에 넣어 자연 발효 과정을 거쳐 럼을 생산한다. 럼의 맛과 향을 다양하게 하기 위해 과실즙이나 와인 및 오크칩 등을 첨가하여 제조하기도 한다.

1) **설탕**(Sugar) & **당밀**(Molasses)

당밀은 사탕수수나 사탕무에서 자당을 정제시키고 남은 끈적끈적한 액체이며 트리클(Treacle)이라고도 부른다.

먹을 수 있는 것은 당 함량이 높으며 보통 부분적으로 탈색되어 있다. 럼주를 만드는 데 일부 사용되기도 하나 주된 용도는 동물의 사료이다.

1948년 이전에는 당밀을 발효시켜서 공업용 에틸알코올을 제조했지만, 오늘날 에틸렌으로

부터 합성하게 되면서 당밀의 수요가 줄고 있다. 원심 분리로 당을 제거한 당밀은 사탕수수나 사탕무의 불순물이 그대로 남아 있다. 사탕수수로 만든 당밀에는 보통 포도당과 과당의 혼합물인 전화당이 14% 함유되어 있으나, 사탕무로 만든 경우에는 1%밖에 안 된다.

사탕수수 줄기는 평균적으로 12~14%의 자당(Sucrose)이 포함되어 있다.

처리 과정은, 세척한 사탕수수 줄기(Stalks)를 대형 회전 칼에서 잘게 자른 다음 대형 롤러를 통과시켜 즙을 짜낸다.

제조 과정에서 즙에다 석회를 첨가하면 이산화탄소가 발생하며, 이 과정에 형성된 탄산칼슘은 침전시켜 제거한다.

정제된 즙은 농축 과정의 캐러멜화(Caramelization)를 방지하기 위해 진공 농축을 진행하면 갈색의 즙으로 농축된다.

마지막 단계에서 수분이 제거되면, 분쇄된 설탕은 진한색의 결정을 형성한다. 이러한 결정은 원심 분리시켜 황금색 원당을 만들게 된다.

원당은 약 96~98% 자당으로 당밀의 얇은 막과 설탕, 물, 식물 재료, 무기물을 함유하는 진한 시럽 및 다른 비당류에 의해 덮여 있다. 당밀의 조성은 설탕 제조 장치의 효율 및 사탕수수에 따라 달라진다.

2) 사탕수수(Sugar cane)

2012년 FAO 통계에 따르면 사탕수수는 전 세계적으로 연간 18억 3000만 톤 정도 수확되고 있으며, 90개 이상의 국가에서 약 26만 ha에서 재배된다고 추정하고 있다. 사탕수수의 종은 〈표 8-4〉에서 보듯이 전 세계에 걸쳐 다양한 종이 있으며, S. robustum 이 원래의 종으로 간주되고 있다.

〈표 8-4〉 사탕수수의 종

명 칭	재배 지역	명 칭	재배 지역
Saccharum alopecuroidum	미국	*Saccharum vilosum*	남미
Saccharum angustifolium	남미	*Saccharum longesetosum*	인도차이나
Saccharum arundinaceum	동남아, 뉴기니	*Saccharum maximum*	태평양 섬들
Saccharum asperum	남미	*Saccharum narenga*	인도차이나
Saccharum baldwinii	미국	*Saccharum officinarum*	뉴기니 등

Saccharum beccarii	수마트라	*Saccharum perrieri*	마다가스카르
Saccharum bengalense	인도, 이란 등	*Saccharum procerum*	인도차이나
Saccharum brevibarbe	미국	*Saccharum ravennae*	유럽, 아시아
Saccharum coarctatum	미국	*Saccharum robustum*	뉴기니
Saccharum contortum	미국	*Saccharum rufipilum*	인도차이나
Saccharum fallax	중국, 동남아	*Saccharum sikkimense*	히말라야(동)
Saccharum filiforium	아프가니스탄	*Saccharum spontaneum*	아시아등
Saccharum formosanum	남중국	*Saccharum stewartii*	히말라야(서)
Saccharum giganteum	쿠바, 자메이카	*Saccharum strictum*	이탈리아등
Saccharum griffithii	방글라데시	*Saccharum velutinum*	말레이반도
Saccharum hildebrandtii	마다가스카르	*Saccharum wardii*	부탄, 미얀마
Saccharum kajkaiense	이란, 파키스탄	*Saccharum williamsii*	네팔

사탕수수는 벼과(Gramineae)에 속하는 크고 굵은 다년생 식물이며, 열대 및 아열대 지방에서 널리 재배된다. 지금의 뉴기니에서 최초로 재배한 것으로 보이며, 인류가 이동한 경로를 따라 동남아시아, 인도, 폴리네시아로 전파되었다.

성숙한 줄기는 키가 3~6m 정도이고 지름이 2.5~5㎝이다. 강수량이 1,500㎜가 넘는 곳이나 물이 충분히 공급되는 곳에서 잘 자라며, 질소, 인, 칼륨 비료를 많이 주어야 한다. 사탕수수는 60가지 이상의 병해에 쉽게 노출되어 있지만 다행히 전 세계에 동시 다발적으로 발생하지는 않는다. 그러나 특정한 질병에 대한 저항성이 있는 품종을 얻기 위하여 활발한 육종(育種)이 행해지고 있다.

〈표 8-5〉 사탕수수 생산 국가와 생산량 (FAO)

생산량별 국가 순위(2013)	
국가명	생산량(단위 metric tons)
1. 브라질	739,267,000
2. 인도	341,200,000
3. 중국	125,536,000
4. 태국	100,096,000

5. 파키스탄	63,750,000
6. 멕시코	61,182,000
7. 콜롬비아	34,876,000
8. 인도네시아	33,700,000
9. 필리핀	31,874,000
10. 미국	27,906,000
합 계	1,877,105,000
2013년 경작률 70.77t/ha	

아시아가 최대 규모의 생산지이고 남아메리카, 북아메리카 순이다. 설탕을 얻는 방법에는 큰 쇠 롤러로 줄기를 파쇄하여 섬유에서 설탕즙을 짜내는 방법과, 뜨거운 물이나 주스에 잘게 자른 줄기를 녹여 설탕을 분리해내는 확산 방법의 2가지가 있다. 이렇게 얻은 즙은 설탕 외의 성분을 없애기 위해 정제한 뒤 물을 증발시킨다. 그 결과 생기는 시럽 혼합물 용액을 설탕이 결정으로 나타날 때까지 끓여 마세큐트(Massecuite)를 만든 후, 다시 마세큐트를 원심 분리시켜 설탕을 얻는다. 당밀은 즙에서 설탕이 결정화된 뒤 남은 시럽으로서 럼주를 만들거나 농장의 동물 먹이로 사용한다.

사탕수수의 구성 성분은 〈표 8-6〉에 나타내었다.

〈표 8-6〉 사탕수수의 성분(%)

파쇄용 사탕수수	수분	73-76%		
	고형물	24-27	섬유소 11~16 수용성 성분 11~16	
압착즙 구성성분	당분	75-92	자당 70~88 포도당 2~4 과당 2~4	
	염분	3.0-4.5	무기산 1.5~4.5	
			유기산 1~3.0	카르복실산 1.1~3.0 아미노산 0.5~2.5

압착즙 구성성분	비당분	단백질 0.5~0.6 전분 0.001~0.1 검 0.30~0.60 왁스, 지방 0.05~0.15
	기타	3.0~5.0

럼은 사탕수수, 당밀 어느 재료를 사용하여도 가벼운 향기를 함유하고 있으며, 장시간의 발효 과정, 증류 공정, 오크통 숙성 과정을 거치면서 더 많은 향기를 가지게 되고 진해진다.

또한, 당밀에는 럼의 향기를 강화하고 특징짓게 하는 화합물이 존재하며, 지방족 화합물(Aliphatic), 알데하이드(Aldehyde), 방향족 에스테르(aromatic esters), 알코올(alcohol), 퓨란 유도체(furan derivatives), 핵산(nucleic acids), 당 알코올류(sugar alcohols), 아미노산 및 다른 유기산들이며 〈표 8-7〉에 나타내었다.

〈표 8-7〉 당밀의 방향족 화합물

산 (Acids)	Formic acid. Acetic acid Propionic acid *n*-Burtyric acid *n*-Valeric acid Aconic acid. Benzoic acid Citric acid. Glycolic acid Lactic acid. Malic acid Mesaconic acid Succinic acid Tricarballyc acid	질소화합물 (Nitrogenous compounds)	Acetyl pyrrole Alanine. *ß*-Alanine *γ*-Aminobutyric acid Asparagine Aspartic acid. Cystine Glucosamine Glutamic acid Glutamine, Glycine Histidine, Homoserine Isoleucine . Leucine Lysine, Methionine Phenylalanine Pipecolic acid Proline. Serine Threonine. Tryptophan. Tyrosine Valine
알코올 (Alcohols)	Ethanol Propanol 2-Methyl-1-propanol 2-Methyl-2-butanol 3-Methyl-1-butanol Furfuryl alcohol Melissyl alcohol Pheylethyl alcohol		

카보닐 화화물 (Carbonyl compounds)	Acetaldehyde, Furfural 5-Methylfurfural Acetyl benzaldehyde *o*-Methoxybenzaldehyde Furfuryl methyl Ketone d- Valerolactone (-)-2-Decano-5-lactone	페놀 화합물 (Phenolic compounds)	Phenol *m*-Cresol, Guaiacol Salicylic acid Resorcinol Vainillic acid Syringic acid p-coumaric acid Vainillin
에스테르 (Esters)	Ethyl formate Ethyl acetate Isoamyl acetate Methyl benzoate Ethyl benzoate Benzyl formate Phenethyl acetate	당 알코올 (Sugar alcohols)	D-Arabitol D-Erythriol Myo-Inositol D-Mannitol
에테르 (Ethers)	Anisole Phenetole Benzyl ethyl ether Furfuryl ethyl ether	기타	2-Acetylfuran 4-Methyl-2-propyl furan

5. 제조 공정

럼의 제조 공정은 사탕수수를 압착하여 즙을 짜고, 끓여서 당밀을 만들고, 희석하여 당도를 조절한 후에 발효를 한다. 발효가 완료되면 증류를 진행한 후, 장단기 숙성을 하여 제조하는 공정이다.

밭에서 수확한 신선한 사탕수수 원료의 세척과 살균을 시행하는 목적은, 발효 과정의 향미 성분을 개선시키고, 발효 물질이 아닌 흙과 재 등을 제거하기 위함이다.

이 공정에서 부분적인 가열 살균은 식물에 존재하는 미생물을 파괴할 수 있으나, 내열성 박테리아는 제거되지 않는다.

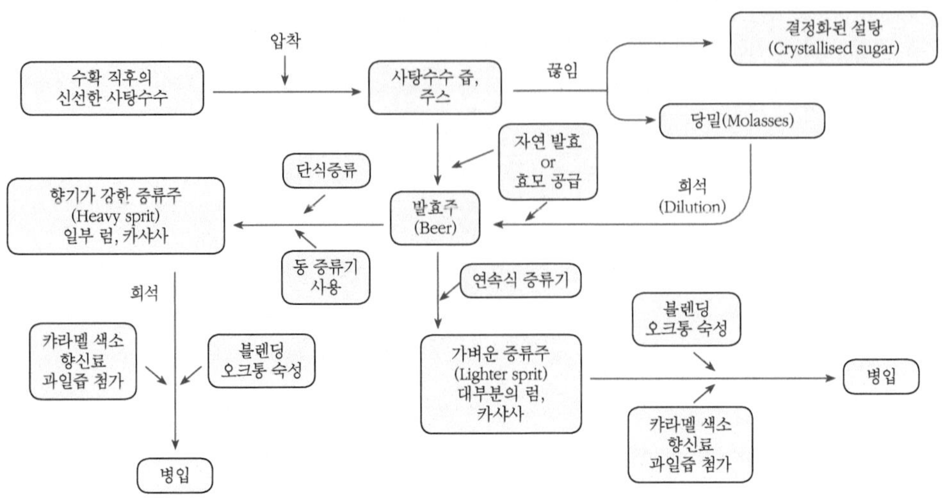

【그림 8-2】 럼 및 카샤사 공정

압착된 사탕수수즙을 끓이게 되면, 결정화된 설탕과 당밀이 생성되는데, 이때 당밀을 희석하여 럼의 발효에 사용하게 된다.

발효 기간은 24시간부터 3주 내에 이루어지고, 목표하는 럼주에 따라서 향기가 강한 럼의 제조는 단식 증류기를 통과하고, 라이트 럼처럼 가벼운 느낌의 럼은 연속식 증류기를 사용하여 증류하는 방식으로 나누어진다.

그 후 숙성용과 비숙성용으로 나누어지고, 향료, 과일즙 등을 첨가하여 럼을 완성시킨다.

럼 제조의 최종 공정도 냉동 여과를 실시하여 병입한다.

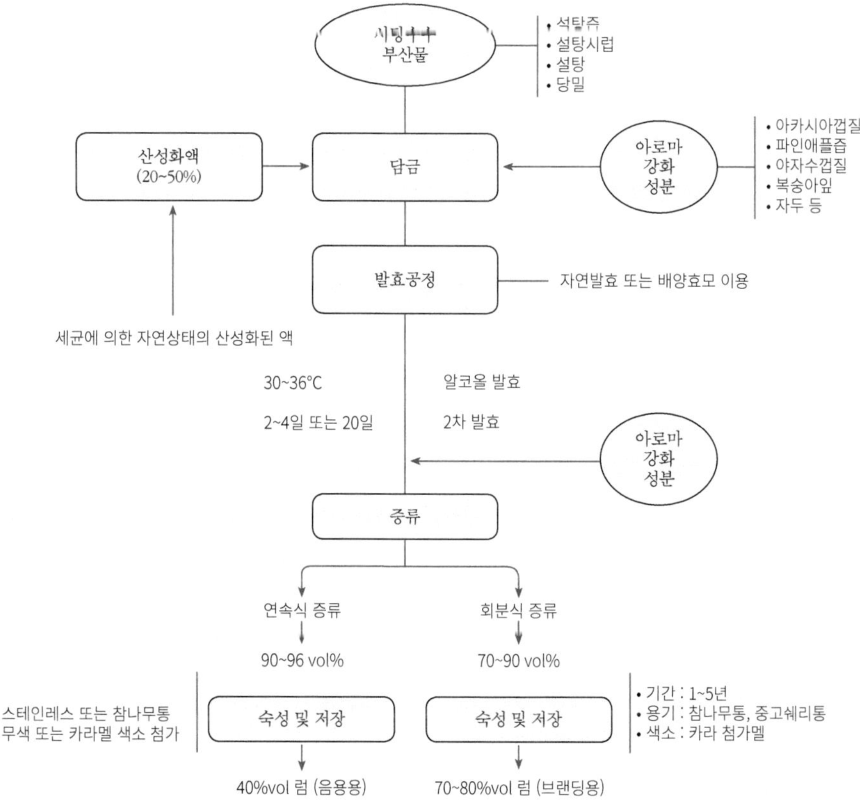

【그림 8-3】 럼 제조 공정도

1) 원료 혼합

당분이 50~60%의 사탕수수 당밀, 설탕즙, 설탕 시럽, 사탕수수 압착액을 물과 혼합하여 당도를 18~21%로 조정한다.

당밀은 물과 혼합하여 끓인 후, 30~36℃로 냉각하며, 당밀은 인산(H_3PO_4)이 부족하므로 영양원인 인(P)을 보충하여 효모 증식이 잘되게 한다.

당즙에서의 인산과 질소(N)의 비율이 1 : 5 정도가 적정 비율이므로 오산화인 (P_2O_5)은 당밀의 0.2~0.5% 정도 투입한다.

또한, 총질소량이 당밀 대비 1% 이상이라면 질소를 추가할 필요가 없지만, 1% 정도의 질소량은 0.2~0.5%의 황산암모늄[$(NH_4)_2SO_4$]이나 인산이암모늄 (DAP-Diammonium phosphate)이 섞여져야 한다.

인산이암모늄은 황산암모늄보다 고가이지만, 증류 장치 내부에 스케일 형성이 적게 되어 증류 장치 관리에 효율적이므로 증류주 품질관리에 적합하다.

사탕수수의 재배 시에 황산염(Sulfate)이나 요소(Urea)를 비료로 많이 사용한다. 요소는 발효 과정에 알코올과 결합(Urea+Ethanol=Urethan)하여 에틸카바메이트(Ethyl carbamate)를 생성하며, 일반 증류기는 증류주로의 이송을 막거나 감소시킬 수 없어서 제품에 유도되므로 사용하지 않는 것이 좋다.

기본적으로 다량의 질소는 증류주에서 유해물 생성이 많아지므로, 우수한 증류주의 생산을 위해서는 비료의 선택도 상당히 중요한 요인이다.

발효액의 적정 총당 함량은 11.0~13.5g/100ml 정도이다.

2) 발효 조건

럼의 종류에 따라 발효 기간은 달라지지만, 라이트 럼은 짧게는 24시간 정도부터 바디가 강한 다크 럼은 길게 3주 정도의 발효 기간을 거친다. 라이트 럼은 주정의 생산처럼 연속식 증류기로 증류하게 되지만, 다크 럼은 단식 증류기로 2회 정도 증류를 하게 된다.

라이트 럼을 제외한 기타 럼들은 일반적으로 72시간 이상 발효시킨다.

특히 온도가 높은 지역이므로 안정적인 초기 발효 조건을 확보하는 것이 매우 중요하다. 발효에 적정한 pH 5.0~5.2로 조정하여 발효 초기에 발생할 수 있는 외부 오염을 방지해야 하며, 정상적인 발효 종료 후 pH는 3.5~4.0 정도가 된다.

pH 조건은 안정적인 발효에 상당히 중요한 요인이다.

〈표 8-8〉 럼 발효주 적정 조건

	Start(초기)	End(종료)
당도	13.5~25 brix	0
산도	2~3.5	
pH	5.0~5.2	3.9
총당(Total sugar)	11.0~13.5(g/100ml)	
질소(N)	7.5~100(g/100ml)	
인산/오산화인	15~20(mg/100ml)	
발효 기간	72hrs, 최대 96~120hrs	
알코올	5~10% ABV	

자연 상태에 노출하여 야생 효모를 이용한 발효 방법과 인위적인 건조 효모 혹은 배양 효모를 투입하는 발효로 그게 나뉜다.

럼주 효모는 발효 과정에서 생성되는 산과 결합하여 상쾌한 에스테르를 생산하는 효모를 사용하며 다음과 같은 효모를 주로 사용한다.

〈표 8-9〉 럼 발효용 효모 종류

	제품명	제조사
1.	EDV 46 TM	Lallemand
2.	EDV 493 TM	Lallemand
3.	Superstart	Ethanol Technology
4.	K1 TM	Lallemand
5.	WLP720-Sweet Mead Yeast	White laps America

3) 발효의 종류

발효의 형태는 다음과 같이 세 가지가 있다.

(1) 천연 발효

야생 효모를 이용한 발효 방법으로 람빅(Lambic) 스타일 맥주를 만들기 위해 맥주 업계에서 사용되는 방법과 유사하다. 양조장은 자연적으로 공기와 접촉하게 되고, 설탕(자당)으로 변환할 수 있는 사탕수수 주스를 발효하는 효모는 야생에 의존하고 있다. 천연 발효 과정은 개방된 용기에서 일어나므로 자연적으로 공기와의 접촉이 많아진다. 발효 온도는 최대 37℃까지도 올라가며, 발효 기간은 용량에 따라 차이는 있지만 1~2주 정도에 완료된다.

(2) 다단 담금법

Controlled fermentation(batch) 방법은, 일반적인 발효법으로서 천연 발효의 위험을 줄이기 위해 효모를 인위로 투입한 현대적인 방법이다. 일반적으로 효모 배양 단계를 거쳐서 사탕수수의 즙을 더 많이 투입하므로, 분리 담금의 형태를 띠고 있다. 즉, 2~3단 담금을 진행한다. 1단 담금 후 48~60시간 경과 후에 다음 담금을 진행한다. 럼 발효에 가장 많이 사용하는 효모는 *Saccharomyces cerevisiae* 〈표 8-10〉이지만, 아주 강한 풍미를 가진 술을 만들기 위해 *Schizosaccharomyces pombes*를 사용하는 제품도 있다.

〈표 8-10〉 사탕수수 즙과 당밀에서 분리된 효모균

구 분	종 류
Candida 속	*Candida guilliermondii*
	Candida intermedia
	Candida krusei
	Candida mycoderma
	Candida parapsilosis var. intermedia
	Candida pseudotropicalis
	Candida saccharum
	Candida tropicalis
Hasenula 속	*Hansenula anomala*
	Hansenula minuta
Saccharomyces 속	*Saccharomyces aceti*
	Saccharomyces acidifaciens
	Saccharomyces carlsbergensis
	Saccharomyces cerevisiae
	Saccharomyces chevalierie
	Saccharomyces delbrueki
	Saccharomyces rosei
	Saccharomyces rouxii
	Saccharomyces ludwigii
Schizosaccharomyces 속	*Schizosaccharomyces pombe*
Torulopsis 속	*Torulopsis candida*
	Torulopsis glabatira
	Torulopsis glabrata
	Torulopsis globosa
	Torulopsis saccharum
	Torulopsis stellata

기타	*Endomyces magnusii* *Kloeckera apiculata* *Pichia fermentan* *Pichia membranaefaciens*

(3) 연속 발효

Controlled fermentation(continuous)연속 발효 방법은 연속적으로 희석된 당액을 주 발효 탱크에 공급하고, 발효 탱크 내부에는 효모에 의한 당 소모가 진행되어 알코올이 생성된다. 즉, 발효 탱크는 효모 배지의 역할과 발효 탱크의 역할을 동시에 하면서 지속적인 원료 공급과 효모 증식, 알코올 생성이 연속적으로 일어난다. 연속 발효 개념은 럼 업계에서는 비교적 새로운 시도이지만, 미생물이나 의료 산업 분야에서는 널리 이용되고 있다. 아로마가 풍부한 럼 제조를 위해서는 알코올 발효와 2차 발효가 원활히 진행되어야하며, 특히 2차 발효를 통해 생성된 다양한 산이 알코올과 고급 알코올과의 반응을 통해 에스터를 생성하여 럼 풍미를 강화시키는 역할을 하게 된다. 2차 발효는 숙성과 저장 공정에서도 일부 진행되는 경우도 있다. 럼 아로마는 이미 원료인 사탕수수나 기타 사용된 원료에서 기인한 것이다. 전체 발효 공정은 온도, pH 및 미생물의 종류에 영향을 받으며 발효 온도는 일반적으로 32~35℃이며 알코올 발효를 위해서는 3~5일이 소요된다. 또한 럼 특유의 풍미를 위해서는 2차 발효를 통해 생성되는 산의 함량이 중요하며 충분한 산 생성을 위해서는 20일 정도의 2차 발효 기간이 필요하다. 사탕수수 즙과 당밀 및 사탕수수 압착액 등에는 다양한 효모들이 함유되어 있다. 럼 아로마에 영향을 미치는 주요 효모에는 *Schizosaccharomyceten*과 에스터를 생성하는 효모인 *Hansenula anomala*가 있다. 세균에 의한 산성화 과정에는 초산균, 젖산균 및 클로스트리움(*Closterium*) 등이 있다.

4) 럼의 향기에 영향을 미치는 요인

① 사탕수수(Sugar cane) 재배 방식, 수확 시기

② 당밀(Molasses)의 순도

③ 증류 횟수, 방식

④ 알코올의 농도

⑤ 발효 온도

⑥ 초기 pH 값

⑦ 유기산

⑧ 저장 방식

숙성 기간, 발효 온도의 제어를 통해 생성되는 에스테르의 양을 조절하게 되며 완벽한 발효를 유도하게 된다. 에스테르의 생성을 조절하면 초류의 생성량은 저감되지만 향기는 증가한다. 발효 온도는 섭씨 30℃ 정도의 최적의 온도로 유지하여 발효를 진행한다.

발효 후 약 72시간이 경과하여 알코올 발생이 7% ABV에 도달하면 증류를 위해 이송한다.

향기와 맛을 위해 발효 기간을 좀 더 길게 하는 경우도 있다.

럼 제조 공정의 단식 증류 과정에서 더 많이 생성되는 고급 알코올(Higher alcohols)도 럼의 향기에 영향을 미치게 되는데, 이소아밀 알코올(3-methyl-1-butanol), 이소부탄올(2-methyl-1-propanol), 활성아밀 알코올(2-methyl-1-butanol), 프로판올(Propanol), 2-부탄올(2-butanol), 1-프로파놀(1-propanol) 등이 있다.

〈표 8-11〉 럼 종류에 따른 고급 알코올의 함량 비교

단위:mg/100mL 순수알코올

럼 타입	발효부산물	Propanol	Isobutanol	2-methylbutanol-1 and 3-methylbutanol
자메이카 럼	900 이상 mg/100ml	194~2890	3~77	7~317
	280~900 mg/100ml	31~514	13~96	38~239
	60~280 mg/100ml	5~49	5~46	5~125
서인도제도 럼	280 mg 이상 /100ml	39~472	16~75	84~246
브랜딩 럼		65	12	31

럼의 향기에 영향을 미치는 요인 중 하나는 다양한 유기산이다.

지방산 합성 경로를 통해 *Saccharomyces cerevisia*의 배양 증식 과정에서 초산이나 지방산(Fatty acid) 등의 유기산이 생성된다.

증류주 제조에서 산은 자체로도 향기를 활성화시키지만, 산은 향기 생성 물질의 전구체이

며, 발효 과정에서 생성되는 지방산은 증류 공정에서 증류주로 쉽게 이송된다. 강한 풍미를 나타내는 헤비 럼에서 초산이 대부분인 총산의 함량은 보통 100~600mg/L 정도이다.

헤비 럼은 라이트 럼보다 훨씬 많은 휘발산을 함유하고 있고, 숙성 과정에서도 산화로 인해 많은 양의 산이 생성된다.

〈표 8-12〉 럼에 함유된 지방산

Short-chain fatty acids	Long-chain fatty acids
Acetic acid	Octanoic acid
Propionic acid	Decanoic acid
Isobutyric acid	Lauric acid
Butyric acid	Myristic acid
Acrylic acid	Palmitoleic acid
Isovaleric acid	Palmitic acid
Valeric acid	Linoleic acid
2-ethyl-3-methyl butyric acid	Oleic acid
Hexanoic acid	Stearic acid
Heptanoic acid	

오크통 저장 중 알코올에 추출되어 향기에 영향을 주는 물질은 살리실산(Salicylic acid), 쿠마린산(4-hydoxy-cinnamic acid), 갈산(Gallic acid), 클로로겐산(Chlorogenic acid) 등이 있다. 럼에 존재하는 기타 산을 〈표 8-13〉에 나타내었다.

〈표 8-13〉 럼에 함유된 방향족 카르복실산

Benzoic acid	Gallic acid
Salicilic acid	Vainillic acid
p-Hydroxybenzoic acid	p-Hydroxycinnamic acid
Gentisic acid	4-Hydroxy-3,5-dimethoxy-benzoic acid
o-Pyrocatechuic acid	4-Hydroxy-3-methoxy-cinnamic acid

럼의 향기에 영향을 미치는 중요한 화합물은 에스테르(Esters)이며, 럼에서 과일향 계열의 향을 주로 나타낸다. 럼에서 생성되는 주된 에스테르는 에틸 아세테이드(Ethyl acetate), 데칸산에틸(Ethyl decanoate) 등이 있다. 상당히 많은 종류의 에스테르가 존재하며 다양하고 복잡한 향을 내는데 영향을 끼치고 있다.

〈표 8-14〉 럼에 함유된 지방족 카르복실산 에스테르

Ethyl formate	Ethyl valerate	Ethyl undecanoate
Methyl acetate	Hexyl acetate	Isobutyl dodecanoate
Ethyl acetate	Isopentyl propionate	Isobutyl duodecenoate
Isobutyl formate	Isobutyl butyrate	Ethyl laurate
Propyl acetate	Ethyl hexanoate	Isopentyl decanoate
Ethyl propionate	Ethyl heptenoate	Ethyl mysistate
Isopentyl formate	Isopentyl butyrate	Isopentyl laurate
Isobutyl acetate	Ethyl heptanoate	Ethyl pentadecanoate
Butyl acetate	Methyl octanoate	Methyl palmiatete
Sec-Butyl acetate	Phenethyl acetate	Phenetyl decanoate
Propyl propionate	Isopentyl valerate	Ethyl-9-hexadecenoate
Ethyl isobutyrate	Ethyl octanoate	Ethyl palmitate
Ethyl butyrate	2-Methylbutyl hexanoate	Propyl palmitate
Isopentyl acetate	Isopentyl hexanoate	Ethyl linoleate
Isobutyl propionate	Ethyl nonanoate	Ethyl oleate
Propyl butyrate	Methyl decanoate	Ethyl stearate
Ethyl 2-methylbutyrate	Ethyl decanoate	Isopentyl palmitate
Ethyl isovalerate	Isopentyl octanoate	

럼의 향기에 지방족 카르보닐 화합물이 미세하게 영향을 끼치는 것으로 알려져 있으며, 럼에서 분석되는 카르보닐 화합물은 다음과 같다.

〈표 8-15〉 럼에 함유된 카르보닐 화합물

Higher aliphatic aldehydes	Ketones	Di-ketones
Propionaldehyde	Acetone	2,3-butanienone
Isobutyraldehyde	2-butananone	2,3-pentanedione
2-methylbutyradehyde	3-penten-2-0ne	
isovaleraldehyde	2-pentanone	
	4-ethoxy-2-butanone	
	4-ethoxy-2-pentanone	

5) 증류

라이드 럼은 연속식 증류기를 사용하며, 활성탄을 사용하여 불순물을 제거하는 공법을 시행하고 있다. 여기서 생산된 증류주는 다른 증류주와 블렌딩을 하는데 많이 사용한다.

골드와 다크 럼은 단식 동 증류기를 사용하여 증류하는데, 일반적으로 2회 증류하며 그 과정을 통해 알코올의 농도를 증가시키고, 원하지 않는 불순물을 제거하게 되어 부드러운 증류주가 생산되게 된다. 럼을 증류하고 남은 증류폐액을 던더(Dunder)라 부르며, 이는 폐기하지 않으며 발효탱크에 재투입되어 사용된다. 발효액(메쉬)의 pH를 낮추어 발효 초기에 오염을 방지하며 발효 안정성에 크게 기여한다. 또한, 증류 과정에 사멸 살균된 효모는, 새로운 효모의 좋은 영양 공급원이 된다. 연속식 증류 장치는 예전에는 두 개의 컬럼(Analyzing column, Rectifying column)으로 구성이 되었지만, 요즈음은 6개의 결합된 형태의 컬럼으로 구성되어 있다.

① 첫 단계는 퓨리파잉 컬럼(Purifying column, 순화)으로 연속 증류 장치는 일반적으로 시간당 1만~1만 5,000리터 정도의 발효주를 공급하여 처리한다. 타워 내부에 최소 16개 이상의 컬럼 플레이트(Plate)로 구성되고, 각 플레이트 내부에는 버블캡(Bubble cap)이 장치되어 있으며, 데워진 발효액은 컬럼의 상단부로 공급되고, 스팀은 스파쟈를 통해 하단에서 공급되어 위로 향하게 된다. 발효주가 각 단계의 컬럼을 거쳐 아래로 흘러가는 과정에서 CO_2, 다른 휘발성 가스와 알데하이드가 제거되고 정제된 메쉬는 다음 컬럼으로 이동한다.

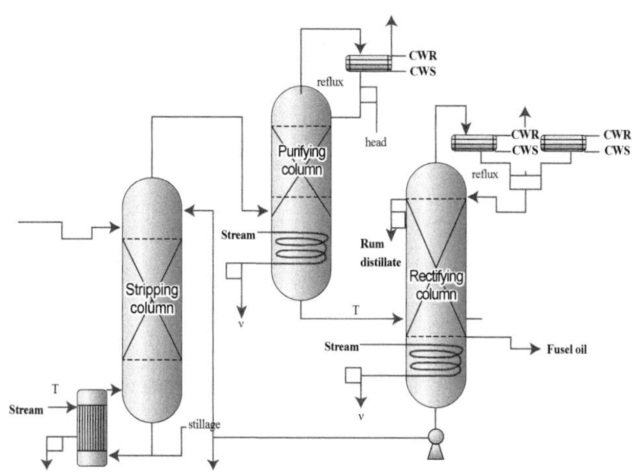

【그림 8-4】 3단 컬럼 시스템의 럼 증류 계통도(3단 컬럼 시스템)

② 두 번째는 단계는 애널라이징 컬럼(analyzing column)으로, 보다 큰 지름의 16~20개의 플레이트로 구성되어 있다. 메쉬는 상단으로 공급되어 아래로 흘러가며, 스팀은 하단에서 공급된다. 이때 에탄올은 상단으로 증발하며, 하단으로 떨어지는 메쉬에 포함된 에탄올은 불과 0.01% ABV 정도이다. 이 공정에서 발생되는 폐액을 스틸리지(stillage) 라고 한다.

③ 세 번째인 알데하이드 컬럼(aldehyde Column)은 분리된 독립 컬럼으로 구성되거나, 애널라이징 컬럼의 상단부에 위치하게 되는데, 퓨리파잉 컬럼에서 분리된 알데하이드를 농축하거나 일부의 에탄올을 다시 원래의 주공정으로 돌리는 역할을 한다.

④ 다음 단계의 렉티파잉 컬럼(rectifying column-정류)에서는 에탄올의 순도가 올라가고 알코올이 농축되는 공정이다. 이 공정에서 제조자의 의도에 따라 향기와 불순물이 제거된다.

⑤ 프리컨센트레이팅 컬럼(preconcentrating column)은 중성 알코올(주정, 에탄올)을 만들 때 사용되고 불순물을 제거하며, 주된 기능은 애널라이징 혹은 렉티파잉 컬럼의 앞 공정에서 알데하이드를 제거하는것이다.

⑥ 마지막 단계의 하이드로설렉션 컬럼(hydroselection column)은 프리컨센 트레이팅컬럼의 뜨거운 물이 섞여 있는 증류 혼합물에서 불순물을 알코올과 완전히 분리하는 기능이다. 이 단계를 거쳐야 최고 품질의 중성 알코올(extra fine neutral sprit)을 얻을 수 있다.

아세탈 화합물은 증류주에서 중요한 향기 화합물이다. 럼에는 43가지의 아세탈 화합물이 확인되었고, 증류 과정에서 알코올과 알데하이드와의 반응에 의해서 생성된다.

대부분의 아세탈은 다이에틸아세탈(diethyl acetal)이다.

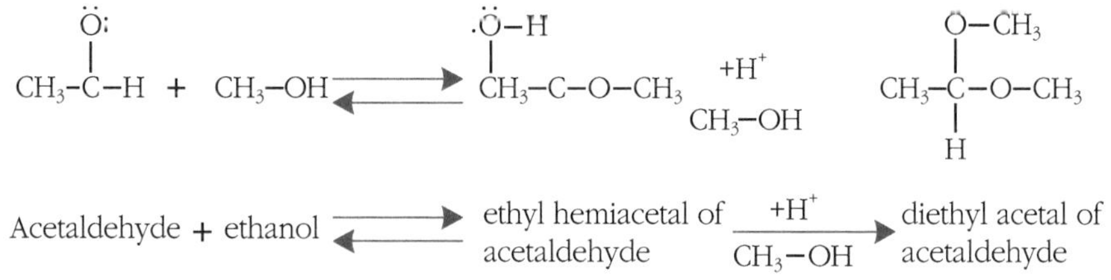

$$CH_3-\overset{\ddot{O}:}{\overset{|}{C}}-H + CH_3-OH \rightleftharpoons CH_3-\overset{\ddot{O}-H}{\overset{|}{C}}-O-CH_3 \xrightarrow[CH_3-OH]{+H^+} CH_3-\overset{O-CH_3}{\overset{|}{\underset{H}{\underset{|}{C}}}}-O-CH_3$$

Acetaldehyde + ethanol ⇄ ethyl hemiacetal of acetaldehyde $\xrightarrow[CH_3-OH]{+H^+}$ diethyl acetal of acetaldehyde

【그림 8-5】 아세탈 형성기전

〈표 8-16〉 럼 종류에 따른 알데히드와 아세탈 함량 비교

럼 종류	alcohol [ABV]	pH	free aldehyde [acetaldehyde로서 mg/100%알코올]	acetal [diethylacetal로서 mg/100% 알코올]
자메이카 럼	75	4.2	160	311
마르티닉 럼	44	6.2	61	43
서인도제도 럼	44	4.2	61	91
브랜딩 럼	45	5.2	24	38

6) 숙성

럼은 한 번 사용된 오크통에서 숙성되며, 높은 기후로 인해 유럽보다 3배 정도 빠른 숙성의 결과를 나타낸다.

높은 증발량을 보이며, 단기간에 장기 숙성의 결과를 얻을 수 있다.

증발량은 연간 2~7% 정도이고, 저장 공간의 습도는 60~70% 정도이다.

숙성과 저장을 통해 럼 타입이 결정되고 저장 기간에 따라 럼의 맛과 향에 중요한 영향을 미치게 한다. 저장 용기는 일반적으로 560~600 liter 크기의 미국산 버번 오크통이 럼의 맛과 향을 증진시키는 데 중요한 영향을 미친다.

미국산 버번 오크통이 럼에 미치는 향기적인 특징은 다음과 같은 화합물에 의해서 영향을 받는다

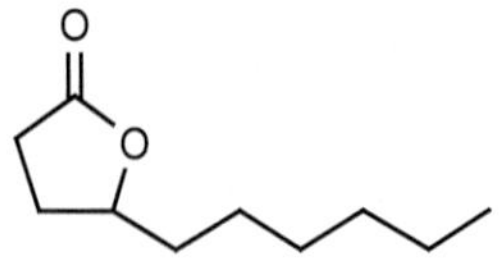

gamma Decalacone
(복숭아향)

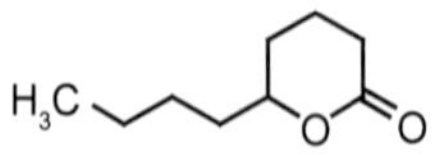

gamma-Nonalactone
(코코넛향)

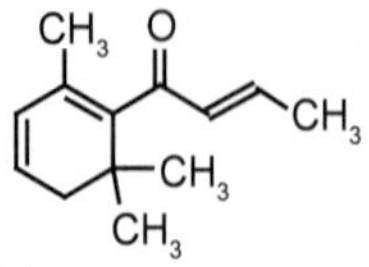

(E)-*β*-Damascenone
(코코넛향)

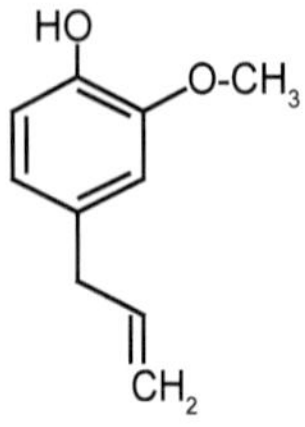

Eugenol(정향, 매운맛)

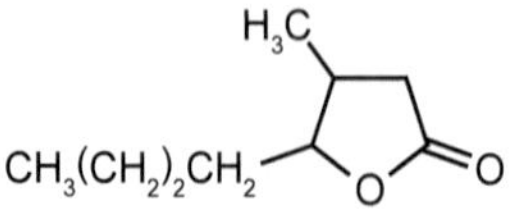

(3S, 4S)-*cis*-Whisky lactone
(코코넛향)

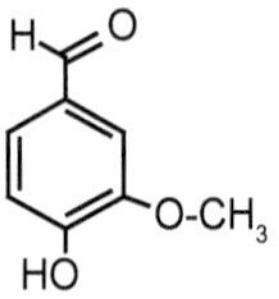

Vanillin(바닐라향)

【그림 8-6】 버번통의 향기 물질

증류주와 오크통과의 반응을 통해 증류주는 부드럽고 조화로운 맛을 나타낸다. 세균에 의해 생성된 초산, 뷰틸산 등 유기산은 알코올과의 반응으로 에스터를 생성하며 저장실의 약한 바람과 습도는 숙성 과정에 긍정적인 영향을 미친다. 저장 용기는 위스키 저장과 같이 그을린 150~500리터의 오크통을 이용하거나 재사용 쉐리(Sherry) 오크통을 이용하기도 한다.

저장 중에 럼은 저장 용기와 기간에 따라 색깔이 연한 황색부터 진한 황색까지 나타나는데, 재사용 오크통은 불에 그슬린 새 통처럼 빠르고 진하게 색상이 나타나지 않으므로 필요한 경우 캐러멜 색소를 첨가하여 갈색으로 변하게 된다. 무색의 럼은 숙성 기간이 짧고 아로마가 약한 편이다

페놀 화합물은 발효와 저장 중 생성되며 많은 양이 생성되지는 않지만, 럼의 향기에 중요한 영향을 미치는 화합물이다. 주로 오크통 내부의 알코올 추출에 의해 생성된다.

발효 과정에서는 쿠마릭산과 페룰산(*p*-coumaric, *p*-ferulic acid)의 탈카르복실 반응에 의해 에틸페놀(*p*-ethylphenol)이 생성된다.

그리고 발효 과정의 높은 온도와 효모나 세균 등이 탈카르복실 반응에 영향을 미친다.

다른 페놀 화합물은 오크통의 리그닌으로부터 생성되고, 과이어콜(Guaiacol), 유제놀(Eugenol), 바닐린(Vanillin), 엠크레졸(*m*-creosol) 등은 오크칩으로 부터 생성된다. 〈표 8-17〉에는 럼에서 발견되는 페놀 화합물을 나타내었다.

〈표 8-17〉 럼에 함유된 휘발성 페놀 화합물

Phenol	2,4-Dimethylphenol
o-Cresol	*p*-Ethylphenol
m-Cresol	*p*-ethylguaiacol
p-Cresol	Eugenol
Guaiacol	*p*-(*n*-Propyl)guaiacol
o-Rthylpehnol	*p*-Methylguiacol

럼은 전통적인 방법, 또는 아래 (그림 8-7)와 같은 솔레라 저장 공법을 사용하여 저장하므로 각 저장통 사이의 술이 편차 없이 균일하게 숙성된다.

현재(2014) 전 세계에 127곳의 증류소와 86개의 블렌딩 및 병입 회사가 운영되고 있다. 럼을 이용한 칵테일은 알려진 것만 약 300종에 이르고 있을 정도로 대중적으로 널리 퍼져 있다.

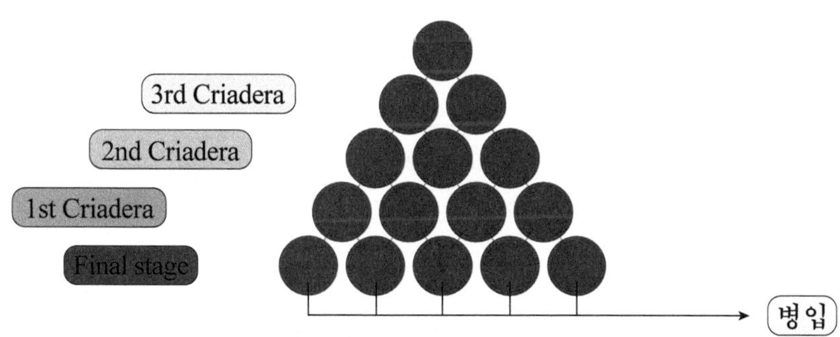

【그림 8-7】 솔레라 저장 숙성 방법

솔레라 저장 공법은 와인, 맥주, 식초 등에서 장시간 숙성을 할 때 사용되고 있는 공법이다. 솔레라의 의미는 '땅 위에'의 뜻을 가진 스페인어로 오크통에서 오크통으로 이동하면서, 오크통 내부의 상층부에 있던 술이 다음 통의 바닥으로 하층부에 있던 술은 다음 통의 상층부로 자연스럽게 섞이게 되며, 최종적으로 숙성이 완료된 증류주는 제일 아래의 바닥에 있는 오크통에 있다는 뜻을 내포하고 있다.

통을 옮길 때마다 아래의 통으로 내려갈수록 시간이 경과하고 오크통의 색상이 술에 전이되므로 색상은 더 진해진다. 항상 균일한 숙성 기간을 유지할 수 있고, 숙성하는 증류주를 골고루 섞이게 해주므로 균일한 품질관리를 하는 데는 가장 우수한 방법으로 각광받고 있다.

모든 통의 술은 다 빼내지 않고 남겨둔 상태에 다음의 술을 투입하여 섞이게 하는 방식이고, 50~100회 정도 빼냈음에도 불구하고 초기 증류주의 흔적이 분석하면 나타난다.

솔레르 공법을 이용하는 제품에는, 쉐리(Sherry) 와인, 포트(Port) 와인, 마데이라(Madeira) 와인, 발사믹(Balsamic) 식초, 스페인(Spanish) 브랜디, 럼, 위스키 등 다양한 제품들이 있다.

럼의 숙성 과정에서 알코올은 오크통의 기공을 통해 증발을 하며, 반대로 공기는 럼에 흡수되게 된다. 공기가 알코올을 알데하이드(Aldehyde)로 변화시키며, 이는 다음 단계로 산으로 변화되고, 과일 향 계열로 에스테르화된다.

소량이지만 그을려진 오크통에 존재하는 리그닌은 저장 중 산화와 에스테르화를 거치면서 다음과 같은 화합물을 생성하여 향기에 영향을 미친다.

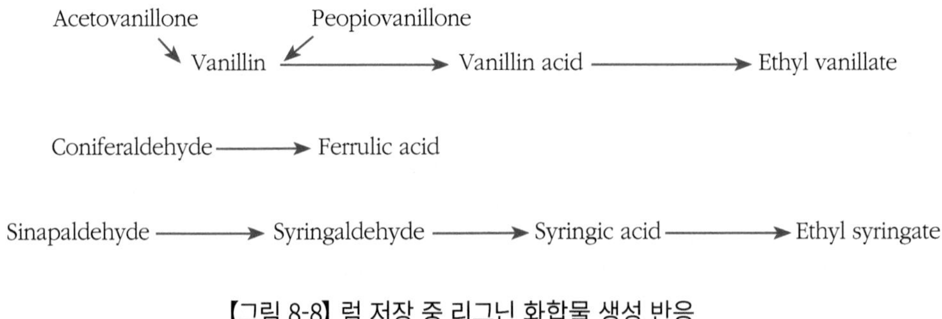

【그림 8-8】 럼 저장 중 리그닌 화합물 생성 반응

럼의 숙성 과정에서 일어나는 오크통 내부의 증발은 '더피의 몫(Duppy's share)' 혹은 '유령의 몫(Ghost's share)' 이라고 부른다.

더피는 아프리카에서 유래된 언어로 자메이카 지역에서 사람, 동물의 유령, 영혼을 뜻하며 위스키의 '천사의 몫(Angel's share)'과 같은 의미이다.

이런 증발하는 증류주의 양이 많고 불규칙하므로, 각국에서는 증발량의 허용 가이드라인을 제시하고 있으며, 과다 증발로 인한 세수 감소 문제로 허용치를 넘어도 인정하지 않고 세금을 부과하고 있다.

숙성이 끝난 라이트 럼은 활성탄 필터를 통한 여과를 진행하여, 불순물을 제거하고 있으며, 럼주에서 이 공법은 바카디(Bacardi) 회사에서 개발하였다.

골드 럼과 다크 럼은 최소 3년 이상 20년 정도의 숙성을 진행한다.

7) 블렌딩(Blending)

모든 럼주는 블렌딩을 하여 제품화하는데, 이를 통해 각 제조사마다 고유의 특징을 가진 제품을 만들어 내는 것이다.

그뿐 아니라, 여러 지역의 럼을 모아서 블렌딩하는 제품도 나오고 있다.

대부분의 제조사들은 연속식 증류기에서 생산한 제품과 단식 증류기를 거친 럼을 블렌딩하는데, 연속식 증류기 럼은 향기는 가볍지만, 바닐라 계열의 향기와 오크향을 나타내고 있으며, 단식 증류 장치에서 생산한 럼은 깊은 풍미를 부여하고, 에스테르와 다른 향기 물질을 포함하는 특징을 갖고 있다.

03 테킬라(Tequila)

1. 테킬라의 정의

스페인어인 테킬라는 선인장의 일종인 '블루 어게이브(Blue agave, 용설란)'로 만들며, 서부 멕시코의 고산지대인 할리스코(Jalisco) 주의 과달라하라(Guadalajara) 시에서 북서쪽으로 약 65km 떨어진 테킬라 시 주변 지역에서 생산된 것을 말한다.

적색의 화산토양은 용설란의 생장에 매우 적합하여 연간 3억 주 정도 수확한다. 또한, 생장에 지역적인 영향을 받아서 고지대에서 자라는 용설란은 크기가 크고 단맛과 향이 나는 반면에, 저지대의 용설란은 허브향의 향기가 더 강하게 나타난다.

테킬라의 이름은 어게이브 테킬리아나(Agave tequilana)에서 나왔다.

멕시코 법에 의해 테킬라는 할리스코(Jalisco) 주와, 과나후아토(Guanajuato), 미초아칸(Michoacan), 나야리트(Nayarit), 타마울리파스(Tamaulipas) 주의 정해진 지역에서만 생산이 가능하며, 여타 지역은 같은 원료를 사용하더라도 테킬라라는 명칭을 쓸 수 없다.

테킬라는 35~55% ABV로 생산하여, 38~40% ABV 함량으로 주로 판매되며, 그중 대부분은 50% ABV로 증류한 후, 물로 희석하여 거친 맛이 줄어든 40% ABV 함량을 가진 제품들이다. 증류 과정에서 40% ABV를 확보하여 물로 희석하지 않는 제품도 있다.

일반적으로 두 가지 타입으로 보드카처럼 투명한 형태와 오크통에 숙성한 황금색을 가진 형태로 나뉜다.

우리나라 주세법에는 불 휘발분이 2% 이하인 일반 증류주로 구분되고 있다.

멕시코에서 용설란을 원료로 이용하는 주류는 다음과 같다.

1) 메즈칼(Mezcal, Mescal)

용설란의 일종인 메게이(Maguey, Agave americana)로 제조 증류한 술은 모두 '메즈칼'이라고 부른다.

메즈칼의 유명 산지는 멕시코 남부에 다양한 종류의 용설란이 재배되는 오악사카(Oaxaca) 주에 있다.

100% 용설란으로 만든 테킬라는 블랑코(Blanco), 레포사도(Reposado), 아네호(Añejo)가 있다.

2) 풀케(Pulque)

메게이의 수액으로 만든 발효주이며 멕시코 중부 지역에 천 년 이상 내려오는 일종의 멕시코 지역의 전통주라고 할 수 있다. 우유빛깔에 약간 점성이 있으며 다소 시큼하며 효모 냄새가 난다.

2. 기원 및 역사

16세기에 테킬라 시 지역에서 최초 생산한 것으로 알려져 있으며, 1656년에 공식적으로 생산한 기록이 있다.

아즈텍족에게는 '옥틀리(Octli) - 나중에는 대중적으로 풀케(Pulque)'라는 용설란으로 만든 발효 음료가 1521년 스페인 탐험가에 의해 개척되기 전부터 존재하였다.

개척자들은 스페인에서 가져온 브랜디가 떨어진 후에 용설란을 증류하여 음용한 것이 북아메리카 최초의 고유 증류주라 할 수 있다.

약 80년 후인 1600년경 알타미라 지역의 후작인 '돈 페드로 산체스'에 의해 오늘날 할리스코 주 지역에서 최초의 테킬라 대량 생산이 시작되었다.

1608년에 식민지 주지사인 누에보 가르시아(Nueva Galica)가 생산품에 세금을 부가하기 시작하였고, 스페인 국왕인 카를로스 4세가 쿠에보(Cuervo) 가문에 최초의 테킬라 상업 생산을 허가했다.

오늘날과 같은 대중적인 형태의 테킬라의 대량 생산은 멕시코 과달라하라 (Guadalara)에서 19세기에 시작되었다.

사우자(Sauza) 테킬라의 설립자이며 1884~1885년 테킬라 시의 시장을 지낸, 돈 세노비오사우자(Don Cenobio Sauza)는 최초로 테킬라를 미국에 수출하였으며, 미국 시장에서 이름을 테킬라 익스트렉트(Tequila Extract)에서 테킬라(Tequila)로 줄여서 부르게 했다.

돈 세노비오의 손자인 돈 프란시스코 하비에르는 "어게이브(용설란)가 없으면 테킬라가 아니다."라고 주장하여 세계의 주목을 끌게 되었으며, 그의 노력으로 말미암아 할리스코 주에서 생산된 것만 진짜 테킬라로 간주하게 되었다.

3. 최근 동향

2006년 새로운 NOM(멕시코 공식 표준규격)에서 '엑스트라 아네호(Extra añejo)', '울트라 에이지드(Ultra-aged)' 표기는 최소 3년 이상 숙성된 제품에 한정해서 붙일 수 있도록 하였다.

여전히 일부 테킬라 회사는 가족 중심의 형태로 남아 있지만, 대부분의 유명한 브랜드는 다국적 기업에 속해 있다.

대략 100여 개 이상의 증류소에서 900개 이상의 상품이 생산되고 있으며, 2000여 개 이상의 상표가 등록되어 있다.(2009년 기준)

2009년에 멕시코 과학자들은 40% ABV 테킬라에서 아주 작은 인공 다이아몬드 제조법을 찾아내었다. 이 공정은 800℃ 이상으로 테킬라를 가열하여 분자 구조를 파괴시키고 증발시키면, 철판이나 실리콘 트레이에 얇은 고순도의 결정체를 형성한다.

무척 저렴하지만 크기가 작아 보석으로 활용은 못하고, 대신 컴퓨터칩이나 절삭날의 제조에 산업적 이용이 상당히 크다고 할 수 있다.

1) NOM(Normas Oficiales Mexicanas)

NOM은 멕시코의 공식 표준규격 제도이며 제품의 품질에서 포장까지 전 공정에 대하여 규격을 충족하는 제품만 유통할 수 있는 공식적인 강제 검사 제도이다. 그래서 테킬라에 관련된 원료, 생산, 병, 판촉 등의 모든 과정과 활동 정보를 제공하며, 테킬라로 증명된 제품은 모두다 병에 NOM 인증이 되어 있다. 예를 들면, NOM-006-SCFI-2005의 표기에 NOM 뒤의 숫자는 국가에서 구분된 증류소의 번호이다.

4. 테킬라 원료

꽃은 연한 노란색이고 통처럼 생기며 화피는 6개로 갈라지지만 완전히 벌어지지는 않는다. 멕시코 원산이며 한국에서는 귀화식물로서 주로 온실에서 관상용으로 기른다. 잎이 용의 혀같이 생겼다고 용설란이라고 한다. 10여 년 동안 꽃이 피지 않기 때문에 100년에 1번 핀다고 다소 과장하여 세기식물(Century plant)이라고도 한다. 잎에서 섬유를 채취하고 꽃줄기에서 수액을 받아서 풀케라는 술을 만든다.

과당(Fructose)이 주성분이다.

어게이브 데킬리아나 웨버 블루(Agava tequilana Weber, blue) 종은 멕시코에 자생하는 136종의 하나이며, 야생과 재배종은 차이가 있지만, 둘 다 즙이 많고 끝이 뾰족한 가시가 있고 2m 이상 자란다.

야생 상태에서 박쥐에 의해 수분이 되며, 그루당 5,000~6,000개의 씨앗이 생기며, 수분 후에는 죽게 된다.

【그림 8-9】 용설란 재배

용설란은 12년을 자라면 35~90kg 크기가 되며, 잎을 제거하고 열을 가해 수액을 제거한 후 발효, 증류한다. 7kg의 피나(Pina 혹은 Pine)는 100% ABV 기준 1리터의 테킬라를 만들 수 있다.

용설란의 재배는 현대화, 기계화되지 않고 많은 인력이 투입되어 재배 수확하고 있다. 용설란을 재배하는 농부를 히메이도(Jimadores)라 하며, 수확 시기가 빨라지면 당 함량이 부족하고, 늦어지면 줄기가 자라게 된다. 일반적으로 무게는 18~30kg이 되었을 때 코아(Coa)라는 특수한 칼을 이용하여 잘라낸다.

하이랜드 지역은 7~12년 재배를 하며 당도는 26~27brix이며, 로랜드 지역은 5~8년 재배를 하고 당도는 23~24brix 정도이다. 2006년 멕시코 정부는 테킬라의 품질관리를 위해 용설란의 당도는 24brix 이상이 되어야 한다고 규정하였다.

【그림 8-10】 줄기를 제거한 용설란

5. 제조 공정

일반적으로 두 가지 타입의 제품이 있는데, 믹스토스(mixtos)와 100% 용설란이다. 믹스토스는 51% 이상의 용설란을 사용해야 하고, 나머지는 설탕을 사용한다. 또한, 포도당과 과당을 사용하기도 한다.

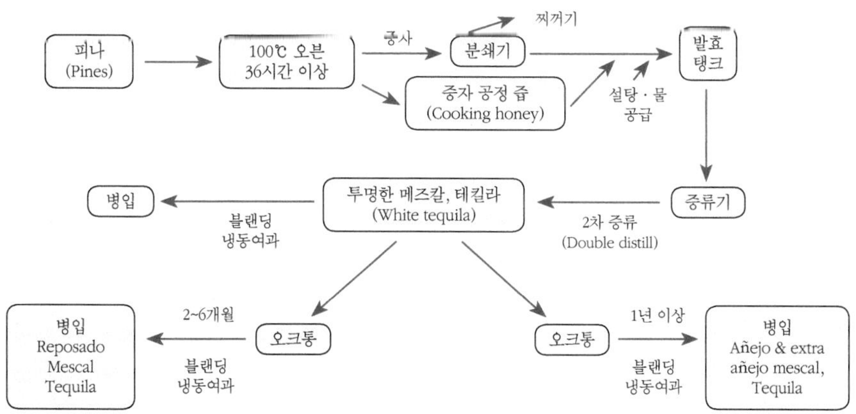

【그림 8-10】 테킬라 제조 공정

제조 공정은 먼저 용설란의 잎을 제거하고 밑부분의 피나만 사용하게 된다

피나를 증자한 후 파쇄하고, 이 즙을 이용하여 발효를 진행하게 된다.

36~72시간에 이르는 발효가 완료되면 대부분 2회의 증류를 거쳐서 테킬라를 얻게 된다. 이 증류주를 장단기 숙성을 통해 제품을 완성시킨다.

1) 쿠킹(Cooking)

전통적인 제조법은 50~72시간 가열하여 부드럽게 한 후 사용하며, 피나의 맨 윗부분은 잘라서 미리 제거한다. 잘라내지 않으면 테킬라의 쓴맛을 유도하기 때문이다.

반으로 잘라서 쿠킹 오븐에 넣고, 90℃에서 36시간 가열하면 황금 갈색을 띠고, 이 공정은 천천히 가열하여야 향기가 더해진다.

세 가지 형태의 가열 방식이 존재한다.

① 돌로 만든 가마 형태(Horno de Mamposteria)

② 고압 밀폐 용기(오토클레이브 - Autoclaves)

③ 온풍 터널형(디퓨저 - Diffusers)

【그림 8-11】 전통 방식의 피나 쿠킹

서서히 진행되는 가열 과정을 통하여 다당류(polysaccharides)가 당으로 전환되는 중요한 공정이며, 이 공정에서 섬유질은 파괴되고 천연즙(주스)이 나오게 된다.

전통적인 테킬라 제조에서는 오븐에서 50~72시간을 가열하면서 60~85℃를 유지하지만, 조금 낮은 57~62℃ 온도로 가열하거나, 혹은 높은 온도인 80~95℃를 유지하기도 한다.

서서히 가열하는 공정은 섬유질은 유연하게 하고, 타거나 쓴맛을 유도하는 캐러멜화를 억제시키는 역할을 하며, 용설란 고유의 향을 유지할 수 있게 한다.

【그림 8-12】 Pina cooking-auto clave(36hrs)

적정한 온도는 긴 전분의 사슬구조를 발효 가능한 짧은 구조로 변화시켜 주지만, 온도가 너무 높으면 캐러멜화가 일어나고, 온도가 낮으면 발효성 당으로 전환이 어려워진다.

최근에는 오토클레이브 가열을 하고 있으며, 가열 시간을 18시간까지 줄여서 시행하고 있다. 증자된 피나는 다음 공정으로 넘어가기 전에 8~24시간의 냉각 과정을 거치게 된다.

가열의 초기 단계에서 발생하는 즙은 많은 불순물과 식물성 오일이 다량 나오므로 분리 배출시키며 발효에 사용하지 않는다. 쓴 꿀(bitter honey)이라고 부른다.

가열된 용설란은 14~17brix를 나타낸다.

2) 파쇄

잘려진 줄기와 즙은 발효탱크로 이송되며, 전통적인 석재 바퀴인 타호나(Tahona)로 파쇄하는 곳도 있다.

증자가 완료된 피나는 컨베이어를 타고 분쇄를 하며, 당즙을 최대한 얻기 위해 물을 여러 번 나누어 뿌려준다. 이때 분쇄된 원료(agave fiber)의 세척을 진행하며 4회 정도 샤워를 실시하여 피나속에 포함된 당분의 이용 수율을 최대한 높인다.

세척된 물, 즉 당액을 아구아미엘(aguamiel) 혹은 하니워터(honey water)라고 부른다.

마스쿠오(Masquow)라는 용설란 주스는 알코올 발효에 이용하고, 용설란을 파쇄하여 착즙한 후 남겨진 섬유질은 동물의 먹이로 사용하거나 비료로 활용한다.

【그림 8-13】 파쇄용 바퀴

【그림 8-14】 파쇄 원료 세척

【그림 8-15】 착즙 찌꺼기

3) 발효

발효는 36~72시간 내에 이루어진다.

일반적으로 7~12일의 발효 기간을 유지해 왔지만, 최근의 현대적인 설비와 관리로 인해 2~3일 만에 발효를 종료시켜 버리는 경우도 있다. 그러나 보다 긴 발효 기간을 가지면 술의 바디가 강해지는 경향을 보인다. 용설란의 발효액(Wort)은 4~7% ABV 함량을 가진다.

〈표 8-18〉 테킬라 발효 목표 데이터

		초기(Start)	종료(End)
당도	100%	4~11% w/v	0.5% w/v
	Agave +(당 첨가한 경우)	8~16% w/v	0.5% w/v
	Agave Juice	20% w/v	0.5% w/v
pH		4.0~4.5	3.9
발효 기간		72hrs, 최대 10일	
알코올		4~12% ABV	

4) 테킬라 효모

일반적인 테킬라 효모는 원활한 발효와 더불어 이소아밀알코올(Isoamyl -alcohol)과 이소부탄올(Isobutanol)이 적당량 생성되는 것을 적합한 효모로 인정하며 다음과 같다.

〈표 8-19〉 효모

	효모	제조사
1.	K1 TM	Lallamand
2.	71B TM	Lallamand

가장 많이 사용하는 테킬라 효모의 특성이다.

〈표 8-20〉 테킬라 효모 특성

효모 상표명	DANSTIL 493 EDV
종류	*Saccharomyces cerevisiae*
용도	테킬라 발효 - Batch & continuous fermentation 사용
리하이드레이션 (Rehydration)	40℃. 15min
투입률 (Pitching rate)	10 ~ 50g/hl
발효적정온도	30 ~ 35℃
내용 및 특징	안틸레스 제도의 수수, 당밀에서 뽑아낸 효모로서, cane 주스에 잘 적응되고, rum, aguardiente, pisco 제조에 많이 사용되는 효모이다. 부드러운 맛을 나타내는 특징을 함유하고 있으며, 아밀알코올과 이소아밀알코올, 알데히드의 농도도 감소시키는 것으로 알려져 많이 사용된다.

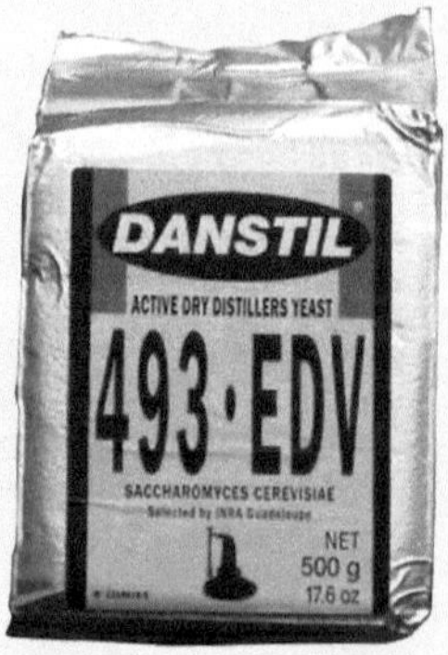

5) 풀케 제조 공정

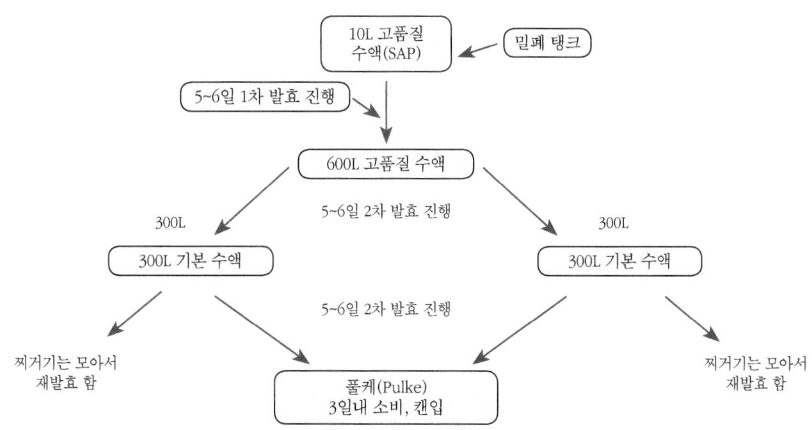

【그림 8-16】 풀케 제조 공정

전통적인 풀케의 제조 공법은 자연 상태의 효모를 이용한 스타터(Starter)를 만들어 밀폐 탱크에서 5~6일 1차 배양한 후에 사용한다.

메구이(Maguey) 선인장은 8~10년 정도 성장하여 개화 시기가 되면 성장과 개화에 필요한 수액을 만든다. 90~120일 동안 식물 한 그루당 200~1,000L의 당분이 있는 수액(SAP)을 생산한다.

숙성기에 있는 식물은 당도 7~14brix에 이르며 평균적으로는 8~10brix 정도이다. 줄기를 자르면 구멍을 통해 수액을 받아서 개방된 700L 탱크에서 발효를 시작한다.

용설란의 수액(SAP)은 프룩탄(Fructans), 과당 성분과 주로 포도당과 자당(Sucrose)로 구성되어 있으며, 단백질, 아미노산, 검, 천연염 등의 주요한 요소로 구성되어 있어서 효모와 세균의 생육에 좋은 영양원이 풍부하다.

수액의 초기 pH는 7~7.4 정도이다.

풀케에 발견되는 박테리아에는 *Lactobacillus*, *Leuconostoc spp*, *Cellulomonas spp*, *Escherichia spp*, *Flavobacterium johnsonia*, *Gluconobacter oxydans*, *Hafina alvei*, *Kokuria spp*, *Macrococus casaolyticus*, *Micrococcus luteus*, *Sarcina spp*, *Zymomonas mobilis* 등이 있다.

또한, 발견되는 효모에는 *Candida parapsilosis*, *Clavispora spp*, *Cryptococus spp*, *Debaryomyces carsonii*, *Kluyveromyces spp*, *Geotrichium candidium*, *Pichia spp*, *Rhodotorula spp*, *Saccharomyces spp*, *Torulaspora delbrueckii* 등이 나타나며, 이러한 많은 종류의 야생 효모들이 발효를 이끌게 된다.

발효를 진행하여 pH가 낮아지면, *Lactobacillus*종들은 활성화되고 효모가 증식되어 pH 4.5가 될 때까지는 많은 젖산을 생성하게 된다.

*Saccharomyces*종들은 *S. bayanus*, *S. cerevisiae*, *S. paradoxus* 형태로 존재하며, *Zymomonas mobilis* 역시 알코올 발효에 기여하면서, 포도당이나 과당으로부터 젖산, 아세트산, 기타 물질을 생성한다.

이러한 효모들은 검(Gum)을 생성하여 풀케의 점성을 높이는 역할을 한다.

6) 증류

대부분의 고형물은 필터를 거쳐 발효즙만 증류기로 들어간다. 발효가 완료되면 1차 증류를 실시하여 '올디나로(Ordinaro)'라는 뿌옇고 탁한 형태의 증류주가 나오게 되고 알코올 함량은 24% ABV이다.

대부분은 2차 증류까지 시행하여 55% ABV까지 농축이 일어나지만, 일부는 3차 증류를 하여 순도를 높이는 차별화된 증류를 시행하고 있다.

그러나 카사노블(Casa noble)처럼 3회의 증류를 실시하는 제품은 순도는 높지만 상대적으로 향기가 부족한 가벼운 제품으로 인식되고 있다.

【그림 8-17】 테킬라 증류설비

증류기는 두 가지 형태가 사용된다.

구리 재질의 상압 단식(Alembic) 증류기와 연속식(Coffey syill) 증류기이다.

스테인리스 재질의 단식 증류기도 간혹 사용되기는 하지만, 1차 증류에만 사용하고, 2차 증류는 반드시 동 증류기를 사용한다. (그림 8-17)에 나와 있는 증류기처럼 증류 장치의 보호를 위해 동 증류기의 외부를 스테인리스로 한 번 더 마감한 경우도 있다.

알람빅 증류기는 16세기에 스페인을 통해 들어 왔고, 그 전 메즈칼 제조자들은 동양 스타일의 증류기를 사용하였으며, 오늘날 소규모의 메즈칼 제조업자들이 간혹 사용한다.

발효주 4~5% ABV 알코올이 2시간 정도 소요되는 1차 증류를 하면 약 24% ABV로 증류되어 나오며, 1차 증류에서 초류(Head)와 후류(Tail)는 제거하여 2차 증류로 넘기지 않고 본류만

2차 증류한다.

2차 증류는 3~4시간 소요되며, 증류 후 약 55% ABV의 알코올을 함유하며 이것이 바로 테킬라이다.

75~80% ABV 정도의 초류와 증류 후반부에 유출되는 15~20% ABV 이하의 후류는 폐기한다.

【그림 8-18】 스테인리스 증류 장치

증류 후 전체 알코올은 55~60% ABV의 알코올 함량을 나타내고, 물로 희석하여 38~40% ABV 정도로 만들게 된다. 알퀴타(Alquita)라는 전통적인 증류기 사용은 흔하지 않으나 에라듀라(Herradura) 지역에서는 사용하고 있다.

일반적으로 저장이 끝난 후 병입 전에 여과를 하지만, 증류 직후 여과를 시행하는 제품의 경우 조금 더 부드러운 계열의 맛을 나타낸다.

7) 저장 및 숙성

테킬라 중에는 숙성을 하지 않는 제품도 많이 있으나, 최고의 제품은 4년 이상 숙성된 제품을 말하며, 100% 용설란 테킬라는 멕시코에서만 병입하여야 한다. 숙성 단계별로 다음과 같이 구분한다.

【그림 8-19】 오크통 저장 시설

① 블랑코(Blanco or Silver) : 소위 전통적인 테킬라라고 할 수 있으며, 화이트 혹은 은색으로 스테인리스 탱크에 60일 이상 저장한다. 아주 강한 맛이며 까발리토(Caballito)라고 부르는 작은 2oz 잔에 마신다.

② 오로(Oro or Gold) : 블랑코에 착향 착색되어 있는 상대적으로 부드러운 계열이다.

③ 레포사도(Reposado or Rested) : 블랑코를 화이트 오크통에 저장하는 것으로 3개월~1년 정도 저장한다.부드러운 맛과 어두운 색상이 특징이지만, 급격한 수요 증가로 고가에 판매되고 있다.

④ 아녜호(Añejo or Aged) : 블랑코 테킬라는 켄터키 위스키가 저장되었던 화이트 오크통

(Medium-toast)에 12~36개월 정도 숙성한 것을 말하며, 600리터(159 gallons) 이상의 통을 사용해서는 안 된다. 가장 많이 사용되는 오크통은 잭다니엘(Jack Daniel) 저장한 통이며, 캐나다와 프렌치 오크통도 간혹 사용되고 있다. 즉 재사용 오크통을 이용하여 맛과 향의 다양성을 제품에 유도하게 된다. 오크통은 장기간 사용하는 경우도 있으나, 5년 정도면 테킬라는 충분히 탄닌 성분이 용출되며 산화와 증발이 나무 기공을 통해 진행되어 호박색의 컬라와 나무의 향이 배어든다.

⑤ 리세르바(Reserva) : 아네호(Añejo)의 한 종류로서 8년 이상 저장하며, 강한 향을 특징으로 하는 고가의 제품으로 하나의 장르를 형성하고 있다.

8) 오크통

국내에서도 증류식 소주 제조가 아주 조금씩 증가되는 추세이지만, 오크통은 전량 수입되고 있다.

오크통의 특성상 저장 중의 술이 새지 말아야 하므로 오크통 제조에 사용되는 나무는 일정한 기준이 필요하게 된다.

오크통에 사용되는 나무는 내부 구조가 조밀해야 하고 일정 기간 나무가 성장한 후, 나무의 물관이 막히는(타일로시스 - Tylosis 현상) 노쇠한 시기로 접어들어야지 저장 용도의 오크통으로 사용할 수 있다. 성장이 느릴 수밖에 없는 날씨가 선선한 지방의 참나무가 적합한 이유이다.

유럽 지역은 스페인에서부터 프랑스, 발틱을 거쳐 슬로베니아에서 러시아까지 저장 용기에 적합한 참나무가 상당히 널리 분포하고 있지만, 유럽에서 가장 큰 참나무 숲, 넓은 와인 재배 지역 등의 여건이 프랑스 오크통이 대중화되는 원인이 되었으며, 현재는 미국 내 여러 지역의 참나무를 사용하여 다양한 맛을 유도할 수 있고, 특징적으로 물관이 가장 잘 막히는 미국산 오크통의 소비도 광범위해지고 있다.

오크통 저장을 통해 맛에 기여하는 성분은 다양하지만, 코코넛향의 락톤 (Lacton) 화합물, 페놀성 알데히드 화합물, 아몬드향의 푸르푸랄(Furfural) 화합물, 캐러멜향의 말리톨(Malitol)과 사이클로틴(Cyclotene), 탄수화물의 분해 산물 등이 있다.

오크통을 만드는 데 필요한 참나무는 10여 종이 있지만 퀄커스 오크(Quercus oak) 속의 4개 과만 주류용으로 주로 사용된다. 물론 나타내는 향기는 서로 다르다.

〈표 8-21〉 오크통 용도의 참나무

과(Family)	비고
Quercus Alba	White American oak(미국)
Quercus Garryana	Oregon oak(미국)
Quercus Robur	English red oak(영국)
Quercus Sessilis	European(유럽)

와인용과 증류주용 오크통이 서로 다르듯이 목적하는 제품에 적합한 오크통을 사용해야 원하는 주질을 추구할 수 있다. 증류주용 오크통 저장은 평균 10년 이상을 목표로 해야 하므로 초기에 용기 선택이 올바르지 않게 되면 시간이 흐른 후에 되돌릴 수 없게 되므로, 신중한 선택이 필요하다.

더불어 오크통도 다른 제조 용기처럼 용기 검정과 분석을 통해 사용 승인을 받아야 하며, 국내의 오크통 분석 항목(2015년 기준)은 다음 〈표 8-21〉과 같은 7개 항목이다.

〈표 8-21〉 국내 오크통 분석 항목

분석 항목	함량 기준(mg/L)
1. 납(Pb)	1 이하
2. 이산화황(SO_2)	12.8 이하
3. 비소(As)	0.1 이하
4. 올소페닐페놀(Ortho phenyl phenol)	7.3 이하
5. 치아벤다졸(Thiabendazol)	1.8 이하
6. 비페닐(Biphenyl)	0.9 이하
7. 이마자릴(Imazalil)	0.6 이하

많이 사용되는 프랑스와 미국의 오크통 특성을 〈표 8-22〉에 나타내었다.

〈표 8-22〉 와인과 증류주에 사용되는 프랑스, 미국 오크통

<table>
<tr><th>유래</th><th>가공 형태</th><th>굽기 정도</th><th>용도</th><th>나무 특성</th></tr>
<tr><td rowspan="4">Burgundy</td><td rowspan="4">중</td><td>중</td><td>Pinor Noir</td><td rowspan="4">참나무 향외에 바닐라향을 용출</td></tr>
<tr><td>중 또는 강</td><td>Gamay</td></tr>
<tr><td>중</td><td>Chardonnay</td></tr>
<tr><td>중 또는 약</td><td>Sauvignon Blanc</td></tr>
<tr><td rowspan="2">Troncais</td><td rowspan="2">소</td><td>중</td><td>Chardonnay</td><td rowspan="2">탄닌향을 서서히 용출</td></tr>
<tr><td>중 또는 약</td><td>Pinot Gris</td></tr>
<tr><td>Limousin</td><td>대</td><td>강</td><td>Rum, Cognac, Armagnac, Sherry</td><td>리무진의 섬세한 향을 빠르게 용출</td></tr>
<tr><td rowspan="3">Nevers</td><td rowspan="3">중</td><td>중 또는 강</td><td>Cabernet Sauvognon, Syrah, Grenache</td><td rowspan="3">참나무 향외에 바닐라향을 용출</td></tr>
<tr><td>강</td><td>Calvados</td></tr>
<tr><td>중 또는 약</td><td>Sauvignon Blanc</td></tr>
<tr><td rowspan="2">Allier</td><td rowspan="2">소</td><td>중</td><td>Gamay</td><td rowspan="2">탄닌향을 서서히 용출</td></tr>
<tr><td>중 또는 강</td><td>Pinot Noir</td></tr>
<tr><td rowspan="2">Vogesen</td><td rowspan="2">소</td><td>중</td><td>Chadonnay</td><td rowspan="2">탄닌향을 서서히 용출</td></tr>
<tr><td>소</td><td>Champagner</td></tr>
<tr><td>American</td><td>아주작음</td><td>중(medium char)</td><td>Bourbon</td><td>강한 향기
진한 색상</td></tr>
</table>

오크통 목재에서 찾아낸 일부 성분들, 예를 들어 4-methyl-g-octalactone, γ -nonalactone, eugenol 등은 증류주의 향기 형성에 영향을 끼치는 것으로 알려져 있으며, 그 외 밝혀진 많은 성분은 〈표 8-23〉에 나타내었다.

목초액 산(pyrolegneous acid)의 대부분을 차지하는 아세트산은 숙성 과정에 오크통 내부에서 증가하며, 헤미셀룰로오스의 아세틸기의 분해 과정에서 기인한다.

〈표 8-23〉 참나무 오크통에 나타나는 화합물

지방족 탄화수소(Aliphatic hydrocarbons)	방향족 탄화수소(Aromatic hydrocarbons)
Tetradecane, Pentadecane Hexadecane, Heptadecane Octadecane. Nonadecane Eicosane	Naphthalene. fluorine *α*-methyl naphthalene. *β*-methyl naphthalene *α*-ethyl naphthalene. *β*-ethyl naphthalene
지방족산(Aliphatic acids)	dimethyl naphthalenes
Acetic acid	trimethyl naphthalenes
n-butyric acid. *i*-butyric acid	tetramethyl naphthalenes
n-valeric acid. *i*-valeric acid	biphenyl. acenaphthene
caproic acid. heptanoic acid	acenaphthylene. benzene
caprylic acid. nonenoic acid	1,1-6-trimethyl-1-1,2-dihydronaphthlene
nonanoic acid. caprilic acid	1,2-dmethyl-4-allyl
decanoic acid. undecanoic acid	**테르펜 화합물(Terpene compounds)**
lauric acid. myristic acid	*α*-Muurolene. *γ*-muurolene
tetradecanoic acid. pentadecanoic acid	*β*-bisabolene. *α*-cadiene
pentadecenoic acid	*β*-cadiene. *d*-cadiene
pentadecadienoic acid. palmitic acid	*d2*-cadiene. *α*-curcumene
기타 지방족 화합물(Other aliphatic compounds)	calamene. *α*-calacorene
Cis- 4-methyl-g-octalactone	cadalene. terpineol. borneol. myrtenol
Trans-4-methyl-goctalactone *γ*-nonalactone.	elmol. epi-cubenol. *β*-eudesmol. *α*-eudesmol. *γ*-eudesmol. *α*-cadinol
γ-decalactone	*T*-cadinol. Verbonene. Geranyl acetate
1,1-dimethoxynonane	**페놀(Phenols)**
1,1-dimethoxydecane	Phenol. guaiacol. *o*-cresol. *p*-cresol
β-Ionone	4-allyl syringol. vainillin
푸란 화합물(Furan compounds)	*p*-ethyl phenol. 4-methyl guaiacol
Dibenzofuran	eugenol. *i*-eugenol
2-furoic acid	chavicol. syringol. propiovainillone
3-furoic acid	4-methyl syringol. 4-ethyl syringol
기타 방향족 화합물(Other aromatic compounds)	
Benzyl alcohol. acetopehenone. 1-indanone. benzothiazole. methyl salicylate phenethyl alcohol. phenethyl acetate. benzoic acid. phenyl acetic acid	

04 진(GIN)

1. 진의 정의

진은 중세시대부터 노간주나무 열매(Juniperus communis)를 원료로 하는 증류주이다. 곡물을 발효시켜 증류한 주정에다가 식물 재료를 넣어서 만들며 식물의 향기가 특징적인 증류주라고 할 수 있다. 증류주에 약초나 허브를 이용한 대표적인 약용 증류주이다.

그러므로 진은 리큐르에 해당된다.

주세법에는 불 휘발분이 2% 이하인 일반 증류주로 구분되어 있다.

2. 기원 및 역사

진의 이름은 Jenever(독일), Genièvre(프랑스), Ginepro(이탈리아)에서 유래되었지만, 모두 다 '주니퍼(Juniper)' 노간주나무를 의미한다.

17세기 중반 네덜란드 의사인 프란시스쿠스 실비우스(Franciscus Sylvius)에 의해 만들었다고 알려져 있으며, 노간주 열매를 증류하여 이뇨 효과를 지닌 값이 싼 음료를 만들었고 인기를 얻으면서 군인들에 의해 영국에 알려지게 되었다.

한동안 지나친 소비로 사회문제가 된 시절도 있었다.

네덜란드어로 헤네바(Geneve)라고 불리며, 보리맥아를 주원료로 하고 있으며, 보리맥아를 당화시켜 발효, 증류하고 여기에 다시 노간주 열매 외에 흰 붓꽃, 안젤리카, 감초, 레몬, 오렌지 껍질, 계피, 캐러웨이, 고수, 소두구, 아니스, 회향풀 같은 식물 재료를 넣어 사용한다.

제조 과정의 증류는 대부분 2회의 증류 과정을 실시한다.

3. 형태 및 종류

1) 진의 종류

진은 여러 가지 스타일이 있지만, 유럽 연합에서는 네 가지로 구분한다.

(1) 주니퍼 향 증류주(Juniper flavoured sprit drinks)

오래된 형태의 증류주로써 곡물 발효주를 단식 증류기를 통해 1차 증류를 한다. 다음 단계에서 향기 성분을 추출하기 위해 식물 재료를 넣어서 2차 증류한다(대략 68% ABV). 30% ABV로 주입이 되어야 하며, 바콜다(Wacholder) 또는 Genebra의 이름으로 판매되고 있다.

(2) 진(Gin)

주니퍼 향의 증류주 중에서, 식물재를 투입하여 재증류한 방식뿐만 아니라, 농산물 기초의 승인된 천연 향료 물질이 첨가된 것을 모두 말한다. 당연히 주된 향은 주니퍼 향이어야 한다.

(3) 증류 진(Distilled Gin)

농산물을 알코올 원료로 하는 재증류된 96% ABV의 에탄올을 기본으로 하여, 주니퍼 베리나 기타 식물을 첨가하여 향을 나타나게 제조한 진을 말한다. 즉, 진을 증류하지 않고, 농산물로 만든 에탄올에 향을 첨가한 것을 말한다.

(4) 런던 진(London Jin)

런던 진은 농산물 원료로 만든 알코올을 기초로 하며, 재증류 시에 식물재를 투입하여 제조하며 70% ABV 이상에 도달해야 한다. 메탄올의 함량은 100% ABV 기준, 100리터 안에 5g을 넘지 말아야 한다. 그리고 당분은 1리터당 0.1g을 초과할 수 없게 되어 있다. 그래서 런던 진은 드라이한 계열의 진으로 볼 수 있다. 런던 진에는 다음과 같은 식물 재료가 기본적으로 들어간다.

① 발칸 반도의 주니퍼 열매

② 동유럽 지역의 고수 씨앗

③ 프랑스와 벨기에의 자르고 건조한 안젤리카 뿌리

④ 스페인의 말린 달콤한 레몬 껍질과 오렌지 껍질

⑤ 중국의 계수나무 껍질

⑥ 지중해의 감초 뿌리 분말

⑦ 서인도 제도의 지상 육두구(Nutmeg)

⑧ 마다가스카르의 계수나무 껍질

⑨ 이탈리아 오리스루트(Orrisroot) 분말

2) 네덜란드, 스위스 진

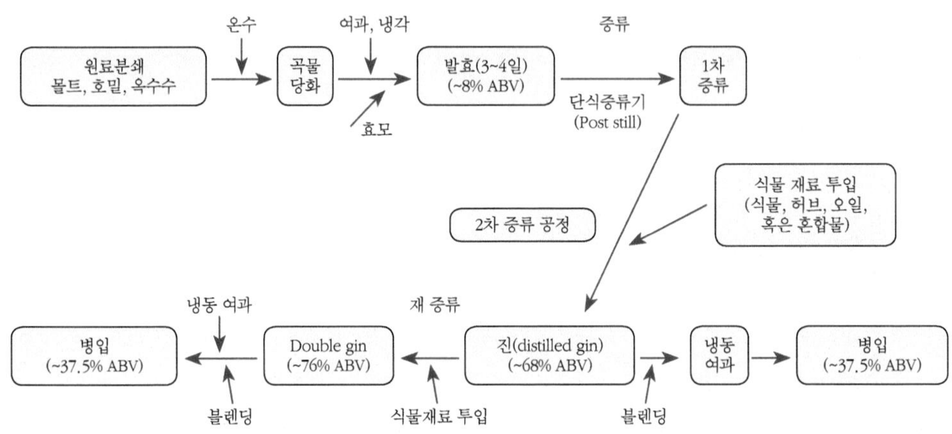

【그림 8-20】 진 제조 공정

가장 전통적인 제조 방식으로, 식물 재료(주니퍼 베리)들은 일반적으로 증류 공정에 투입하여 성분을 추출해 내지만, 발효 전 곡물 당화 과정에 투입하여 추출하는 방식도 일부 사용하고 있다.

곡물 기초의 발효액을 1차 증류한 후, 2차 증류 공정에 식물 재료를 투입한다. 2차 증류주를 블렌딩하여 병입하는 공정과, 한 번 더 증류하여 블렌딩하는 더블 진(Double gin) 제조 방법으로 나누어진다.

더블 진은 증류 공정이 한 번 더 진행되므로 알코올은 좀 더 부드럽게 느껴지지만, 훨씬 더 강한 식물 재료의 맛과 향을 느낄 수 있다.

3) 런던 드라이진

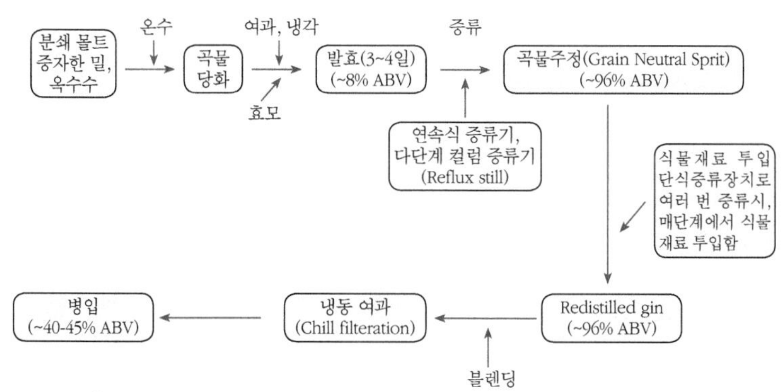

【그림 8-21】 런던 진 제조 공정

플리머스 진은 밀을 원료로 사용하며, 초기에는 런던 진과 네덜란드 진의 중간 형태를 나타내었으나, 최근에 와서는 런던 진에 좀 더 근접한 형태를 보이고 있다.

이 증류주는 직화 방식의 단식 동 증류기를 이용하여 11회 증류하여 제조하는 독특한 제조법을 고수하고 있으며, 높은 알코올로 증류된 후 판매하는 제품은 41.2% ABV로 희석하여 병입한다.

블렌딩 과정에 사용하는 용수는 불순물이 없는 정제수(Deionized water)를 사용한다.

유럽 연합(EU)에서는 진, 증류 진, 런던 진의 알코올 함량을 37.5% ABV 이상으로 규정하고 있다.

미국은 최소 40% ABV 이상의 알코올 함량이 주니퍼 베리의 향기를 유지할 수 있어 진의 특징을 나타낼 수 있다고 판단하므로 40% ABV(80proof) 이상을 기준으로 하고 있다.

4) 혼성 진

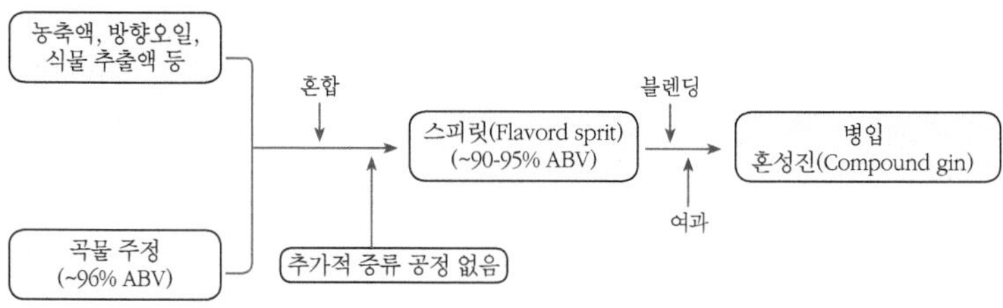

【그림 8-22】 혼성 진 제조 공정

혼성 진의 제조는 곡물 주정에 식물 농축액이나 향기 성분을 첨가하여 블렌딩하는 공정으로 제조 공정에서 증류는 진행하지 않는다.

일반적으로는 상업적으로 저렴한 형태의 진이므로 품질은 다소 떨어지지만, 기초적인 칵테일이나 저알코올 음료에 주로 이용된다.

(그림 8-22)은 혼성 진의 기본적인 제조 방법의 예를 나타내고 있다.

주니퍼 베리를 포함한 다양한 식물 재료를 이틀 동안 침지한 후, 감압 증류를 시행하는 공정이며, 이때 진공도를 높이지 않고 약한 진공 상태를 유지하는 방법을 사용한다.

당연히 증류기 내부의 온도도 60℃를 넘기지 않는 비교적 낮은 온도에서 증류하므로, 고온 상태하에 발생하는 재료 성분의 변성과 파괴를 최소화하여 원재료 특징을 증류주로 최대한 유도시킬 수 있다.

(그림 8-23)는 혼성 진 제조의 예시를 나타낸 것으로, 맛과 향을 다양하게 할 수 있는 많은 식물 재료들이 들어간 것을 보여준다.

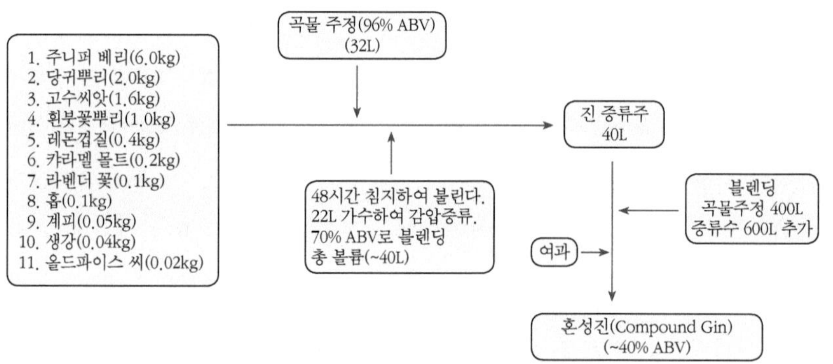

【그림 8-23】 혼성 진 제조 공정

4. 원료 및 제조 공정

1) 진 효모

진 제조 효모는 발효 과정에서 중성적인 향기와 함께, 미생물에 의해 유도되는 향기가 나타나는 효모를 사용한다.

〈표 8-24〉 진 발효용 효모

	효모	세조사
1.	EDV46 TM	Lallemand
2.	K1 TM	Lallemand
3.	EC1118 TM	Lallemand
4.	WLP760 - Carbernet Yeast	White Labs

2) 당화 효소

〈표 8-25〉 진 당화용 효소

효소(Enzyme)	내 용
1. 고온 액화 효소	85℃ 이상의 온도에서 높은 활성을 가지는 액화 효소 (α-amylase)로서 곡물 전분의 가수분해를 용이하게 한다.
2. 베다글루가네이즈 (β-glucanase)	β-1.3 글루칸, β-1.6 글루칸을 분해하는 효소
3. 프로티아제(protease)	단백질 분해 효소

3) 발효 프로파일

〈표 8-26〉 진 발효 목표 값

	발효 개시(Start)	발효 종료(End)
당도(brix)	13.5 ~ 25 brix	1.5 brix
pH	4.8 ~ 5.2	3.9
발효 기간	72hrs 일반기간. 최대기간 96 ~ 120hrs	
Alcohol	5.8 ~ 15% ABV	

4) 증류 방식

증류 방식은 전통적인 단식 증류(Batch still) 방식과 알코올과 향기의 농축을 보다 용이하게 진행할 수 있는 다단 컬럼(Reflux still) 방식으로 나누어져 있다.

(1) **단식 증류 제조**

예전부터 제조된 전통적인 제조법

(2) **다단 컬럼 제조 방식**

19세기에 연속식 증류 장치의 발명으로 96% ABV의 알코올을 얻게 되었고, 이것을 개선하여 여러 단계의 증류 컬럼으로 구성된 다단계 증류탑을 이용하여 증류하는 방식이다.

다단식 증류기의 증류 원리는 단식 증류기와 같으나 증류기의 구조가 단일 증류기와 농축탑으로 이루어진 것이 특징적이다. 다단식 증류기는 단식 증류기 와는 다르게 1차 증류로 증류 공정이 완성되고, 증류주는 단식 증류기의 2차 증류주와 유사한 품질의 초류, 본류, 후류 등으로 분리된다. 고품질의 증류주 제조를 위해선 증류 공정을 서서히 진행하는 것이 중요하며 일반적으로 80% 이상으로 알코올을 농축하기 위해서는 최소한 4회 이상의 증류가 필요하다.

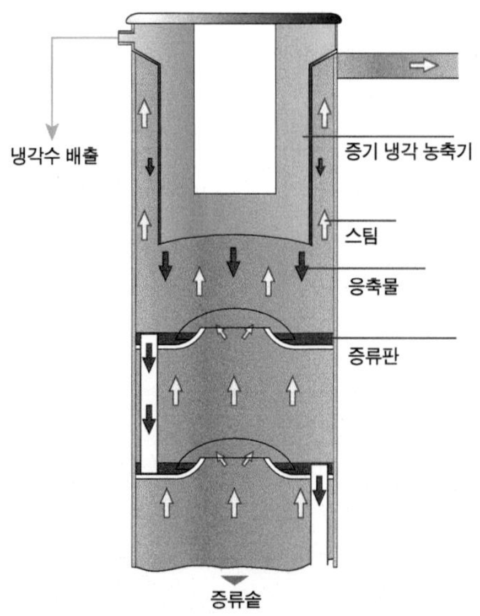

【그림 8-24】 다단 컬럼 내부

위의 그림을 보면 알코올이 증발 하는 과정에서 비점이 낮은 알코올은 기체 상태가 유지되어 지속적으로 증발하여 상단부로 향하고 있으나, 알코올과 결합되어 있는 수분은 높은 비점으로 인해 증발 과정에서 알코올과 분리되어 다시 액체로 되면서 하단부로 떨어지는 과정이 반복된다.

이 과정을 거치면서 알코올은 더욱더 농축이 진행되므로 상당히 순도 높은 고농도의 알코올을 얻을 수 있다.

다단식 증류주의 경우 농축기에는 종형과 채형 등 두 가지 종류의 형태가 있으며 껍질이 많고 묽은 메쉬(Mash, 발효주)의 경우 종형 농축 탑을 사용하고, 엷은 메쉬의 경우 채형 농축 탑을 사용하게 된다. 증류를 위해 가열하면 대부분의 물은 농축탑 바닥에 남게 되며 알코올 증기는 계속해서 다음 컬럼으로 올라가게 된다. 따라서 바닥에는 물이 축적되고 증기에는 알코올이 축척되게 된다. 각 바닥의 액체(알코올+물)가 머무르는 시간은 바닥면의 지름, 종지름 및 배출구의 높이에 달려 있다. 바닥에 액체가 많을수록 자비 정도는 격렬해지며 큰 종에서는 작은 종에서보다 자비가 균일하게 되며 구리와의 접촉면도 넓다. 이런 경우 알코올 농축은 잘 되지만 향기 성분이 적어진다. 반면 바닥에 액체가 적으면 알코올 농축은 적게 되지만 향기 성분은 많아지게 된다.

발효 원료로는 사탕무, 포도, 감자, 사탕수수 등의 농작물을 이용해야 한다.

고농도로 농축한 증류주를 재증류 공정에서 주니퍼 베리와 여타 식물 재료를 투입하여 사용하는데, 증류솥 상단부에 소위 '진 바스켓'을 매달아서 알코올 증기가 식물체를 거쳐서 증발되게 유도한다. 이때 지나가는 뜨거운 증기가 식물체의 성분 추출을 용이하게 한다.

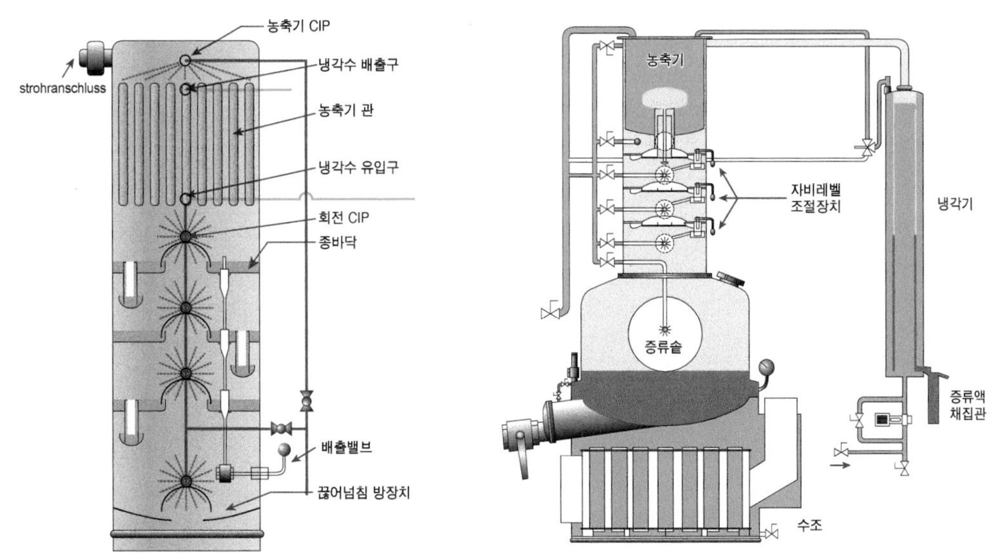

【그림 8-25】 다단 컬럼형 증류기

앞쪽의 그림은 다단 컬럼 내부의 증류 후 세척 라인에 대한 설명이다.

증류를 통해 고농축의 알코올을 생성하게 되면 불순물이 많이 줄어든 고농도, 고순도의 알코올을 수득하게 되는데, 이 과정에서 컬럼의 내부 곳곳에 아세트알데하이드, 에틸카바메이트, 황화합물 등의 불순물이 축적되게 된다.

그래서 증류 후 세척이 상당히 중요한 공정이다. 세척하지 않으면 결국 원하지 않는 불순물이 증류주로 이송되어 증류주의 품질을 떨어뜨리는 결과를 가져오게 된다.

EFSA(European Food Safety Authority-유럽 식품안정청)에서는 증류기 내부에 고압의 세척 설비를 권고하고 있는 실정이다.

(3) 복합 방식

이 방식은 에탄올에 단순히 향기 물질 등을 섞는 방식으로 재증류하지 않는다. 증류된 진에 비해 하위 등급의 제품으로 분류한다.

진에 맛과 향을 위해 많이 사용되는 식물 원료로는 레몬, 오렌지껍질 등이 많이 사용되고 있으며, 다른 향신료로는 아니스, 당귀, 오리스, 감초, 계피, 아몬드, 라임껍질, 자몽껍질, 바오밥나무, 고수 등 다양한 재료를 사용하고 있다.

5) 진의 성분

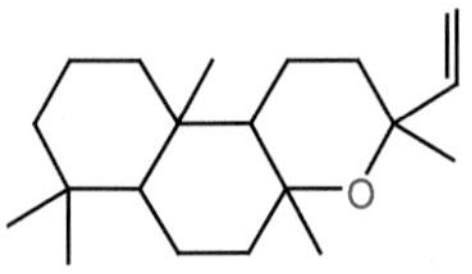

O

마노일 옥사이드(Manoyl oxide)

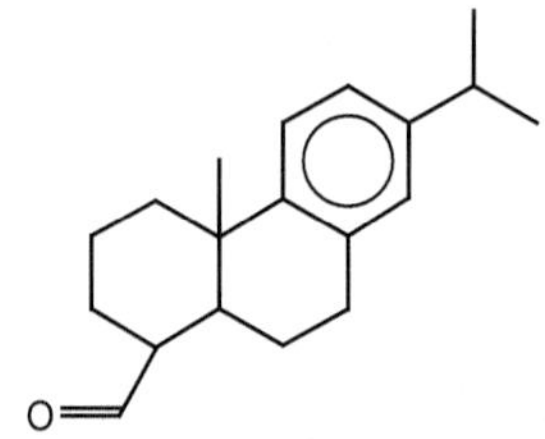

O

데하이드로 아비에트산(Dehydroabietic acid)

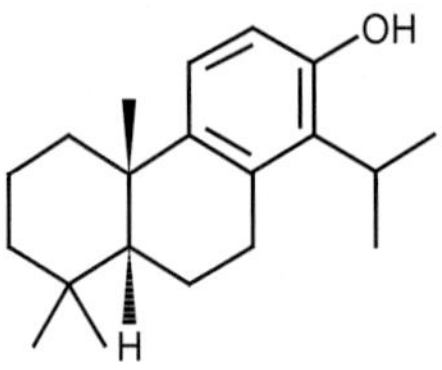

OH

H

트렌스토타롤Trans-Totarol

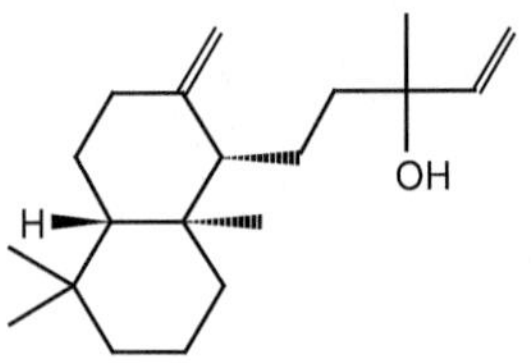

OH

H

마놀(Manool)

【그림 8-26】 진의 약용 성분들

예전부터 막연히 진의 성분이 몸에 좋다라고만 알려져 있었지만, 20세기 들어 과학과 분석 기술의 발달로 인해, 주니퍼 베리에 함유된 성분 중 디테르페노이드(Diterpenoides) 성분은 진에서도 여러 형태로 나타나고 있으며, 이 성분은 인체에 생리학적으로 유익한 것으로 알려졌다. 특히, 신장질환 개선에 도움을 주는 것으로 보고되고 있으며, 이러한 분석 근거들이 과거부터 알려진 진의 약용 기능을 확인시켜 주고 있다.

05 리큐르(Liqueur)

1. 정의

리큐르는 증류주에다가 과일, 크림, 허브, 꽃잎, 콩, 향료 등을 첨가하여 향을 더하고, 단맛을 내는 설탕이나 다른 당을 첨가한 것을 말한다.

우리나라 주세법에는 일반 증류주 중에서 불휘발분이 2도 이상인 것으로 규정되어 있다.

일반적으로 단맛을 내는 경우가 많으며 첨가물을 투입한 후에는 장기 숙성하지는 않으며, 향기가 조화되는 시간 정도만 유지하여 제품을 완성한다.

알코올 농도는 대부분 15~30% ABV의 낮은 알코올 함량을 나타내고 있으나, 간혹 55% ABV 정도의 높은 함량의 제품도 있다.

북미 지역에서는 리큐어(Liquor)라고 말하기도 하며, 대표적으로 향을 추가한 보드카(flavored vodka)처럼 요즈음 향료를 추가한 술이 많이 소비되고 있는 추세이다.

오늘날, 전 세계에서 다양한 형태로 널리 음용되고 있으며, 스트레이트로 마시거나 얼음, 커피, 크림 등을 믹스하여 칵테일로 만들어져서 음용되기도 한다. 또한, 디저트로 먹는 경우가 많으며 요리에 사용되기도 한다.

인삼주, 매실주 등도 리큐르라고 할 수 있다.

2. 기원 및 역사

리큐르란 것은 라틴어 리퀴파케레(Liquefacere), 즉 '녹이다'와 리쿼(Liquor), '액체'라는 말에서 나온 단어로 과실, 식물의 뿌리, 잎, 피복 등을 녹인 액체라는 뜻이다.

리큐르는 증류주에 허브나 식물 약재를 넣어 만든 것이 시초이며, 이탈리아의 수도사들에 의해 13세기에 만들어졌다.

초기에는 광범위한 약용 음료의 기능으로 소비되었고 꽃잎, 펄프, 섬실 등을 투입하여 만들기 시작하였으며, 심지어 만병통치약으로 생각했던 금 조각을 넣어 만든 리큐르를 제조하였다.

15세기에 들어 점차 대중화되었으며, 프랑스에서는 유명한 베네딕틴이 1510년에 생산되기 시작하여 그 비법이 지금도 전수되어 오고 있다.

루이 14세(1638~1715)일 때 그의 주치의가 권한 것이 계기가 되어 프랑스 왕실에서 유행하기 시작하였으며 신하, 귀부인 등에게 널리 퍼진 것이 혁명 이후엔 사랑, 사교, 패션의 술로서 유럽 전체에 퍼지게 되었다.

3. 제조

1) 리큐르 제조법

리큐르 제조에는 다음과 같은 세 가지 방법이 사용된다.

(1) 침출법(Maceration)

과일주의 생산에 많이 사용되는 방법으로 신선한 과일이나 건조시킨 과일을 알코올에 담구어 두는 방법.

(2) 여과 삼투법(Percolation)

식물, 약초, 잎 등의 성분과 맛을 우려낼 때 사용한다.

(3) 증류법(Distillation)

증류기 솥과 헤드 사이에 구멍이 뚫려진 쟁반이나 바스켓을 달아서 알코올의 증기가 식물, 약초, 뿌리 등의 일부 성분과 향을 증류주로 유도시키는 방법이다.

【그림 8-27】 약재 추출이 가능한 소형 증류 장치(호가 - Hoga, 스페인)

일반 증류기와 달리 증류솥과 헤드 사이에 중간에 구멍이 뚫린 원통(카트리지) 속에 식물재료, 약재 등을 넣은 후에 재증류하여 리큐르를 만든다.

재료를 삶지 않고, 증발하는 알코올 증기를 식물 재료와 접촉시켜 필요한 성분을 증류주로 이동시키는 장치이다.

2) 삼투 현상

제조 방법에서 높은 도수의 알코올에 담가 놓은 원료의 향과 맛이 더 잘 우러나는 이유는 바로 삼투 현상이다.

삼투 현상이란 다른 두 용액을 반투막(半透膜)으로 막아 놓으면 두 용액의 농도가 서로 같아질 때까지 농도가 낮은 용액의 용매가 반투막을 통과해 농도가 높은 쪽으로 이동하는 것을 말하는 것으로 반투막은 셀로판지나 생물의 세포막 등이 대표적이다.

딸기 침출주를 예로 들어보기로 하자.

딸기 내부에는 물과 당으로 된 주스가 대부분이고, 외부에는 담금용 소주의 알코올과 물이 있다. 외부와 내부에 용액이 있는 이 경우에 딸기 외피는 미세한 막으로 작용한다.

물은 삼투 현상에 의해 막을 자유롭게 통과하여 농도가 높은 쪽으로 이동한 후 높은 쪽에 남아 있기 쉽다. 딸기 내부의 당 농도보다 외부의 알코올 농도가 더 높으므로, 장시간 지나면 딸기 내부의 물은 알코올이 있는 쪽으로 이동하여 침출주의 부피는 증가하고 알코올 도수는 처음보다 낮아지는 것이다.

침출수에서는 알코올과 접촉하는 과일 원료의 노출된 모든 표면이 바로 미세한 막과 같은 작용을 하여 시간이 흐름에 따라 과일 속의 물은 알코올 쪽으로 이동한다. 우리는 침출주에 과일을 넣을 때 가끔 과일을 칼로 썰어 넣기도 하고 과일에 구멍을 내기도 하는데, 이것은 알코올과 접촉하는 표면 면적을 넓혀 물의 이동을 빨리 하기 위해서다.

그러나 이러한 미세한 막도 완벽한 것은 아니기 때문에 때때로 물분자보다 더 큰 당분, 향기 성분 및 색 성분 분자가 물과 함께 막을 통과한다. 그리하여 수주에서 수개월 후에는 과일의 성분들이 알코올 방향으로 이동하고 알코올에 맛과 향을 주는 것이다.

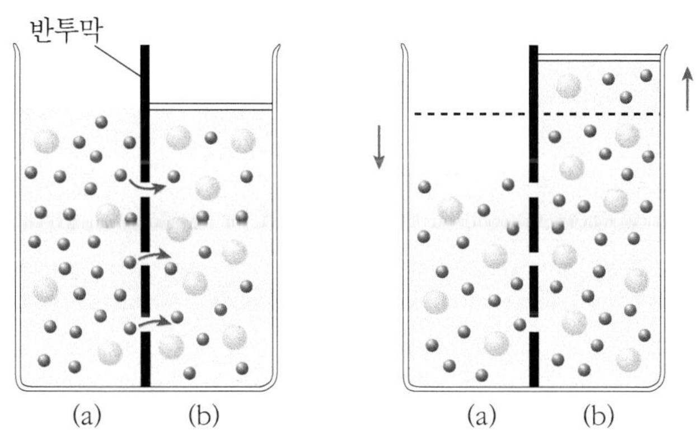

【그림 8-28】 삼투압

4. 종류

1) 과일 리큐르

리큐르의 장르 중에서 가장 대중적이고 많은 종류로 구성되어 있으며, 과일, 과일껍질, 주스 혹은 과일 향 등을 첨가하여 만들며 제품에 과일 이름을 붙여서 사용한다.

가장 신선하고 건강한 과일을 재료로 사용하며, 이를 위해 침출하기 전에 -20℃에 냉동 보관한다. 저온 저장은 과일 향을 보존시키며, 청자두나 야생자두 등의 딱딱한 핵과(Stone fruit)의 껍질과 알갱이의 분리를 쉽게 해준다.

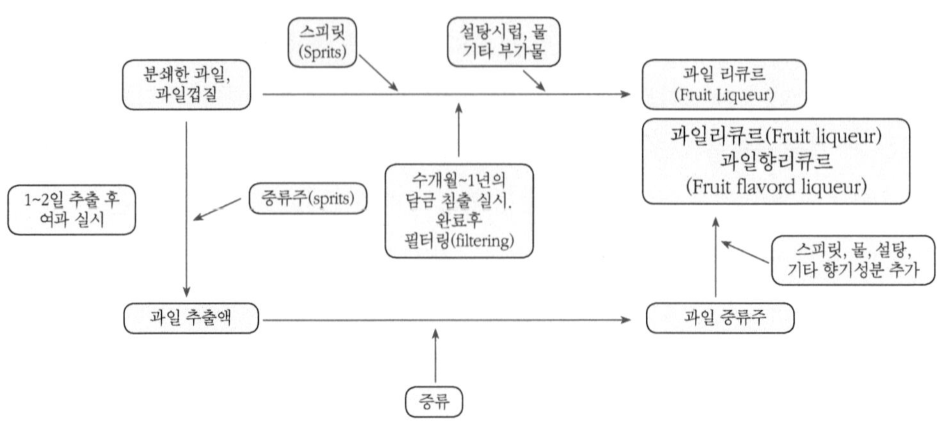

【그림 8-29】 과일 리큐르 공정

과일 리큐르의 제조 공정은, 과일이나 과피를 증류주에 침출하여 만든 과일 추출액을 증류하여 제조하는 방법과, 증류주에 과일과 설탕 시럽 등을 단순히 투입하여 만드는 방식으로 크게 나누어진다.

이때 사용되는 알코올은 에탄올이나 곡물 주정처럼 완전한 중성 알코올을 사용하여 알코올이 과일 리큐르의 맛에 영향을 미치지 않도록 해야 한다.

일반적인 과일은 분쇄 과정에서 칼날의 분쇄 간극을 다소 크게 설정하여, 분쇄 과정에서 씨앗이 파괴되지 않도록 유의하여야 한다.

씨앗은 증류주에서 쓴맛을 유도하게 되므로 제품의 질을 떨어뜨릴 수 있다.

2) 에틸카바메이트(Ethyl carbamate)

또한, 핵과의 씨에서 용출되는 청산은 알코올과 결합하여 에틸카바메이트를 생성하므로 대단히 주의를 기울여야 한다.

에틸카바메이트(CH_3-CH_2-O-$CONH_2$) 또는 우레탄(Urethane)이라고 불리우는 이 성분은 발효식품에 널리 분포되어 있으나 발암물질로 알려져 있으며 증류주, 특히 핵과에서는 25년 전부터 캐나다에서 처음 알려지기 시작해서 유럽으로까지 알려지게 되었다〈표 8-27〉.

음용용으로서 적당한 에틸카바메이트의 함량은 0.4mg/l 이하이다.

에틸카바메이트의 전구 물질은 청산(Hydrocyanic acid)과 그의 염인 청산염(Cyanide)이다.

이 전구 물질들은 핵과의 씨에 함유되어 있으며 과실 숙성 중에 효소의 작용 또는 가공에 의해 담금액에서 증류주로 전이되어 벤즈알데히드(C_6H_5CHO)의 영향하에 알코올과 반응하여 에틸카바메이트로 변환된다. 이러한 일련의 반응은 열과 빛에 의해 촉진되므로 병입 후 저장이나 유통 과정에서 증가할 수 있으므로 주의하여야 한다.

〈표 8-27〉 에틸카바메이트

에틸카바메이트	우레탄
화학식	$C_3H_7NO_2$
녹는점	46℃
끓는점	182℃
관련 주류	핵과 증류주, 위스키 등에 높은 농도로 나타남.

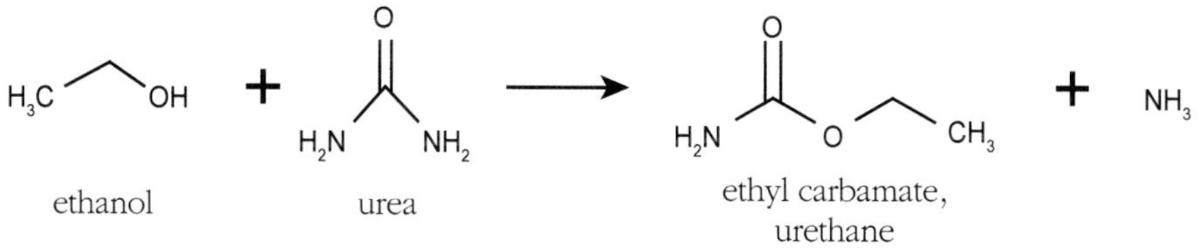

$$CH_3CH_2OH + H_2NCONH_2 \longrightarrow H_2NCOOCH_2CH_3 + NH_3$$

ethanol　urea　ethyl carbamate, urethane

【그림 8-30】 에틸카바메이트 생성

주류의 에틸카바메이트 함량은 원료 물질의 경작 조건, 발효 조건, 저장, 유통 과정 등 다양한 변수가 존재하여 함량의 차이가 발생할 수 있지만, 발효 과정에서 반드시 생겨나고 이를 증류하면 더욱더 농축되므로 앞으로는 세심한 주의를 기울일 필요가 있는 부분이다.

〈표 8-28〉은 주류에 함유된 정확한 함량으로 판단하기는 무리가 있고, 단지 대부분의 주류에서 검출되고 있는 사실 자료로 참고할 만하다.

〈표 8-28〉 주류별 에틸카바메이트 함량(mg/L)

주류명	함량	주류명	함량
키르쉬(Kirsch - 체리)	0.2~5.5	리큐르	0.16 이하
자두 브랜디	0.1~7.0	쉐리	0.02~0.07
미라벨 자두 브랜디	0.2~2.3	테킬라	0.1 이하
핵과 브랜디	0.2~0.3	배 브랜디	0.18 이하
곡물 증류주	0.01 이하	사과 브랜디	0.5 이하
럼	0.06 이하	사케	0.1~0.6
제품에 따른 함량 차이는 존재하지만, 모든 발효주와 증류주에서 생성된다.			

〈표 8-29〉 캐나다의 에틸카바메이트 규제 함량

주류 품목	최대 허용량
테이블 와인(table wine)	30㎍/kg
강화 와인(fortified wine)	100㎍/kg
증류주(distilled sprits)	150㎍/kg
브랜디 & 리큐어	400㎍/kg
사케(sake)	200㎍/kg

캐나다 보건부(Health Canada) 2012.6.28. 기준

에틸카바메이트 감소를 위한 각 공정의 대책은 다음과 같다. 특히 청산의 제거를 위해서는 동 증류기에 시아닌 흡착기를 부착하면 불용성의 구리-시아닌 결합에 매우 효과적이다. 청산을 제거하는 또 다른 방법은 구리가 함유된 시아뉴렉스(cyanurex) 재제를 특수 용기에 담고 증류 시 증발하는 증기를 특수 용기를 통과시켜 제거하는 방식이다.

즉 살구, 복숭아, 자두, 매실 등의 핵과는 씨를 분리하여 침출하거나, 씨의 분리가 용의하지 않았다면 카탈라이저(catalyzer)가 내장되어 있는 증류 장치를 이용하여 생성된 에틸카바메이트를 흡착하여 농도를 낮추어 줄 수 있게 재증류하여야만 한다.

과일 리큐르 제조 과정 중 과일의 담금 침출 공정은 수개월에서 심지어 1년까지도 소요되지만, 근대화된 공법은 천천히 회전하는 공기와 차단된 드럼 내부에서 진행하여 기간을 단축시키는 경우도 있다.

리큐르에 많이 쓰이는 다양한 과일을 이용하는 제품을 〈표 8-30〉에 나타내었다.

3) 과일 리큐르의 원료들

〈표 8-30〉 과일 리큐르의 원료 과일 및 상품 종류

리큐르 재료	생산 제품, 상호, 제조국	비 고
살구(Apricot)	Giffard(Loire), Maraska(크로아티아)	
바나나(Banana)	Bols(Crune Banana)(네덜란드), Giffard	
월귤나무(Bilberry)	Boudier(Liqueur de Myrtilles)(Burgundy)	
블랙베리 (Blackberry)	Boudier, Chambord(Loire), Combier(Loire), Marchand(Burgandy), Marie Brizard(프랑스), Nusbaumer(Alsace), tremontis(이탈리아) Védrenne(Burgandy)	다른 부가물도 많이 들어가 있는 제품
까치밥나무 (Blackcurrant)	Bols, Boudier, Giffard, Massenez(Alsace), Védrenne	
배(Pear)	Boudier	
체리(Cherry)	Bols, De Kuyper(네덜란드), Heering(덴마크), Luxardo(이탈리아), Marnier(프랑스)	적색 침출 주이며 투명한 형태
복숭아(Peach)	Boudier	
산딸기(Raspberry)	Boudier, Schladerer(독일)	
딸기(Strawberry)	Boudier, Védrenne	
큐라소(Curacao) 스타일과 감귤(citrus) 껍질	Alize(프랑스), Cointreau(Loire), Grand Marnier, Marie Brizard	
	Arancello(이탈리아)	오렌지 리큐르
	Bols	블루(blue) 리큐르
	Materdomini(이탈리아)	레몬껍질로 만듬
	Senior	남미 큐라소의 귤로 만듬

우리나라에는 매실, 복분자 등을 이용한 제품이 있으며, 쓰고 신맛을 내는 블랙손(blackthorn) 나무의 작고 검은 열매는 슬로우 진(sloe gin)의 재료로 사용되고 있으며 영국이나 유럽을 대표하는 대중적인 리큐르라고 할 수 있다.

과일을 이용한 리큐르에는 카리브 해의 큐라소 섬에서 자라는 오렌지껍질의 향을 기초로 하는 큐라소 리큐르(Curacao liqueur)가 유명하며, 레몬을 주원료로 하는 대표적인 이탈리아의 리큐르는 리몬첼로(Limoncellos)이다. 레몬껍질을 95% ABV 알코올에 1주일 정도 침출 후 여과하고, 설탕 시럽을 첨가하여 블렌딩하며 약 32% ABV로 최종 제품을 생산하고 있다. 다른 리큐르와 달리 E.U 규정에 의해 천연 향, 방향유 등 일체의 첨가물이 허용되지 않는 특징적인 리큐르이다. 리몬첼로의 특징은 레몬껍질 추출에 따른 다음과 같은 쿠마린(Coumarins), 소랄렌(Psoralens) 등의 비휘발성 화합물에 의해 나타나고 있다.

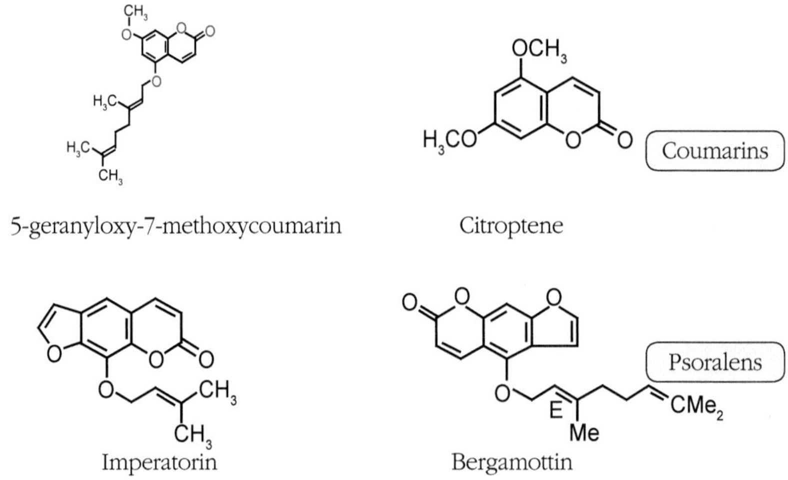

Coumarins

5-geranyloxy-7-methoxycoumarin

Citroptene

Psoralens

Imperatorin

Bergamottin

【그림 8-31】 리몬첼로

4) 허브, 꽃, 향신료 리큐르

식물 재료, 허브, 방향유 등은 13세기부터 리큐르의 약용 기능을 부각시킨 대표적인 재료들이다. 식물 재료들을 기능별로 나누면 다음과 같다.

〈표 8-31〉 식물 재료

기능별	식물 구분	내용
식물 허브	입, 줄기, 꽃	바질(Basil), 쑥(Mugwort), 들국화(Camomile), 민트(Mint) 꿀풀(Sage), 히솝(Hyssop), 약쑥(Wormwood) 등

향신료	껍질, 식물눈, 뿌리, 씨앗	사향씨(Ambrette), 안젤리카(Angelica), 생강(Ginger) 카르다몸(Cardamom), 캐러웨이(Caraway), 정향(Clove) 셀러리 씨앗(Celery), 고수(Coriandor)
쓴 식물	뿌리, 줄기, 꽃	목향(Elecampane), 민들레(Dandelion), 용담(Gentian) 흰붓꽃(Orris), 엉겅퀴(Thistle)
사포닌 식물	껍질	카스카릴라, 기나나무(Cinchona), 퀼라야(Quillaja)
탄닌 식물	껍질	참나무(Oak)
꽃 식물		딱총나무꽃(Elderflower), 히더(Heather), 라임나무 꽃, 오렌지 꽃, 장미
정유 식물		감귤껍질
기타 식물	견과	아몬드, 헤이즐넛, 호두나무(향기 성분과 정유 성분의 공급)
	콩	코코아, 바닐라, 커피
	점액 식물	호로파씨(Fenugreek seeds)
	규산 식물	옥수수(Corn horsetail)

5) 코코아, 커피, 차 리큐르

이러한 재료를 사용하는 리큐르는 중성 알코올(Neutral sprit)에 향기가 스며들어 있는 30% ABV 정도의 리큐르이다. 향기가 충분히 녹아들고 나면, 여과를 한 후 설탕 시럽, 물, 특히 커피, 코코아에 잘 어울리는 바닐라 농축액 등을 첨가하여 블렌딩한다.

코코아를 이용한 리큐르는 일반적으로 카카오 크림(Crème de Cacao)으로 알려져 있으며, 커피 리큐르를 대표하는 것은 럼을 베이스로 커피콩, 설탕 시럽, 바닐라가 들어간 멕시코의 카울라(Mexican Kahlúa)와 블루마운틴 커피콩, 바닐라, 설탕 시럽을 설탕수수 증류주(Cane sprit)에 첨가한 티아마리아 (Tia Maria) 등이 있다.

그 외에도 카플리 커피(Kpali), 코모라 커피(Komora), 에스프레소 커피로 향을 낸 리큐르(Oblio Caffe Sambuca-이탈리아) 등 다양한 종류가 많이 있다.

6) 기타

아몬드, 헤이즐넛, 땅콩, 호두 등의 견과류를 이용한 리큐르가 있으며, 주로 크림에다가 바닐라, 코코아, 모카 향 등을 첨가하여 맛을 낸다.

제조 과정에서 견과류의 지방성분들이 알코올과 잘 결합할 수 있게 유탁액(emulsion)을 제조하여 리큐르를 만들며, 알코올 추출 공정에서 견과류의 섬세한 맛 특징을 잘 살려야 한다.

참고 문헌

〈국내 문헌〉

1. 주세법 1장 총칙[개정 2009.12.31] [시행일 2010.1.1] 제4조(주류의종류) [개정 2013.4.5]
2. 박재우, 술의 정의와 상식, 학현사, 2010.
3. 이종기, 이종기교수의 술이야기, 다할미디어, 2013.
4. 박인국, 생화학길라잡이, 라이프사이언스, 2009.

〈국외 문헌〉

1. Patricia Herlihy. Vodka – A Global History. Reaction Books LTD. 2012.
2. Jesse Russell, Ronald Cohn. Vodka. Book on Demand. 2012.
3. Richard Foss. Rum – A Global History. Reaction Books LTD. 2012.
4. Stewart Walton, Brian Glover. the ULTIMATE ENCYCLOPEDIA of Wine Beer Sprits & Liqueurs.Anness Publishing, Ltd. 2014.
5. Eloide Smith. A guide to alcoholic beverages Including Its History, Production, Brandy, Vodka, Tequila, and More. Webster's Digital Services. 2012.
6. Abe Hall. History of world rum Webster's Digital Services. 2011.
7. Jesse Russel, Ronard Cohen. Rum Book on Demand. 2012.
8. Samuel Mcharry. The practical distiller CreateSpace Publishing. 2014.
9. Ian Smiley, Eric Watson, Michael Delevante. The distiller's guide to Rum.White Mule Press. 2014.
10. Eric Kolb, R. Fauth, W.Frank, I. Simson, G. Ströhmer. Spirituosen Technologie. Behr. 2002.
11. Sabina Maza Gómez. Rum aroma descriptive analysis. La Salle University. 2002.
12. Nishimura, K. Ohnishi, M. Masuda, M. Koga, K. Matsuyama, R. Reactions of wood com ponents during maturation. In "The flavor of distilled beverages; origins and development" E. Horwood Ltd. 1983.
13. Nykänen, L. and Nykänen. Flavor of Alcoholic Beverages; Origin and Development. E.

Horwood Ltd. 1983.

14. Nykänen, L. and Suomalainen, H. Aroma of Beer, Wine, and Distilled Alcoholic Beverages. D. Reidel Publishing Co. 1983.
15. Jesse Russell, Ronald Cohn. Continuous distillation. Book on Demand. 2012.
16. Jesse Russell, Ronald Cohn. Batch distillation. Book on Demand. 2012.
17. Jesse Russell, Ronald Cohn. Steam distillation. Book on Demand. 2012.
18. Jesse Russell, Ronald Cohn. Vacuum distillation. Book on Demand. 2012.
19. Jesse Russell, Ronald Cohn. Tequila. Book on Demand. 2012.
20. Alberto Ruy – Sanchez and Margarita de Orellana. Tequila. Smithsonian Institution Press. 2002.
21. Ana G. Valenzuela – Zapata and Gary Paul Nabhan. Tequila a natural and cultural history. University of Arizona Press. 2004.
22. Alan J. Buglass. Handbook of Alcoholic Beverages Technical, Analytical and Nutritional Aspects/Edition 1. Wiley. 2011.
23. Lesley Jacobs Solmonson. Gin A Global History. Reaktion Books, Limited. 2012.
24. Simon Difford. diffordsguide GIN – The Bartender's Bible. Firefly Books, Limited. 2013.
25. Inge Russel. Whiskey Technology, Production and Marketing. Academic press. 2003.
26. Lehtonen, M. and Suomalainen, H. Rum in Alcoholic beverages. Academic press. 1977.
27. Lehtonen, M. Flavor of Distilled Beverages. Ellis Horwood Ltd. 1983.
28. Jesse Russell, Ronald Cohn. Liqueur. Book on Demand. 2012.

〈인터넷 사이트〉

1. Вильям Васильевич Похлёбкин http://vkus.narod.ru
2. Filtration technologies of vodka http://www.vodka-tf.com
3. Hoga company copper pot still. Spain. http://www.hogacompany.com
4. Kothe distilling. Germany. http://www.kothe-distilling.com
5. Gayout The guide to the good life. http://www.gayout.com
6. Wikipedia. http://en.wikipedia.org

7. WHITE LABS. http://www.whitelabs.com

8. Google. https://www.google.co.kr/search

9. Tequila Connection. http://tequilaconnection.com

10. in search of the Blue Agave. http://www.ianchadwick.com

11. MUCHOAGAVE. http://www.muchoagave.com

12. SPRITS OF MEXICO. http://www.thespritsofmexico.com

13. Azunia TEQUILA. http://www.azuniatequila.com

14. siembra azul TEQUILA. http://www.siembraazul.com

15. MINISTRY OF RUM. http://www.ministryofrum.com

16. REFINED VICES. http://www.refinedvices.com

17. Tastings.com. http://tasting.com

18. the kitchn. http://www.thekitch.com

19. THE RUM SHOP. http://www.rumshop.net

20. SEGUIN MOREAU NAPA COOPERAGE. http://www.seguinmoreaunapa.com

21. GREY GOOSE VODKA. http://www.greygoose.com

IX. 증류주의 성분과 관능

01 증류식 소주

술의 풍미는 시각, 청각, 후각, 촉각, 미각의 오감에 의해 정해진다. 술의 평가에 있어 향미가 가장 중요한 요소일 것이며 오감 중 미각과 후각이 여기에 해당한다 할 수 있다. 미각에는 단맛, 신맛, 짠맛, 쓴맛, 감칠맛 이외에 매운맛이나 떫은맛이 종합적으로 서로 연관되어 있다. 후각을 자극하는 향기 성분은 화학물질로 술에 미량으로 함유되어 있으나 소주의 품질을 결정짓는 중요한 요소이다.

술의 향기 성분은 본질적으로는 누룩 미생물이나 효모에 의해서 생성되지만 소주 원료에 의해서도 크게 좌우된다. 효모가 생성하는 주된 향기 성분은 ① 알코올, ② 카르보닐 화합물, ③ 유기산, ④ 에스테르, ⑤ 함황 화합물, ⑥ 아민 등이다. 이 중 대부분의 소주에 함유되어 있는 주요한 성분은 탄소 수가 2~5개로 이루어진 알코올류와 유기산이 결합한 에스테르류와 탄소 수 4~8개의 지방산과 알코올이 결합한 지방산에스테르이다. 이외에 이소아밀알코올(isoamylalcohol) 등의 고급 알코올에 아세틸 CoA(acetyl CoA)가 작용하여 생성된 아세트산(acetic acid) 에스테르(ester)도 있다.

지방산 에스테르는 ① esterase와 ② alcohol acyl-transferase(AACTase)의 촉매작용에 의해서 생성된다. 아미노산은 누룩곰팡이에 의해서 탈아미노 반응이 일어난 후 효모에 의해서 에스테르 화합물로 변한다(leucine → leucic acid → ethyl leucate).

1. 일반 성분

1) 함유량

원료별 증류식 소주의 일반 성분을 〈표 9-1〉에 나타내었다. pH는 고구마 소주가 4.7, 아와모리 소주가 5.6 정도 된다. 최근 쌀, 보리 및 메밀 소주의 전부 또는 일부를 이온 교환 수지로 정제하는 경우가 있어 pH 측정이 어려워지고 있다.

산도는 술덧이 정상 발효하였다면 1.2 이하이며 흑설탕 소주가 다른 증류식 소주보다 다소 높은 경향이 있다. TBA 값(thiobarbituric acid value)은 소주에 들어 있는 불포화 지방산 에틸 에스테르의 산화 정도를 나타내는 지표로 유취와 깊은 관계가 있다. 오래된 아와모리 소주에서 조금 높고 다음은 흑설탕 소주이고 나머지는 0.15 이하이다.

〈표 9-1〉 소주의 종류별 일반 성분

소주	pH	산도[2]	TBA값[3]	UV흡광 OD_{10}^{275}	푸르푸랄 (mg/100mL)	알데하이드 (ppm)[4]
고구마	4.72	0.81	0.103	0.541	0.66	16.3
쌀(상압)	–[1]	0.40	0.105	0.511	0.18	19.2
쌀(감압)	–	0.30	0.002	0.028	0.01	14.1
보리(혼합)	–	0.20	0.042	0.274	0.07	8.7
메밀	–	0.20	0.001	0.013	0.00	9.6
흑설탕	–	1.20	0.145	0.501	0.04	31.7
아와모리(일반)	5.73	0.50	0.170	–	–	19.2
아와모리(고주)	5.49	0.45	0.200	–	–	19.8

1) "–"는 분석치가 없는 술을 나타낸다.
2) 산도 : 0.01N NaOH mL/10mL, 3) TBA(Thiobarbituric acid value)
4) 알데하이드는 아세트알데하이드 양으로 표시하였다.

자외선 흡광도 값은 푸르푸랄(furfural) 함량의 대체 지표로 측정된다. UV 흡광값은 상압 증류한 고구마 소주, 흑설탕 소주, 쌀 및 아와모리 소주에서 0.5 정도로 감압 증류 소주보다 높다. 그러나 푸르푸랄 함량이 고구마 소주에는 많지만 흑설탕 소주에는 적기 때문에 흑설탕 소주에 자외선을 흡수하는 다른 물질이 포함되어 있는 것으로 추측되고 있다.

알데하이드(aldehyde)는 아세트알데하이드(acetaldehyde)를 비롯한 저비점 성분이 많고 증류 시 가스 빼기 공정에 의해 대부분 공기 중으로 휘발된다. 증류 직후의 제품은 알데하이드에 의한 가스 냄새가 강하게 느껴지기 때문에 제품화하기 위해서는 일정 시간 배기와 화학적 변화가 필요하다.

〈표 9-2〉는 1980년대 생산된 제품의 일반 성분 추이를 나타내었다. pH 및 산도는 거의 변화가 없지만 푸르푸랄 및 알데하이드 함량은 꾸준히 감소하고 있는 것으로 보아 제품의 품질 향상에 노력하는 것을 알 수 있다.

〈표 9-2〉 일반 성분의 추이

년도	pH	산도[1]	TBA값[2]	푸르푸랄 (mg/100mL)	알데하이드 (mg/100mL)
1980	4.95	0.75	0.137	0.45	1.9
1981	5.53	0.69	0.145	0.28	2.2
1982	5.25	0.49	0.100	0.31	1.9
1983	5.69	0.44	0.152	0.12	2.5
1984	4.80	0.55	0.067	0.18	1.8
1985	5.10	0.55	0.084	0.15	3.6
1988	5.21	0.51	0.079	0.23	3.7
1991	5.69	0.54	0.066	0.08	3.6
1993	–	0.54	0.072	0.07	1.5

1) 산도 : 0.01N NaOH mL/10mL, 2) TBA(Thiobarbituric acid value)

2) 생성 경로

증류 중 일반 성분의 유출 경향은 〈표 9-3〉 및 (그림 9-1)과 같다. 술덧에 함유된 성분 중 알데하이드, 에스테르 및 퓨젤 오일(fusel oil)은 초류 구간(알코올 농도 55% 이상)에 대부분 유출되고 중류(알코올 함량 25~55%), 후류(알코올 함량 25% 이하)로 진행될수록 유출량이 적어진다. 따라서 소주의 향기 성분 대부분이 초류 구간에 모여 있다고 할 수 있다. 반면, 산도 및 푸르푸랄은 후류 구간에서 많이 유출된다. 특히 푸르푸랄은 탄내 성분의 일종으로 증류 시 가열에 의해 이차적으로 생성되기 때문에 후류에 집중된다. 산도 및 푸르푸랄 유출 경향으로부터 후류는 소주의 품질에 바람직하지 않다고 할 수 있다.

〈표 9-3〉 증류 중 일반 성분의 유출 경향

유출액 비율(%)	알코올(%)		산도		알데하이드		에스테르		퓨젤오일		푸르푸랄	
	쌀	고구마	쌀	고구마	쌀	고구마	쌀	고구마	쌀	고구마	쌀	고구마
5	67.3	56.2	1.5	1.1	37.2	4.5	94	110	0.50	0.34	0	0
10	65.6	58.4	1.6	1.0	24.6	4.6	60	100	0.50	0.35	0	0
15	63.4	57.1	1.6	1.0	16.4	3.6	38	52	0.43	0.32	0	0
20	61.0	56.0	1.7	0.9	11.7	3.0	21	38	0.32	0.29	0	0
30	55.4	53.5	1.8	0.9	5.7	2.6	11	28	0.27	0.28	0	0
40	49.5	47.7	1.9	1.1	3.2	1.7	6	22	0.18	0.20	0	0
50	41.2	42.3	2.0	1.2	1.8	1.2	7	17	0.10	0.14	0	0
60	31.2	36.4	2.1	1.4	1.2	0.9	7	17	0.06	0.08	0.06	0.03
70	22.7	58.6	2.2	1.7	1.0	0.9	8	17	0.04	0.04	0.17	0.08
80	16.0	24.1	2.3	1.9	1.0	0.9	9	16	0.03	0.03	0.28	0.16
90	10.5	17.2	2.4	2.0	1.0	1.0	9	15	0.02	0.02	0.39	0.22
100	5.6	11.0	2.6	2.0	1.0	1.0	8	15	0.02	0.02	0.50	0.28

산도 : 0.01N NaOH mL/50mL, 퓨젤오일 : g/100mL, 알데하이드 : 아세트알데하이드 mg/100mL, 푸르푸랄 : mg/100mL, 에스테르 : ethyl acetate mg/100mL

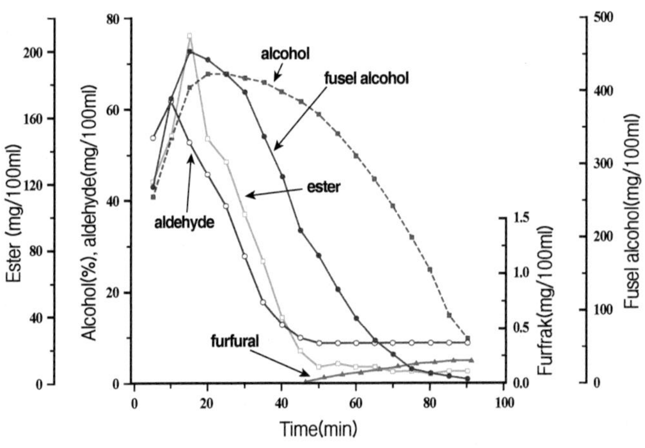

【그림 9-1】 상압 증류액에 의한 각 성분의 유출 경향

최근 많이 이용되고 있는 감압 증류와 상압 증류와의 증류 중 알코올 함량 변화를 (그림 9-2)에 나타내었다. 쌀 소주용 술덧 100L를 증류했을 때 감압 증류의 경우 알코올 함량 33.15%의 증류액

16.8 L, 상압 증류는 34.66% 증류액 15.3 L를 얻었다. 증류액의 산도 변화를 〈그림 9-3〉에 공장 규모의 상압 증류와 감압 증류의 일반 성분 차이를 〈표 9-4〉에 나타내었다. 증류법의 차이에 의해 일반 성분의 특별한 변화는 없지만 카르보닐(carbonyl) 화합물 및 푸르푸랄 성분에서 큰 차이를 보인다.

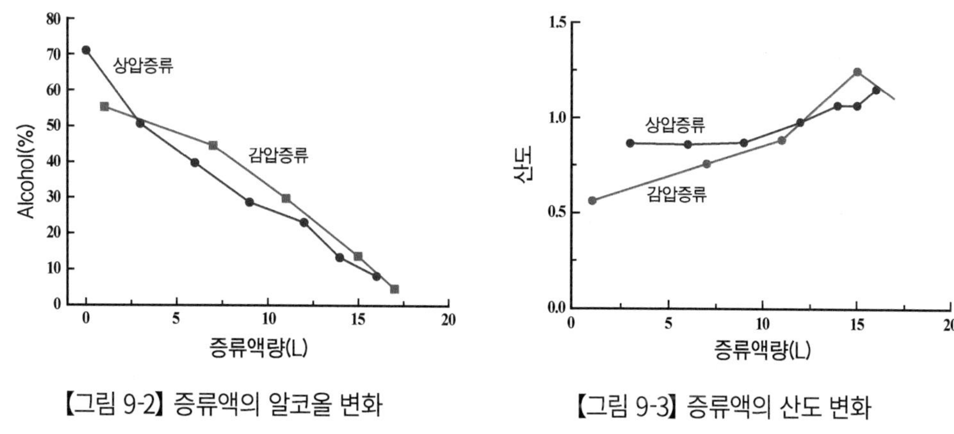

【그림 9-2】 증류액의 알코올 변화

【그림 9-3】 증류액의 산도 변화

〈표 9-4〉 메일 술덧의 감압 증류와 상압 증류의 비교

성 분	상압 증류	감압 증류
알코올	42.2%	44.3%
pH	4.87	4.65
산도	1.10	1.14
아세트알데하이드	31	24
Ethyl acetate	254.4	287.6
n-Propanol(C_3OH)	152.7	166.0
iso-Butanol(C_4OH)	314.2	300.2
iso-Amylalcohol(C_5OH)	759.8	726.6
Ethyl lactate	4.0	2.1
Ethyl caprylate	4.9	2.4
Furfural	12.3	—
Ethyl pelargonate	1.4	0.8
Ethyl decanoate	12.9	4.5
Phenethyl acetate	4.8	4.2
Ethyl laurate	1.9	0.9
2-Phenyl alcohol	102	59

Ethyl myristate	3.4	2.2
Ethyl palmitate	5.5	4.4
Ethyl stearate	2.6	0.3
Ethyl linoleate	1.2	0.3

산도 : 0.01N NaOH mL/10mL, alcohol, pH, 산도 이외 : ppm

2. 무기 성분

1) 함유량

소주의 금속 함유량은 〈표 9-5〉과 같이 대부분 철 0.1ppm 이하, 구리 0.06ppm 이하, 아연 0.1ppm 이하, 망간 0.02ppm 이하였다. 또한, 시판 소주의 무기 성분 함량은 〈표 9-6〉와 같이 매우 다양했다. 금속 함량과 pH와의 관계는 칼슘 이외의 금속에 대해 음의 상관관계, 즉 금속 함량이 많을수록 pH가 낮아지는 경향이 있다. 특히 중금속(철, 구리, 납) 총량 및 구리 함량이 제품의 pH와 많은 상관관계를 가진다. 제품에 포함된 금속의 종류는 이송관과 냉각기의 재질, 제품 이송 파이프 및 여과기 재질 등에 크게 영향을 받는다. 제품의 주질은 증류기의 재질에 따라 다른 것으로 알려져 있지만 현재까지 명확하지 않은 점이 많다. 제품에 금속 함유량이 많은 경우 collide상으로 존재하는 고급 지방산과 응집하여 침전시킴으로써 면상(넓게 펴진)의 침전물이 생성될 수 있다. 소주 제조장에서 채취한 면상침전 물질은 약 90%의 유지 성분과 5%의 회분으로 구성되어 있고 회분 중 88%가 구리이며 기타 주요 금속으로서 철 7.7%, 칼슘 5.5%가 포함되어 있었다〈표 9-7〉.

〈표 9-5〉 소주의 원료별 금속 함량 (ppm)

소주	Fe	Cu	Zn	Mn
고구마	0.1320	0.0200	0.1128	0.0072
쌀	0.0366	0.0158	0.0629	0.0165
보리	0.0514	0.0650	0.0903	0.0247
미강 (75%도정)	0.1008	0.0250	0.0584	0.0136
설탕	0.0261	0.0219	0.0769	0.0117

〈표 9-6〉 소주의 pH와 금속 함량 (ppm)

항목	pH	금속				중금속 합계
		Ca	Fe	Cu	Pb	(Fe+Cu+Pb)
평균	6.25	0.020	0.011	0.054	0.015	0.080
최소	5.29	0.004	0.002	0.001	0.000	0.007
최대	7.09	0.033	0.032	0.237	0.200	0.026

〈표 9-7〉 면상 침전물의 금속 조성 (건조물 100g 상당량)

금속	중량조성		몰조성	
	함량(mg)	조성(%)	함량(mmol)	조성(%)
Na	16	0.4	0.72	1.2
Ca	196	5.5	4.88	8.3
Mg	28	0.8	1.18	2.0
Fc	274	7.7	4.88	8.3
Cu	2,974	83.1	46.46	79.0
Zn	26	0.7	0.40	0.7
Pb	66	1.8	0.32	0.5
합계	3,580	100	58.84	100

초벌구이 옹기에 저장한 오키나와 소주에 무기 성분이 포함되어 있으며 옹기에서 용출하는 철, 망간 등의 금속의 양은 저장 기간에 거의 비례한다(그림 9-4). 옹기에 저장한 아와모리 소주의 8년간의 성분 변화를 추적한 결과 칼슘 및 마그네슘은 저장 기간에 따라 증가하며 철은 숙성 초반기에 증가하는 반면 구리는 후반기에 증가하는 경향을 보인다. 옹기 숙성주와 비숙성주(신주)의 금속 성분 비교에서 철, 구리, 칼슘, 마그네슘, 칼륨 및 나트륨은99.0~99.9% 신뢰도에서 유의적인 차이가 나타나지만 아연은 95%의 신뢰도에서 유의적인 차이가 나고 망간 및 납은 유의적 차이가 없었다〈표 9-8〉.

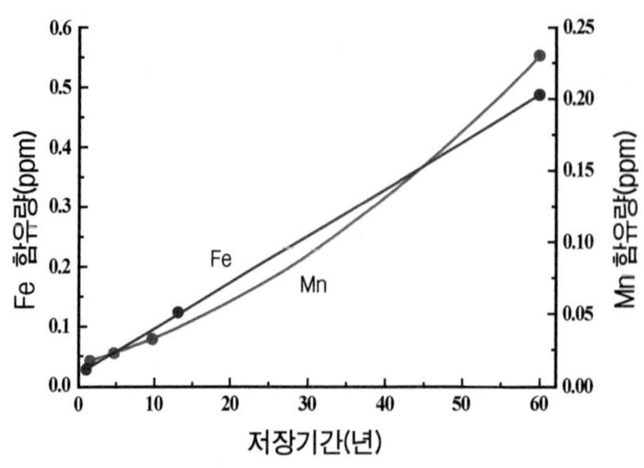

【그림 9-4】 옹기 저장주의 금속 함량

〈표 9-8〉 비숙성주와 숙성주의 금속 성분 비교 (ppm)

성분	비숙성주	숙성주
Fe	0.018	0.043**
Ca	0.350	7.610***
Zn	0.052	0.246*
Pb	0.008	0.006
Na	0.585	7.894***
Cu	0.013	0.179**
Mn	0.001	0.045
Mg	0.045	2.042**
K	0.066	3.442***

*0.5%, **0.1%, ***0.01% 유의

2) 생성 경로

증류 과정에서 술덧의 휘발성 산 및 황 화합물의 작용에 의해 증류기의 재질이나 이송관의 일부가 침식되면서 제품으로 이행된다. 증류 후에도 여과기나 용기, 특히 유리병 및 도자기류에서 용출이 많고 알코올 함량 조절에 사용되는 급수에 함유되어 있는 무기이온이 혼입되어 진다. 이러한 금속의 일부는 함황 화합물 및 고급 지방산류와 결합하여 불용성으로 변화되어 여과 공정 중에 제거되지만 가용성으로 존재하는 것은 제품에 남게 된다.

소주를 도자기에 저장하면 금속이온이 숙성 촉진제로 작용될 수 있지만 다른 용기에 내해서는 불분명하다. 금속이온은 각각의 맛을 가지고 있으나 함류량이 미량이어서 향미에 내한 영향은 비교적 적은 것으로 생각되고 있다.

3. 알코올(Alcohol)

1) 함유량

〈표 9-9〉에 에탄올을 제외한 주요한 알코올 함유량을 표시하였다. *n*-Propanol(P), isobutanol(B), isoamyl alcohol(A)의 3가지 성분이 많고 합계량은 400~1100ppm이다. 3가지 성분의 비율은 1 : 2 : 3로 존재하고 있으나 원료, 급수량, 누룩 첨가량, 사용 효모, 발효 온도 등 제조 방법에 의해 변하고 A/P비, A/B비, B/P비에 영향을 미친다. P, B, A의 함량 및 비율은 상압 증류, 감압 증류, 이온 교환 처리에 이해서 차이가 나지 않는다. 메탄올은 고구마 소주에서 217ppm으로 가장 많고 그 이외의 소주는 30ppm 이하이다. *β*-Phenyl alcohol은 휘발성이 낮기 때문에 증류 과정 중 증류 후반부에 유출되고 소주에 수ppm부터 40ppm까지 존재한다.

고구마 소주에는 특징적인 향을 형성하는 모노테르펜 알코올(monoterpene alcohol)이 함유되어 있다〈표 9-10〉. 〈표 9-11〉에 아와모리 소주에 존재하는 미량의 고급알코올 함유량을 표시하였다.

〈표 9-9〉 원료별 소주에 함유된 주요 알코올 함유량 (ppm at 25% alcohol)

알코올		원료					
		쌀	보리	고구마	흑설탕	메밀	아와모리
Methyl alcohol		9	6	217	11	20	11
n-Propanol	(P)	101~251	75~242	75~155	96~209	70~160	–
Isobutyl alcohol	(B)	159~304	122~225	153~307	104~187	147~244	–
Isoamyl alcohol	(A)	284~561	323~599	338~554	187~409	285~565	–
2~Phenyl alcohol		16~18	–	9~12	–	–	7.1~34.1
	(P+B+A)	544~1116	520~1066	566~1016	387~805	502~969	–
비율	A/P	1.9~4.6	2.0~5.3	2.7~5.2	1.6~2.7	2.8~6.3	–
	A/B	1.5~2.8	2.1~3.7	1.6~2.8	1.6~3.0	1.9~3.4	–
	B/P	0.9~2.7	0.5~2.2	1.1~2.8	0.7~1.3	1.2~2.6	–

〈표 9-10〉 고구마 소주의 모노테르펜 알코올 (ppb at 25% 에탄올)

화합물	함유량
Linalool	65
α-Terpineol	35
Citronellol	34
Nerol	17
Geraniol	35
Nerolidol	15
Farnesol	185

〈표 9-11〉 아와모리 소주의 고급 알코올 함유량

화합물	함유량 (ppm at 100% 에탄올)	
	평균	범위
n-Hexyl alcohol(1-Hexanol)	0.3	0.0~0.5
1-Octen-3-ol	2.1	0.0~6.6
n-Octyl alcohol(1-Octanol)	0.2	0.0~0.7
n-Decyl alcohol(1-Decanol)	0.2	0.0~0.4
β-Phenethyl alcohol	84.5	28.3~136.3

2) 생성 경로

n-Propanol, *n*-butanol, isoamyl alcohol, activeamyl alcohol, *β*-phenyl alcohol은 술덧 발효 중 효모의 아미노산대와 관련되어 생성된다. 알코올은 대부분 효모의 2차 대사산물로 생성되며 당 알코올인 erythritol, arabitol, mannitol 등은 효모도 생산하나 대부분은 누룩 유래이다. 에탄올은 효모의 알코올 발효의 최종 생산물로 glucose가 해당 과정에 의해 pyruvic acid로 대사된 다음 아세트알데하이드를 거쳐 생성된다. 고급 알코올은 알코올이 생성되면서 생성되고 발효가 완료되면 더 이상 생성되지 않는다(그림 9-5). 효모에 의한 생성 경로로 Ehrlich 경로, 아미노산 생합성 경로, 아세트산(acetic acid) 경로로 3가지 경로가 알려져 있지만 아세트산 축합에 의한 경로의 기여도는 적다. Ehrlich 경로는 균체 외부에서 가져온 아미노산의 아미노산기 전이에 의해 탈이미노가 된 다음 탈탄산되어 aldehyde가 된 후 원래의 아미노산보다 탄소 수가 1개 적은 알코올로 환원되는 경로이다. Ehrlich 경로에서는 leucine으로 부터 isoamyl alcohol, valine에서 isobutyl alcohol, penylalanine에서 *β*-phenethyl alcohol 등이 생성된다.

아미노산 생합성계에서도 알코올이 생성된다. Valine 생합성 경로는 glucose가 해당계를 거쳐 생성된 pyruvic acid가 active aldehyde와 축합하여 *α*-acetolactic acid로 된 다음 dihydroxy isovaleric acid을 경유하여 *α*-ketoisovaleric acid가 된다. *α*-Ketoisovaleric acid에 아미노기가 전이 valine이 생성된다. 이때 아미노기가 부족할 경우 *α*-ketoisovaleric acid는 탈탄산된 후 환원되어 isobutyl alcohol이 된다. 기타 아미노산 생합성 경로에서도 중간체의 keto acid에서 분지하여 아미노산이 생합성되든지 고급 알코올이 생성되든지 한다. Ehrlich 경로와 아미노산 생합성 경로에서 알코올의 생성을 (그림 9-6)에 나타내었다. 균체외 valine, leucine 등의 아미노산이 많으면 생합성 경로의 첫 번째 반응인 pyruvic acid로부터 *α*-acetolactic acid의 생성이 피드백 저해 기구에 의해 억제되기 때문에 valine, leucine의 생합성이 억제된다. 동시에 파생되는 isobutyl alcohol, isoamyl alcohol의 생성도 억제된다. 한편, 균체외 valine, leucine은 균 체내로 흡수되어 Ehrlich 경로에서 아미노기가 질소원으로 이용되고 isobutyl alcohol, isoamyl alcohol이 생성된다.

Ehrlich 경로와 생합성 경로의 알코올 생산에 대한 기여는 전구 아미노산과 공존하는 질소원의 질과 양에 따라 변동된다. 효모의 종류에 따라 알코올 생성률도 변한다.

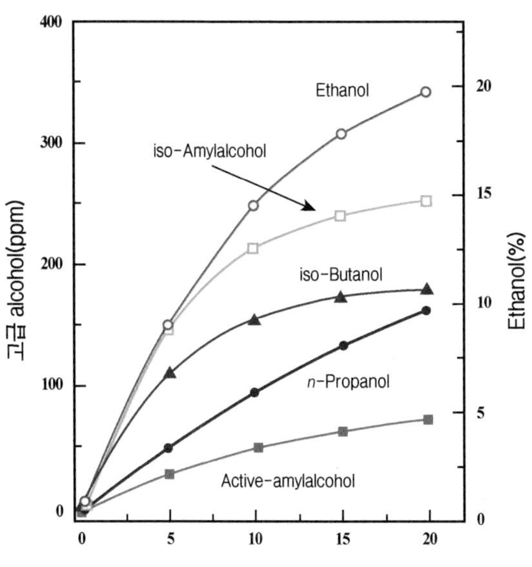

【그림 9-5】 발효 기간 중 알코올의 생성

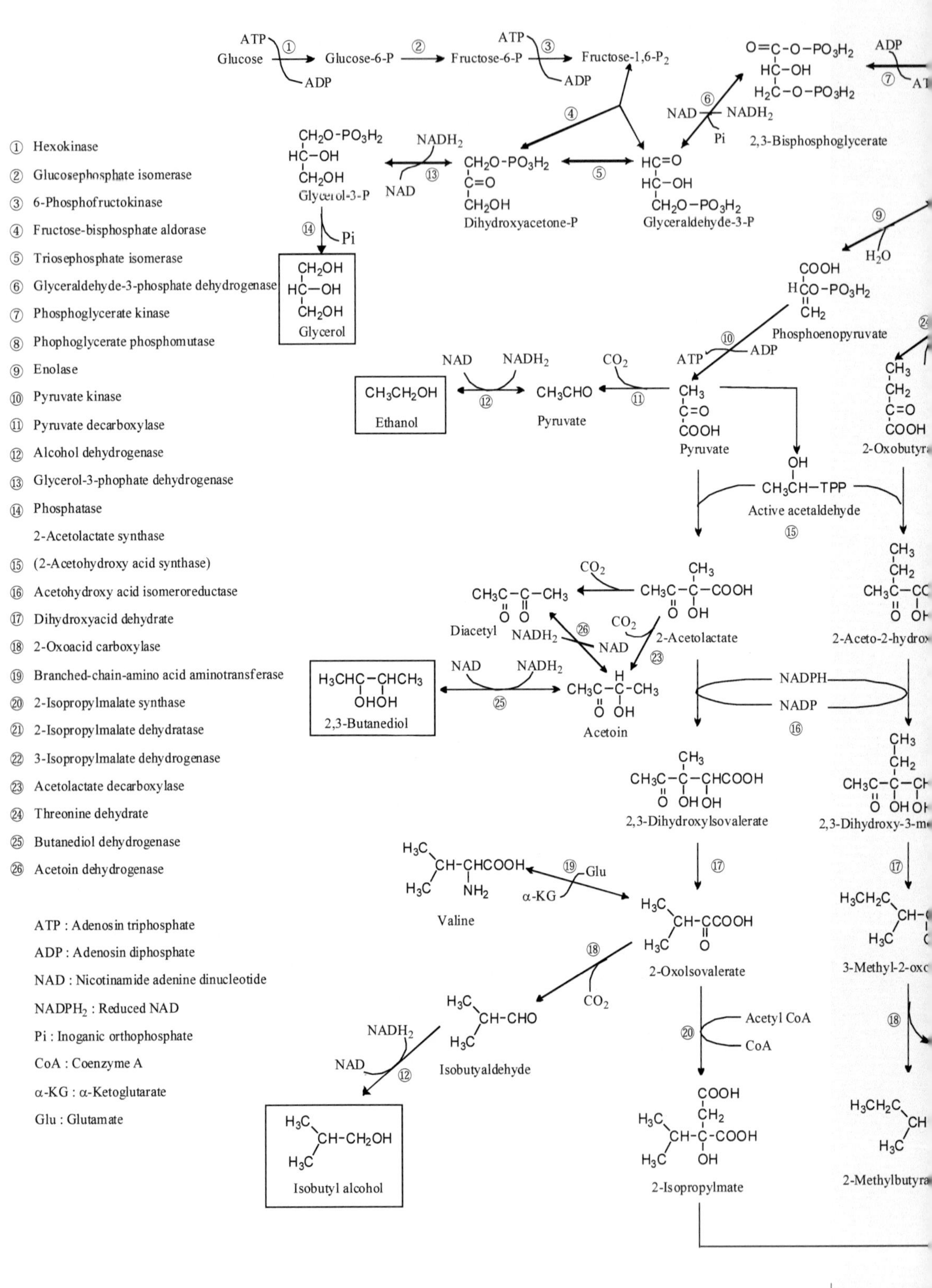

① Hexokinase
② Glucosephosphate isomerase
③ 6-Phosphofructokinase
④ Fructose-bisphosphate aldorase
⑤ Triosephosphate isomerase
⑥ Glyceraldehyde-3-phosphate dehydrogenase
⑦ Phosphoglycerate kinase
⑧ Phophoglycerate phosphomutase
⑨ Enolase
⑩ Pyruvate kinase
⑪ Pyruvate decarboxylase
⑫ Alcohol dehydrogenase
⑬ Glycerol-3-phophate dehydrogenase
⑭ Phosphatase
2-Acetolactate synthase
⑮ (2-Acetohydroxy acid synthase)
⑯ Acetohydroxy acid isomeroreductase
⑰ Dihydroxyacid dehydrate
⑱ 2-Oxoacid carboxylase
⑲ Branched-chain-amino acid aminotransferase
⑳ 2-Isopropylmalate synthase
㉑ 2-Isopropylmalate dehydratase
㉒ 3-Isopropylmalate dehydrogenase
㉓ Acetolactate decarboxylase
㉔ Threonine dehydrate
㉕ Butanediol dehydrogenase
㉖ Acetoin dehydrogenase
ATP : Adenosin triphosphate
ADP : Adenosin diphosphate
NAD : Nicotinamide adenine dinucleotide
NADPH2 : Reduced NAD
Pi : Inoganic orthophosphate
CoA : Coenzyme A
α-KG : α-Ketoglutarate
Glu : Glutamate
Glucose
Glucose-6-P
Fructose-6-P
Fructose-1,6-P2
ATP
ADP
NAD
NADH2
Pi
H2O
CO2
2,3-Bisphosphoglycerate
Glycerol-3-P
Dihydroxyacetone-P
Glyceraldehyde-3-P
Glycerol
Phosphoenopyruvate
Ethanol
Pyruvate
Active acetaldehyde
Diacetyl
2-Acetolactate
2,3-Butanediol
Acetoin
NADPH
NADP
2,3-Dihydroxylsovalerate
Valine
Glu
α-KG
2-Oxolsovalerate
Isobutyraldehyde
Isobutyl alcohol
Acetyl CoA
CoA
2-Isopropylmate

※ 한 페이지에서 다음 페이지 또는 이전 페이지의 내용을 잘림없이 한번에 파악할 수 있도록 겹침 처리했습니다.

이 영역은 페이지 영역 져온 것입니

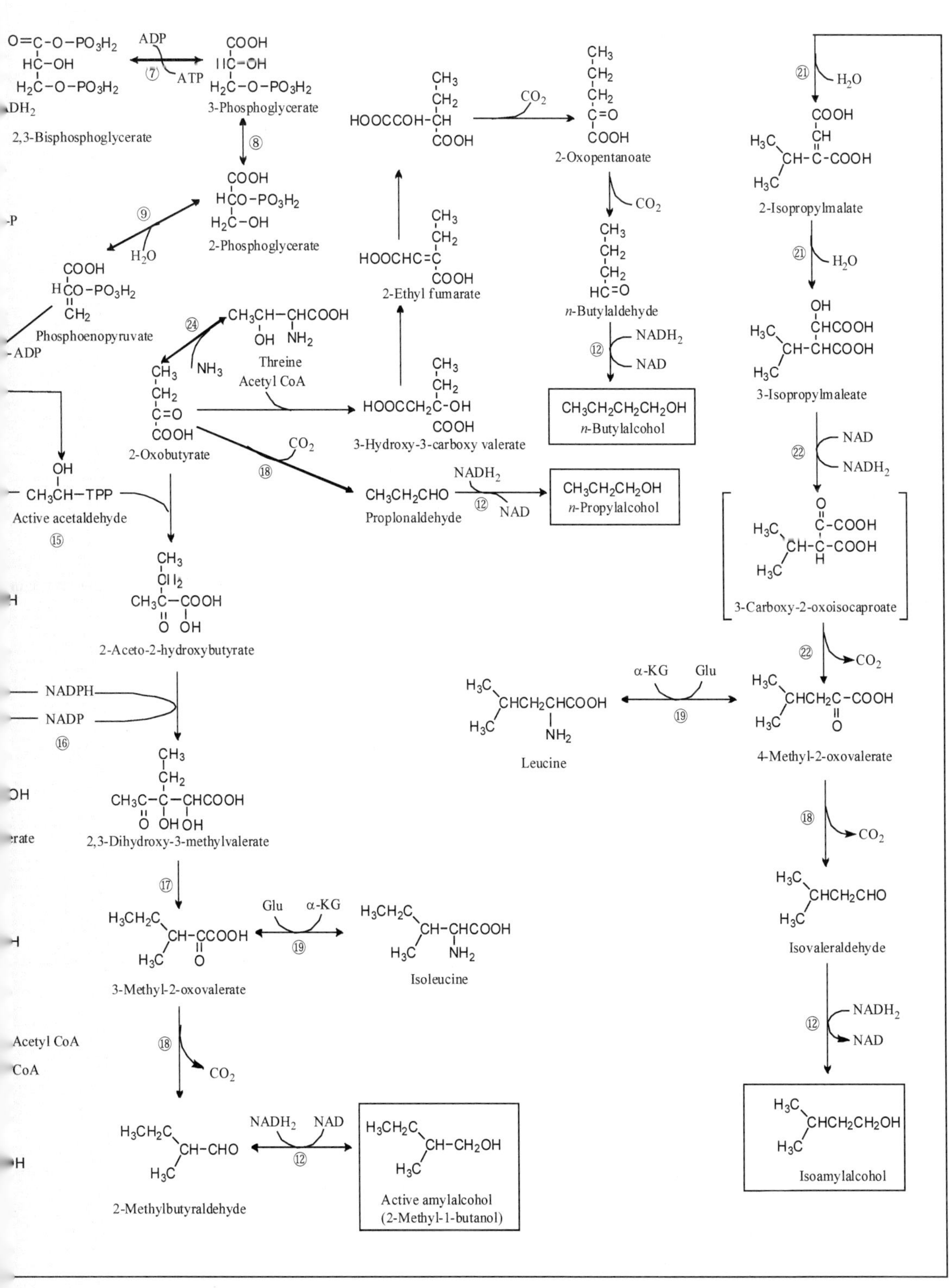

【그림 9-6】 효모의 고급 알코올 생성 경로

역은 이전
영역을 가
입니다.

※ 한 페이지에서 다음 페이지 또는 이전 페이지의 내용을 잘림없이 한번에 파악할 수 있도록 겹침 처리했습니다.

메탄올은 원료와 연관된 성분으로 고구마류의 껍질에 다량 존재하는 펙틴(pectin)에서 유래한다. 고구마 소주의 모노테르펜 알코올의 생성 경로를 (그림 9-7)에 표시하였다. 고구마에 *β*-glucoside 형태로 존재하고 있던 게라니올(geraniol), 네롤(nerol)이 누룩균이 생성한 *β*-glucosidase에 의해 가수분해되어 술덧에 유리되고 유리모노테르펜은 효모의 작용 및 증류 공정 중에 산과 열에 의하여 시트로넬롤(citronellol), 리날룰(linalool), *α*-테르피네올(terpineol)로 변환되어 소주에 이행된다.

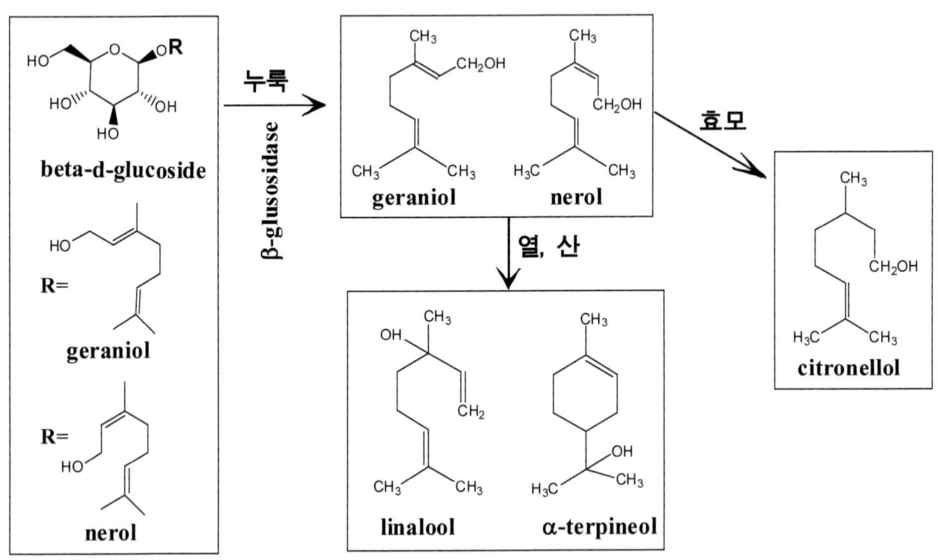

【그림 9-7】 고구마 소주의 특징 향 생성 기작

저장 중 알코올 변화에 대해서는 아와모리 소주가 숙성 기간 동안에 1-octen-3-ol, 1-octanol, 1-decanol이 증가하는 것으로 확인되었는데 ethyl oleate와 ethyl linoleate의 산화분해에 의해 생성되는 것으로 생각된다.

주류에서는 다른 식품과 달리 C3 이상의 알코올을 고급알코올로 분류하고 있다. 발효에 의해 생산된 고급알코올을 기반(backbone)으로 한 성분을 관습적으로 퓨젤유(fusel oil)라고 이야기하고, 이들 성분은 소주의 기본적인 향미에 영향을 미치고 있다. 특히 *n*-propanol(P), isobutanol(B), isoamyl alcohol(A)은 증류 공정을 거쳐 농축된 상태에서 제품으로 이행되기 때문에 양적으로 많다. 이들 3개 성분의 비율(A/P비, A/B비, B/P비)은 소주의 종류에 따라 다르고 향미에 중요한 성분이다. A/P비는 고구마, 감자, 메밀, 밤소주와 같이 껍질까지 포함하여 제조하는 소주에서 높게 나타나고 반대로 도정한 곡류를 원료로 사용하는 제품에서는 낮게 나타난다. A/B 비율은 아와모리 소주처럼 누룩의 사용 비율이 많은 소주에서 낮게 나타나고 누룩 비율이 적거나 황국누룩을 사용한 제품 및 급수량이 낮을 때 높게 나타난다. 증류식 소주는 위스키 및 브랜디에 비해 P의 함량이 많고 B가 적기 때문에 B/P비가 양주에 비해 낮게 나타난다. 한편, 주박을 재발효하여 증류한 주박 소주 및 고체 발효를 하는 중국의 고량주는 B의 함량이 적고 마오타이주는 P의 함량이 매우 높은 특징이 있다. 이들 세 성분의 함량 및 비율은 증류주의 특성을 비교하는 지표로 사용되고 있다. 2-Phenyl alcohol은 향기성 에스테르 화합물의 휘발을 억제하여 술에 향기 성분을 보존하는 효과가 있다.

또한, 모노테르펜 알코올은 고구마 소주 이외에 아와모리 소주에도 일부 함유되어 있는 성분으로 최근에는 이의 함량을 제어하려는 시도도 하고 있다.

3) 성질

(1) 이화학적 성질

저급 알코올은 상온에서 유동성이 있는 액체로서 탄소 수가 3개 이하의 1가 알코올은 물과 임의의 비율로 혼합된다. *n*-Butylalcohol의 물에 대한 용해도는 7.8wt%(20℃)이며, 탄소 수 5개 이상의 1가 알코올은 물에 거의 녹지 않으며 대부분 물보다 비중이 낮다. 1가 알코올의 끓는점은 탄소 수가 증감함에 따라 상승하고 methylene기가 1개 증가함에 따라 약 20℃ 상승한다. 수산기의 산소와 다른 분자의 수산기의 수소 간의 수소결합을 형성하기 때문에 수산기가 없는 동일 분자량의 다른 분자에 비해 현저하게 높은 끓는점을 나타낸다. 또한, 증발 열과 증발 엔트로피도 높은 값을 나타낸다.

같은 탄소 수의 1가 알코올도 탄소 수가 많아지면 구조 이성체가 많아진다. 탄소 수 5개의 1가 알코올은 8종의 이성체가 있지만 효모가 생성하여 술덧에 많이 함유되어 있는 것은 isoamyl alcohol과 activeamyl alcohol이고 n-amylalcohol이 미량 존재한다. 또한, 다가 알코올은 광학 이성체가 존재하는데 술덧에 많이 함유된 2,3-butanediol은 D, L, meso형이 존재한다.

(2) 관능적 성질

n-Propanol은 자극적인 미숙한 향기와 매운맛, 쓴맛을 나타내고 isobutanol은 자극적인 유취와 더불어 쓴맛이 있으며 isoamyl alcohol은 약품 냄새와 약간의 쓴맛을 가지고 있다.

2-Phenyl alcohol은 장미향으로 떫은맛을 동반한 쓴맛을 나타낸다. 리나놀은 꽃 향, 나무 향과 더불어 약간의 귤냄새가 있고 게라니올 및 네롤은 달콤한 장미 향, 시트로넬롤은 신선한 장미 향, *α*-테르피네올은 라일락향을 가지고 있다.

〈표 9-12〉에 알코올의 향미와 변별역치를 표시하였다. 단독으로 변별역치 이상을 함유하고 있는 알코올은 에탄올(ethanol), isoamyl alcohol, *β*-phenethyl alcohol이고 이외의 알코올류는 역치 이하의 함유량을 가지고 있다. 저비점의 에탄올, isoamyl alcohol은 소주의 전체적인 향을 형성하고 고비점의 *β*-phenethyl alcohol은 기본으로 작용한다.

향기 성분이 복수로 존재하면 향기의 질에 영향을 미친다. 높은 농도의 에탄올은 다른 향기를 미스킹하는 효과가 있으며 고급알코올의 일부는 알코올 향을 증가시킨다.

알코올 생성량을 증가시켜 특징적인 향기를 가지고 있는 술을 제조할 목적으로 알코올 생성 기능을 강화시킨 효모가 육종되어 있다. 특히, 방향족 화합물들도 소주의 풍미에 큰 영향을 미친다. L-phenylalanine의 전구물질인 phenylpyruvic acid로부터 생성되는 2-phenyl alcohol은 장미 향을 가지고 있는 중간 비점의 향기 성분으로 소주의 향기에 중요한 역할을 하고 있다. 중국의 원난성에서 분리한 효모를 이용하여 L-phenylalanine의 아닐로그인 p-fluoro-D, L-phenylalanine의 내성 변이주를 만들면 phenyl alcohol이 10배 이상 생성된다(그림 9-8). 아미노산의 아날로그 내성 변이주 중에는 피드백 저해 기능이 정상적으로 작동하지 않도록 한 균주가 있으며, 이러한 돌연변이 효모는 아미노산의 존재 유무에 관계없이 생합성 경로가 작동하고 있기 때문에 알코올 생성량이 비약적으로 증가한다. 이러한 육종 효모의 예를 〈표 9-13〉에 나타내었다.

〈표 9-12〉 알코올 향과 역치

성분명	향	분별역치 (ppm)
에탄올	알코올 향	1.4%
n-Propanol	알코올 향	600~800
n-Butanol	알코올 향	50
t-Butylalcohol	알코올 향	100~600
t-Amylalcohol	알코올 향, 달콤한 향	50~70
Active amylalcohol	알코올 향, 달콤한 향	50~65
n-Hexanol	어린나뭇잎 향	5

β-Phenethyl alcohol	장미 향	40~75
Methanol	절임식품 향	1.7~2.9
2,3-Butanediol	단맛	4,500
Tyrosol	쓴맛	200~300
Glycerol	단맛	3,800

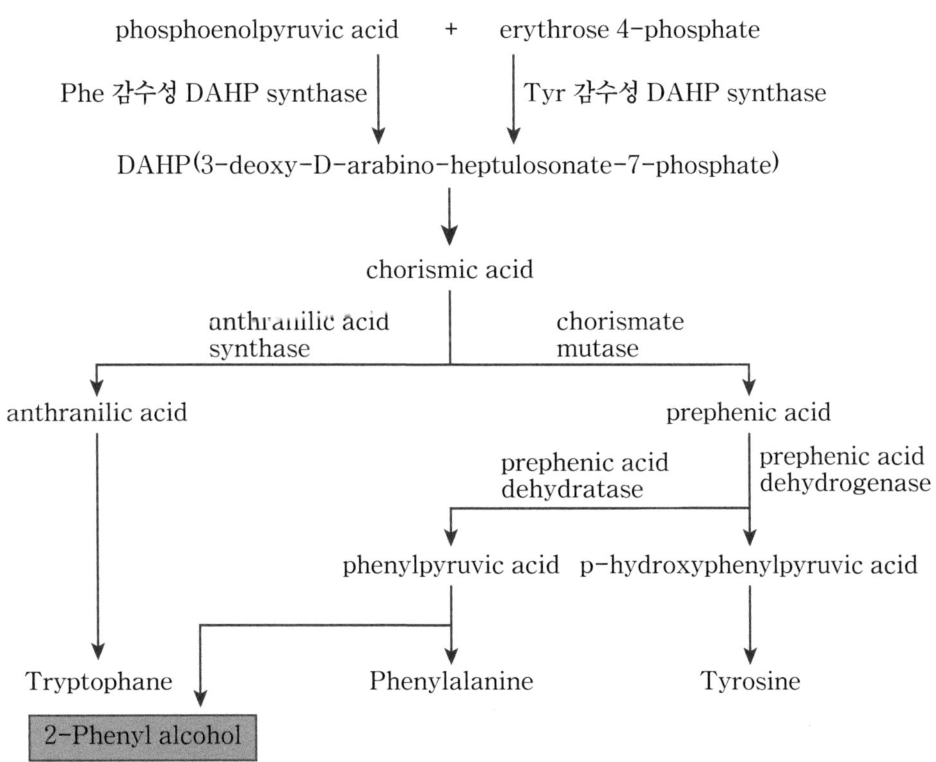

【그림 9-8】 효모에 의한 2-phenyl alcohol의 합성 경로

〈표 9-13〉 알코올 고생산성 효모의 육종

대상 알코올	사용 아미노산 analogue
iso-Amylalcohol	5,5,5-Trifluoroleucine
iso-Butanol 또는 *iso*-Amylalcohol	Azaleucine
iso-Butanol, *iso*-Amylalcohol	2-Thiazolylalanine

n-Propyl alcohol, Active amylalcohol	Thiaisoleucine, Hydroxynorvaline
n-Propyl alcohol, *iso*-Butanol	3-Aminotyrosine
iso-Amylalcohol, Active amylalcohol	3-Aminotyrosine
β-Phenethyl alcohol	3-Aminotyrosine
β-Phenethyl alcohol	Fluorophenylalanine
β-Phenethyl alcohol, Tyrosol, Tryptophol	*ρ*-Fluorophenylalanine
β-Phenethyl alcohol	*β*-(2-thienyl)Alanine

4. 에스테르(Ester)

1) 함유량

소주의 에스테르 성분을 〈표 9-14〉에 나타내었다. 저비점 에스테류는 ethyl acetate를 제외하고 양적으로 적지만 isoamyl acetate, ethyl caprylate, ethyl caproate는 비교적 많이 함유되어 있다. 고비점 에스테르는 소주의 유성 성분으로 일반적으로 곡물을 원료로 한 소주에 많이 함유되어 있고 원료의 조성과 거의 유사한 에스테르가 제품에 유출된다〈표 9-15〉. 또한, 에스테르 성분은 상압 제품보다 감압 증류 제품 중에 적게 함유되어 있고 정제(활성탄 여과, 이온교환, 냉각 여과)에 의해서 적어지게 된다(〈표 9-16〉, 〈표 9-17〉).

〈표 9-14〉 소주의 주요한 에스테르 성분 (ppm)

향기 성분	소주					중국 백주		
	쌀	고구마	보리	흑설탕	주박주	고량주 (高粱酒)	다취주 (大曲酒)	마오타이주 (茅台酒)
Ethyl acetate	25	22	32	88	23	1280	600	1390
n-Ethyl butyrate	0.1	0.1			0.2	+	+	+
Ethyl caproate		0.5	0.13	0.36	11	+	1720	170
Ethyl caprylate	2	2		0.4	25			
Ethyl nonanoate	3	3			2	80	70	140
Ethyl decanoate	2	4		0.15	11	10	150	30

Ethyl laurate		2			3	+	+	+
Ethyl myristate		4				+	+	+
Isopentyl acetate	6	5	4	3	13	840	500	530
2-phenylethyl acetate	3	2			15			

〈표 9-15〉 증류액의 ethyl ester 조성 (ppm)

원료	Ethyl palminate	Ethyl stearate	Ethyl oleate	Ethyl linoleate
쌀1	57.50	4.75	20.75	14.38
쌀2	57.50	2.66	17.65	8.35
고구마	47.20	2.21	21.30	12.72

〈표 9-16〉 1991년 품평회 출품주의 평균 분석치 (ppm)

원 료	증류, 정제방법	Ethyl acetate	Isopentyl acetate	Ethyl caproate
고구마	상압	79.2	9.1	0.4
	감압	73.3	6.1	0.0
쌀	상압	34.4	6.2	0.6
	감압	30.6	10.1	0.9
	이온교환	19.0	3.2	0.6
보리	상압	49.8	8.4	0.8
	감압	57.0	8.3	0.8
	이온교환	30.3	4.1	0.4
메일	상압	57.2	8.9	0.8
	감압	60.5	8.4	0.8
	이온교환	30.2	5.1	0.6
흑설탕	상압	66.8	2.9	0.4
	감압	70.0	2.0	0.2

〈표 9-17〉 소주의 고급 지방산 에틸에스테르 함량 (ppm)

종류	주원료	Ethyl palminate	Ethyl stearate	Ethyl oleate	Ethyl linoleate
원주 (여과 전)	쌀	49.0	1.9	29.7	23.3
	고구마	39.9	2.4	12.9	22.0
	옥수수	25.9	1.6	17.8	21.0
저장주 (여과 후)	고구마	7.7	+	3.3	3.1
	고구마	12.1	0.7	4.6	0.8
제품	쌀	0.4	+	+	+
	쌀	1.2	+	0.7	1.3
	고구마	5.4	+	2.0	1.5
	고구마	1.8	+	0.9	2.0

2) 생성 경로

에스테로 화합물의 주요 성분인 저급 지방산 에스테르는 술덧에 있는 저급 지방산이 효모의 작용에 의해 에스테르화되어 생성된다. 탄소 수 16개 및 18개의 고급 지방산 에스테르 역시 주로 원료에 존재하는 지질이 술덧에서 가수분해되어 유리된 지방산이 효모에 의해 에스테르화되지만 일부는 증류 공정 중 가열에 의해서 촉진되어 만들어진다. 단식 증류에 의해 유기산 에스테르, 저급지방산 에스테르 및 고급지방산 에스테르도 일부 유출되어 제품에 이행된다. 고급지방산은 유기산을 참조하기 바란다. 지질을 구성하고 있는 지방산은 술덧에서 급격히 유리지방산으로 바뀌고 술덧의 알코올 농도에 비례하여 에스테르화되며 증류에 의해 이의 5%가 제품으로 이행되게 된다.

고구마 소주는 palmitic acid를 중심으로 한 고급지방산 외에 고구마 특유의 지방산인 jalapinolic acid가 탈수되어 생성된 것으로 추정되는 palmitoleic acid의 에스테르화물도 함유되어 있다.

〈표 9-14〉에서 에스테르 화합물은 ethyl acetate를 제외하고 미량 성분이지만 다른 화합물에 비해 관능에 대한 역치가 낮기 때문에 소주의 미량 향기 성분으로 매우 중요하다. 소주 중에서는 주박 소주가 에스테르 함량이 높아 주박 소주의 강렬한 향을 주는 요인 중 하나로 작용한다. 중국 백주는 에스테르류가 매우 많이 함유하고 있다. 이것은 발효 방식이 고체 발효로 미생물계가 소주 술덧처럼 효모 단독으로 발효하는 것과 달리 여러 종류의 미생물이 관여되어 있고

에스테류는 소수성이 강하여 액체보다 고형 부분에 더 많이 포함되어 있는 것에 기인하고 있다.

소주의 숙성 변화 중 화학적 변화의 중요한 반응으로는 유리산과 알코올이 결합하는 에스테르화 반응을 들 수 있다. 또한, 카르보닐 화합물은 변화되기 쉽고 주로 숙성 과정에서 산화되어 유리산으로 변화되기 때문에 카르보닐 화합물이 에스테르 화합물의 후보 물질로 여겨진다.

감압 증류는 상압 증류에 비해 저비점 에스테르 화합물은 약간 낮아지는데 그치지만 고비점 에스테르 화합물은 매우 적어진다〈표 9-16〉.

이온 교환법에 의한 소주 에스테르 성분의 차이에 대하여 쌀 소주의 조성 변화를 검토한 결과 24시간 후에는 반응 전 ethyl acetate의 약 30%가 낮아지는 것으로 알려지고 있다. 또한, 소주의 정제에 사용되는 장치를 이용하여 보리 소주를 SV(공간 속도, space velocity : 수지량에 대한 단위시간당 술의 흐르는 양) 2.7에서 22시간 흘려 경시적으로 성분 변화를 검토한 결과 소주의 방향성분인 에스테르류가 크게 감소하는데 ethyl acetate 및 isoamyl acetate가 60~80% 감소하고 함유량이 비교적 적은 다른 에스테르류도 감소하는 것으로 나타났다. 유량을 변경하는 경우에 있어 SV가 작을수록 에스테르의 감소가 증가하였다. 이러한 에스테르류의 감소는 H형 또는 OH형 이온 교환 수지의 촉매작용에 의한 에스테류의 가수분해 반응으로 생각되고 있다.

고급지방산 에스테르는 온도와 알코올 함량이 낮을수록 용해도가 현저하게 낮아져 소주에 함유되어 있던 것이 용출되고 여과에 의해 제거된다. (그림 9-9)에 용해도와 온도의 관계를 나타내었다. 고급지방산 에스테르는 소주의 알코올 농도, 온도에 따라 용해도가 정해지기 때문에 여과 후 고급지방산 에스테르 농도를 추정할 수 있다. 또한, 활성탄 처리에 의해 감소된다.

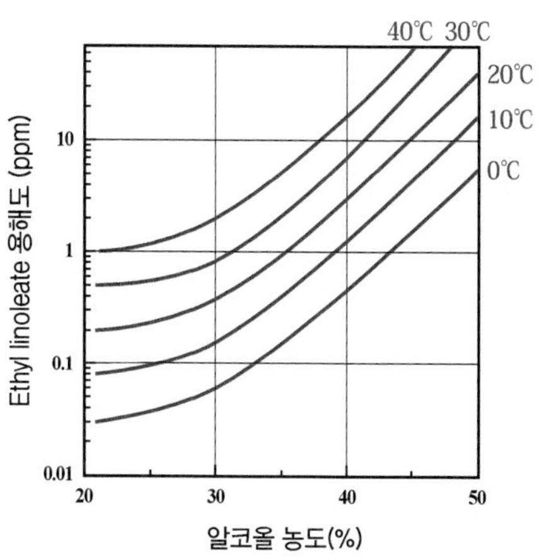

【그림 9-9】 Ethyl linoleate의 온도 및 알코올 농도별 용해도

탄소 수 3~5개 알코올 아세트산에스테르, 이 중 isoamyl acetate는 중요한 향기 성분으로 isoamyl alcohol의 생성 농도에 의존적이다. Isoamyl alcohol은 아미노산인 L-leucine으로부터 생성되며, isoamyl acetate는 isoamyl alcohol이 acetyl CoA와 alcohol acetyltransferase(AATFase)에 의해서 생성되므로 고농도의 L-leucine에 내성을 가지는 효모를 육종하면 높은 농도의 isoamyl acetae를 가지는 술을 만들 수 있다(그림 9-10). Isoamyl acetate는 바나나 향을 가지는 방향 성분이다. 또 하나의 향기 성분인 ethyl caporate는 isoamyl acetate의 화려한 향기에 비해서 묵직하고 중후한 향기를 가지고 있다.

Ethyl caporate는 (그림 9-11)에 나타낸 것처럼 caporic acid 또는 caproyl-CoA를 기질로 esterase 또는 alcohol acyltransferase(AACTase)의 효소를 이용하여 효모에 의해서 생성된다. Ethyl caporate 고생산 균주를 얻기 위해서는 serine 내성 균주 육종함으로써 달성할 수 있다.

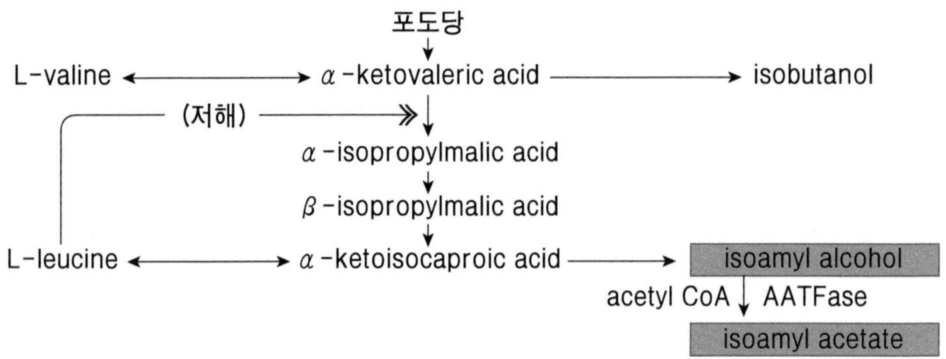

【그림 9-10】 효모에 의한 isoamyl acetate의 생합성 경로

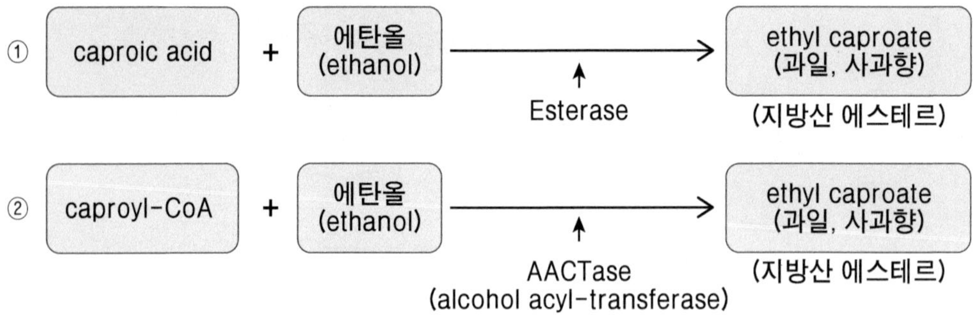

【그림 9-11】 효모에 의한 ethyl caproate의 생성 과정

탄소 수 10개 이하의 지방산 에스테르는 방향성이 강하고 탄소 수 12개부터 16개의 지방산 에스테르는 약한 방향성을 가지고 있으며, 탄소 수 18개 이상의 지방산 에스테르는 무취에 가깝다.

술덧에 존재하는 유기산류와 알코올류를 모든 조합한 에스테르 화합물이 생성되는 것으로 추정된다. 이는 유기산류 또는 알코올류에 비해 에스테르류가 더욱 많다는 것을 의미하며 소주의 복잡한 향미 형성에 관여하게 된다〈표 9-18〉.

〈표 9-18〉 소주의 주요한 에스테르 화합물의 성질, 관능적 특성 및 분별역치 (ppm)

에스테르 화합물	분자량	녹는점(℃) (압력, mmHg)	끓는점(℃) (압력, mmHg)	품질에 영향	분별 역치	향과 맛
Ethyl formate	74.1	-79	54.1	◎		
Ethyl acetate	88.1	-83.6	76.8	◎●	25	특유의 과일 향
n-Propyl acetate	102.1	-95.0	101.6		30	Ethyl acetate 향, 과일 향
isobutyl acetate	116.6	-98.6	117.2		0.5	과일 향, 배 향
Isopentyl acetate (isoamyl acetate)	130.2	-78.5	142.0		1.6	바나나 향
n-Hexyl acetate	144.2	-80.9				
Heptyl acetate	158.2	-50.2	192.5			
n-Octyl acetate	172.3	-80.0	199			
n-Nonyl acetate	186.3		208~212			
2-Nonyl acetate	186.3					
Decyl acetate	200.3					
Undecyl acetate				◎		
2-Phenylethyl acetate	136.2		195.7	◎●	3.8	장미 향, 단 향
Ethyl propionate	150.2	20	211(760)			
Ethyl butyrate	116.2	-100.8	121.6		0.4	파인애플 향
n-Ethyl valerate	102.1	-34.5	184	◎		과일 향
t-Butyl *t*-valerate	158.2		168.7			
Pentyl pentanoate	172.3		173~174	◎		
Ethyl caproate	144.2	-67.5	167.7		0.2	사과 향, 감미

에스테르 화합물	분자량	녹는점(℃)(압력, mmHg)	끓는점(℃)(압력, mmHg)	품질에 영향	분별 역치	향과 맛
t-Butyl caproate				◎		
n-Amyl caproate	186.3	-47	222~227	◎		
t-Amyl caproate	186.3	94(-610)		◎		
Ethyl enanthate	158.2	-66.2	185.5			
Ethyl caprylate	172.3	-43.2	208.5	◎●	0.2	과일 향
t-Butyl caprylate						
n-Amyl caprylate	241.3	-34.5	260.2	◎		
t-Amyl caprylate				◎		
Activeamyl caprylate				◎		
Ethyl nonanoate	186.3	-55.0	227.0		1.2	과일 향, 장미 향, 마르멜루(marmelo) 향
Ethyl caprate	200.3	-19.9	241.5	◎●	1.5	포도주 향, 코냑 향, 장미 향
t-Butyl caprate						
n-Amyl caprate				◎		
t-Amyl caprate				◎●		
Activeamyl caprate				◎		
Ethyl laurate	228.4	-18.0	273		3.5	꽃향, 강한과일향
t-Amyl laurate				◎		
Activeamyl laurate				◎		
Ethyl 4-hydroxy butyrate	132.2				40~50	달콤한 향
Ethyl myristate	256.4	12.3	295	◎		강한 제비꽃 향
Ethyl pentadecanoate						
Ethyl palmitate	284.5	25.0	191.1	◎●		감칠맛
Ethyl stearate	312.5	33.9	213~215			감칠맛
Ethyl palmitoleate						
Ethyl oleate	310.5		205~208			감칠맛
Ethyl linoleate	308.5		175(2.5)	●		감칠맛

에스테르 화합물	분자량	녹는점(℃)(압력, mmHg)	끓는점(℃)(압력, mmHg)	품질에 영향	분별 역치	향과 맛
Ethyl malonate	160.2	-51.4	198.9	◎		사과 향
Ethyl succinate	174.2	-206	217.3			
Bis(2-ethylhexyl) adipate						
Diethyl pimelate	216.3	43-44	302			
Diethyl suberate	230.3	5.9	282(763)			
Diethyl azelate				◎		
Ethyl maleate	172.2	-8.8	219.5			
Ethyl lactate	118.1		154.1		14	약한 향
Ethyl-2-Hydroxy *i*-valerate						
Ethyl leucinate (2-Hydroxy-4-methyl pentanoic acid ethyl ester)	160.2	(dl)77 (l)81	〈100		1.0	단 향
Methyl-2-Hydroxy caprylate						
Acetyl tributyl citrate						
Ethyl 8-oxooctanoate						
Ethyl 9-oxononanoate						
Ethyl benzoate	150.2	-34.7	212.9			꽃 향
Ethyl phenylacetate	164.2		227.0	◎		복숭아 향
Ethyl phenyllactate						
Dibutyl phthalate	278.3	-35	340.7			
Di-2-ethylhexyl phthalate						

◎ : 긍정적인 영향 ● : 부정적인 영향

고급지방산 에스테르중 백탁에 관여하는 성분은 ethyl palmitate, ethyl linoleate 등이며 맛은 농후하며 body감을 주지만 자동산화에 의해 ethyl linoleate가 ethylazelate semialdehyde 등으로 분해되어 유취의 원인이 된다. 그러나 전통적으로 개성적인 소주를 목표로 하는 경우에는 맛이 엷어지는 것을 방지하기 위하여 백탁을 남겨두는 경우도 있다. 소주에 함유되어 있는 고급지방산 ethyl ester 화합물을 〈표 9-15〉에 나타내었다. 에스테르 향은 관능적으로 좋은 것도 있고 그렇지 않은 것도 있기 때문에 이들 성분의 균형이 중요하다.

3) 성질

(1) 이화학적 성질

소주 에스테르류의 이화학적 성질을 〈표 9-18〉에 나타내었다. 중성 에스테르는 일반적으로 향을 가지고 있는 휘발성 액체로 물에 녹기 어렵고 유기용매에 잘 녹는다. 산성 에스테르는 비휘발성이므로 물에 녹아 산성을 나타내며 염기와 염을 형성한다. 저급유기산과 저급 1가 알코올과의 에스테르는 높은 방향성을 지닌 액체로 식품의 향료로 사용된다. 지방산과 고급 1가 알코올과 결합한 에스테르 화합물은 대부분 고체로 존재한다. 에스테르 화합물을 물과 함께 가열하면 산과 알코올로 가수분해되고 이 반응은 산과 알칼리이온에 의해서 촉진된다.

(2) 관능적 성질

소주 에스테르류의 관능적 성질을 〈표 9-18〉에 나타내었다. 쌀 소주에 함유된 양을 기준, 단독으로 변별역치 이상으로 함유되어 있는 것은 ethyl acetate, ethyl caproate, ethyl nonanoate, ethyl caprate, isoamyl acetate 등이 있다. 술덧에 함유된 성분 중 ethyl acetate, isobutyl acetate, ethyl caproate 등의 저비점 에스테르는 음용 전 술의 향을 지배하고 고비점의 phenethyl acetate, ethyl caprylate, ethyl laurate, ethyl 4-hydroxy butyrate 등은 음용 후 기본적인 향으로 작용한다. 또한, ethyl vanillin은 술덧이 과도하게 숙성되었을 때 나타나는 특징적인 향이다.

5. 카르보닐(carbonyl) 화합물

1) 함유량

〈표 9-19〉에 나타낸 것과 같이 소주에는 다양한 카르보닐 화합물이 함유되어 있다. 주요 카르보닐 화합물은 아세트알데하이드이다. 〈표 9-20〉에 소주의 종류별 아세트알데하이드와 알코올 총량을 표시하였다. 일반적으로 알데하이드 화합물의 총량을 아세트알데하이드 양으로 나타내는 경우가 많다. 원료별로는 흑설탕 소주에서 가장 많았고 다음은 곡류, 고구마로 이어진다. 감압 증류 제품은 상압 증류에 비해 수배 적고 이온 교환 공정을 거친 소주에서는 거의 없다. 푸르푸랄도 아세트알데하이드와 유사한 경향이다.

〈표 9-19〉 소주의 주요 카르보닐 화합물

카르보닐 화합물	소주	품질에 영향
Acetaldehyde	각종 소주	●
Propionaldehyde	각종 소주	
i-Butylaldehyde	각종 소주	
2-Methylbutyraldehyde	각종 소주	
n-Hexaldehyde	유취가 강한 소주	●
Enanthaldehyde	유취가 강한 소주	●
Nonanaldehyde		
Crotonaldehyde	각종 소주	
α-Ketobutanal	각종 소주	
Butanone	각종 소주	
Butenone	각종 소주	
i-Valeraldehyde	각종 소주	
2,4-Nonadienal	유취가 강한 소주	●
Malonaldehyde	각종 소주	
Acetone	중국 고량주	
2-Butanone		
2-Octanone		
2-Nonanone		
2-Pentadecanone		
3-Penten-2-one		
Methylheptenone		
Methylglyoxal	각종 소주	
2-Ketobutanal		
2-Ketopentanal		
Acetoin	중국 소주, 쌀 소주	●
Diacetyl	각종 소주	
2,3-Pentanedione	각종 소주	
Cyclopentanone	각종 소주	
3-Methyl cyclopentanone	각종 소주	
Adipic semialdehyde ethyl ester		●
Pimelic semialdehyde ethyl ester		●

카르보닐 화합물	소주	품질에 영향
Azelaic semialdehyde ethyl ester	유취가 강한 소주	●
Phenylacetaldehyde		
Acetophenone		
Furfural	각종 소주	
Acetylfuran	각종 소주	
Benzaldehyde	각종 소주	
2-Furoic acid		
Ethyl 2-furoate		◎
Dihydrofuran		
2-(3-Furfuryl)5-methyltetrahydrofuran		◎
Ipomeamaron	고구마 소주	●
Ethyllfurfuryl ether		

◎ : 긍정적인 영향 ● : 부정적인 영향

〈표 9-20〉 각종 소주의 아세트알데하이드와 푸르푸랄 함량(mg/100mL)

소주	증류 및 정제 방법	아세트알데하이드	푸르푸랄
고구마	상압 증류	40.9	0.23
	감압 증류	28.8	0.03
쌀	상압 증류	31.2	0.23
	감압 증류	0.0	0.00
	이온 교환	0.0	0.00
보리	상압 증류	0.2	0.53
	감압 증류	0.0	0.00
	이온 교환	0.0	0.00
메일	상압 증류	64.3	0.00
	감압 증류	27.9	0.00
	이온 교환	8.6	0.00
흑설탕	상압 증류	90.3	0.18
	감압 증류	16.0	0.00
아와모리	상압 증류	2.7	0.55

2) 생성 경로

카르보닐 화합물의 생성과 분해에는 원료, 원료 처리 방법, 누룩, 효모, 술덧의 미생물이 관여하는 경우가 많다. 특히, 술덧의 효모작용에 의해 생성되는 저급 카르보닐 화합물은 증류에 의해서 소주로 이행된다. 또한, 소주의 경우 증류 시 가열에 의해 아미노카르보닐 반응(amino carbonyl reaction)이 진행되고 가열취 및 탄내의 원인이 되는 카르보닐 화합물이 많이 생성된다. 동시에 푸르푸랄 등 환형 카르보닐 화합물도 생성된다. 저장 및 숙성 중에도 나무통, 나무뚜껑 등에 의해 알코올류가 산화작용을 받으면서 저비점의 알데하이드류로 변화하고 나무향을 부여하게 된다. 이 밖에 고급불포화지방산 에스테르류(기름 성분)가 변화를 받아 2차적으로 생성되는 중급 카르보닐 화합물이 있고 원료 또는 원료의 증자 과정에서 유래하는 카르보닐 화합물도 있다.

(1) 원료의 카르보닐 화합물

원료 쌀을 증자하는 때의 향기는 황화수소 암모니아, 아세트알데하이드가 주요 성분이며 이외에 아세톤, methyl ethyl ketone, hexanol 등 각종 카르보닐 화합물 이외에 약 100종류의 향기 성분이 확인되고 있다. 쌀의 도정율에 따른 향의 차이에 있어 카로보닐 화합물의 양과 조성이 중요한 요소로 작용한다.

오래된 쌀에서는 지방의 분해에 의한 지방산의 증가와 더불어 지방산의 자동산화로 아세트알데하이드, 아세톤, *n*-vinyl aldehyde, *n*-caproaldehyde 등의 카르보닐 화합물이 현저하게 증가된다.

고구마를 증자하는 때의 휘발 성분으로는 약 30여 개의 화합물이 알려져 있으며 카르보닐 화합물로는 diacetyl, 2,3-pentanedione, 2-methyl-tetrahydrofuran-3-one, furfural, dimethyl benzene, isobutyronitrile, 2-prone, 2-furymethylketone, benzaldehyde, 5-methyl-2-fururaldehyde, trimethyl benzene, 2-pentyl furan, linalool, phenylacetaldehyde, *β*-ionone 등이 확인되었다. 물론 이들 성분은 품종, 토양 조건, 저장 여부 등에 따라 다르며, 가열 시간에 따라 휘발 성분은 약간 변하는 것으로 알려져 있다.

고구마의 수증기 증류 성분에서 고구마 껍질의 특징 성분인 카르보닐 화합물, ipomeamarone 등이 확인되고 있다. 고구마를 껍질부와 내부로 나누어 수증기 증류한 결과 내부 추출물은 온화한 향을 나타낸 반면 껍질부에서는 특이한 자극적인 향을 부여되었다. 각각의 유출액을 GLC 분석한 결과 껍질부의 특징적인 성분으로 카르보닐 화합물, ipomeamarone 등이 발견되었다. 카르보닐 화합물은 아세트알데하이드를 backbone으로 C1, C3, C4의 알데하이드가 확인되었다. 또한, 흑반병에 걸린 고구마에는 ipomeamarone이라 칭하는 furan계 terpene 화합물이 존재하고 이 성분이 소주까지 이행되면서 쓴맛을 주기 때문에 품질이 현저하게 떨어뜨리게 된다. Ipomeamarone은 본래 건강한 고구마에는 없는 성분으로 모델 실험에서 이의 생성이 확인되었고 고구마 100g당 90mg 정도가 증류액에 유출되게 된다.

(2) 미생물에 의한 카르보닐 화합물

누룩곰팡이, 효모, 기타 미생물에 의한 저급 카르보닐 화합물에 아세토인(acetoin), 아세톤(acetone), 디아세틸(diacetyl), acetolactic acid 등이 알려져 있다. 효모의 해당계에서 만들어지는 pyruvic acid를 출발점으로 효모의 대사에 의해 여러 종류의 카르보닐 화합물이 생성되며 약주 등의 곡물 발효주에서는 압착·여과하여 주박을 분리한 후 술에 존재하는 다양한 알코올이 화학적 산화반응 또는 누룩과 효모 유래의 산화효소에 의한 산화반응에 의해 생성된다.

(가) 아세트알데하이드

술덧의 아세트알데하이드 생성 경로는 오래전부터 많은 연구가 이루어져 왔다. 발효 과정 중 아세트알데하이드의 생성은 효모의 알코올 산화에 의한 것이다.

$$C_2H_5OH \rightarrow CH_3CHO + H_2O$$

청주 제조 공정에 있어 아세트알데하이드 함량은 덧담금 후 16일 전후에 최대 함유량이 되고 이후 감소된다. 발효가 완료된 술덧의 알코올 강화 단계에서 여과 단계에서는 발효가 완료된 술덧에 pyruvic acid 함량이 많아 알코올 첨가 및 기타 영향으로 효모의 생리대사 기능이 변하면서 pyruvic acid가 알코올까지 변하지 못하고 중간체인 아세트알데하이드에서 대사가 멈추면서 아세트알데하이드 축적되어 이의 농도가 증가한다. 저장 중에는 아미노산의 분해에 의해 증가되는 반면 아미노산과의 반응으로 감소된다. 또한, melanoidin 화합물이 알코올을 산화시키면서 아세트알데하이드가 생성되기도 한다.

(나) Isovaleraldehyde

Isovaleraldehyde는 술덧 발효 과정 중 leucine이 citric acid cycle에 의해 대사되어 생성되

고((그림 9-6)) 저장 중에는 isoamylalcohol이 누룩 유래의 alcohol oxidase에 의한 효소적 산화로 생성되기도 한다.

(다) 아세토인, 디아세틸

아세토인, 디아세틸은 각종 미생물에 의해 생성된다. 효모와 유산균의 대사에 의해서 생성된 acetolactic acid가 균체 외로 배출된 후 세포 외에서 화학적 분해에 의해서 디아세틸로 변화되며 이는 다시 diacetyl reductase에 의해서 아세토인으로 환원된다. 효모세포 내의 acetolactic acid의 생성은 pyruvic acid와 active acetaldehyde가 acetolactic acid 생합성 효소에 의해 결합되면서 생성된다. 생물계에는 2종의 acetolactic acid 생합성 효소가 존재하고 각각 pH8과 pH6에서 최적 활성을 가진다. 전자(pH 8 효소)는 바닐린(vanillin) 생합성의 중간체인 acetolactic acid의 합성에 관여하고 후자(pH 6 효소)는 세포 내의 pyruvic acid의 축적에 대응하여 pyruvic acid를 acetolactic acid로 합성시킨 다음 아세토인으로 탈탄산분해시켜 배출시키는 역할을 한다(그림 9-12).

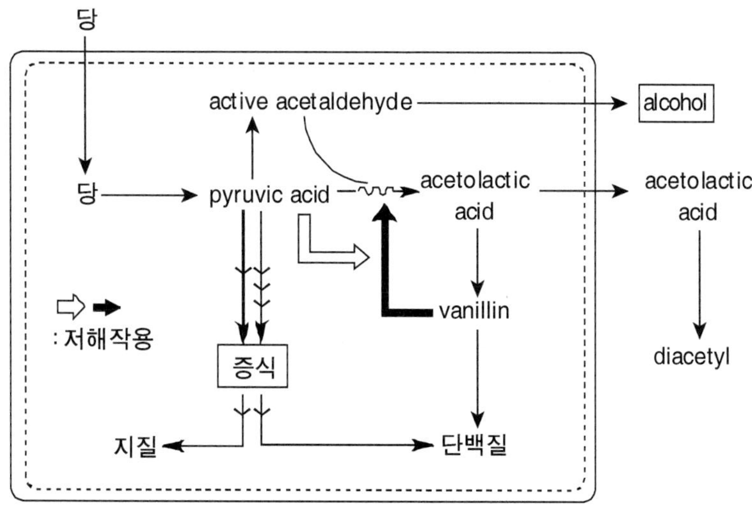

【그림 9-12】 효모의 바닐린(vanillin)생합성 중간체인 acetolactic acid에 의한 디아세틸 생성

유산균에 의한 디아세틸의 생성 메커니즘은 효모와 동일하다. 유산균이 균체 외로 배출시킨 acetolactic acid의 산화적탈산에 생성되는 경로와 acetyl CoA와 active acetoaldehyde에 의해 생성되는 경로의 2가지 경로가 있다. 유산균의 세포 내 대사에 의한 acetolactic acid의 생성

은 효모와 동일하게 acetolactic acid 합성 효소에 의해 생성되지만 효모에서 작용하는 vanillin 생합성에 관련된 pH 8 acetolactic acid 합성 효소에 의해서 일어나지 않고 당대사에 관련된 pH 6 acetolactic acid 합성 효소에 의해 생합성된다. 유산균은 효모와 달리 acetolactic acid 생성량이 많으며 acetohydroxy butyric acid의 생성이 아주 적다(그림 9-13).

누룩곰팡이에 의한 생성 경로는 α-acetolactic acid를 통하지 않는다.

pyruvic acid → acetoin, diacetyl

(라) 방향족 알데하이드

방향족 알데하이드는 tyrosine 등의 방향족 아미노산이 효모의 대사(탈탄산 아미노 반응) 중 Ehrlich 경로에 의한 생성 경로와 원료 쌀에 함유되어 있는 ferulic acid가 누룩에 의해 유리되는 경로가 있다. 효모에 의한 L-tyrosine의 대사에 의해 *p*-oxy benzaldehyde, *p*-oxy phenylaldehyde, *p*-hydroxybenzoate, *p*-oxy phenyllactate, tyrosol이 생성된다. 곡류의 세포벽 간극 물질인 헤미셀룰로스의 가교 물질로 존재하는 ferulic acid가 xylanase, ferulic acid esterase에 의해 유리, 효모와 누룩의 탈카복실화 효소(탈탄산 효소)에 의해 4-vinylguaiacol로 된 후에 술덧의 저장 중에 점차적으로 산화반응을 받아 바닐린, vanillic acid가 된다.

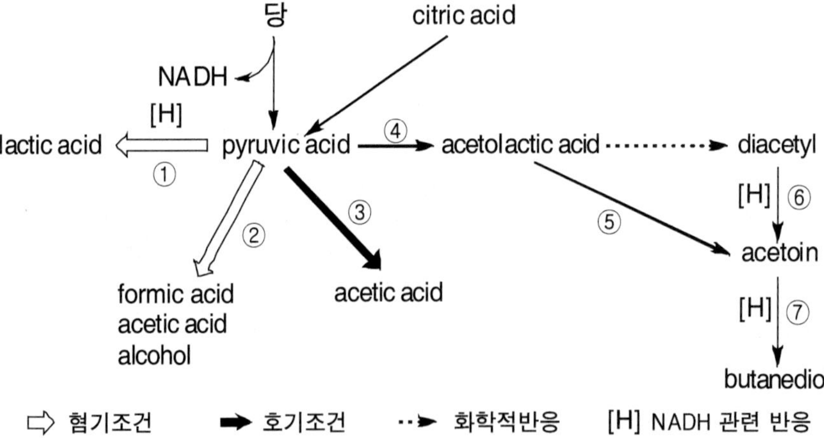

①lactic acid 탈수효소계, ②pyruvic acid-formic acid lyase, ③pyruvic acid 탈수소효소, ④acetolactic acid합성효소계, ⑤acetolactic acid탈탄산효소계, ⑥diacetyl reductase, ⑦acetoin reductase

【그림 9-13】 유산균의 디아세틸 및 아세토인 생성 경로

(마) Furfral, 3-Deoxyglucosone

술덧의 저장에 의해 증가하는 푸르푸랄 및 3-deoxyglucosone은 당의 분해에 의해 다음 메커니즘에 의해 생성된다.

① 당 → 3-deoxyglucosone → hydroxy methyl furfural → furfural(당의 가열분해)

② 당+아미노산 화합물 → glucosylamine → fructose amine → 3-deoxyglucosone → *α*-amino acid과 Strecker 분해 → melanoidin

(3) 증류에 의한 카르보닐 화합물

증류식 소주에는 상압 증류 시 가열에 의한 가열취가 유입된다. 가열 향은 술덧 성분들의 반응에 의해 생성되는데 그 대표적인 것으로 아미노카르보닐 반응(Maillard reaction)을 들 수 있다. 이 반응은 술덧의 카르보닐 화합물과 각종 아미노산 화합물(특히 아미노산)의 반응으로 당-아미노반응이 이의 중심에 있다. 반응은 아미노기와 카르보닐기의 탈수, 축합에 의한 Schiff 염기를 형성하면서 반응이 시작된다. 진행과 함께 당에 카르보닐기 및 이중결합의 착색, 중합 반응에 필요한 각종 반응기가 도입된다. 또한, 관능기의 도입에 의해 aldol 반응을 비롯한 각종 C-C 분열 반응이 발생하게 된다. 이때 가열 성분인 알데하이드류가 생성된다. 이 성분들은 아세트알데하이드, 푸르푸랄, isovinyl aldehyde가 가장 일반적이지만 이외에 pyrazine류, furan류, pyrrole류, pyrrol aldehyde류도 생성된다. 아미노카르보닐 반응의 간단한 반응계를 (그림 9-14)에 나타내었다.

술덧의 아미노카르보닐 반응 생성물은 저분자 생물과 고분자 생성물로 분류될 수 있으며 저분자 생성물은 향기에 관련이 높은 휘발성 화합물이 된다. 아미노카르보닐 반응에 의해서 생성된 *α*-dicarbonyl 화합물과 아미노산이 결합, 탈탄산 및 산화적 탈아미노 반응을 거쳐 생성된 각종 알데하이드(Strecker 분해 생성물)는 소주의 향기를 형성한다. 또한, 이 반응에의 의해 생성된 5-hydroxymethyl furfural 등의 furan류와 2-acetyl pyrrole 등의 pyrazine류 등 함질소 화합물도 함유된다.

일반적으로 당과 아미노산의 반응에 의해 생기는 향기는 당보다 아미노산의 종류에 따라 다르기 때문에 증류 전에 술덧의 아미노산의 종류와 이의 농도에 의해 가열 향기가 다른 것은 당연하다고 할 수 있다. 또한, 이때의 가열 향기는 술덧의 pH, 증류 시간, 온도 등 반응 조건에 따라 상당히 다르게 나타난다.

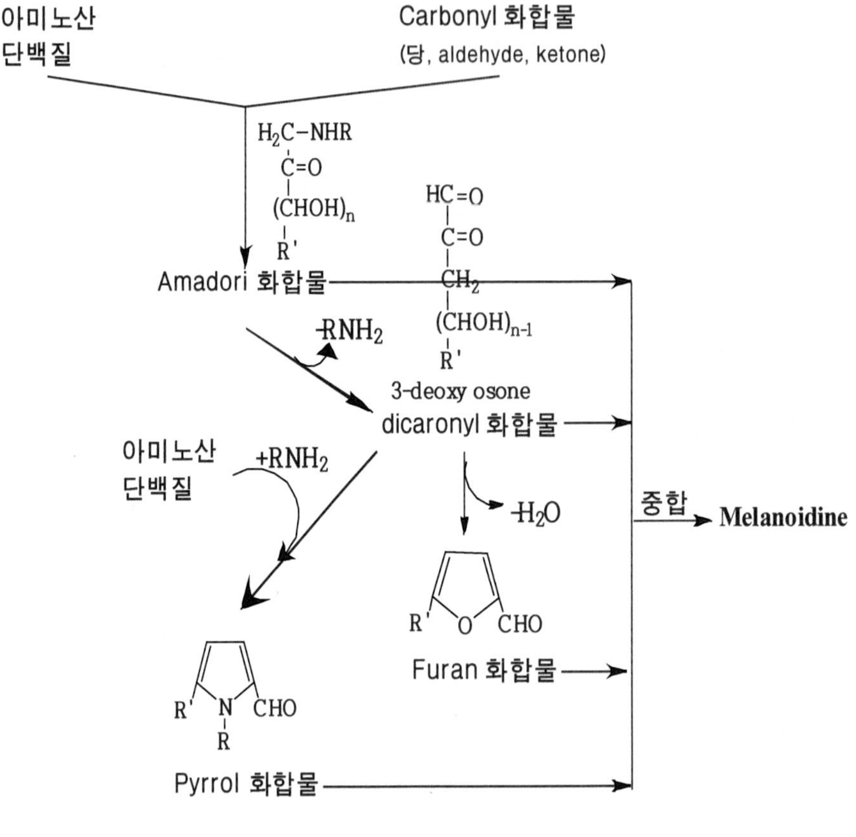

【그림 9-14】 아미노카르보닐 반응 주요 경로

(4) 푸르푸랄

증류 시에 당류가 술덧의 유기산과 열에 의해 푸르푸랄로 변하여 제품에 이행된다. 이것은 상압 증류 소주에 있어 무거운 향의 주체가 되는 성분이다. 생성 반응의 전구물질은 Amadori 화합물로서 탈아미노 반응에서 생기는 3-deoxy osone이다. Pentose는 산성 조건에서 가열되면 3분자의 물이 탈수되어 푸르푸랄이 생성된다. 반면 hexose는 산성 조건에서 가열되면 3-deoxy glucosone을 거쳐 3분자의 물이 탈수되어 hydroxy methyl furfural(HMF)이 생성되고 더욱 가열되면 levulinic acid, formic acid가 만들어지는데, 이때 부산물로 소량의 푸르푸랄이 생성된다. 증류에 의해 푸르푸랄은 직접 유출되지만 HMF는 푸르푸랄로 변환된 후 제품에 유출된다. 또한, 이때 증류 방법 및 증류기 금속의 종류, 술덧에 함유된 유기산 종류, pH의 영향과 더불어 잔당의 종류와 양에 의해서 그 생성이 다르다. 푸르푸랄은 가열취의 지표가 되는 물질이다.

소주의 자외선 흡수(UV) 스펙트럼에서 275nm의 peak는 푸르푸랄에 의한 것이다. 또한, 앞서 언급한 바와 같이 소주 원료의 종류에 따라 피크패턴 및 함량이 다르게 나타난다. 푸르푸랄, 5-methyl furfural은 자극적인 캐러멜 향기를 가지고 있으나 5-hydroxy methyl furfural의 향기는 강하지 않다.

(5) 정제에 의한 카르보닐 화합물

소주의 정제에 사용되는 이온교환 장치에 보리 소주를 SV(이온교환 수지량에 대한 단위시간당 통과되는 술의 양) 2.7에서 22시간 흘리면서 카르보닐 화합물의 변화를 조사하였다. 푸르푸랄은 거의 완전히 제거되었으며 알데하이드도 원주의 30% 이하로 감소되면서 이온교환에 의해 이들 성분의 제거가 가능하다는 사실을 밝혔다.

(6) 저장 숙성에 의한 카르보닐 화합물

소주의 유취(기름 냄새)는 소주에 포함된 고급지방산 중 linoleic acid 등의 불포화지방산의 ethyl ester가 저장 중 산화 분해되면서 생성된다. 현재까지 azelaic acid semialdehyde ethyl ester(SAEA), 2,4-nonadienal, heptanal, hexanal 등이 검출되었다. Azelaic acid semialdehyde ethyl ester는 상온에서 무색의 액체로 녹는점 3℃, 어는점 -10℃이고 소주에 있어 관능역치는 2~5ppm이다. 이외에 양은 적지만 malone aldehyde, *n*-heptanal, adipic acid semialdehyde ethyl ester가 확인되었다. 소주에 있어 유취에 관련된 물질인 SAEA 및 이의 전구물질인 ethyl linoleate(EL)에 대한 에탈올 수용액에서의 용해도를 측정한 결과 SAEA의 용해도는 EL에 비하여 수천 배 크고 온도에 따른 용해도의 변화가 적었다. EL의 용해도는 알코올 농도가 30%를 넘으면 급격히 증가한다. 온도 상승에 의해 용해도가 대수적으로 증가하면서 온도가 용해도에 크게 영향을 주고 있다.

카르보닐 화합물은 양조물의 특징과 품질을 지배하는 중요한 성분인 동시에 일반적으로 자극적인 냄새를 가진 것이 많고 바람직한 냄새는 없다. 특히 저급 카르보닐 화합물은 가스 향을 가지고 있으나 일부는 저장 20~30일 후에 휘발되어 품질이 안정된다. 또한, 동일 술덧에서도 증류 방법에 따라 상압 증류에서는 가열 시 생성되는 카르보닐 화합물이 많지만 감압 증류에서는 적다. 따라서 감압 증류 제품은 숙성 기간을 짧게 끝낼 수 있다. 또한, 아세트알데하이드는 소주에 통상적으로 함유되어 있으며 특히 주박을 재발효하여 증류한 소주에 많다.

카르보닐 화합물은 숙성 중에 일부 알코올과 반응하여 acetal로 변한다. 특히 막 증류를 끝낸 증류액에는 acrolein 등의 자극성이 강한 카르보닐 화합물이 많이 함유되어 있다. 이것이 acetal로 바꾸면 부드럽고 고급스러운 향으로 변하게 된다. 저장 기간 동안 아세트알데하이드는 완만하게 감소하는데 이것은 저장 숙성 조건 및 배기 조건에 따라 약간 다르다. 푸르푸랄류는 숙성 과정에서 거의 변하지 않다. 또한, 알코올류가 산화작용을 받아 알데하이드류로 변환되어 나무 냄새의 원인 물질이 될 수 있다. 이온교환 처리한 소주의 카르보닐 화합물은 거의 제거된다. 제품의 고급불포화지방산 에스테르류(기름 성분)가 산화를 받아 2차적으로 생성되는 중급 카르보닐 화합물도 확인되었다. 이것은 소주의 기름 내의 주요 성분으로 품질관리의 중요한 성분이 된다.

소주의 저장 동안 유취의 발생을 방지하기 위한 저장 관리법은 저장 알코올 농도가 높을수록 액체의 표면적이 적을수록 유취가 낮아진다. 기름 냄새가 강한 소주에 대해 SAEA의 함유량 및 TBA 값과의 관계를 조사한 결과 두 성분 모두 분석치가 관능에 강한 상관성이 나타나 유취 성분의 지표로 사용되고 있다. 유취의 세기와 유취 물질의 함량 관계는 소주의 종류에 따라 다르다. 쌀 소주에 비해 고구마 소주의 기름 냄새가 훨씬 적음을 알 수 있다.

3) 성질

(1) 이화학적 성질

유기화합물 중 카르보닐기(〉C=O)를 가지고 있는 화합물은 크게 나누어 알데하이드류와 케톤류로 나눌 수 있는데, 이들 두 그룹 모두 많은 면에서 성격이 유사하다. 일반적으로 카르보닐 화합물은 무색의 액체로써 에테르에 녹으며 물에 녹기 어려운 경향이 있다.

(2) 관능적 성질

아세트알데하이드는 (그림 9-15)과 같이 함량과 나무 향의 냄새 강도에 밀접한 관계가 있다. 푸르푸랄은 술덧의 저장에 따라 증가되어 노주 냄새를 나타낸다. 술덧의 숙성에 의해 증가하는 아세톤도 약한 탄 냄새를 나타낸다. 아세트알데하이드, isovaleraldehyde, *n*-capronaldehyde(*n*-hexanal)은 풋냄새, 숙성되지 않은 향을 나타내고 이러한 카르보닐 화합물은 술덧의 음용 전 술 향에 많은 영향을 미친다. 바닐린은 공존 물질에 의해 향의 특성이 바뀌는데 *p*-oxy benzaldehyde의 혼합물은 바닐라 냄새와는 다른 삼나무 냄새를 나타낸다. Isovaleraldehyde는 술의 좋지 않은 노주 냄새를 나타낸다.

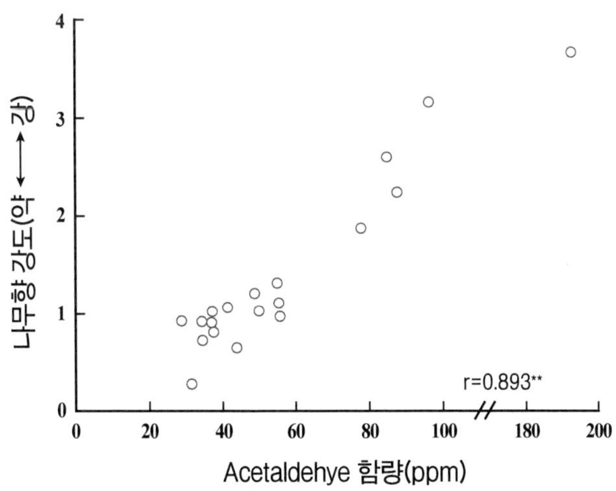

【그림 9-15】 아세트알데하이드 함량에 따른 나무 향 강도

6. 페놀 화합물

1) 함유량

소주에 존재하는 페놀 화합물의 함량을 〈표 9-21〉에 나타내었다. 보리 소주는 숙성 동안에 ferulic acid가 감소하고 바닐린과 vanillic acid의 함량이 증가하였다. 아와모리도 마찬가지로 숙성 동안에 ferulic acid가 1/4 감소하였고 바닐린이 5배 증가하였다.

〈표 9-21〉 소주의 페놀 화합물 함유량

화합물	단위	보리		아와모리	
		숙성 전	숙성 후	숙성 전	숙성 후
알코올	%	27.6	23.0	54.0	51.8
Ferulic acid	ppm	0.26	0.19	0.21	0.06
바닐린	ppm	0.06	0.20	0.20	1.09
Vanillic acid	ppm	N.D.	0.02	N.D.	0.15

N.D. : not detected

2) 생성 경로

소주에서 추정되는 원료 유래 향기 성분의 생성 메카니즘을 (그림 9-16)에 나타내었다. Ferulic acid는 식물 세포벽의 hemicellulose를 구성하는 xylose의 측쇄에 결합되어 있는 arabinose에 에스테르 결합되어 있다. 소주 제조에 이용되는 누룩균(*Aspergillus luchuensis*, *A. awamori*)이 생산한 esterase에 의해 가수분해되면서 ferulic acid가 술덧에 유리된다. 증류 중 산 및 열에 의해 ferulic acid의 일부가 4-vinyl guaiacol로 변환되어 유출되고 이 4-vinyl guaiacol은 저장 중에 산화되어 바닐린 및 vanillic acid로 바뀌게 된다. 초류 단계에서 유출되는 ferulic acid는 저장 온도가 높고 pH가 낮으며 알코올 함량이 높은 조건에서 바닐린 및 vanillic acid로의 변환이 촉진된다.

Ferulic acid, 바닐린 등의 페놀 화합물은 항산화성, 항돌연변이원성을 가지고 있기 때문에 기능적인 면에서도 관심이 모아지고 있다.

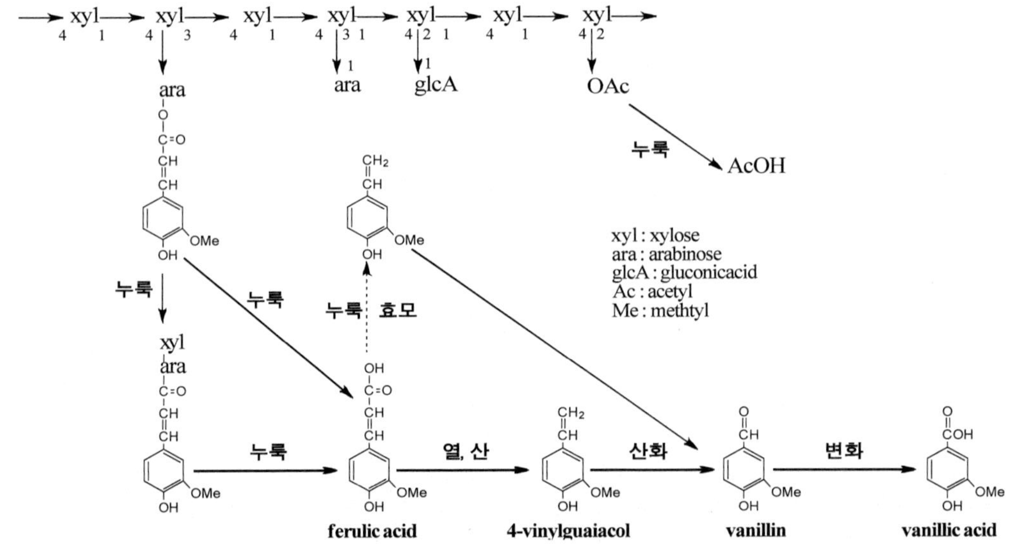

【그림 9-16】 원료 유래의 향기 성분 생성 경로

3) 성질

(1) 이화학적 성질

소주에 존재하는 페놀 화합물의 이화학적 성질을 〈표 9-22〉에 나타내었다.

〈표 9-22〉 소주에 함유된 페놀 화합물의 이화학적 특성

관용명	화학명	구조식	분자량	녹는점 (끓는점)
Ferulic acid	4-hydroxy-3-methoxycinnamic acid	HO, H_3CO, CH=CHCOOH	194.19	168~169
4-Vinylguaiacol	4-hydroxy-3-methodxystyrene	HO, H_3CO, $CH=CH_2$	150.18	(224~236)
Vanilline	4-hydroxy-3-methoxybenzaldehyde	HO, H_3CO, CHO	152.15	80~81
Vanillic acid	4-hydroxy-3-methylbenzoic acid	HO, H_3CO, COOH	168.15	210

(2) 관능적 성질

아와모리를 장기 숙성한 술은 위스키 향을 갖는 것으로 알려져 있다. 이 향기 성분 중의 하나는 페놀 화합물의 바닐린이며 숙성한 보리 소주에도 역치(0.2ppm) 이상의 농도로 존재하고 있다. 4-Vinyl guaiacol은 역치가 낮으며 off flavor를 가지고 있는 화합물이나 보리 소주에서는 특이적인 향기를 부여하는 것으로 생각되고 있다.

7. 유기산

1) 함유량

소주에 포함되어 있는 유기산을 〈표 9-23〉에 나타내었다. 소주의 산도는 흑설탕 소주를 제외하고 보통 1.0 이하이며 주된 성분은 아세트산이다. 그러나 산패된 술은 〈표 9-24〉와 같이 formic acid, propionic acid, isobutyric acid, lactic acid의 농도가 높다. 소주 술덧의 유기산을 〈표 9-25〉에 나타낸 바와 같이 정상 발효 술덧은 citric, malic, succinic acid의 함량이 높고 이상 발효 술덧은 lactic, acid와 아세트산이 비정상적으로 높으나 원료에 따라 그 조성은 다르다.

〈표 9-23〉 증류식 소주에 존재가 확인된 유기산

관용명	화학명	화학식
Formic acid	methanoic acid	HCOOH
Acetic acid	ethanoic acid	CH_3COOH
Propionic acid	propanoic acid	CH_3CH_2COOH
n-Butyric acid	butanoic acid	$CH_3(CH_2)_2COOH$
Isobutyric acid	2-methylpropanoic acid	$(H_3C)_2$CHCOOH
Valeric acid	pentanoic acid	$CH_3(CH_2)_3COOH$
Isovaleric acid	3-methylbutanoic acid	$(H_3C)_2$(CH)2COOH
Caproic acid	hexanoic acid	$CH_3(CH_2)_4COOH$
Caprylic acid	octanoic acid	$CH_3(CH_2)_6COOH$
Capric acid	decanoic acid	$CH_3(CH_2)_8COOH$
Lauric acid	dodecanoic acid	$CH_3(CH_2)_{10}COOH$
Myristic acid	tetradecanoic acid	$CH_3(CH_2)_{12}COOH$
Palmitic acid	hexadecanoic acid	$CH_3(CH_2)_{14}COOH$
Stearic acid	octadecanoic acid	$CH_3(CH_2)_{16}COOH$
Oleic acid	*cis*-9-octadecenoic acid	$CH_3(CH_2)_7=CH(CH_2)_7COOH$
Linoleic acid	*cis*-9-*cis*-12-octadecadienic acid	$CH_3(CH_2)_4=CHCH_2CH=CH(CH_2)_7COOH$
Lactic acid	2-hdroxypropanoic acid	$CH_3CH(OH)COOH$

〈표 9-24〉 산패 주와 정상 주의 유기산 조성 비교 (mg/at 100% EtOH)

유기산	산패 주				정상주		
	시료 1	시료 2	시료 3	시료 4	시료 1	시료 2	시료 3
Formic	106.7	26.9	112.7	153.1	0.0	0.0	6.6
Acetic	1,066.6	653.4	2,734.9	3,426.9	98.9	100.0	51.9
Propionic	79.8	64.3	209.3	197.5	10.2	6.2	5.9
Isobutyric	22.3	11.5	43.6	35.6	10.7	10.6	6.8
n-Butyric	2.9	1.8	1.5	0.8	2.0	2.5	2.1
Isovaleric	5.6	3.2	6.4	1.7	3.8	3.8	2.8
Valeric	0.2	0.6	0.7	0.1	0.3	0.1	0.2

유기산	산패 주				정상주		
	시료 1	시료 2	시료 3	시료 4	시료 1	시료 2	시료 3
Caproic	3.3	2.8	2.6	1.8	3.4	3.7	3.9
Caprylic	5.3	4.6	4.5	3.6	5.5	6.6	6.3
Capric	3.3	4.8	3.5	3.1	4.5	6.3	5.5
Lauric	0.4	1.0	1.3	0.6	1.3	1.2	1.3
Myristic	0.2	0.9	0.4	0.9	1.2	1.5	1.3
Palmitic	0.6	1.7	0.1	0.9	0.6	6.4	5.9
Stearic	1.2	0.0	0.5	0.8	0.5	0.5	0.6
Oleic	0.0	0.1	0.1	0.0	0.8	1.0	0.9
Linoleic	0.0	0.7	0.0	0.0	1.3	1.5	1.5
Lactic	2,360.4	15.7	190.7	560.6	8.3	0.0	0.0

〈표 9-25〉 숙성된 소주 술덧의 유기산 함량 (mg/L)

유기산	아와모리		고구마
	이상 발효	정상 발효	
Lactic	11,976	1,120	208
Citric	628	4,330	4,196
Succinic	225	456	662
Malic	93	1,300	906
Acetic	7,867	100	255
Formic	24	7	19
Pyroglutamic	321	195	86
총량	21,134	7,508	6,302

2) 생성 경로

(1) 지방산

술덧에 함유된 아세트산은 미생물에 의한 산화로 생성된다. 특히 이상 발효 술덧에서 많이 존재하며 효모와 유산균이 공존하는 조건에서 생성되기 쉽지만 생성 메커니즘은 아직 분명하지 않다. 한편, 효모 단독으로도 조건에 따라 아세트산이 많이 생성되기도 하며 속양주모를 사용한 경우에도 아세트산의 생성이 높다.

고급지방산은 원료 쌀 등에 함유된 지방의 일부가 가수분해되어 생성되는 것으로 생각되고 있다. 묵은쌀은 햅쌀보다 유리 지방산이 많다. 한편, 쌀의 저장 기간이 증가함에 따라 쌀에 함유되어 있는 linoleic acid 및 linolenic acid 등의 불포화 고급지방산은 산화로 분해되어 알데하이드로 변화되고 이들 성분은 감소한다.

(2) Pyruvic acid

주로 알코올 발효의 중간체로서 생성된다(그림 9-17).

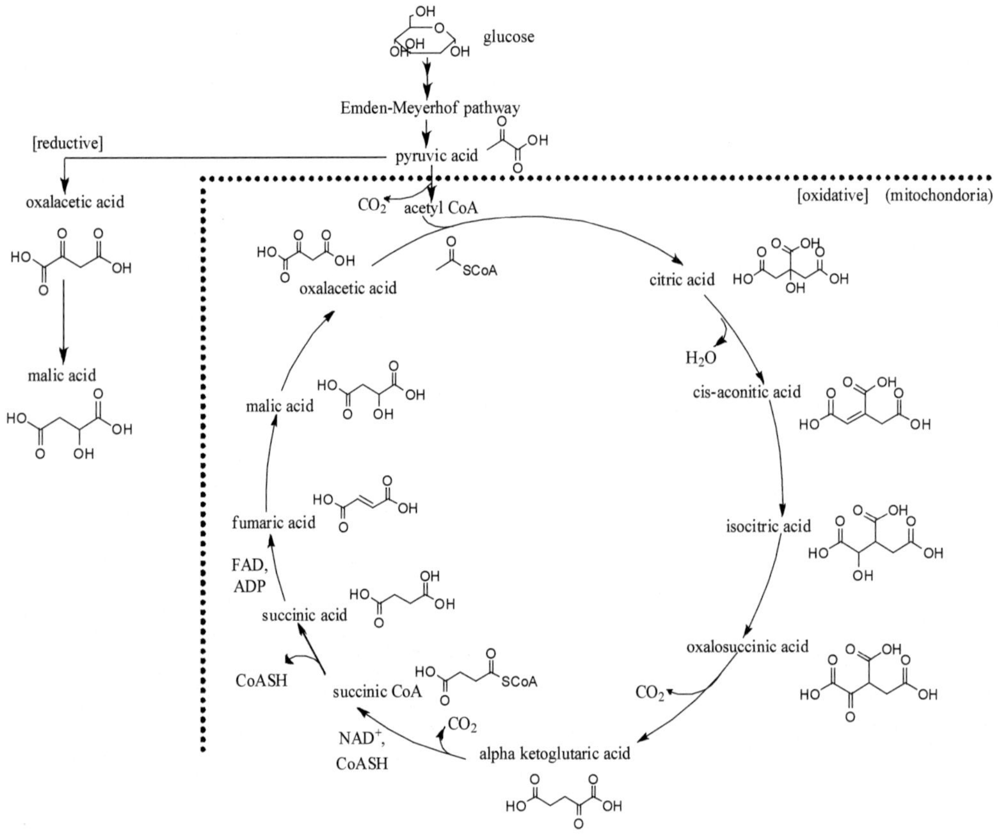

【그림 9-17】 TCA 회로 및 환원적 malic acid 생성 경로

(3) Lactic acid

Pyruvic acid의 환원에 의해 생성된다. 주로 주모 제조 시에 다량 생성되는 것으로(유산균 유래 또는 첨가된 젖산) 생각되고 있지만 실은 절반 이상이 효모에 의해서 생성된다. 주모 및 효모가 생산하는 젖산은 D-형이다. 술덧에 존재하는 젖산의 절반 이상이 D-형으로 속양계 주모가 다른 주모보다 그 비율이 높다.

$$CH_3COCOOH \xrightarrow[\text{pyruvic acid lactate dehydrogenase}]{NADH_2 \;\to\; NAD} CH_3CHOHCOOH$$

pyruvic acid → lactic acid

(4) TCA **회로와 관련된 유기산**

Succinic acid, fumaric acid, malic acid, *α*-keto glutaric acid 등 TCA 회로와 관련 유기산은 대부분 효모에 의해서 생성된다. 이들 중 fumaric acid, succinic acid 및 malic acid는 TCA 회로 이외에도 bypass적인 경로(glyoxylate 회로, (그림 9-18))에 의해서도 생산되는 것으로 생각되고 있다. 또한, adenine 생합성계로부터 fumaric acid가 생성되며 부수적으로 succinic acid와 malic acid의 존재도 보고되고 있다. 이외에 glutamic acid가 존재하는 경우에 succinic acid가 축적된다는 보고도 있다. 현재 어느 것이 주된 계인지 명확하지 않다.

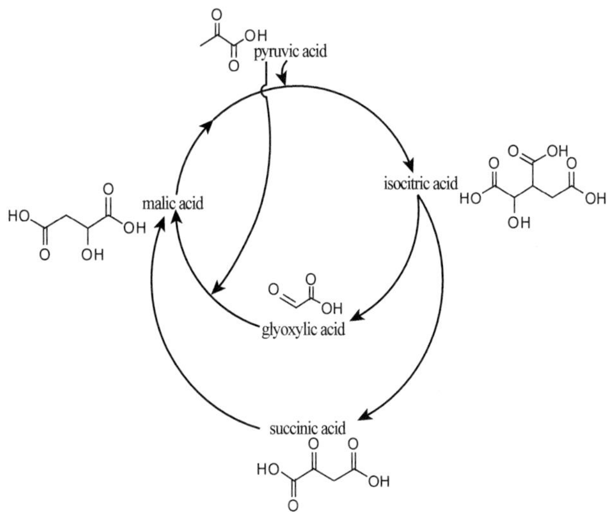

【그림 9-18】 Glyoxylate 회로

(4) TCA 회로 이외의 hydroxy acid

① 젖산과 동일하게 keto산의 환원에 의해 생성

$$\text{RCOCOOH (keto acid)} \xrightarrow[\text{hydroxy acid dehydrogenase}]{\text{NADH}_2 \curvearrowright \text{NAD}} \text{RCHOHCOOH (hydroxy acid)}$$

② mevalonic acid(화락균)

$$2CH_3COCoA \text{ (acetyl CoA)} \xrightarrow{\text{CoA}} CH_3COCH_2COCoA \text{ (acetoacetyl CoA)} \xrightarrow{CH_3COCoA \curvearrowright \text{CoA}} \text{3-hydroxy-3-methyl-glutaryl CoA} \longrightarrow \text{mevalonic acid}$$

3-hydroxy-3-methyl-glutaryl CoA: $(COCoA)H_2C-C(OH)(CH_3)-CH_2COOH$

mevalonic acid: $(CH_2OH)H_2C-C(OH)(CH_3)-CH_2COOH$

③ Gluconic acid

$$\text{glucose} \xrightarrow[\text{glucose oxydase}]{O_2 \curvearrowright H_2O} \text{gluconic acid}$$

④ citramalic acid

$$CH_3COCoA + CH_3COCOOH \rightleftharpoons \left[H_3C-\underset{OH}{\overset{H_2C-CO\text{-}CoA}{C}}-COOH \right] \rightleftharpoons H_3C-\underset{OH}{\overset{H_2C-COOH}{C}}-COOH + CoASH$$

특히, 호흡결함변이주(*S. carlsbergensis*)에서 citramalic acid의 현저한 축적이 확인된다.

(5) Pyruvic acid 이외의 oxo acid

① 아미노산 산화효소에 의한 생성

$$RCH_2CH(NH_2)COOH + H_2O \xrightarrow[\text{(FAD or FMN)}]{O_2 \;\curvearrowright\; H_2O_2} RCH_2COCOOH + NH_3$$

② 아미노산 탈수효소에 의한 생성

$$RCH_2CH(NH_2)COOH + H_2O \xrightarrow{NAD(P) \;\curvearrowright\; NAD(P)H_2} RCH_2COCOOH + NH_3$$

③ Transaminase

alpha-ketoglutaric acid ← → $RCH_2CH(NH_2)COOH$

L-glutamic acid ← → $RCH_2COCOOH$

④ hydroxy acid 탈수효소에 의한 생성

(6) 방향족 carbonic acid

① tyrosine —효 모→ *p*-hydroxybenzoic acid

② 쌀에 함유된 phenol 성분이 누룩균에 의해 분해되어 생성

lipid phenol or sugar-phenol —*Aspergillus sp.*→ ferulic acid or synapic acid

소주의 술덧은 일반적으로 백국을 사용하기 때문에 citric acid가 술덧에 다량으로 존재한다. 이것은 누룩(백국, 흑국)이 생산하는 것이며 그 생성 기작에 대해서는 몇몇 연구가 있지만 아직까지 명확하지 않다. Citric acid는 에스테르화되기 어렵고 비점에 높아 소주로 이행되지 않는다. 저급 및 중급 지방산류는 효모에 의해 만들어지며 증류에 의해 제품까지 이행된다. 정상적인 술덧에는 양이 적기 때문에 일반적으로 술덧의 풍미를 해치지 않지만 효모의 종류와 발효 온도의 경과에 의해 제품의 산도가 증가해서 산취를 동반할 수 있다. 한편, 산패된 술(부조)은 acetic, lactic acid가 극단적으로 많고 formic, propionic, isobutylic acid 함량도 높다. 이 성분은 소주에 이행되어 제품의 품질을 저하시키는 원인이 된다.

탄소 수 16~18개의 고급지방산은 주로 원료에 함유되어 있는 지질이 술덧에서 가수분해되면서 유리지방산을 생성시킨다. 고급지방산은 백미(정미 비율 93%)에 약 1%, 현맥(玄麥)에 0.43% 존재한다. 고급지방산 조성은 〈표 9-26〉에 나타낸 바와 같고 linoleic acid, palmitic acid, oleic acid가 주된 성분이다. 불포화도는 조지방이 풍부한 쌀겨층에서 높게 나타나고 결합지방 함량이 풍부한 백미부에서 낮게 나타난다. 따라서 쌀의 도정에 의해 불포화지방산 양이 감소하고 palmitic acid 함량이 증가한다. 제조 공정 중 수침·증자에 의해서 다소 감소하였다가 제국에 의해 20% 증가하고 술덧 발효에 의해 17% 증가한다. 또한, 지방에 결합되어 있던 지방산은 술덧에서 유리지방산으로 바뀌고 술덧의 알코올 농도에 비례하여 ethyl ester화 된다. 이후 고급지방산 및 이의 ethyl ester 화합물은 증류에 의해 5% 정도가 이행된다.

〈표 9-26〉 쌀과 보리의 고급지방산 조성 (%)

화합물	쌀	현맥(玄麥)
palmitic acid	37	30
oleic acid	17	10
linoleic acid	42	55
기타 지방산	4	5

덧밥을 넣지 않고 누룩(백국)만을 이용한 소주 제조에 있어 술덧의 총산량은 1차 담금에서 산도 20~25, 2차 담금 8시간 전후에 10~14이며 산의 주성분은 citric acid이다. 산도가 높기 때문에 pH는 약 4.0으로 낮고 주성분인 citric acid는 증류 시 거의 유출되지 않기 때문에 잡균의 번식을 방지할 수 있다. 고구마 소주 중의 특징적인 향을 주고 있는 monoterpene alcohol, 아

와모리 소주의 중요한 향기 성분인 바닐린의 생성은 산성 조건의 술덧 및 증류 과정에서 반응이 촉진된다. 술넛의 산도가 비교적 높지만 소주의 향미에 크게 영향을 미치고 있다.

3) 성질

(1) 이화학적 성질

유기산은 '산과 물에 녹을 때에 해리하여 수소이온을 발생하는 수소를 포함하는 물질'로 정의되는데 수소가 금속 등으로 치환된 형태의 것(염)도 포함하였으며 전자는 유리산, 후자는 결합산이라고 한다. 청주에서는 전체 산 중 55~70%가 유리산, 25-40%가 결합산의 형태로 존재하고 있다.

술덧에 함유된 유기산은 다음과 같이 분류한다.

① **지방족** carboxylic acid

분자 내에 carboxyl기(-COOH)를 가지는 지방족 산

- 포화 monocarboxylic acid(지방산)
- 포화 dicarboxylic acid : 1분자 내에 2개의 carboxyl기를 가진 지방산
- 불포화 carboxylic acid : 분자 내에 불포화 결합을 가지는 산은 기하 이성질체가 존재한다. 2개의 carboxyl기가 이중결합을 중심으로 동일한 방향에 있는 경우 cis형 반대 방향으로 있는 경우를 trans형이라고 한다.

```
R-C-COOH            R-C-COOH
  ||                  ||
R'-C-COOH       HOOC-C-R'
   cis                trans
```

② hydroxy acid

분자 내에 hydroxy기(-OH)를 가지고 있는 carboxylic acid.

Carboxyl기가 결합되어 있는 탄소(*α*위치)에 수산기가 결합되어 있는 경우 *α*-hydroxy acid가 된다. Glycolic acid (또는 hydroxyacetic acid) 이외의 *α*-monocarboxylic acid는 1쌍의 광학 이성질체를 가진다. *α*-Hydroxy acid의 입체 배치는 tartaric acid가 기준이 된다.

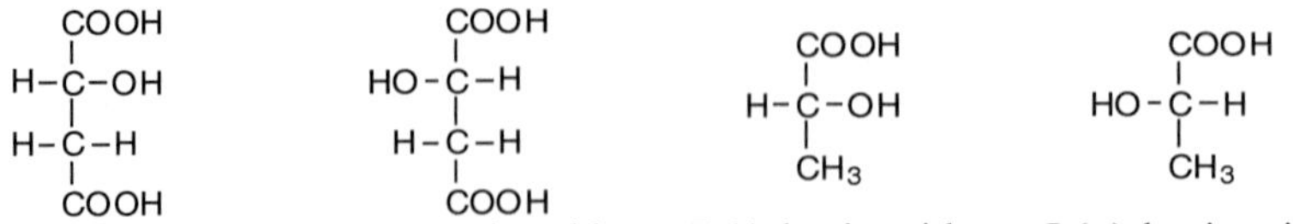

COOH H−C−OH H−C−H COOH	COOH HO−C−H H−C−H COOH	COOH H−C−OH CH_3	COOH HO−C−H CH_3
D(+)-tartaric acid	L(-)-tartaric acid	D(-)-lactic acid	L(+)-lactic acid

(+, -)는 선광성을 표시한 것이다.

*α*와 *δ*의 위치에 hydroxy기가 있는 경우 분자 내에 에스테르를 만들어 lactone 화합물이 되기 쉽다. 예를 들어 *α*-hydroxy glutaric acid는 *γ*-lactone으로 mevalonic acid와 gluconic acid는 *δ*-lactone이 되기 쉽다.

③ oxo acid

카르보닐기(C=O)를 가지는 carboxyl acid(COOH)를 oxo acid라고 하는데, 그 중 알데하이드기(-CHO)를 포함한 산을 aldehyde acid, ketone기(〉C=O)를 포함한 산을 keto acid라고 한다. Oxo acid는 두 이성체가 평행으로 존재하는 호변이성(tautomerism)으로 keto형과 enol형 모두 존재한다.

$$\underset{\text{keto형}}{RCOCH_2(CH_2)_nCOOH} \longleftrightarrow \underset{\text{enol형}}{RC(OH)=CH(CH_2)_nCOOH}$$

④ **방향족** carboxylic acid

분자 내에 방향족 고리를 가지는 carboxylic acid

(2) **관능적 성질**

산도가 높은 식품은 신 냄새, 절임 식품 냄새, 구토한 냄새 등의 바람직하지 않은 냄새를 내는 것이 많고 맛은 떫고 맵게 느껴진다. 숙성 과정에서 산류가 다른 화합물로 변화해서 상대적으로 감미가 있고 조화롭게 되는 것은 숙성의 중요한 변화이다. 술덧 발효 중에 생산되는 각종 산미와 냄새 성분을 〈표 9-27〉에 나타내었다. 〈표 9-27〉의 성분들의 대부분은 증류주에 이행되지 않으나 지방산은 증류주에 이행되어 소주의 품질에 영향을 미친다〈표 9-28〉. 지방산 가운데 아세트산은 발효가 좋지 못할 때 특히 강한 악취의 원인이 된다. 좋지 못한 발효주의 산취를 제거하려는 여러 시도가 있었으나 아직 결정적인 방법을 확립하지 못했다.

〈표 9-27〉 유기산의 맛과 역치

산	유리산의 맛	역치(threshold value, ppm, 수용액)		
		acceptable	최대	최소
succinic	감칠맛(umami)	35	550	35
fumaric				
malic	상쾌한 신맛	30		
citric	부드럽고 상쾌한 신맛, 신맛을 서서히 느끼고 머무름 시간이 길	25	800	25
gluconic	약하게 쓴맛을 띤 신맛, 락톤은 단맛			
sulfurous		11		
sulfuric		15	1000	0.1
hydrochloric			350	15
nitric			400	30
tartaric		25	600	25
lactic		40	140	40
formic			160	
oxalic			200	
acetic			600	40

〈표 9-28〉 지방산의 향과 역치

산	향	역치(γ /air L)	
		J. Passy	H. Henning
formic	자극적인 향	25	25~640
acetic	아세트산 향	5	3.6~400
propionic	아세트산 향	0.05	0.05
butyric	버터 산패취	0.001	0.001
valeric	butyric acid 향	0.01	0.008~0.01
iso-valeric	butyric acid 향		
caproic	사람의 땀냄새	0.04	0.04
caprylic	〃	0.05	
capric	〃	0.05	

* Sato Shin:주류의 품질검정법, p 68 (1959), koyo shoin, Japan

8. 기타(황, 질소 화합물)

1) 함유량

(1) 함황(sulfur) 화합물

쌀 소주와 아와모리 소주의 달콤한 향과 태국 쌀(안남미) 특유의 향기는 dimcthyl sulfide가 원인이 되는 것으로 추정되고 쌀 소주에는 dimethyl sulfide가 144ppb, methyl mercaptan이 54ppb, dimethyl disulfide가 18ppb 정도 함유되어 있다. 시판 주 37종의 황 화합물을 headspace법으로 검출한 결과 dimethyl sulfide는 7개 제품에서 dimethyl disulfide는 2개 제품에서 검출되었다. 아와모리 소주의 성분은 〈표 9-29〉에 정리하였으며 11종의 황 화합물이 검출되었다. Dimethyl sulfide가 황 화합물 총량의 50% 이상을 차지하고 있고 3-(methylthio)-propyl acetate, dimethyl trisulfide가 다음 순이었다. 11개 함황 화합물 성분의 총량은 1777~6571㎍/L(100% ethanol)로 위스키의 약 3배 정도에 상당하는 양이다. 저장 과정에서의 변화를 조사한 결과 통기성이 있는 초벌구이 옹기에 저장한 술은 dimethyl sulfide, dimethyl trisulfide, 3-(methylthio)-propanol, dihydro-2-methyl-3(2H)-thiopenone, ethyl-3-(methylthio)-propanoate가 감소하는 경향이었다. 한편, dimethyl disulfide, 2-thiophene carboxaldehyde, 3-(methylthio)-propanol 및 benzenethiophene, benzothiazole은 저장에 따라 분명한 차이를 보였다. 스테인리스 등 통기성이 없는 용기에 저장한 술은 dimethyl sulfide, dimethyl trisulfide, 3-(methylthio)-propanol, dihydro-2-methyl-3(2H)-thiopenone은 감소 추세를 보였지만 다른 7개의 성분에서는 유의한 차가 없었다〈표 9-29〉.

〈표 9-29〉 아와모리 소주의 옹기 숙성에 의한 황 화합물의 변화 (ppb/at 100% 에탄올)

황 화합물	옹기		통기성이 없는 용기	
	미숙성	숙성	미숙성	숙성
Dimethyl sulfide(DMS)	3617.6	7.5**	2594.7	204.1**
Dimethyl disulfide(DMDS)	31.2	0	29.4	18.6
Dimethyl trisulfide(DMTS)	166.1	12.9**	150.5	23.9**
3-(Methylthio)-propanal	38.3	5.1**	31.4	5.7*
Dihydro-2-methyl-3(2H)-thiopenone	115.2	0**	98.2	0**
Ethyl-3-(methylthio)-propanoate	127.3	83.8	103.7	88.8
3-(Methylthio)-propyl acetate	266.1	108.1	202.0	172.0

황 화합물	옹기		통기성이 없는 용기	
	미숙성	숙성	미숙성	숙성
2-Thiophenecarboxaldehyde	83.2	67.0	112.1	66.8
3-(Methylthio)-propanol	95.2	57.0	67.7	69.4
Benzenethiophene	46.9	29.8	21.6	19.3
Benzothiazole	26.7	36.3	24.7	26.6

** 0.01 유의 수준, * 0.05 유의 수준

저장 과정 중 황 화합물의 변화에 대한 예로서 (그림 9-19)에 3-(methylthio)propyl acetate의 변화를 나타내었다.

증류 직후 자극취는 일반적으로 가스 냄새라고 불린다. 이 가스 냄새의 성분은 휘발성이 높은 카리보닐 화합물과 황 화합물 등의 복합 성분으로 생각된다. (그림 9-20)는 상압 증류의 분획별 황 화합물을 조사한 것으로 황화수소 및 methyl mercaptan의 유출이 뚜렷했다. 또한, 감압 증류에서는 증류 시 가열온도 50℃ 전후에서는 유출량이 적고 가열에 의한 2차 생성물은 거의 없으며 증류 개시 때의 탈기 조작에 의해 휘발되기 때문에 증류 직후에 유출되는 가스 향은 거의 없는 것으로 느껴진다.

술덧의 함황 화합물은 정상 알코올 발효한 아와모리주와 유산균에 의해 이상 발효된 산패주에 있어 현저한 차이를 보이며 산패주에서는 dimethyl sulfide 함유량이 매우 적었기 때문에 아와모리 술덧에 있어서는 효모에 의한 dimethyl sulfide의 생성량이 높을 것으로 생각되고 있다〈표 9-30〉. 또한, 소주의 2단 담금 술덧의 휘발 성분을 회수한 응축액에서 dimethyl sulfide가 확인된 경우에 있어서도 비교적 품온 상승이 따르는 발효 과정의 소주 술덧에 함황 화합물 생성량도 많은 것으로 나타났다〈표 9-31〉.

휘발성이 높은 황 화합물의 함유량에 있어 증류 후 스테인리스 탱크에 저장하면서 경시적으로 성분을 조사한 결과, 〈표 9-32〉와같이 dimethyl sulfide의 현저한 감소가 확인되어 숙성의 지표로 검토되고 있다.

〈표 9-30〉 아와모리 소주의 정상 주와 산패 주의 황 화합물 (ppb/at 100% 에탄올)

성분	산패주				정상주		
	시료1	시료2	시료3	시료4	시료1	시료2	시료3
DMS	40	549	3	0	5618	4299	5673
DMDS	0	37	0	0	0	27	0

〈표 9-31〉 2단 담금 술덧 일반 성분과 휘발 성분

2단담금 원료	알코올 (%)	pH	산도	Ethyl acetate	ι- Butanol	ι- Amyl alcohol	ι- Amyl acetate	DMS
밀	83.2	4.68	0.72	3358	1540	2360	980	0.13
밀	67.1	4.84	0.67	3083	801	2208	648	0.82
밀	60.1	4.60	0.72	3170	818	2283	565	1.29
쌀	68.1	4.85	0.60	2507	1377	2545	708	0.06
메밀	75.6	4.40	1.52	3280	1330	2714	1068	0.60

산도 : 0.01N NaOH mL/100mL; 알코올, pH, 산도 이외 : mg/L, 2단 발효 2~5일에 회수

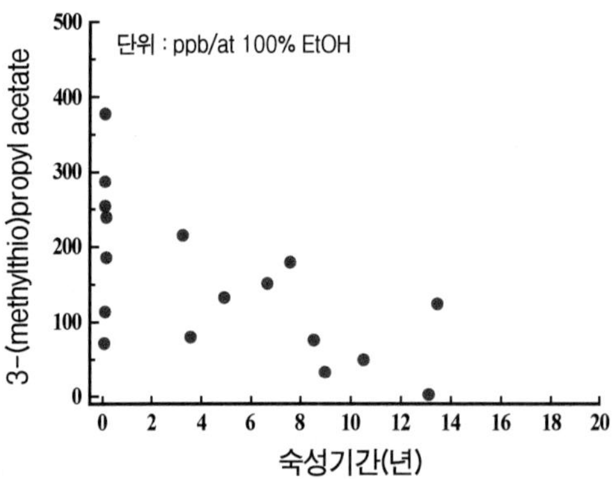

【그림 9-19】 옹기 숙성에 따른 3-(methylthio)propyl acetate의 변화

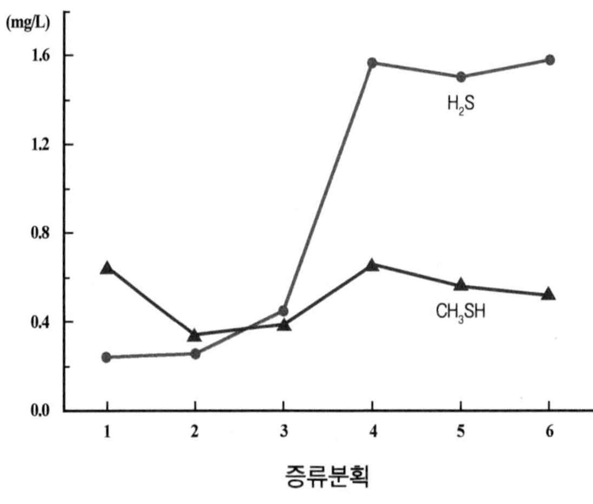

【그림 9-20】 상압 증류에서 황 화합물의 유출 결과

〈표 9-32〉 탱크 저장 소주의 DMDS 변화 (ppb)

원료	증류법	증류 직후	저장 후
밀	상압 증류	7.6	3.3 (30일 저장)
메밀	감압 증류	5.1	N.D.(30일 저장)
고구마	상압 증류	N.D.	N.D.(83일 저장)

(2) 질소 화합물

증류 시 가열 생성물로 생각되는 cadaverine, pyrazine, pyridine이 해당된다. 고구마 술덧에 존재하는 아미노산의 추이를 〈표 9-33〉에 나타내었다.

〈표 9-33〉 고구마 2단 담금 술덧의 아미노산 변화 (mg/L)

아미노산	2단 담금 직후	2단 5일	증류 전
Aspartic acid	208 7	40.5	71.5
Threonine	333.1	91.6	141.2
Serine	140.5	32.0	58.0
Glutamic acid	480.5	169.4	235.5
Proline	145.9	166.6	206.1
Glycine	80.9	120.1	164.7
Alanine	268.3	184.2	264.9
Cysteine	54.9	58.3	54.9
Valine	171.7	46.4	84.7
Methionine	93.2	22.8	45.0
iso-Leucine	94.9	31.7	59.8
Leucine	303.2	62.7	134.4
Tyrosine	213.5	70.0	108.3
Phenylalanine	230.4	41.1	84.0
γ-Aminobutyric acid	77.9	114.4	179.8
Histidine	123.2	52.9	92.1
Ornithine	10.3	39.7	61.5
Lysine	196.9	79.2	160.4

아미노산	2단 담금 직후	2단 5일	증류 전
Typtophan	0.0	0.0	17.3
Arginine	495.0	215.2	311.9
Ammonia	37.8	7.0	13.9

2) 생성 경로

(1) 함황 화합물

소주의 제조 공정에 있어 함황 화합물은 원료 및 원료처리 공정에서의 생성이나 휘발성이 높은 성분의 휘산, 누룩과 술덧의 제조에서 미생물에 의한 생성, 증류 공정에 의한 가열 생성, 저장·숙성 시의 변화 또는 휘산 등을 생각할 수 있다.

원료처리 공정에서의 함황 화합물의 변화 내용은 쌀누룩의 증자 중에 황화수소와 methyl mercaptan, dimethyl sulfide, dimethyl disulfide 및 *n*-butyl mercaptan이 검출되었으며 이들 성분은 냉각하는 동안 거의 휘산되는 것으로 확인되었다. Dimethyl sulfide는 태국산 쌀 및 청주의 묵은쌀 냄새의 주성분으로 확인되었으며 이의 전구체는 methylmethionine sulfonium이고 생성 요인으로 저장 중의 열처리 등이 원인인 것으로 확인되고 있다.

보리에서는 단백질 중의 methionine이 pectin의 methyl기를 받아 효소작용에 의해 *s*-methylmethionine이 생성되어 dimethyl sulfide와 homoserine으로 분해된다.

증류 시의 가열 생성은 함황 아미노산이 원인이고 cysteine의 가열분해에 의해 산화수소, methionine은 methyl mercaptan으로의 분해되고 이렇게 생성된 황 화합물과 glucose와의 이차 반응도 존재할 것으로 생각된다.

황 화합물은 역치가 매우 낮아 극미량으로도 독특한 향을 줄 수 있으며 매우 반응성이 커서 소주의 품질에도 큰 영향을 주고 있다. 소주의 증류는 곡물을 이용한 소주는 주로 감압 증류법이 고구마 소주에서는 상압 증류법이 이용되고 있다. 상압 증류에서 증류 직후에 일반적으로 가스 냄새라고 하는 자극적인 냄새가 강하여 증류 후에 교반이나 옮겨 저장하기 등의 가스 배기 조작이 진행된다. 이 가스 냄새 성분은 휘발성이 높은 카르보닐 화합물과 함황 화합물 등 복합 성분으로 생각되고 있다.

(2) 질소 화합물

원료의 단백질이 누룩과 효모의 작용에 의해 분해되어 아미노산을 비롯한 암모니아와 아민 등의 함질소 화합물이 생성된다. 이들 성분 중 증류 과정에서 저분자 물질의 일부는 소주로 이행되었다가 숙성 기간에 휘발되는 것으로 보인다. 단, 증류 시 가열에 의한 아미노 카르보닐 반응에 의해 생성되는 질소 화합물의 일부가 소주에 이행되는 것으로 예상된다.

증류시 가열 생성물로써 혹은 원료 유래 성분으로 극미량의 질소 화합물의 유출에 의해 소주의 품질에 어떤 영향을 줄 것이라고 생각할 수 있지만 연구 사례가 거의 없고 향후의 검토 과제이다.

3) 성질

(1) 이화학적 성질

① 함황 화합물

황화수소는 가연성 독성가스이며 공기 중에 0.05% 이상에서 중독 증상을 일으키고 0.2% 이상이면 즉사하는 것으로 알려져 있다. 황화 카르보닐 화합물 역시 무취의 유독가스로서 그 치사량은 쥐에 대하여 0.29%이다. Mercaptan의 대부분은 무색투명한 액체이며 물에 난용성으로 저급 화합물은 강한 불쾌취가 있다. 알칼리(alkali) 및 중금속과 반응하여 mercaptide를 생성한다. 또한, mercaptan의 어원은 수은 화합을 만드는 과정에서 유래하였으며 2분자의 mercaptan이 산화 축합한 disulfide의 대부분은 마늘 향을 가진 물에 난용성의 oil상이다.

DMS는 무색투명한 액체이며 함황 화합물 특유의 자극적인 냄새가 있고 김, 고추냉이, 버터 등의 식품에도 함유되어 있는 물질이다. *s*-Adenosylmethionine은 생체 내에서 methyl transferase에 의해 methyl 전이효소 반응의 methyl기 공여체가 된다.

② 질소 화합물

술덧에 함유된 질소 화합물은 아미노산, 펩타이드, 아민 및 핵산 관련 물질이 있으며 대부분 쌀의 단백질로부터 생성되고 술덧에 대략 0.12~0.15%가 존재한다. 아미노산은 한 분자 내에 carboxyl기와 아미노기를 가지고 있기 때문에 양성 전해질이며 side chain의 성질에 따라 산성 아미노산(Asp, Glu 등), 중성 아미노산(Gly, Ala 등), 염기성 아미노산(Arg, Lys, His 등)으로 분류된다.

펩타이드는 아미노산의 α 위치의 carboxyl기에 아미노기가 결합하여 펩타이드 결합한 화합물이다. 아미노산의 수에 따라 di, tir, tera 펩타이드라고 한다. 아미노산의 수가 많은 것은 단백질과 동일한 성격을 가지며 펩타이드 결합하지 않은 아미노산 측을 N 말단, carboxyl기 측을 C 말단이라고 한다. 일반적으로 ninhydrin과 반응하고 tri-peptide 이상에서는 뷰렛 반응(biuret reaction)을 한다.

아민은 암모니아의 수소원자를 탄화수소기 R로 치환한 화합물로 치환기의 수에 따라 1급(RNH_2), 2급(RR'NH), 3급(RR''R''N)으로 나눌 수 있다. R이 모든 알킬기(alkyl group) 및 이의 치환체로 존재하는 것을 지방족 아민, 일부 또는 전부가 방향족인 것을 방향족 아민이라고 한다. 이외에 1분자에 1개의 아미노산기를 가지고 있는 것은 monoamine, 2개 가지고 있는 것을 diamine이라 하며 다수의 아민기를 가지고 있는 것은 polyamine으로 총칭하고 있다.

(2) 관능적 성질

① 함황 화합물

술덧 등에 존재하는 휘발성 함황 화합물의 〈표 9-34〉에 나타내었다. 대부분 화합물의 역치가 ppb 수준으로 매우 낮아 술의 품질에 많은 영향을 미치고 있다. 한편, 3-methylthiopropyl alcohol의 역치는 코로 냄새를 맡는 경우에는 1.65ppm이고 입에 넣는 경우 2.89ppm이었다. 다른 휘발성 함황 화합물과 비교하여 냄새가 다른 원인은 3-methylthiopropyl alcohol이 중고비점 화합물이기 때문으로 생각되고 있다. 이외에 5-deoxy-5'-methylthioadenosine은 쓴맛이 있으며 역치는 215ppm(카페인과 유사)이다.

〈표 9-34〉 술덧 등에 존재하는 휘발성 황 화합물의 관능적 특성

화합물	향	역치 (ppb)
황화수소	부패한 계란 향	75(공기)
methanethiol	상한 양배추 향	4.0(청주)
ethanethiol	부추 향	0.02(공기)
1-butanethiol	스컹크 냄새	
3-methylthiopropyl alcohol	절임식품 향	
dimethyl disulfide	마늘 냄새	6.5(청주)
diethyl disulife	마늘 냄새	
thiobismethane	파래 향	8.4(청주)
1,1'-thiobisethane	에테르 향	

② 질소 화합물

아미노산의 맛은 일반적으로 D형이 L형보다 단맛이 높고 분자량이 커지면 무미의 경형이 있다. 아미노산의 맛과 역치를 〈표 9-35〉에 나타내었다. 펩타이드는 곡물 발효주의 농후한 맛, 풍만한 맛, 조화로운 맛과 연관이 있지만 개별 화합물의 관능에 대해서는 알려진 바 없다. 일반적으로 펩타이드의 맛은 Gly-Gly이 N 말단과 C 말단에 있는 것과 N 말단과 C 말단에 Phe이 결합된 di-, tri-peptide는 쓴 것으로 알려져 있다.

휘발성 아민은 특유의 아민향을 가지고 있지만 HCl염은 거의 무취에 가깝다. 또한, 휘발성 아민의 맛은 조화로운 단맛을 나타낸다. 불휘발성 아민은 콜린(choline)이 쓴맛을 동반한 감칠맛과 농후한 맛을 가지고 있지만, 염이 결합된 아민은 공통적으로 쓴맛을 주는 것이 많다. 휘발성 아민의 관능적 특성을 〈표 9-36〉에 나타내었다.

〈표 9-35〉 아미노산의 맛과 역치

Amino acid		L형			D형		
full name	약어	C.P. Berg	Maeda	역치 (mg/100mL)	C.P. Berg	Maeda	역치 (mg/100mL)
Aspartic acid	Asp	slightly bitter	약한 산미	3			
Anserine	Asn	flat to bitter			slightly sweet		
Threonine	Thr	faintly sweet		260	sweet		
Serine	Ser	faintly sweet		150	very sweet		
Glutamic acid	Glu	meaty	강한 감칠맛, 산미	5	almost tasteless	산미	
Glycine	Gly		상쾌한 단맛	100			
Alanine	Ala	sweet	강한 단맛	60	very sweet		
Cysteine	Cys		무미				
Valine	Val	flat to bitter		150	very sweet	단맛	
Methionine	Met	flat	약한 쓴맛	30	sweet		
Isoleucine	Ile	bitter	미세한 단맛, 미세한 떫은맛	90	sweet		

Amino acid		L형			D형	
Leucine	Leu	flat to bitter		150	very sweet 강한단맛	
Tyrosine	Tyr	flat to bitter			sweet	
Phenylalanine	Phe	faintly sweet			sweet	
γ-Aminobutyric acid	GABA					
Ornithine	Orn					
Lysine	Lys		온화한 단맛	180(Lys·HCl)		
Ethanolamine	$EtOHNH_2$					
Ammonia	NH_3					
Histidine	His	flat to bitter	미세한 쓴맛	20	sweet	
Typtophan	Trp	flat to bitter			very sweet	90(DL형)
Arginine	Arg		약한 단맛	10		
Proline	Pro		단맛, 신맛	300		
Hydroproline	Hypro		미세한 단맛			

* C. P. BERG: Physiol. Rev., 33, 145(1953), A .NEISTER: Biochemistry of Amino Acids. 2nd Ed. p. 160 (1960)
* Maeda Seiichi: 화학의 영감, 8, 184 (1954), Yamada Shoichi: 양조분석법, p. 325 (1948), Sangyo tosho, Tokyo, Japan

〈표 9-36〉 휘발성 아민의 관능특성

Amine	Umezu	Beilstein
methylamine	아민향	강한 암모니아성 향
dimethylamine	〃	〃
trimethylamine	〃	어류 향
ethylamine	〃	강한 암모니아성 향
diethylamine	〃	–
triethylamine	〃	암모니아성 향
ethanolamine	〃	–
isopropylamine	〃	–

isobutylamine	〃	암모니아성 향
isoamylamine	〃	–
β-phenylethylamine	특유한 방향을 동반한 아민 향	–
putrescine	비린내	강한 Piperidine 향
cadaverine	비린내, 아민 향	Piperidine, 정액 향
유기염기류	자극성을 동반한 암모니아성 아민 향, 비린내, 희미하게 좋은 향	–

Umedzu Masahiro: 일본발효공학회지, 39, 470 (1961)
Beilstein: Beilstein's Handbuch der Organischen Chemie (IV) 546~717

02 위스키

1. 일반 성분

위스키는 발아시킨 곡물의 효소력을 이용하여 곡물을 당화·발효시켜 증류, 나무통에 저장 숙성시킨 술이다. 위스키의 주요 생산국은 아일랜드, 영국, 캐나다, 미국, 일본 등이다.

영국이나 일본에서는 맥아(발아시킨 보리)만을 원료로 당화, 발효시킨 다음 구리 단식 증류기로 2회 증류한 몰트위스키 및 옥수수를 주원료로 맥아를 첨가하여 발효시킨 다음 연속식 증류기로 증류한 그레인 위스키와 두 위스키를 혼합한 블렌디드 위스키를 생산하고 있다. 발아시킨 보리는 피트를 사용하여 건조하고 있으며 일부 공장에서는 피트 향이 강한 맥아를 사용하고 있다. 아일랜드에서는 보리를 주원료로 3회 증류한 위스키가 잘 알려져 있지만 옥수수를 주원료로 연속식 증류와 단식 증류를 조합한 다양한 위스키도 제조하고 있다. 캐나다에서는 호밀을 주원료로 연속식 증류를 하거나 연속식 증류와 단식 증류를 조합한 플레이버 위스키 및 옥수수를 기반으로 한 위스키를 제조하고 있다. 미국의 버번 위스키는 옥수수가 주원료이고 호밀과 밀을 사용하여 연속식 증류 및 단식 증류기인 더블러(doubler)를 조합한 증류를 한다.

모든 위스키는 증류 후 가수하여 알코올 농도를 조절하고 목재통에 저장한다. 통에 사용하는 재료는 미국산 참나무인 Quercus alba를 이용하는 것이 일반적이며 배럴로 조립 도중에 통의 내면을 가열한다. 버번 위스키는 배럴의 내부를 강하게 태운 새통(술 저장에 한 번도 사용하지 않은)을 사용한다. 또한, 아일랜드, 영국, 일본에서는 위스키의 저장에 sherry를 저장한 통을 사용하는 경우가 있으며 독특한 향미를 가진 붉은색의 위스키가 된다. 이 통에 사용 목재는 일반적으로 유럽산 Quercus robur과 Quercus petraea이다.

위스키에 포함된 성분은 원료에서 유래한 것으로 효모를 주체로 한 미생물이 생성하는 것, 증류 시 새롭게 생성하는 것, 가수 시 물에 포함된 성분, 배럴에서 유래된 것, sherry 저장 배럴에서 유래된 것 및 저장 중에 생성된 것들이다. 위스키의 성분은 물과 에탄올이 99% 이상을 차지하지만 이 두 성분은 위스키의 풍미에 큰 영향을 미치지 못하고 미량 성분의 종류와 함량의 많고 적음, 그리고 이들 성분의 균형이 위스키의 향과 맛의 차이로 이어진다. 판매되고 있는 위스키는 제조 방법이 서로 다른 위스키(예 : 몰트 위스키, 그레인 위스키)를 혼합한 블렌디드 위스키가 대부분이다. 몰트 위스키는 단식 증류기로 증류하고 증류 시 알코올 농도가 높기 않기 때문에 성분의 종류와 함량이 풍부한 위스키이다. 한편, 그레인 위스키는 연속식 증류기로 증류하여 알코올 도수가 95% 가까이 높기 때문에 몰트 위스키에 비하여 성분의 종류와 함량이 모두 낮다. 즉, 제법에 의해 위스키의 성분의 종류와 양이 크게 차이가 나며 시판 위스키의 성분은 혼합 내용에 따라 크게 영향을 받는다.

2. 무기 성분

1) 함유량

위스키에 함유되어 있는 무기 성분을 〈표 9-37〉에 나타내었다. 가장 많이 함유되어 있는 것은 K이며 숙성된 몰트 위스키에 40ppm 가까이 함유되어 있었다. Na은 10ppm, Mg와 Cu는 1ppm 전후, Ca과 Fe은 0.5ppm 정도 함유되어 있었다. 기타 무기 성분은 0.1ppm 정도이다.

〈표 9-37〉 위스키의 무기성분

성분명	성분명
Calcium	Magnesium
Copper	Potassium
Iron	Sodium
Lead	Zinc

2) 생성 경로

증류한 위스키는 가수하여 알코올 도수를 조정한 후 배럴에 담아 저장·숙성을 하는데 일정 기간 저장이 완료된 술은 알코올 도수를 조정하여 제품으로 출시한다. 술덧을 증류하기 때문에 담금에 사용된 물과 원료 곡물의 무기 성분은 기본적으로 증류액에 이행되지 않는다. 그러나 증류기 및 냉각기의 재질이 구리 또는 그 일부가 구리로 되어 있기 때문에 일반적으로 증류액에 Cu가 함유되어 있다. 많은 경우 2ppm을 초과하지만 오크통 저장 중에 약간 감소한다.

배럴 저장 중에 목재에서 K, Na, Mg 등의 무기 성분이 용출되어 술에서의 함유량이 증가한다. 목재는 Ca을 많이 함유하고 있지만 동일 목재에서 용출하는 oxalic acid와 난용성의 calcium oxalate를 형성하여 침전, 제거된다. 배럴 저장 전후에 알코올 농도 조절을 위해 가수하기 때문에 최종 제품에는 이 물에 함유된 무기 성분도 포함된다. 저장 전 위스키 원액에도 〈표 9-37〉에 나타낸 무기 성분이 검출되고 있지만 함량에 있어 가수에 이용하는 물의 영향이 크다.

K와 Cu는 위스키의 '부드러움'에 영향을 주며, 가수에 이용하는 물(특히, 배럴 저장 후 사용되는 물)에 Ca가 포함되어 있으면 새로 calcium oxalate를 생성하여 침전물을 형성으로 이어질 수 있다.

3. 알코올

1) 함유량

다가 알코올과 스테로이드 성분을 〈표 9-38〉에 나타내었다. 이 중 주요한 알코올은 이른바 고급알코올이다. 가장 많은 양 함유되어 있는 것은 isoamyl alcohol(3-methyl-1-butanol)로 3000ppm을 초과하는 경우도 있다. 이어 isobutanol(2-methyl-1-propanol), 1-propanol이 많이 포함되어 있으며, 농도가 높은 경우는 각각 1500ppm, 700ppm을 초과한다. 각각의 알코올 함량은 위스키 제조법, 특히 증류방법에 따라 크게 달라지는데 몰트위스키와 버번위스키에 많이 포함되어 있으며, 캐나다 위스키는 일반적으로 함량이 적다.

〈표 9-38〉 위스키의 알코올류

성분명	성분명
Methanol	2-Nonanol
2,2-Diethoxyethanol	1-Decanol
1-Propanol	1-Dodecanol
2-Propanol	1-Tetradecanol
2-Propen-1-ol	1-Hexadecanol

성분명	성분명
2 Mcthyl-1-propanol	Linalool
1-Butanol	Geraniol
2-Butanol	Farnesol
2-Methyl-1-butanol	Benzyl alcohol
3-Methyl-1-butanol	Phenethyl alcohol
1-Pentanol	Syringol
2-Pentanol	Methylsyringol
3-Methyl-1-pentanol	Terpineol
4-Methyl-1-pentanol	Borneol
1-Hexanol	Campesterol
5-Methyl-1-hexanol	β-Sitosterol
trans-2-Hexen-1-ol	β-Sitosterol-D-glucoside
cis-3-Hexen-1-ol	Stigmasterol
1-Heptanol	2,3-Butanediol
1-Octanol	Glycerol

2) 유래와 생성 경로

3-Methyl-1-butanol 등의 고급알코올은 발효 과정 중 효모에 의해서 생성된다. 이 경로는 2개의 경로가 존재하며 하나는 아미노산 생합성 경로에 따라 생성되는 경로로 keto acid의 탈탄산, 환원에 의해서 고급알코올로 된다. 다른 하나는 술덧의 아미노산으로 생성되는 경로이다. 술덧의 아미노산이 효모에 의해 흡수되고 탈아미노화된 keto acid로부터 생성된다. 생성량은 발효에 사용되는 당화액의 조성, 효모균주의 영향을 받는다. 긴 side chain을 가지고 있는 장쇄지방족 알코올의 생성 경로는 분명하지 않지만 다른 알코올과 동일하게 발효 시 효모에 의해서 생성되는 것으로 판단하고 있다. 스테로이드류와 benzyl alcohol류는 저장 중 배럴로부터 용출된다.

고급알코올은 에탄올 다음으로 많이 포함되어 있는 화합물로 위스키 향미 전체의 농후함에 기여한다. 이러한 알코올은 지방산과 에스테르를 형성하고 화려하고 복잡한 위스키의 'fruity'한 향기에 영향을 미친다. 한편, 스테로이드류는 위스키에서 플록(floc)을 형성하여 침전을 생성시킬 가능성이 있다.

4. 에스테르

1) 함유량

위스키에 함유된 에스테르 성분을 〈표 9-39〉에 나타내었다. 위스키에 함유된 유기산(carboxylic acid)과 알코올의 조합으로 여러 종류의 에스테르가 존재한다. 에스테르 성분 중 많이 존재하는 것은 ethyl ester이다. 특히, ethyl acetate가 가장 많으며 300ppm 이상 포함된 위스키도 있다. Ethyl acetate 다음으로 많이 함유된 성분은 ethyl hexanoate, ethyl octanoate, ethyl decanoate, ethyl dodecanoate 등이며 몰트위스키에 각각 2, 15, 45, 37ppm 정도가 함유되어 있다는 보고가 있다. 고급알코올 가운데 3-methylbultyl acetate의 양이 많고 몰트위스키에 32ppm 가량 함유되어 있는 것으로 나타났다.

표 2-4-1. 위스키의 에스테르 성분

성분명	성분명
Ethyl formate	Pentyl heptanoate
Pentyl formate	Methyl octanoate
Phenethyl formate	Ethyl octanoate
Ethyl carbamate	Propyl octanoate
Methyl acetate	2-Methylpropyl octanoate
Ethyl acetate	Butyl octanoate
1-Ethoxyethyl acetate	2-Methylblutyl octanoate
Propyl acetate	3-Methylbutyl octanoate
2-Methylpropyl acetate	Pentyl octanoate
Butyl acetate	Hexyl octanoate

성분명	성분명
2-Methylbutyl acetate	Methyl nonanoate
3-Methylbutyl acetate	Ethyl nonanoate
Pentyl acetate	2-Methylpropyl nonanoate
Hexyl acetate	Butyl nonanoate
Heptyl acetate	2-Methylbutyl nonanoate
Octyl acetate	3-Methylbutyl nonanoate
Decyl acetate	Pentyl nonanoate
Undecyl acetate	Hexyl nonanoate
Benzyl acetate	Ethyl decanoate
Phenethyl acetate	Propyl decanoate
Ethyl propanoate	2-Methylpropyl decanoate
Propyl propanoate	Butyl decanoate
3-Methylbutyl propanoate	2-Methylbutyl decanoate
Pentyl Propanoate	3-Methylbutyl decanoate
Hexyl propanoate	Pentyl decanoate
Ethyl 2-methylpropanoate	Phenethyl decanoate
2-Methylpropyl 2-methylpropanoate	Ethyl *cis*-9-decenoate
2-Methylblutyl 2-methylpropanoate	Ethyl undecanoate
3-Methylbutyl 2-methylpropanoate	2-Methylpropyl undecanoate
Heptyl 2-methylpropanoate	2-Methylbutyl undecanoate
Decyl 2-methylpropanoate	3-Methylbutyl undecanoate
Undecyl 2-methylpropanoate	Methyl dodecanoate
Ethyl 2-hydroxypropanoate	Ethyl dodecanoate
Butyl 2-hydroxypropanoate	Propyl dodecanoate
Pentyl 2-hydroxypropanoate	2-Methylpropyl dodecanoate
3-Methylbutyl 2-hydroxypropanoate	Butyl dodecanoate
Ethyl 3-hydroxypropanoate	2-Methylbutyl dodecanoate
Ethyl 3-ethoxypropanoate	3-Methylbutyl dodecanoate
Ethyl butanoate	Phenethyl dodecanoate
Propyl butanoate	Ethyl tridecanoate

성분명	성분명
2-Methylpropyl butanoate	2-Methylpropyl tridecanoate
3-Methylbutyl butanoate	3-Methylbutyl tridecanoate
Pentyl butanoate	Ethyl tetradecanoate
Heptyl butanoate	Propyl tetradecanoate
Octyl btutanoate	2-Methylpropyl tetradecanoate
Nonyl butanoate	2-Methylbutyl tetradecanoate
Ethyl 2-methylbutanoate	3-Methylbutyl tetradecanoate
Ethyl 3-methylbutanoate	Ethyl pentadecanoate
Butyl 3-methylblltanoate	2-Methylbutyl pentadecanoate
2-Methylblltyl 3-methylbutanoate	3-Methylbutyl pentadecanoate
3-Methylbutyl 3-methylbutanoate	Ethyl hexadecanoate
Octyl 3-methylbutanoate	Propyl hexadecanoate
Nonyl 3-methylbutanoate	2-Methylpropyl hexadecanoate
Decyl 3-methylbutanoate	2-Methylbutyl hexadecanoate
Ethyl pentanoate	3-Methylbutyl hexadecanoate
Butyl pentanoate	Ethyl 9-hexadecenoate
2-Methylpropyl pentanoate	Ethyl heptadecanoate
3-Methylbutyl pentanoate	Ethyl octadecanoate
2-Methylbutyl pentanoate	2-Methylpropyl octadecanoate
Pentyl pentanoate	2-Methylbutyl octadecanoate
Hexyl pentanoate	3-Methylbutyl octadecanoate
Heptyl pentanoate	Ethyl 9-octadecenoate
Nonyl pentanoate	Ethyl 9,12-octadecadienoate
Ethyl 4-oxopentanoate	Diethyl malonate
Methyl hexanoate	Diethyl succinate
Ethyl hexanoate	Dipentyl succinate
Propyl hexanoate	Ethyl malate
2-Methylpropyl hexanoate	Diethyl malate
Butyl hexanoate	Diethyl azelate

성분명	성분명
2 Methylbutyl hexanoate	Ethyl benzoate
3-Methylbutyl hexanoate	Methyl salicylate
Pentyl hexanoate	(Methyl 2-hydroxybenzoate)
Heptyl hexanoate	Ethyl salicylate
Phenethyl hexanoate	(Ethyl 2-hydroxybenzoate)
Ethyl 3-hydroxyhexanoate	Ethyl vanillate
Methyl heptanoate	(Ethyl 4-hydroxy-3-methoxy-benzoate)
Ethyl heptanoate	Dimethyl phthalate
Butyl heptanoate	Diethyl phthalate
3-Methylbutyl heptanoate	Dibutyl phthalate

2) 생성 경로

많은 에스테르 성분은 발효할 때 효모에 의해 생성된다. 그 생성량은 발효 온도 및 기간에 따라 영향을 받는다. 장쇄지방산의 에틸에스테르는 증류 조건에 따라 유출액으로 이행되는 양이 달라지며 증류 시에 에스테르의 생성이 증가하는 것으로 알려져 있다. 배럴 저장 중에도 에스테르화가 일어난다. Ethyl acetate는 증류 직후의 몰트위스키에서 50ppm 이하로 검출되지만 배럴 저장 동안에 크게 증가한다. 또한, 배럴 저장 동안에 각종 유기산(carboxylic acid)과 알코올의 에스테르화가 진행된다.

에스테르는 'estery'와 'fruity' 등의 위스키 향에 크게 기여하며 장쇄지방산 에스테르는 부드러움에 영향을 준다. 저온에서 위스키를 저장하면 플록을 형상하는 경우가 있는데 이는 ethyl hexadecanoate 등 몰트위스키에 많이 함유되어 있는 고급지방산 에틸에스테르가 원인이다.

5. 카로보닐 화합물

1) 함유량

위스키에는 다양한 카르보닐 화합물이 존재하며 알데하이드〈표 9-40〉, 케톤〈표 9-41〉, 아세탈〈표 9-42〉, furan〈표 9-43〉 화합물 등이 알려져 있다. 카르보닐 화합물에서 가장 많이 함유되어 있는 것은 아세트알데하이드로 100ppm이 넘는 것도 보고되었다. 그 밖에 위스키에 함유되어 있는 고급알코올에 대응한 알데하이드 화합물이 수ppm~수십ppm 함유되어 있다. 케톤의 함량은 1ppm 미만으로 많지 않다. 아세탈은 다량으로 존재하는 알데하이드에 대응한 아세탈이 존재한다. 푸르푸랄은 몰트위스키와 버번위스키에 많이 포함되어 있으며 10ppm을 초과하는 것도 있다.

〈표 9-40〉 위스키의 알데하이드 성분

성분명	성분명
Formaldehyde	Benzaldehyde
Acetaldehyde	2-Hydroxybenzaldehyde
Propanal	4-Hydroxybenzaldehyde
2-Propenal	Vanillin
2-Methylpropanal	(4-Hydroxy-3-methoxybenzaldehyde)
3-Ethoxypropanal	Syringaldehyde
Butanal	(4-Hydroxy-3,5-dimethoxybenzaldehyde)
trans-2-Butenal	Coniferaldehyde
3-Methylbutanal	(4-Hydroxy-3-methoxycinnamaldehyde)
Pentanal	Sinapaldehyde
Hexanal	(4-Hydroxy-3,5-dimethoxycinnamaldehyde)
Heptanal	Glyoxal
Nonanal	Methylglyoxal

〈표 9-41〉 위스키의 케톤 성분

성분명	성분명
Acetone	Propiovanillone
1,1-Diethoxy-2-propanone	β-Damascenone
2-Butanone	(trans-2,6,6-Trimethyl-1-crotonyl-cyclohexa- 1,3-diene)
3-Hydroxy-2-butanone	α-Ionone
2,3-Butanedione	(4-(2,6,6-Trimethyl-2-cyclohexen-1-yl)-3-buten-2-one)

성분명	성분명
2-Pentanone	β-Ionone
2,3-Pentanedione	(4-(2,6,6-Trimethyl-1-cyclohexen-1-yl)-3-buten-2-one)
2-Heptanone	Maltol
2-Nonanone	(3-Hydroxy-2-methyl-4-pyrone)
Tridec-6-en-2-one	5-Hydroxymaltol
Pentadec-6-en-2-one	(3,5-Dihydroxy-2-methyl-4-pyrone)
Heptadec-6-en-2-one	Acetophenone
2-Hydroxyacetophenone	2,3-Dihydro-3,5-dihydroxy-6-methyl-4-pyrone
2-Hydroxy-5-methylacetophenone	

〈표 9-42〉 위스키의 아세탈 성분

성분명	성분명
1,1-Diethoxymethane	1,1-Diethoxy-2-methylpropane
1,1-Diethoxyethane	1,1-Diethoxybutane
1-Ethoxy-l-propoxyethane	1,1-Diethoxy-2-methylbutane
1-Ethoxy-1-(2-methylpropoxy)ethane	1,1-Diethoxy-3-methylbutane
1-Ethoxy-1-pentoxyethane	1,1-Diethoxypentane
1-Pentoxy-l-propoxyethane	1,1-Diethoxyhexane
1,1-Dipentoxyethane	1,1-Diethoxyheptane
1,1-Diethoxypropane	1,1-Diethoxyoctane
1,1,3-Triethoxypropane	1,1-Diethoxynonane
3,3-Diethoxy-1-propene	

〈표 9-43〉 위스키의 푸란 성분

성분명	성분명
Furfural	2-Furancarboxylic acid
5-Methylfurfural	Ethyl 2-furancarboxylate
5-(Hydroxymethyl) furfural	2-(Ethoxymethyl)-3-(2-furyl)-2-propenal

성분명	성분명
2-Acetylfuran	Furfural diethyl acetal
3-Acetylfuran	Furfural ethyl 2-methylpropyl acetal
2-Acetyl-5-methylfuran	Furfural ethyl 2-methylbutyl acetal
Furfuryl alcohol	Furfural ethyl 3-methylbutyl acetal
Furfuryl formate	Furfural di-3-methylbutyl acetal

2) 생성 경로

알데하이드와 케톤의 대부분은 효모에 의해 발효 중에 생성되지만 증류 중에서도 일부 생성된다고 생각되고 있다. 아세트알데하이드는 pyruvic acid에서 에탄올을 생성하는 중간체로 생성되는 경로와 저장 중에 에탄올이 산화되어 아세트산에 이르는 경로의 중간체로서 생성되는 경로가 알려져 있다. 아세트알데하이드는 알코올과 결합하여 acetal로 변한다. 아세트알데하이드는 알코올 수용액에 존재하면 즉시 diol 및 hemiacetal과 3성분 평형관계에 이른다. Hemiacetal은 알코올과 완만하게 반응하고 acetal의 양은 알코올 도수에 따라 다른데 평행 상태라면 알코올도수가 높을수록 많아진다. 또한, 이 반응 속도는 pH에 영향을 받는다.

Benzaldehyde 제외하고 바닐린(4-hydroxy-3-methoxybenzaldehyde)을 비롯한 방향족 알데하이드는 저장 중에 배럴에서 유래된 성분이다. 배럴의 사용 횟수 및 통 내부의 가열 정도에 따라 그 함량이 크게 차이가 난다. 2,3-Butanedione과 2,3-pentanedione은 발효 미생물의 작용에 의해 생성된다. 위스키는 발효에 사용하는 당화액을 살균하지 않기 때문에 효모 이외의 미생물에 의해도 생성된 것일 수도 있다.

Furan 화합물은 pentose로부터 생성된다고 생각할 수 있다. 위스키에 존재하는 양은 증류 시 술덧의 pH와 배럴 내면의 가열 정도, 배럴 저장 기간에 의해 좌우된다.

아세트알데하이드와 acetal은 위스키의 화려한 맛에 기여한다. 특히 acetal은 향기의 자극을 완화시키는 작용을 한다. 그러나 3-methylbutanal 등은 함량이 높을 경우 부정적인 느낌을 준다. 방향족 알데하이드 특히 바닐린은 'sweet flavor'가 강한 물질로 숙성과 함께 배럴에서 용출하는 대표적인 성분이다. β-Damascenone(trans-2,6,6-trimethyl-l-crotonyl-cyclohexa-1,3-diene)은 다양한 주류에서 검출되고 있지만, 몰트 위스키에 0.1~0.2ppm 포함되어 있으며 강한 꽃 향을 가지고 있다.

6. 페놀 화합물

1) 함유량

위스키에 함유된 페놀 화합물을 〈표 9-44〉에 나타내었다. Phenol, guaiacol(2-methoxyphenol), eugenol(2-methoxy-4-allylphenol)의 농도에 따라 위스키의 특징이 나타난다. 스카치위스키는 phenol, guaiacol이 많이 포함되어 있는데 각각 0.12ppm, 0.09ppm 함유되어 있다고 보고된 사례가 있다. Eugenol은 미국 버번위스키에 0.22ppm으로 가장 많이 함유되어 있었다.

〈표 9-44〉 위스키의 페놀 화합물

성분명	성분명
Phenol	Guaiacol
2-Methylphenol	(2-Methoxyphenol)
3-Methylphenol	4-Methylguaiacol
4-Methylphenol	(2-Methoxy-4-methylphenol)
2-Ethylphenol	6-Methylguaiacol
3-Ethylphenol	(2-Methoxy-6-methylphenol)
4-Ethylphenol	4-Ethylguaiacol
4-Propylphneol	(2-Methoxy-4-ethylphenol)
2-Isopropylphenol	4-Vinylguaiacol
2,3-Dimethylphenol	(2-Methoxy-4-vinylphenol)
2,4-Dimethylphenol	4-Propylguaiaco1
2,5-Dimethylphenol	(2-Methoxy-4-propylphenol)
2,6-Dimethylphneol	Eugenol
3,4-Dimethylphenol	(2-Methoxy-4-allylphenol)
3,5-Dimethylphenol	2,6-Dimethoxyphenol
2-Ethyl-4-methylphenol	

2) 생성 경로

Phenol과 2-methylphenol은 피트의 연기에 의해 맥아에 부여되는 주요 성분으로 스카치위스키에 많이 포함되어 있다. 그러나 phenol은 연기 외에 맥아에도 존재하고 그의 일부가 증류에 의해 증류액에 이행된다. 또한, methylphenol들은 배럴의 추출액에 존재하기 때문에 일부는 배럴 저장 중에 증가할 것으로 생각된다. Eugenol은 배럴 추출물의 주요 성분 중 하나로 주로 배럴 저장 중에 증가하는 성분이지만 일부는 발효 중에 생성되어 증류액으로 이행한다.

페놀 화합물은 위스키 '훈연향'에 크게 기여한다. 그 가운데 2-methylphenol과 3-methylphenol은 나무의 타르 냄새인 '크레오소트(creosote)' 냄새를 가지고 있다.

7. 유기산

1) 함유량

〈표 9-45〉에 지방산을 중심으로 위스키에 함유되어 있는 유기산을 나타내었다. 가장 많이 함유되어 있는 것은 아세트산이며, 버번위스키에 500ppm이 넘는 예가 있다. 이외의 지방산 중에서는 octanoic acid, decanoic acid, dodecanoic acid 등이 많이 포함되어 있으며 몰트위스키에서의 농도는 10~40ppm이다. 탄소 수 3~5개의 지방산은 수ppm 정도를 함유하고 있다. 방향족 유기산의 함량은 높지 않은데 gallic acid(3,4,5-trihydroxybenzoic acid)가 수ppm 함유되어 있고 다른 화합물들은 1ppm 전후 또는 그 이하이다.

〈표 9-45〉 위스키의 유기산

성분명	성분명
Formic acid	9,12,15-Octadecatrienoic acid
Acetic acid	Phenylacetic acid
Propanoic acid	3-Phenylpropanoic acid
2-Hydroxypropanoic acid	Benzoic acid
2-Methylpropanoic acid	Salicylic acid
Butanoic acid	(2-Hydroxybenzoic acid)
2-Methylbutanoic acid	3-Hydroxybenzoic acid
3-Methylbutanoic acid	4-Hydroxybenzoic acid
Pentanoic acid	2,3-Dihydroxybenzoic acid

성분명	성분명
Hexanoic acid	2,4-Dihydroxybenzoic acid
Heptanoic acid	2,5-Dihydroxybenzoic acid
Octanoic acid	2,6-Dihydroxybenzoic acid
Nonaoic acid	Protocatechuic acid
Decanoic acid	(3,4-Dihydroxybenzoic acid)
Decenoic acid	3,5-Dihydroxybenzoic acid
Undecanoic acid	Gallic acid
Undecenoic acid	(3,4,5-Trihydroxybenzoic acid)
Dodecanoic acid	Vanillic acid
Tridecanoic acid	(4-Hydroxy-3-methoxybenzoic acid)
Tetradecanoic acid	Syringic acid
Tetradecenoic acid	(4-Hydroxy-3,5-dimethoxybenzoic acid)
Pentadecanoic acid	*ρ*-Coumaric acid
Pentadecenoic acid	(4-Hydroxycinnamic acid)
Hexadecanoic acid	Ferulic acid
cis-9-Hexadecenoic acid	(4-Hydroxy-3-methoxycinnamic acid)
Octadecanoic acid	Succinic acid
cis-9-Octadecenoic acid	Citric acid
9,12-Octadecadienoic acid	3-Ethylheptanedioic acid

2) 생성 경로

발효 중에 생성되는 유기산이 대부분이지만 원료에서 유래한 것, 배럴 저장 중에 생성 또는 증가하는 것도 있다. 아세트산은 발효 중에 효모에 의해 주로 생성되는데, 효모 이외의 미생물, 즉 초산균이나 유산균에 의해 약간 생성되는 것으로 생각된다. 발효 시 생성된 아세트산은 증류에 의해 일부가 증류액으로 이행되며 그 양은 몰트위스키에서 100ppm 이하이다. 그 후 배럴 저장되는데 이 기간 동안 아세트산이 배럴에서 분해·용출된다. 또한, ethyl alcohol이 배럴 저장 중에 산화되어 아세트알데하이드를 거쳐 아세트산으로 변화한다. 증류 직후 위스키에 포함된 아세트산량은 많지 않지만 배럴 저장 중에 크게 증가한다.

아세트산 이외의 지방산의 대부분은 발효 특히 효모에 의해 생성된다. 증류 방법에 따라 증류액으로 이행되는 양은 한정되어 있기 때문에 캐나다 위스키 등에는 그 함량이 적다. 또한, 저장에 사용하는 배럴에서 짝수 지방산이 추출되기 때문에 배럴 유래의 지방산도 존재한다. 한편, 9,12-octadecadienoic acid 등은 일반적으로 위스키 효모가 생성하지 않으며 원료에 많은 양 함유되어 있는 것으로 미루어 원료로부터 이행되었을 것이라고 생각된다. 방향족 유기산은 배럴의 lignin이 산화·분해된 것이다.

아세트산은 위스키의 pH에 영향을 미치고 아세트산의 신맛과 함께 '숙성감'에 기여한다고 생각된다. 탄소 수 3~5개의 지방산은 특유의 냄새를 가지고 있으나 위스키에 함유되어 있는 농도에서는 단맛을 동반한 body감의 향을 나타낸다. 고급지방산과 방향족 유기산은 강한 향기를 가지고 있지 않지만 위스키의 부드러움에 기여하고 있다고 생각된다.

8. 함황 화합물

1) 함유량

위스키에 알려진 함황 화합물을 〈표 9-46〉에 나타내었다. 본 표에는 증류 직후 위스키에는 검출되었지만 상품에는 검출되지 않는 것도 포함되어 있다. 함량이 가장 많은 몰트위스키에 100ppb 이하의 농도로 존재하는 것이 대부분이며 블렌디드 위스키에는 더욱 적은 양이 함유되어 있다.

〈표 9-46〉 위스키의 함황 화합물

성분명	성분명
Dimethyl sulfide	2-Methylthiophene
Dimethyl sulfoxide	2,5-Dimethylthiophene
Dimethyl sulfone	Dihydro-2-methyl-3(2H)-thiophenone
Ethyl methyl sulfide	Benzothiophene
Dimethyl disulfide	2-Thiophencarboxaldehyde
Methyl 2-methyl-3 furyl disulfide	5-Methyl-2-thiophenecarboxaldehyde
Dimethyl trisulfide	Methyl 2-thienyl ketone

성분명	성분명
3-(Methylthio)propanol	Propyl 2-thienyl ketone
3-(Methylthio)propanal	Thiazole
3-(Methylthio)propylacetate	5-(2-Hydroxylethyl)-4-methylthiazole
S-Methyl acetothioate	2-Acetylthiazole
Ethyl 2-(methylthio)acetate	Benzothiazole
Ethyl 3-(methylthio)propanoate	2-(2-furyl) thiazole
Thiophene	

2) 생성 경로

발효를 마친 술덧에는 원료 유래의 함황 화합물과 발효 유래의 함황 화합물이 많이 포함되어 있다. 이 술덧을 구리 증류기로 증류할 때 그대로 증류액에 이행되는 화합물도 있지만, 다양한 반응이 일어나서 함황 화합물은 크게 변화한다. 발효가 완료된 술덧에 존재하는 황화수소는 증류 중에 구리와 반응하여 불용물로 변하여 제거되기 때문에 2번 증류를 거친 후에는 검출되지 않는다. Thiol 화합물 또한 증류액에서 확인되지 않는다. 한편, 각종 sulfide, disulfide, thiazole이 존재한다. 이들 화합물은 증류 중의 반응에 의해서 생성되는 것이 많다. 즉, 위스키에 함유된 함황 화합물은 술덧에 함유된 함황 화합물과 증류 시 반응이 많은 함황 화합물의 양에 크게 좌우된다. 위스키의 특징이 증류기의 형태와 증류 조건에 따라 변하는 이유이다.

증류 직후의 위스키에 포함되어 있지만 제품에 검출되지 않는 함황 화합물은 배럴 저장 중에 감소하는 것이다. 이러한 화합물로써 dimethyl sulfide, dimethyl disulfide, 3-(methylthio) propanol, 3-(methylthio)propanal, 3-(methylthio)p ropylacetate, ethyl 3-(methylthio) propanoate, dihydro-2-methyl-3(2H)-thiophenone 등이 있다. 이외에도 dimethyl trisulfide도 감소되지만 감소 속도가 너무 느리며 알코올 도수에 의해 변한다. 반감기는 알코올 도수 58%인 경우 19년으로 알려져 있다. Dimethyl sulfide는 배럴 저장 1년 정도에서 검출할 수 없는 수준으로 감소한다. 일부는 배럴에서 증발되지만 대부분은 dimethyl sulfoxide, dimethyl sulfone으로 산화된다. 이 산화에는 배럴의 종류가 중요한 역할을 한다.

함황 화합물은 미량으로도 특징적인 향기를 가지며 그 농도에 따라 향미가 다르다. 예를 들어 dimethyl sulfide는 옥수수를 삶은 냄새, 해초향, 무 및 양배추 향을 가지고 있으며 역치는 수용액으로 30ppt인 것으로 알려져 있다. Dimethyl disulfide는 양파, dimethyl trisulfide는 피클 냄새를 가지고 있다. 냄새의 표현은 식품에 따라 약간씩 다르다. 위스키에서 disulfide, trisulfide, thiazole 화합물은 '효모' 향미의 강약에 기여한다. 이들 화합물 중에는 자신의 향미는 약해도 다른 향미를 올려주는 화합물도 존재한다. 배럴 저장 중 감소하는 dimethyl sulfide와 dimethyl disulfide는 증류 직후 위스키 특유의 미숙성 향을 구성하고 있다.

03 브랜디

1. 일반 성분

광의로 브랜디는 과일을 원료로 발효, 증류하여 제조된 술이다. 그중에서도 잘 알려진 것이 포도를 원료로 한 브랜디이다. 이외에 칼바도스(Calvados, 사과를 원료로), 키르시바서(Kirschwasser, 체리), 미라벨(Mirabelle, 자두), 쁘와르(Poire, 서양 배) 등도 브랜디의 일종으로 소량 생산되고 있다. 또한, 포도나 와인 제조 시 착주한 박을 원료로 한 이탈리아의 그라파(Grappa), 프랑스의 마르(Marc)도 브랜디의 일종으로 분류되고 있다. 아래 내용은 특별한 설명이 없는 한 포도를 원료로 단식 증류기를 사용한 브랜디에 대한 것이다.

브랜디의 성분 조성은 원료(과일), 담금, 발효(와인 제조), 증류, 배럴 저장의 각 공정에서 여러 가지 성분의 용출 · 추출 · 반응 · 분리 등의 종합적인 결과이다. 브랜디의 제조 공정에서 원료·발효 공정과 와인과 증류 · 배럴 저장 공정은 위스키와 거의 동일한 제조 공정이므로 그 공정에서 생성되는 성분도 공통적인 것이 많다. 그러나 향이 풍부한 과일을 원료로 한 브랜디에서는 곡물을 원료로 한 위스키와 비교하여 검출되는 성분의 수가 압도적으로 많다. 보고된 성분만 750개의 성분에 이른다.

그 성분적 특징은 과일과 그 발효액인 와인 그리고 증류 공정에서 크게 유래하고 있다. 브랜디의 성분을 결정하는 요인으로는 증류된 와인 및 그 안에 포함된 고형분(효모 등), 증류 시 가열 온도, 증류기의 재질, 크기, 모양 등을 들 수 있다. 발효, 증류 및 저장 중에 일어나는 반응은 다음과 같이 나눌 수 있다.

① 효소적반응 : 효모, 박테리아, 곰팡이를 포함한 모든 미생물의 대사

② 화학적반응 : 에스테르화, 가수분해, 구리의 반응, 산화, 아세탈화, 전이반응, 아미노카르보닐 반응

③ 물리적반응 : 증발분리, 유출, 용출

2. 무기 성분

1) 함유량

브랜디에서 확인된 무기 성분은 미량이지만 Cu, Fe, Ca, Na, K, Mg 등이 확인되고 있다.

2) 생성 경로

일반적으로 포도 착즙액과 와인 중에 다량으로 함유되어 있는 무기 성분은 증류 직후의 브랜디 증류액으로 이행되지 않는다. 무기 성분은 주로 증류기의 냉각관, 증류 후 저장 공정에서 사용하는 배럴 및 배럴의 재질, 제품화 공정에서의 알코올 농도 조정에 사용되는 물에서 유래한다.

증류 시 증류기의 구리 냉각기에서 유기 성분과의 반응에 의해 Cu가 용출되어 나온다. 배럴저장 중에는 리그닌, 탄닌, 색소 등과 함께 염의 형태로 Ca, Na, K 등이 배럴로부터 용출되지만 배럴의 재질과 사용 횟수에 의해서 무기성 분의 양과 질이 다르다. 또한, 배럴 저장에서 제품에 이르기까지 가수에 사용되는 물에 의해 Ca, Mg, Na 등이 유입된다. 무기성분의 양과 질은 사용되는 물의 양에 따라 다르지만 일반적으로 가수용 물로 순수한 물이 사용되기 때문에 물 유래의 무기 성분의 거의 없다.

무기물은 착색, 혼탁 등에 영향을 주기 때문에 품질상 유의해야 할 점이 많다.

(1) 철에 의한 착색

철은 브랜디에서 탄닌산과 킬레이트를 만들어 검게 변색된다. 혼입의 원인은 탱크의 재질, 배관의 녹, 가수용 물의 수질 등에 의한 것이므로 Fe의 혼입을 피하는 것이 필수적이다.

(2) Ca 의한 혼탁

Ca는 배럴 저장 중에 배럴에서 용출하는 oxalic acid와 난용성의 calcium oxalate를 생성하여 제품의 혼탁을 발생시키는 요인으로 작용하고 있다. 이 혼탁은 제품 생산 시 원주에 비해 사용하는 물에 Ca이 다량 함유되어 있는 경우에 잘 발생된다. 따라서 가수용 물은 탈이온수, 증류수 등이 일반적으로 사용되고 있다.

3. 알코올

1) 함유량

브랜디의 알코올 조성 · 함유량은 고급알코올류가 주된 물질이며 그중 약 90%가 *n*-propanol(1-propanol), isopropanol(2-methyl-l-propanol), isoamyl alcohol(3-methyl-l-butanol), activeamyl alcohol(2-methyl-l-butanol)이다. 이들 성분 중에 isoamyl alcohol이 양적으로 가장 많으며 4000mg/L(at pure alcohol)이 넘는 것도 있다. 다음은 메탄올이 많이 함유되어 있는데 제조 방법에 따라 10~800mg/L의 넓은 범위로 분포하고 있다. 다른 화합물은 미량이지만 직쇄지방산족 알코올, 방향족 알코올, 글리세롤 등이 검출되고 있다.

이러한 함유량은 원료인 포도, 와인의 발효 방법과 증류 방법에 의해 크게 변하며 일반적으로 단식 증류한 브랜디에서 고급알코올 함량이 높고 연속식 증류 브랜디에서 낮다. 또한, 포도 브랜디를 비롯한 과일로 만든 증류주에는 메탄올이 비교적 많은데 이 중 포도와 와인 주박을 이용한 그라파, 마루 등의 주박 브랜디에 현저하게 높다.

〈표 9-47〉 브랜디의 알코올

성분명	성분명
methanol	1-heptanol
ethanol	2-heptanol
2,2-diethoxyethanol	3-heptanol
1-propanol (= propyl alcohol)	4-heptanol
2-propanol (= isopropyl alcohol)	*trans*-2-hepten-1-ol
1,3-diethoxy-2-propanol	2,6-dimethyl-4-heptanol
1-ethoxy-3-propoxy-2-propanol	4-methyl-2-heptanol
2-propen-1-ol (= allyl alcohol)	1-octanol
2-methyl-1-propanol (= isobutanol)	2-octanol
2,2-dimethyl-1-propanol	3-octanol
3-phenyl-1-propanol	*trans*-2-octen-1-ol
1,2-propandiol	1-octen-3-ol
1,3-propandiol	4,6-dimethyl-4-octanol
2-methyl-1,2-propandiol	4,7-dimethyl-4-octanol

성분명	성분명
1-butanol	1,5-octadiene-3,7-diol
2-butanol (= *sec*-butanol)	1-nonanol
2-methyl-1-butanol (= activeamyl alcohol)	2-nonanol
2-methyl-2-butanol	*trans*-2-nonen-1-ol
3-methyl-1-butanol (= isoamyl alcohol)	1-decanol
3-methyl-2-butanol	2-decanol
2-methyl-3-buten-1-ol	3-decanol
1,3-butandiol	tetradecanol
1,2-butandiol	9-decen-1-ol
2,3-butandiol	1-undecanol
1-pentanol (= amyl alcohol)	2-undecanol
2-pentanol	*cis*-6-undecen-2-ol
3-pentanol	*trans*-6-undecen-2-ol
3-methyl-1-pentanol	6-undecen-2-ol
4-methyl-1-pentanol	1-dodecanol
1,2-pentandiol	2-dodecanol
2,3-pentandiol	dodecanol
1-hexanol	1-tetradecanol
2-hexanol	1-hexadecanol
3-hexanol	1-octadecanol
2-hexen-1-ol	cyclopentanediol
cis-2-hexen-1-ol	benyl alcohol (= benzenemethanol)
trans-2-hexen-1-ol	1-phenylethanol (= α-methylbenzyl alcohol)
3-hexen-1-ol	2-phenylethanol (= phenethyl alcohol)
cis-3-hexen-1-ol (= leaf alcohol)	4-hydroxyphenethyl alcohol
trans-3-hexen-1-ol	furfuryl alcohol
4-hexen-1-ol	2-(4-acetylphenyl)-2-propanol
2-ethyl-1-hexanol	

2) 생성 경로

고급 알코올은 효모의 대사에 의해 생성된다. 그 생성 경로는 포도과즙의 아미노산을 원료로 탈아미노, 탈탄산, 환원을 거쳐 아미노산보다 탄소 수가 1개 적은 알코올을 생성하는 Ehrlich 반응 경로와 아미노산의 생합성 경로에서 overflow하여 고급 알코올이 생성되는 경로가 있다. 또한, 최근 이러한 고급 알코올은 포도 과즙의 malic acid를 비롯한 유기산에 크게 영향을 받는 것으로 알려져 있다.

메탄올은 포도 껍질 세포벽에 있는 Ca을 통해 결합되어 있는 펙틴에서 유래한다. 포도 껍질에 존재하는 pectinase의 하나인 pectin methylesterase에 의해 pectine의 methylester부분이 가수분해되면서 메탄올이 생성된다. 포도의 펙틴 함량은 품종, 생육 환경에 따라 다르고 포도의 숙도와 함께 증가한다. Petinase는 포도의 껍질에 많이 포함되어 있기 때문에 와인 제조 공정에서 침용(skin contact) 공정을 거쳐 생산된 와인으로 제조한 브랜디는 메탄올의 함량이 현저히 증가한다. 그라파 및 마루의 메탄올 함량이 높은 것은 이 이유이다.

직쇄지방족 알코올은 전반적으로 적은 양만이 존재하는 것으로 확인되고 있지만 hexanol, hexenol이 많은 것도 브랜디의 특징이다. 이 중에서도 1-hexanol은 포도즙에 함유된 linoleic acid의 효소적 산화분해에 의해 생성된다. 또한, 탄소 수 6개에서 10개의 고급알코올과 동일하게 지방산의 산화에 의해 생성된 알데하이드는 효모의 환원작용에 의해 생성되는 것으로 알려져 있다. 이외에 2-butanol은 유산균이 butan-2,3-diol을 분해하면서 생성되는 것으로 알려져 있다. 방향족 알코올류는 효모에 의해 생성되는 β-phenethyl alcohol을 제외하고 coniferyl alcohol과 sinapyl alcohol은 등은 배럴 저장 중에 배럴에서 용출된다. 또한, β-phenethyl alcohol은 꿀 냄새, 장미 향을 주는 성분으로 주목받고 있지만 휘발성이 낮아 증류주의 함유량이 발효주보다도 오히려 적다. 글리세롤은 배럴의 glyceride의 가수분해에 의해서 증가한다.

고급알코올은 브랜디의 농후, 바디감에 크게 기여하고 품질을 결정하는 중요한 요소로 작용한다. 단식 증류에 의해 C3~C6 알코올류는 농축되기 때문에 함유량이 많고 품질에도 많은 영향을 미친다. 분자량이 큰 고급알코올과 β-phenethyl alcohol과 같은 방향족 알코올은 단식·연속식 증류에서 증류액에 이행률이 낮지만 역치가 낮아 술의 향기의 폭과 농후에 대한 영향을 무시할 수 없다. 알코올류는 유기산 및 지방산과 반응하여 각각의 에스테르를 형성 브랜디 향의 확산에 기여한다. 또한, 산화에 의해 알데하이드로 변화하여 향미에 영향을 미친다.

4. 에스테르

1) 함유량

브랜디에 포함된 주요한 에스테르는 ethyl acetate, isoamyl acetate 등의 고급알코올과 아세트산의 에스테르 및 ethyl caproate(ethyl hexanoate), ethyl caprylate(ethyl octanoate), ethyl caprate(ethyl decanoate), ethyl laurate(ethyl dodecanoate) 등의 고급 지방산 에틸 에스테르이다. 이 중에서도 ethyl acetate의 함량이 가장 많은데 700mg/L(at pure alcohol)가 포함되어 있는 것도 있다. 브랜디는 펙틴에서 유래한 메탄올이 다른 주류보다 많은 관계로 다수의 methyl ester도 포함되어 있다. Methyl caprate(ethyl decanoate), methyl laurate(ethyl dodecanoate) 등의 존재가 알려져 있다. 이 밖에 ethyl lactate와 같이 에탄올과 hydroxy acid의 에스테르 화합물이 확인된다.

〈표 9-48〉 브랜디의 에스테르

성분명	성분명
methyl formate	hexyl propanoate
ethyl formate	ethyl 2-methylpropanoate
isobutyl formate	isobutyl 2-methylpropanoate
pentyl formate	isopentyl 2-methlylpropanoate
isopentyl formate	heptyl 2-methylpropanoate
hexenyl formate	decyl 2-methylpropanoate
phenethyl formate	undecyl 2-methylpropanoate
methyl acetate	phenethyl 2-methylpropanoate
ethyl acetate	2-phenethyl propanoate
ethoxyethyl acetate	ethyl 2-hydroxypropanoate(= ethyl lactate)
diethoxyethyl acetate	butyl 2-hydroxypropanoate(= butyl lactate)
propyl acetate	isobutyl 2-hydroxypropanoate(= isobutyl lactate)
isopropyl acetate	isopentyl 2-hydroxypropanoate(= isopentyl lactate)
butyl acetate	hexyl 2-hydroxypropanoate(= hexyl lactate)
1-methylpropyl acetate	*cis*-3-hexenyl 2-hydroxypropanoate
isobutyl acetate (= 2-methylpropyl acetate)	(= *cis*-3-hexenyl lactate)

성분명	성분명
2-methylbutyl acetate	ethyl 2-oxopropanoate(= ethyl pyruvate)
pentyl acetate (= amyl acetate)	ethyl 2,2-diethoxypropanoate
isopentyl acetae	ethyl 3-ethoxypropanoate
(= 3-methylbutyl acetate, isoamyl acetate)	ethyl butanoate
2-methylpentyl acetate	propyl butanoate
hexyl acetate	isopropyl butanoate
cis-3-hexenyl acetate	butyl butanoate
trans-3-hexenyl acetate	isobutyl butanoate
heptyl acetate	pentyl butanoate
octyl acetate	2-methylbutyl butanoate
nonyl acetate	isopentyl butanoate (= 3-methylbutyl butanoate)
decyl acetate	hexyl butanoate
undecyl acetate	heptyl butanoate
phenyl acetate	octyl butanoate
benzyl acetate	nonyl butanoate
phenethyl acetate	phenethyl butanoate
ethyl propanoate	ethyl 2-methylbutanoate
ethyl propenoate	isobutyl 2-methylbutanoate
ethyl 3-(2-furyl) propenoate	(= 2-methylpropyl 2-methylbutanoate)
propyl propanoate	isopentyl 2-methylbutanoate
isobutyl propanoate	(= 3-methylbutyl 2-methylbutanoate)
(= 2-methylpropyl propanoate)	pentyl propanoate
isopentyl propanoate	ethyl 3-methylbutanoate
(= 3-methylbutyl propanoate)	propyl 3-methylbutanoate
butyl 3-methylbutanoate	butyl decanoate
2-methylpropyl 3-methylbutanoate	isobutyl decanoate
isopentyl 3-methylbutanoate	2-methylbutyl decanoate
(= 3-methylbutyl 3-methylbutanoate)	pentyl decanoate
hexyl 3-methylbutanoate	isopentyl decanoate
heptyl 3-methylbutanoate	hexyl decanoate

성분명	성분명
octyl 3-methylbutanoate	heptyl decanoate
nonyl 3-methylbutanoate	phenethyl decanoate
decyl 3-methylbutanoate	ethyl 9-decenoate
phenethyl 3-methylbutanoate	ethyl undecanoate
pentyl 4-methylpentanoate	isobutyl undecanoate
ethyl 2-hydroxybutanoate	ethyl 10-undecenoate
ethyl 3-hydroxybutanoate	methyl dodecanoate(= methyl laurate)
ethyl 2-hydroxy-3-methylbutanoate	ethyl dodecanoate(= ethyl laurate)
ethyl pentanoate	propyl dodecanoate
propyl pentanoate	isobutyl dodecanoate
butyl pentanoate	2-methylbutyl dodecanoate
isobutyl pentanoate	isopentyl dodecanoate
pentyl pentanoate	ethyl tetradecanoate(= ethyl myristate)
isopentyl pentanoate	isobutyl tetradecanoate
hexyl pentanoate	2-methylbutyl tetradecanoate
heptyl pentanoate	isopentyl tetradecanoate
nonyl pentanoate	hexyl tetradecanoate
ethyl 4-oxopentanoate	ethyl hexadecanoate(= ethyl palmitate)
(= ethyl levulate, ethyl levulinate)	2-methylbutyl hexadecanoate
ethyl 2-hydroxy-3-methylpentanoate	isopentyl hexadecanoate
ethyl 2-hydroxy-4-methylpentanoate	ethyl 9-hexadecenoate(= etyhyl palmitate)
ethyl 4-hydroxy-4-methylpentanoate	ethyl octadecanoate (= ethyl stearate)
methyl hexanoate	ethyl octadecenoate (= ethyl olelate)
ethyl hexanoate	ethyl 9,12-octadecadienoate(= ethyl linolate)
propyl hexanoate	ethyl 9,12,15-octadecatrienoate(= ethyl linoleate)
butyl hexanoate	ethyl 6,9,12-octadecatrienoate(= ethyl linoleate)
isobutyl hexanoate	diethyl oxalate
pentyl hexanoate	diethyl malonate
2-methylbutyl hexanoate	monoethyl succinate
isopentyl hexanoate	ethyl methyl succinate

성분명	성분명
hexyl hexanoate	diethyl succinate
2-hexenyl hexanoate	ethyl propyl succinate
heptyl hexanoate	butyl ethyl succinate
phenethyl hexanoate	ethyl isobutyl succinate
ethyl *trans*-2-hexenoate	pentyl ethyl succinate
ethyl *cis*-3-hexenoate	ethyl isopentyl succinate
ethyl 2,4-hexadienoate	ethyl hexyl succinate
ethyl 3-hydroxyhexanoate	diisopentyl succinate
methyl heptanoate	diethyl methyl succinate
ethyl heptanoate	diethyi suberate
propyl heptanoate	diethyl azelate
butyl heptanoate	diethyl fumarate
isobutyl heptanoate	ethyl methyl glutarate
isopentyl heptanoate	diethyl glutarate
pentyl heptanoate	diethyl 2-methylbutanedioate
hexyl heptanoate	diethyl *trans*-3-butenedioate
2-hexenyl heptanoate	ethyl methyl pentanedioate
heptyl heptanoate	diethyl pentanedioate
methyl octanoate	diethyl hexanedioate
ethyl octanoate	diethyl heptanedioate
ethyl 3-hydroxyoctanoate	diethyl octanedioate
propyl octanoate	diethyl nonanedioate
butyl octanoate	diethyl malate
isobutyl octanoate	methly benzoate
pentyl octanoate	ethyl benzoate
2-methylpropyl octanoate	methyl 2-hydroxybenzoate(= methyl salicylate)
2-methylbutyl octanoate	ethyl 2-hydroxybenzoate(= ethyl salicylate)
isopentyl octanoate	methyl phenyl acetate
(= 3-methylbutyl octanoate)	ethyl phenyl acetate
hexyl octanoate	ethyl 2-phenyl propanoate

성분명	성분명
heptyl octanoate	ethyl cinnamate
phenethyl octanoate	dimethyl phthalate
ethyl 9,12-octadienoate	diethyl phthalate
methyl nonanoate	methyl geranate
ethyl nonanoate	ethyl gallate
propyl nonanoate	ethlyl vanillate
butyl nonanoate	ethyl sorbate
isobutyl nonanoate	triethyl citrate
pentyl nonanoate	isopentyl nonanoate
hexyl nonanoate	heptyl nonanoate
methyl decanoate	ethyl decanoate
propyl decanoate	

2) 생성 경로

브랜디의 에스테르는 원료 과일에 존재하고 있는 성분, 발효 중에 효모의 대사에 의해 생성된 것, 증류 · 저장 공정에서 화학적 에스테르화 반응에 의해 생성된 에스테르 등이 함유되어 있다.

에스테르 생성에 대해서는 아래 2가지 경로가 있는 것으로 보고 있다. 에탄올과 고급알코올과 같은 알코올이 지방산을 비롯한 carboxylic acid와 반응하여 물 1분자가 떨어지면서 발생되는 에스테르화 반응이 첫 번째이다. 두 번째는 혐기 조건의 역 TCA 회로에서 citric acid로 부터 생성되는 acetyl-CoA와 알코올이 반응하는 경로에서 효모의 대사에 의해 생성된다.

와인 발효에서 에스테르 생성에 영향을 미치는 인자로서 과즙의 청징도, 발효 온도, 포도의 아미노태 질소 함량, 효모 균주를 들 수 있다. 브랜디의 에스테르 함량을 높이기 위해서는 와인 발효 조건에서 와인 발효 후 술덧의 부유된 효모와 발효탱크의 바닥에 침전된 효모를 분리하지 않고 함께 증류함으로써 가능하다. 이것은 고급지방산 에틸에스테르(특히 지방산 부분의 탄소수가 8개 이상)가 효모 균체 중에 많이 존재하고 있기 때문에 효모를 포함하여 증류할 경우 효모 균체로부터 고급지방산 에틸에스테가 추출되어 증류액에 이행될 수 있기 때문이다. 또한, 증류 공정에 있어서도 ethyl lactate와 같이 화학적 반응에 의해서 생성되는 에스테르가 있다.

와인 발효 공정에서 malo-lactic fermentation(MLF)가 발생한 브랜디는 와인의 MLF균에 의해 생성된 lactic acid와 에탄올의 에스테가 화학반응에 의해 생성된 ethyl lactate가 다량 함유되어 있다.

배럴 저장 중에는 화학적 에스테르화 반응, 가수분해 반응, 증산 등이 일어나며 그 결과로 각 성분의 증감이 발생하고 있다. Isoamyl acetate, *n*-hexyl acetate, *β*-phenethyl acetate는 에스테르 교환에 의해 감소하고 ethyl acetate, ethyl caproate, ethyl caprylate, ethyl caprate는 증가한다.

과일 향이 다른 증류주에 비하여 풍부한 것은 원료 포도와 와인에 포함된 에스테르 조성에 상당한 이유가 있다. 고급지방산 에틸에스테르, 고급알코올과 ethyl acetate는 화려한 향기를 가지고 있어 브랜디에 농후한 맛을 주는 동시에 화려함, 에스테리(estery), 과일 향의 특징을 주기 때문에 품질에 중요한 역할을 한다. 특히, ethyl acetate는 에스테르 가운데 가장 많이 함유되어 있으면서 경쾌한 과일 향을 형성한다.

5. 카르보닐 화합물

1) 함유량

브랜디에는 많은 종류의 카로보닐 화합물이 함유되어 있다. 지방족 알데하이드, 방향족 알데하이드, acetal, 케톤, furan 화합물로 구분될 수 있다. 지방족 알데하이드의 대부분을 차지하는 것은 아세트알데하이드로 전체 함유량의 90%를 차지하고 있고 300mg/L(at pure alcohol)에 달하는 제품도 있다. 불포화 지방족 알데하이드인 acrolein(propenal)의 존재도 확인되었다. 알데하이드와 알코올의 조합에 의해 여러 종의 acetal 가운데 1,1-diethoxyethane의 함유량이 가장 많다. 케톤 화합물은 디아세틸(2,3-butanedione), 2,3-pentanedione 등의 diketone, 장기 숙성한 브랜디에는 2-undecanone(methylnonyl ketone), methylhexyl ketone, methylheptyl ketone 등의 고급 methyl ketone이 확인된다. 브랜디의 대표적인 furan 화합물은 푸르푸랄, 5-hydroxy methyl furfural이다.

〈표 9-49〉 브랜디의 카르보닐 화합물 (알데하이드)

성분명	성분명
formaldehyde	decanal (= capraldehyde)
acetaldehyde (= ethanal)	2,4-decadienal
ethanedial (= glyoxal)	undecanal
propanal (= propionaldehyde)	dodecanal
2-propenal (= acrolein)	benzaldehyde
2-methylpropanal	2-methylbenzaldehyde(= *o*-tolualdehyde)
(= isobutanal, isobutylaldehyde)	3-methylbenzaldehyde(= *m*-tolualdehyde)
2-methyl-2-propenal (= methacrolein)	4-isopropylbenzaldehyde
2-oxopropanal	(= cuminaldehyde)
(= pyruvaldehyde, methyl glyoxal)	4-hydroxybenzaldehyde
2-ethoxypropanal	(= *p*-hydroxybenzaldehyde)
3-ethoxypropanal	4-methoxybenzaldehyde(= anisaldehyde)
butanal (= btityraldehyde)	2-ethoxybenzaldehyde
2-methylbutanal (= α-methylbutanal)	2,4-dimethylbenzaldehyde
3-methylbutanal	vanillin
(= isopentanal, isovaleraldehyde)	(= 4-hydroxy-3-methoxybenzaldehyde)
trans-2-methyl-2-butenal(= tiglicaldehyde)	syringaldehyde
cis-2-methyl-2-butenal	(= 4-hydroxy-3,5-dimethoxy benzaldehyde)
2-butenal	phenylacetaldehyde(= benzeneacetaldehyde)
3-methyl 2-butenal	cinnamaldehyde(= 3-phenyl-2-propenal)
pentanal (= valeraldehyde)	coniferaldehyde
4-methylpentanal	(= 4-hydroxy-3-methoxycinnamaldehyde)
2-pentenal	sinapaldehyde
2-methyl-2-pentenal	(= 4-hydroxy-3,5-dimethoxycinnamaldehyde)
hexanal (= capronaldehyde)	1-cyclohexenecarbaldehyde
2-hexenal	(= 1-formylcyclohexene)
heptanal	paraldehyde
2-heptenal	salicylaldehyde
2,4-heptadienal	5-methyl-2-furaldehyde

성분명	성분명
octanal (= caprylaldehyde)	5-hydroxymethyl-2-furaldehyde
2-octenal	3-methyl-2-furaldehyde
nonanal (= pelargonaldehyde)	3-(2-furyl)-2-ethoxymethyl-2-propenal
2-nonenal	5-ethoxymethyl-2-furaldehyde
2,4-nonadienal	

〈표 9-50〉 브랜디의 카르보닐 화합물 (ketone)

성분명	성분명
acetone(= 2-propanone, dimethyl ketone)	*trans*-3-nonen-2-one
1,1-diethoxy-2-propanone	*cis*-2-nonen-4-one
1-hydroxy-2-propanone	2-decanone
2-butanone (= ethyl methyl ketone)	2-undecanone
3-methyl-2-butanone	*trans*-2-undecene-4-one
3-ethoxy-2-butanone	2-dodecanone
3,3-diethoxy-2-butanone	2-tridecanone
3-hydroxy butanone (= acetoin)	2-tetradecanone
2,3-butanedione (= diacetyl)	2-methylcyclopentanone
2-pentanone	1-indanone
trans-3-penten-2-one	2,6,6-trimethyl-2-cyclohexene-1,4-dione
4-methyl-2-pentanone	acetophenone(= 1-phenylethanone)
4-hydroxy-2-pentanone	4-methylacetophenone
4-hydroxy-4-methyl-2-pentanone	1-phenyl-2-propanone
(= diacetone alcohol)	3-phenyl-2-propanone
4-methyl-3-pentene-2-one(= mesityl oxide)	1-(2,3,6-trimethylphenyl)-2-buten-1-one
2,3-pentanedione(= acetylpropionyl)	1-(2,3,6-trimethylphenyl)-3-buten-2-one
2-hexanone	4-(2,3,6-trimethylphenyl)-3-buten-2-one
2-heptanone	geranyl acetone acetophenone
6-methyl-5-hepten-2-one	3-phenyl-2-propanone
trans-6-methyl-3,5-heptadien-2-one	4-methylacetophenone

성분명	성분명
cis-6-methyl-3,5-heptadien-2-one	3,5,5-trimethyl-2-cyclohexene-1,4-dione
2-octanone	1,2-cyclopentanedione
3-octanone	5-methyl-1,2-cyclopentanedione
2-nonanone	

〈표 9-51〉 브랜디의 카르보닐 화합물 (acetal)

성분명	성분명
1,1-diethoxymethane	1,1-diethoxypropane
triethoxymethane	1,1,3-triethoxypropane
1,1-dimethoxyethane	1,3-diethoxy-1-(3-methylbutoxy)propane
1,1-diethoxyethane	1,1-diethoxy-2-methylpropane
(= acetal, acetaldehyde diethyl acetal)	1,1,3-triethoxy-2-methylpropane
1,1,2-triethoxyethane	1,1-diethoxy-2-propen(= acrolein diethyl acetal)
1-ethoxy-1-propoxyethane	1,1-diethoxy-2-propanone
1-ethoxy-1-isopropoxyethane	(= pyruvaldehyde diethyl acetal)
1-ethoxy-1-isobutoxyethane	1,1-diethoxybutane
1-ethoxy-1-(2-methylbutoxy)ethane	1,1,3-triethoxybutane
1-ethoxy-1-(3-methylbutoxy) ethane	1,1,3-triethoxyisobutane
1-ethoxy-1-pentoxyethane	1,1-diethoxy-2-methylbutane
1-ethoxy-1-hexoxyethane	1,1-diethoxy-3-methylbutane
1-ethoxy-1-(2-hexenoxy) ethane	1,1-diethoxypentane
1-ethoxy-1-(3-hexenoxy) ethane	1,1-dimethoxyhexane
1-ethoxy-1-(4-methoxyphenyl) ethane	1,1-diethoxyhexane
1-benzyloxy-1-ethoxyethane	1,1-diethoxy-2-phenylethane
1-ethoxy-1-phenethoxyethane	ethyl 2,2-diethoxypropanoate
1,1-bis(2-methylbutoxy) ethane	2,4,5-trimethyl-1,3-dioxolane
1-(2-methylbutoxy)-1-(3-methylbutoxy)ethane	2,2-diethoxy-3-butanone
1,1-bis(3-methylbotoxy)ethane	

〈표 9-52〉 브랜디의 카르보닐 화합물 (furan)

성분명	성분명
2-methyltetrahydrofuran	ethyl 5-hydroxy-2-furancarboxylate
anhydrolinalool oxide	isobutyl 2-furancarboxylate
furfural (= 2-formylfuran,	isopentyl 2-furancarboxylate
2-furancarb-aldehyde, 2-furaldehyde)	ethyl 3-(2-furyl)-2-propenoate
3-methylfurfural	furfural diethyl acetal
5-methylfurfural	furfural ethyl propyl acetal
1-hydroxymethylfurfural	furfural ethyl isobutyl acetal
5-(hydroxymethyl)furfural	furfural ehtyl 2-mehtybutyl acetal
2-(ethoxymethyl)-3-(2-furyl)-2-propenal	furfural ethyl isopentyl acetal
1-acetylfuran (= 1-furyl methyl ketone)	furfural isobutyl isopentyl acetal
2-acetylfuran (= 2-furyl methyl ketone,	furfural diisopentyl acetal
1-(2-furyl)ethanone)	ethyl furfuryl ether (= 2-(ethoxymethyl)furan)
2-acetyl-5-methylfuran	4-hydroxy-5-methyl-(2H)furan-3-one
2-acetyl-5-ethylfuran	dihydro-2(3H)-furanone
2-acetyl-4,5-dimethylfuran	5-ethyldihydro-2(3H)-furanone
1-(2-furyl)-1-propanone	5-butyldihydro-2(3H)-furanone
(= 2-propanoylfuran)	2(3H)-furanone
1-(2-furyl)-2-buten-1-one	dihydro-5-pentyl-2(3H)-furanone
1-(2-furyl)-3-buten-2-one	dihydro-4-methyl-5-pentyl-2(3H)-furanone
1-(2-furyl)-1-penten-3-one	5-hexyldihydro-2(3H)-furanone
2,5-dimethyl-4-hydroxy-(2H)furan-3-one	dihydrofuran
4-hydroxy-2-hydroxymethyl-5-methyl-(2H)	2,2-dimethyl-5-(methyl-1-propenyl)-tetra-
furan-3-one	hydrofuran
furfurylalcohol (= (2-furyl)methanol,	furfuryl ethyl ether
2-furanmethanol)	*trans*-5-butyl-4-methyldihydro-
2-furancarboxylic acid (= 2-furoic acid)	2(3H)-furanone
methyl 2-furancarboxylate	*cis*-5-butyl-4-methyldihydro-
ethyl 2-furancarboxylate	2(3H)-furanone
ethyl 5-hydroxymethyl-2-furancarboxylate	

2) 생성 경로

아세트 알데하이드는 발효에서 pyruvic acid에서 에탄올에 이르는 과정의 중간체이며 효모에 의한 발효 생성물이다. 증류 중에도 생성되고 배럴 저장 중에도 에탄올 산화에 따라 증가한다.

Propanal, *i*-butanal *i*-valeral, 2-methylbutanal은 효모대사에 의해 생성되는 고급알코올의 전구체로 고급알코올 생성 과정에서의 누출과 증류 시 당·아미노 반응에 의한 Strecker 분해에 의해 생성된다. 또한, 알코올의 산화에 의해 저장 중에 증가하는 경향이 있다.

방향족 알데하이드류는 배럴의 리그닌으로부터 유래하는데 배럴의 리그닌이 ethanolysis되면서 생성된 알코올 가용성의 에탄올-리그닌 화합물의 분해로 생성된다. 주요 방향족 알데하이드로 바닐린, syring aldehyde, coniferyl aldehyde, sinapyl aldehyde가 알려져 있다. 그 조성 및 생성량은 배럴의 목재 종류에 따라 다르며 프랑스산 오크보다 미국산 오크배럴에서 더 많다는 보고도 있지만 통의 사용 횟수, 저장 기간 및 통 내면의 태워진 정도에 따라 달라진다.

Acetal은 알데하이드 1분자에 알코올이 축합되면서 hemiacetal로 되고 여기에 알코올 1분자가 더 축합되어 acetal이 된다. 축합 상태의 hemiacetal과 자유 acetal은 평형 관계에 있고 평형점은 알코올 도수에 의존한다. Hemiacetal화 반응은 비교적 느린데 비하여 이 후 acetal화 반응은 비교적 빠르다. Acetal화 반응은 가역 반응으로 산성 조건에서 진행한다. 케톤도 유사하게 반응하고 ketal을 생성한다. 대표적인 dicarbonyl인 디아세틸은 발효 중 효모에 의해 생성된 *α*-acetolactate의 산화에 의해 생성된다. *α*-Ketolactate는 발효 후기 효모에 흡수되어 아세토인과 2,3-butanediol로 분해된다. 발효 후기에 *α*-ketolactate가 효모에 흡수가 적으면 디아세틸 전구체인 *α*-acetolactate가 와인에 남게 되고 술덧에서 산화되어 디아세틸이 생성된다. 또한, 디아세틸은 박테리아에 의해서도 생성되지만 2,3-pentandion은 효모에 의해서만 생성된다.

고급 methyl ketone은 배럴 표면에 번식한 곰팡이가 분비한 효소작용에 의해 고급지방산 또는 그 에스테르가 *β*-산화되어 생성되는 것으로 알려져 있다.

Furan 화합물은 증류 시 아미노카르보닐 반응과 배럴 내면을 태울 때 목재에 함유되어 있는 당류의 열분해 등에 생성되어 숙성 중에 유출된다.

알데이드류는 일반적으로 자극적인 향기를 가지고 있지만, 숙성 중에는 알코올류와 축합에 의해 다양한 acetal을 생성한다. 이 acetal과 알데하이드는 평형관계에 있다. Acetal은 그 조성에 의해 자극적인 향을 가지고 있는 성분(diethyl acetal, 1,1,3-triethoxypiopane, acrolein diethy acetal 등)부터 과일 향, 꽃 향, 온화한 향을 가지고 있는 성분(장쇄 알데하이드로부터 생성된 acetal)까지 다양하다. 브랜디에는 다양한 acetal이 함유되어 있으며 술의 특징적인 향을 구성하는 하나이다.

리그닌 분해물 유래의 방향족 알데하이드 가운데 바닐린은 잘 숙성된 브랜디의 달콤한 목재향 및 바닐라의 달콤한 향을 주는 성분으로 특히 주목되는 성분이다.

고급 methyl ketone은 다소 오일상으로 산화취적인 치즈 냄새를 가지고 있고 상당 기간 배럴 숙성된 코냑과 일부 브랜디에서 확인된 랑시오(rancio) 향으로 불리는 숙성감을 주는 향에 기여한다.

Dicacetyl은 미량 성분으로 향기의 폭과 농후감에 기여하고 술의 맛을 구성하는 필수 성분의 하나지만 많이 존재하면 브랜디에 부패한 향과 버터 향을 주고 특징 향인 과일 향에 손상을 입힌다.

Furan 화합물인 푸르푸랄과 5-hydoxymethylfurfural은 배럴을 조금 태울 때 캐러멜의 달콤한 느낌을 주지만 너무 많으면 쓴맛을 준다.

6. 페놀 화합물

1) 함유량

코냑 등의 브랜디에 많이 포함되어 있는 페놀 화합물로는 4-ethyl guaiacol(4-ethyl-2-methoxy phenol), eugenol(4-allyl-2-methoxy phenol)가 있다. 일반적인 함량은 1mg/L 이하지만 4-ethyl guaiacol의 관능역치가 0.05mg/L 정도로 낮기 때문에 향미에 미치는 영향이 크다.

〈표 9-53〉 브랜디의 페놀 화합물(furan)

성분명	성분명
phenol (= hydroxybenzene)	2-methoxyphenol (= guaiacol)
2-methylphenol (= *o*-cresol)	4-ethyl-2-methoxyphenol(= 4-ethylguaiacol)
3-methylphenol (= *m*-cresol)	
4-mehtylphenol (= *p*-cresol)	2-methoxy-4-vinylphenol(= 4-vinylguaiacol)
2-ethylphenol	2-methoxy-4-propylphenol
3-ethylphenol	(= 4-propylguaiacol)
4-ethylphenol	eugenol (= 4-allyl-2-methoxyphenol)
4-propylphenol	methyl-4-allyl-2-methoxyphenol

성분명	성분명
4-vinylphenol	1,2-dimethoxybenzene (= veratrole)
2,3-dimethylphenol	1,3-dimethoxybenzene
2,4-dimethylphenol	(= resorcinol dimethylether)
2,5-dimethylphenol	methyleugenol
2,6-dimethylphenol	(= 4-allyl-1,2-dimethoxybenzene)
4-allylphenol	1-(1-ethoxyethyl)-4-methoxybenzene
4-methylguaiacol	4-tert-butylpenol
4-propylguaiacol	thymol
carvacrol(= 5-isopropyl-2-methylphenol)	

2) 생성 경로

배럴 숙성 중에 배럴의 유리 페놀류가 추출되거나 리그닌이 알코올에 의해 추출되어 에탄올-리그린 화합물을 형성하고 이것이 분해되어(ethanolysis) 페놀 화합물이 되면서 브랜디에 존재하게 된다. 배럴의 종류와 제조 시 굽는 방법에 의해 추출되는 페놀양이 다르고 일반적으로 열처리에 의하여 페놀은 증가한다. 생성 경로는 방향족 알데하이드와 aromatic acid와 유사하며 배럴 저장 중 증가한다.

일반적으로 낮은 휘발성 또는 비휘발성 페놀 화합물 및 페놀류는 phenyl carobolylic acid 등의 복합 · 중합체로 생각되는 탄닌과 동일하게 감칠맛, 쓴맛, 떫은맛 등에 기여한다고 생각된다.

7. 유기산

1) 함유량

브랜디의 유기산은 탄소 수가 1개에서 18개까지의 직쇄불포화 지방산과 분지 지방산(branched chain fatty acid)인 2-methylpropanoic, 2-methylbutanoic, 3-methylbutanoic, 2-methylhexanoic acid 등이 확인되었다. 그중에서도 아세트산의 함량이 가장 많은 728mg/L에 달하는 것으로 보고되고 있다. 방향족산에서 gallic acid(3,4,5-trihydroxybenzoic acid), benzoic, phenylacetic, 3-phenyl propanoic, salicylic, 3,4-dimethoxybenzoic, 3,4,5-trimethoxybenzoic acid

등이 검출되었다. 그중에서도 phenolic acid의 하나인 gallic acid의 함량이 가장 많고 35년 저장된 코냑에 35mg/L 검출된 사례도 있다.

〈표 9-54〉 브랜디의 유기산

성분명	성분명
formic acid	4-hydroxybenzoic acid
acetic acid	3,4-hydroxybenzoic acid
propanoic acid(= propionic acid)	(= protocatechuic acid)
2-methylpropanoic acid(= isobutyric acid)	4-hydroxy-3-methoxybenzoic acid
2-hydroxypropanoic acid(= lactic acid)	(= vanillic acid)
2-oxopropanoic acid(= pyruvic acid)	3,4,5-trihydroxybenzoic acid(= gallic acid)
butanoic acid(= butyric acid)	4-hydroxy-3,5-dimethoxybenzoic acid
2-methylbutanoic acid	(= syringic acid)
3-methylbutanoic acid(= isovaleric acid)	phenylacetic acid
2-butenoic acid(= crotonic acid)	3-phenylpropanoic acid(= hydrocinnamic acid)
pentanoic acid(= valeric acid)	cinnamic acid
2-oxopentanedioic acid(= ketogluraric acid)	hydrocinnamic acid
hexanoic acid(= caproic acid)	4-hydroxycinnamic acid(= *p*-coumaric acid)
2-methylhexanoic acid	4-hydroxy-3-methoxycinnamic acid
heptanoic acid(= enanthic acid)	(= ferulic acid)
octanoic acid(= caprylic acid)	4-hydroxycinnamic acid
nonanoic acid(= pelargonic acid)	3,4-dimethoxybenzoic acid
decanoic acid(= capric acid)	3,4,5-trimethoxybenzoic acid
undecanoic acid	3-hydroxybenzoic acid
dodecanoic acid(= lauric acid)	2,3-dihydroxybenzoic acid
tridecanoic acid	2,5-dihydroxybenzoic acid
tetradecanoic acid(= myristic acid)	2,6-dihydroxybenzoic acid
pentadecanoic acid	3,4-dihydroxycinnamic acid(= caffeic acid)
hexadecanoic acid(= plamitic acid)	glycolic acid(= hydroxyacetic acid)
9-hexadecenoic acid	1,3,4,5-tetrahydroxycy clohexane carboxylic
cis-9-hexadecenoic acid(= plamitoleic acid)	acid(= quinic acid)

성분명	성분명
heptadecanoic acid(= margaric acid)	uroic acid
octadecanoic acid(= stearic acid)	glucuronic acid
cis-9-octadecenoic acid(= oleic acid)	galacturonic acid
9,12-octadecadienoic acid(= linoleic acid)	succinic acid
9,12,15-octadecatrienoic acid	phthalic acid
(= linolenic acid)	gentisic acid
benzoic acid	2-hydroxybenzoic acid(= salicylic acid)

2) 생성 경로

증류에 의해 와인에 함유된 비휘발산이 제거되기 때문에 증류 직후에는 휘발산만 함유되어 있고 그 대부분은 지방산이다. 지방산은 주로 효모의 대사 과정 중 pyruvic acid에서부터 acetyl-CoA를 거쳐 생성되는 경로와 malonyl-CoA로부터 대사되어 생성되는 경로가 있다. 아세트산은 저장 중에 에탄올이 산화되어 현저하게 증가한다. 기타 각종 지방산과 비휘발성산은 저장 중에 배럴에서 유출된다. 방향족산은 배럴 저장 중에 리그인의 산화분해와 배럴에서 유출된다. 또한, 방향족 알데하이드(aromatic aldehyde)의 산화에 의해 생성되기 때문에 장기 저장에 따라 증가된다.

Acetic, propionic acid 등의 저급지방산은 술의 다른 향을 돋아주는 역할을 하고 중고급지방산은 오히려 향을 억제하며 맛의 부드러움과 농후에 기여한다. 유기산은 브랜디의 pH에 관련돼 있고 신맛과 상쾌함에 영향을 미친다. 지방산류, 특히 탄소 수가 증가할수록 향과 함께 맛의 부드러움에 기여하는 것으로 알려져 있다. 에스테르와 산의 균형에 따라 브랜디의 향미에 미치는 영향은 변화한다.

8. 테르펜(Terpene)

1) 함유량

브랜디에는 linalool, linalool oxide, geraniol, terpineol 등 다양한 테르펜류가 함유되어 있다. 또한, 테르펜과 유사한 화합물로써 카르테노이드(carotenoid)를 전구체로 하는 ionoid

화합물도 다수 포함되어 있다. Ionoid 화합물 중에는 *α*-ionone, *β*-ionone이 1mg/L 정도, *β* damascenone이 130-230㎍/L, vltispiran이 150-180㎍/L 정도 함유되어 있는 것으로 확인된다.

〈표 9-55〉 브랜디의 테르펜

성분명	성분명
3,7-dimethyl-1,5,7-octatrien-3-ol (= hotrienol)	5-isopropyl-2-methyl-acetophenone
3,7-dimethyl-1,5-octadiene-3,7-diol	(= 2-acetyl-*p*-cymene)
citronellol	*β*-damascenone
geraniol	3-ethoxy-1-(2,6,6-trimethyl-1,3-cyclohexadienyl)
nerol	-1-butanone
linalool	(Z)-1-(2,6,6-trimethyl-1,3-cyciohexadienyl)-2-
cis-farnesol	buten-1-one
trans-farnesol	*α*-ionone
myrcenol	*β*-ionone
nerolidol	dehydro-*γ*-ionone
4-isopropylbenzyl alcohol	*cis*-4-(6,6-dimethyl-2-methylene-
(= cumic alcohol, *p*-cymen-7-ol)	3-cyclohexenyl)-3-buten-2-one
p-cymen-8-ol (=*α*,*α*,*p*-trimethylbenzyl alcohol)	*trans*-4-(6,6-dimethyl-2-methylene-3-
m-cymen-8-ol	cyclohexenyl)-1-buten-2-one
α-terpineol	*trans*-1-(6,6-dimethyl-2-methylene-3-
β-terpinecl	cyclohexenyl)-1-buten-3-one
γ-terpineol	carvone (= *p*-6,8-menthadien-2-one)
1-terpineol (= *p*-3-menthen-1-ol)	carvenone (= *p*-3-menthen-2-one)
1-terpinen-4-ol (= 4-terpineol)	camphor (= alcanfor)
3-terpinen-1-ol	fenchone
carvotanacetol	pinocarvone
cis-carvotanacetol	carvomethone
isopulegol	linalyl acetate
p-1-menthen-9-ol	ethyl geranyl ether
isocarveol (= *p*-1(7),8-menthadien-2-ol)	1,4-cineole

성분명	성분명
pinocarveol	1,8-cineole (= eucalyptol)
trans-pinocarveol	ethyl linalyl ether
myrtenol	ethyl terpinyl ether
bomeol	ethyl neryl ether
isobomeol	tetrahydro-5-isopropenyl-2-methyl-2-vinyl fran
fenchol (= fenchyl alcohol)	6,8-epoxy-*p*-1-menthene (= pinol)
α-cadinol	*cis*-rose oxide
γ-eudesmol	*trans*-rose oxide
dihydrofarnesol	nerol oxide
quercitol	linalool oxide
inositol	*cis*-linalool oxide
deoxyinositol	*trans*-linalool oxide
β-sitosterol	edulan
ocimenol	4,4a-epoxyedulan
β-cyclocitral	4,4a-epoxy-4,4a-dihydroedulan
phellandral(2,23-trimethyl-3-cyclopentene)-	vltispirane
acetaldehyde (= *α*-campholene aldehyde)	1,4-epoxy-p-menthane (= 1,4-cineole)
citral	1,8-epoxy-p-menthane (= 1,8-cineole)
trans-6,10-dimethyl-5,9-undecadien-	2-acetyl-p-cymene
2-one (= geranylacetone)	limonene

2) 생성 경로

테르펜 화합물은 포도과즙에 많이 포함되어 있으며 그중 일부는 휘발성이기 때문에 브랜디에 그대로 이행된다. Monoterpene은 탄소 수 10개의 화합물로서 대부분 휘발성이 높으며 linalool을 비롯하여 과일 향의 화려한 향을 가지고 있는 것이 많다. 포도에 있는 페르펜의 대부분은 결합형으로, 특히 glucoside를 형성하고 있다. 물에 잘 녹으며 가수분해 되어 유리형으로 되면 향을 발산한다. Linalool oxide는 포도 유래의 linalool이 산화되면서 생성되기도 하며 발효 · 증류 · 증류의 과정에서 산화가 촉진되어 생성된다. 또한, linalool, terpineol 등의 테르펜의 일부는 효모의 대사산물로써 원료에 관계없이 생성된다.

Ionoid 화합물은 포도과즙에 함유된 카로테노이드가 증류 공정의 열화학 반응(카르테노이드의 산화적 분해)으로 많이 생성된다. 그중 *α*, *β*-ionone, *β*-damascenone과 vltispiran이 주요 화합물로써 *β*-carotene으로부터 생성되는 것이 확인되었다.

β-Damascenone은 원료 포도와 와인 중에도 함유되어 있지만 브랜디에 포함된 양의 1/5~1/10 정도밖에 되지 않으며 대부분 증류 시에 생성된다.

브랜디의 향을 다른 증류주와 구별하는 가장 큰 특징은 포도에서 유래하는 과일 향이다. 포도의 과일 향에는 linalool, terpineol 등의 테르펜이 크게 기여하고 있다. Linalool oxide는 linalool 정도의 과일 향은 나타나지 않으나 달콤한 과일 향에 기여한다. Ionoid 화합물 *α*, *β*-ionone, *β*-damascenone은 꽃 향의 화려하고 달콤한 향으로 알려져 있고 관능적 역치도 낮다. 특히, ionone은 약간 오일리(oily)한 꽃 향을 주고 *β*-damascenone의 역치는 0.01mg/L로서 색다른 꽃을 연상시키는 달콤한 느낌의 향과 무거운 꽃 향의 느낌을 가지고 있다. Vltispiran은 미숙취를 동반한 꽃 향을 가지고 있고 브랜디와 포도과즙 및 포도를 원료로 하는 제품에서 검출됨으로써 포도에서 유래하는 특이 성분으로 생각된다.

9. 기타 성분

1) 락톤(lactone)

배럴에서 유출되며 구조상 환상 에스테르라고 하는 락톤이 브랜디에 함유되어 있다. 그중에서도 나무 향을 가지고 있는 oak lactone(*β*-methyloctalactone)이 중요하며 숙성된 술에서만 함유되어 있다. 50년 저장된 코냑에는 0.8mg/L 포함되어 있는 것도 있다. 이 oak lactone은 프랑스 오크 배럴보다 아메리칸 오크 배럴에 많이 존재한다는 보고가 있다. 이 oak lactone 전구체는 참나무에 함유되어 있다는 것이 확인되었으며, 이 성분 이외에도 포도에서 유래된 butyrolactone과 *γ*-nonalactone도 함유되어 있다.

2) 함황 화합물

함황 화합물(dimethyl sulfide, dimethyl disulfide, methionyl 화합물 등)의 함량은 0.1mg/L이하며 함황 아미노산과 황화수소로부터 함황 화합물이 생성된다고 생각되고 있다. 배럴저장 중에 그 함량은 현저하게 감소되어 함황 화합물이 가지고 있는 불쾌하고 자극적인 냄새가 감소한다.

3) 탄수화물

배럴 저장 중에 배럴에서 용출되는 arabinose, xylose, galactose, glucose, fructose 등의 당류를 함유하고 있다. 이들 성분은 주로 배럴의 주요 성분인 hemicellulose의 가수분해에 의해 생성되지만 glucoside나 rutin(황색 flavonoid색소)으로부터도 생성된다. 배럴 저장 초기에는 xylose와 arabinose가 대부분이지만, 저장이 길어지면 pentose/hexose의 비율이 감소해 나간다. Galactose는 10년 이상 저장된 브랜디에서 glucose, fructose와 함께 검출된다.

4) Sterol

β-Sitosterol 및 이의 glucon 등 sterol류도 함유되어 있다. Sterol은 저장 중에 배럴에서 용출한다. 과잉으로 존재하면 저온에서 혼탁을 일으킬 수 있다.

5) Ethyl carbamate

Urea와 에탄올이 반응하여 ethyl carbamate가 생성된다. 이 반응은 가열하에서 진행되기 쉽다. 발효주보다 증류주에 함량이 많은 것은 이러한 이유에 의한다. 따라서 술덧의 urea를 최대한 줄이는 것이 중요하다. 와인의 urea는 포도과즙에 존재하는 arginine이 효모에 의해 대사되는 중간 생물로 만들어 진다. 와인을 urease의 효소로 처리하여 요소를 분해함으로써 ethyl carbamate의 생성량을 억제하는 시도가 최근에 이루어지고 있다. 또한, arginine을 이용하지 못하는 효모 연구도 이루어지고 있다.

〈표 9-56〉 브랜디의 lactone

성분명	성분명
4-hydroxyhexanoic acid lactone	4-hydroxydecanoic acid lactone
(= γ-caprolactone, 4-hexanolide)	(= 4-decanolide, γ-decalactone)
4-hydroxyoctanoic acid lactone	β-methyl-γ-octalactone
(= 4-octanolide, γ-octalactone,	β-methyl-γ-nonalactone
5-butyldihydro-2(3H)-furanone)	γ-butyrolactone
trans-3-methyl-4-octanolide	γ-valerolactone
(= whisky loactone)	γ-hexalactone

성분명	성분명
cis-3-methyl-4-octanolide	γ-undecalactone
(= whisky lactone)	6-methyl-7-hydroxycoumarin(= scopoletin)
4-hydroxy-3-methyloctanoic acid lactone	6,7-dihydroxycouomarin(= aesuletin)
cis-4-hydroxy-3-methyloctanoic acid lactone	urnbelliferone
trans-4-hydroxy-3-methyloctanoic acid	7,8-dihydrocounmarin(= daphnetin)
lactone	6-hydroxy-7-methoxycoumarin
4-hydroxynonanoic acid lactone	7-hydroxy-6-methoxycoumarin
(= 4-nonanolide, γ-nonalactone)	ellagic acid
4-hydroxy-3-methylnonanoic acid lactone	luteic acid

〈표 9-57〉 브랜디의 황 화합불

성분명	성분명
methanethiol	3-(methylthio)-1-propanol(= methionol)
ethanethiol(= ethyl mercaptan)	ehtyl 3-(methylthio)propanoate
dimethylsulfide	2-thiophenecarbaldehyde
(= thiobismethane, methylthiomethane)	ethyl 2-thiophenecarboxylate
diethyl sulfide(= ethyl thioethane)	thiazole
diisopropyl sulfide	4-methyl-5-vinylthiazol
diisopentyl sulfide	2-(methylthio)benzothiazole
di(3-methylbutyl) sulfide	3-(methylthio)propanol
dimethyl disulfide(= methyldithiomethane)	5-(2-hydroxyethyl)-4-methylthiazole
diethyl disulfide	2-acetyl-2,3-dihydrothiazole
(= ethyldithioethane, 3,4-dithiahexane)	2-formylthiophene
diisopropyl disulfide	2-formyl-5-methylthiophene
dimethyl trisulfide	3,5-dimethyl-1,2,3-trithiolane
(= 2,3,4-trithiopentane, methyltrithiomethan)	5-methyl-2-thiophenecarboxaldehyde

〈표 9-58〉 브랜디의 탄수화물

성분명	성분명
rutin	glucose
arabinose	fructose
xylose	α-mannose
galactose	β-mannose

〈표 9-59〉 브랜디의 질소 화합물

성분명	성분명
trimethylamine	methyltriethylpyrazine
isopropylamine	1-methyl-2-pyrrolecarbaldehyde
furfurylamine	(= 2-formyl-1-methylpyrrole)
etlhylmethylamine	1-ethyl-2-pyrrolecarbaldehyde (= 1-ethyl-2-
pyridine	formylpyrrole, 1-ethylpyrrole-2-aldehyde)
2-methylpyridine (= α-picoline)	1-isopentyl-2-pyrrolecarbaldehyde
3-methylpyridine	(= 2-formyl-l-isopentylpyrrole)
phenylacetonitrile	tryptophol (= 3-indoylethanol)
(= benzyl cyanide, benzeneacetonitrile)	glutamic acid
methyl anthranilate	proline
(= methyl-2-aminobenzoate)	phenylalanine
histidol (= imidazolethanol)	glycine
2,5-dimethylpyrazine	tyrosine
2,5-diethylpyrazine	alanine
trimethylpyrazine	histidine
2,5-dimethyl-3-propylpyrazine	lysine
tetramethylpyrazine	methionine

〈표 9-60〉 브랜디의 ether 화합물

성분명	성분명
1-ethoxy-4-methoxybenzene	1-ethoxy-1-(4-methoxyphepyl) ethane
ethyl 4-hydroxy-3-methoxy-benzyl ehter	3-ethoxy-1-(2,3,6-trimethylphenyl)-1-butene
(= ethyl vanilyl ether)	4,7,7-trimethyl-6-oxabicycle [3,2,1]-3-octen(= pinol)

〈표 9-61〉 브랜디의 기타 화합물 (pyran, coumarin 및 hydrocarbon 등)

성분명	성분명
3-acetyl-4-hydroxy-6-methyl-2-pyrone	3-acetyl-4-hydroxy-6-methyl-2(H)-2-pyranone
6,7,8,8a-tetrahydro-2,5,5,8a-tetramethyl-5H-	1-(2,3,6-trimethylphenyl)-3-ethoxy-l-butene
1-benzopyran	2-hydroxy-3-methyl-2-cyclopentenone
2,4,5-trimethyl-1,3-dioxolane	2,3 dihydro-3,5-dihydroxy-6-methylpyran-4-one
2,4,6-trimethyl-1,3,5-trioxane (= paraldehyde)	indan-1-one
cis-2,6-dimethyl-2-hydroxy-3,6-epoxy- 7-octene	3-acetyl-4-hydroxy-6-methyl-(2H)-
trans-2,6-dimethyl-2-hydroxy-3,6-	pyran-2-one
epoxy-7-octene	2-methylcyclopentanone
cis-2,6-dimethyl-3,6-epoxy-7 octene	2,6,6-trimethyl-2-vinyltetrahydropyran
trans-2,6 -dimethyl-3,6-epoxy-7 octene	1,2-dihydro-l,1,6 trimethylnaphthalene
6-methyl-7-hydroxycoumarin(= scopoletin)	(= 3,4-dehydroionene)
6,7-dihydroxycouomarin (= aesuletin)	methyl-3-quercetin
umbeliferone	toluene
7,8-dihydrocoumarin(= daphnetin)	naphthalene
6-hydroxy-7-methoxycoumarin-3-	1,3-butadiene
hydroxy-2-pyranone	lignin

04 맛과 관능

1. 증류주의 맛

미생물의 발효작용을 이용해 만들어지는 양조물에는 미생물의 대사 생성물, 원료 유래 성분, 효소반응이나 화학반응의 결과 생성되는 성분 및 증류 공정이나 저장 숙성 중의 화학반응에 의해서 생성되는 성분 등 각종 다양한 성분이 포함되어 있어 이들 성분이 양조물 특유의 묘미나 색조, 미묘한 향미를 형성한다.

이러한 양조물에 포함되는 성분은,

① 원료로부터 직접 유입된 것

② 원료에서 유래하지만 맥아나 누룩곰팡이, 효모 등의 미생물이 생산하는 효소반응에 의해 생성되는 것

③ 맥아의 배조 등과 같이 가열처리에 의해서 생성되는 것

④ 누룩곰팡이나 효모 등 미생물의 대사 생성물

⑤ 증류나 가열 살균 등 발효 후 가열처리에 의해 생성되는 것

⑥ 저장·숙성 중 저장 용기에서 용출되거나 화학적 반응에 의해 생성되는 것

⑦ 제품 출하 후에 미생물 오염이나 화학적 변화에 의해 생성되는 것

⑧ 이상의 것이 복합적인 원인이 되어 생성되는 것으로 분류할 수 있으나 사용되는 원료나 미생물의 종류 및 제조 공정에 따라 많은 영향을 받는다.

양조물의 품질은 단일의 성분의 함량만으로 결정되는 것은 아니지만 양조물을 특징을 나타내는 향기 성분인 특향 성분(character impact compound)이 존재한다. 오크통(oak)으로 숙성한 증류주, 특히 위스키에는 코코넛 향을 내는 위스키락톤(quercus lactone, *cis*-β-methyl-γ-octalactone), 과열 청주나 귀부 와인에는 캐러멜향을 내는 caramel furanone(3-hydroxy-

4,5-dimethyl-2(5H)-furanone), 코냑에는 과일 향을 나타내는 2-undecanone(methyl nonyl ketone)이 특향 성분이다. 주류는 대부분 유사한 숫자의 향기 성분이 존재하나 양적인 밸런스에 의해서 각각의 양조물에 특유한 향미가 형성된다. 청주의 향기성분으로서 중요한 에스테르 성분인 isoamyl acetate나 ethyl caproate는 수ppm에까지는 많이 함유되어 있을수록 좋은 평가를 받지만, 과량으로 존재하면 싫증난다고 평가를 내린다. 맥주에서도 이들 함량이 과잉되면 과일취나 캔디취가 나타나 맥주의 관능 평가를 떨어뜨린다. 디아세틸(diacetyl)은 청주나 맥주에서는 극미량 포함되어 있어도 관능에 좋지 않은 영향을 미치나 쉐리(sherry)에서는 특징 향기를 구성하는 성분으로서 중요하고 위스키의 맛에 순조로움을 준다. 주류에 들어 있는 개별 향기 성분의 농도를 최소 감지농도(flavor threshold)로 나눈값(함량/변별역치)이 flavor unit(FU)이다. FU가 작은 고비점 지방산이나 이의 에스테르는 향이 느껴지지 않지만 저비점 향기 성분의 발산을 억제하는 보류 효과를 나타내며 쓴맛이나 자극미를 완화시키는 작용을 한다.

1) 알코올

에틸알코올(ethanol)은 주류에 공통적으로 포함되어 있는 성분이며, 향미의 기본이 되는 성분이다. 에탄올은 주로 효모에 의한 알코올 발효에 의해 생성되며 고급알코올류 역시 향기 성분으로써 중요한 역할을 한다. Isoamyl alcohol(3-methyl-l-butanol로 activeamyl alcohol(=2-methyl-1-butanol)을 포함한다)과 Isobutanol(2-methyl-1-propanol)의 비(A/B비)는 각각 원료 및 제조 공정을 반영한 값을 나타낸다. 특히 위스키에 대해서는 타입별로 A/B비의 값이 특이적인데, 스카치에서는 1.2로 가장 낮고, 아이리쉬에서는 1.6, 일본 위스키에서는 2.5, 버번은 5.4, 캐나디안은 3.7로 브랜디와 유사하다.

메탄올은 과일을 원료로 한 브랜디나 사과주에 비교적 많이 검출되는데, 이것은 과실에 포함되는 펙틴의 메틸 에스테르가 가수분해 되어 생성된다. 또, 과실을 원료로 한 주류나 식초에는 hexanol과 hexenol 등의 에스테르가 많이 함유되어 있어 신선한 과일 향기를 준다. β-phenethyl alcohol은 장미 향을 가져 양조물의 기본 향기로서 중요한 성분이며, 다른 향기 성분의 보류 효과나 양조물의 맛을 순하게 하는 작용도 있다.

고급알코올은 효모의 아미노산 대사 경로와 관련해 생성되며, 중간체로서 생성되는 2-oxo acid(α-keto acid, RCOCOOH)에 의해 생성된다.

① 아미노산으로부터 탈아미노 반응에 의해서 생성된 2-oxo acid가 탈탄산 된 후 환원되어

생성되는 에를리히(Ehrlich) 경로를 통하며, leucine에서 isoamyl alcohol이 생성되는 과정과 phenylalanine에서 2-phenethyl alcohol이 합성되는 과정이 여기에 속한다.

$$RCHNH_2COOH \rightarrow RCOCOOH \rightarrow RCHO \rightarrow RCH_2OH$$

② 포도당(glucose)으로부터 아미노산 생합성 과정 중 생성되는 중간체(2-oxo acid)로부터 생성된다.

$$\text{포도당} \rightarrow\rightarrow\rightarrow RCOCOOH(\alpha\text{-keto acid}) \rightarrow RCHO \rightarrow RCH_2OH$$

2) 유기산

주류에 함유되어 있는 산(유기산)은 맛에 큰 영향을 주며, 휘발산은 향에 많은 영향을 미친다. 주류의 유기산은 아래 6가지에 의해 유래되나 대부분은 미생물 대사산물의 중간체로서 생산된다.

① 해당 과정 : lactic acid
② TCA 회로 : citric, succinic acid
③ 원료에 함유된 지방산의 가수분해 : palmitic, linoleic acid
④ 효모의 지방산 합성계 : caproic acid
⑤ 아미노산합성 중간 산물 : *α*-oxo-isocaproic acid
⑥ 알코올과 알데하이드산화 : 아세트산

아세트산이나 propioinc acid 또는 butyric acid등 저급지방산의 함량이 비정상적으로 높으면 야생 효모나 젖산균 등의 세균에 오염되었을 가능성이 높고, 산패취나 불쾌취의 바람직하지 않은 향이 된다. 그러나 럼주는 다른 주류에 비해 butyric acid(낙산), propionic acid 및 ethyl butyrate의 함량이 높고 럼주의 특징 향기를 형성하고 있기 때문에 럼주의 발효에는 butyric acid의 적극적인 관여가 필요하다.

3) 에스테르

에스테르는 양조물의 중요한 방향 성분이지만 그 종류에 따라 향의 질이 크게 다르다. 에스테르는 효모에 의해서 acetyl CoA가 알코올을 분해 과정 중 효소적으로 생성된다. 이 반응을 촉매하는 acetyl CoA transperase의 생합성은 불포화 지방산에 의해서 현저하게 저해되는 것으로 알려져 있다. 이 밖에 주류의 숙성 중에도 화학적인 에스테르화 반응이나 에스테르 교환 반응에 의해서 방향 에스테르가 생성된다.

에스테르류 속에서는 ethyl acetate가 양적으로 가장 많지만 과잉 포함되면 향기의 조화를 무너뜨린다. 와인 등에서는 *Pichia anomara*라고 하는 산막 효모가 오염되면 ethyl acetate가 비정상으로 증가해 접착제 향기를 주어 품질의 저하시킨다.

소주에 포함되어 있는 ethyl linoleate는 자동 산화에 의해 ethyl azelate semialdehyde로 분해되어 유취의 원인이 된다. 또한, 고급지방산의 에틸에스테르는 소주나 위스키의 혼탁의 원인 물질이기도 하다. 미량의 *a*-oxo-ethyl isocaproate *a*-keto-ethyl isocaproate가 isoamyl alcohol과 공존하면 청주의 과일향을 높인다. 쌀의 도정 비율을 높이면 통상의 청주에 비해 isoamyl acetate나 ethyl caproate가 잘 조화된 향기로운 술이 된다.

4) 카르보닐 화합물

카르보닐 화합물은 알코올류의 산화에 의해 생성되지만 그 생성이나 분해에는 효모가 관여하는 경우가 많다. 카르보닐 화합물은 특유의 향기를 가지는 것이 많아 주류의 품질을 특징짓는 중요한 성분의 하나이다.

주류에 포함되는 카르보닐 화합물 중에서 가장 일반적인 것은 에탄올의 산화에 의해서 생성하는 아세트알데하이드(acetaldehyde)이다. 술덧에 pyruvic acid가 다량으로 존재하는 상태로 알코올을 첨가했을 경우 알코올 생산이 멈추면서 효모의 작용으로 생성된다. 또, 청주나 위스키를 오크통에 저장하면 에탄올의 자동 산화에 의해서 아세트알데하이드가 증가한다. 아세트알데하이드의 함량이 높으면 청주의 나무 향을 준다. 셰리(sherry)의 특징 향기는 약 1000ppm 포함되는 아세트알데하이드에 의한 것으로 2차 발효에 사용하는 산막 효모가 에탄올을 다량 산화시켜 생성된다. 그러나 맥주에서는 황화수소나 디아세틸과 함께 미숙취의 원인이 되어 이것을 분해해 제거하는 목적으로 후발효를 실시한다. 소주 등의 증류주에서는 초류에 많으며 풋내의 원인 물질이 되고 있다.

증류한 지 얼마 안 되는 증류주에 존재하는 자극성 카르보닐 화합물인 acrolein은 숙성 과정을 거치면서 알코올과 반응하여 일부가 acetal로 변하면서 상품에 온화한 향을 부여한다.

5) 페놀 화합물

주류에 함유되어 있는 페놀 화합물은 주로 원료로부터 유입된다. 천연 중에 존재하는 농산물에 가장 많이 들어 있는 페놀은 폴리페놀로 알려진 탄닌 성분이다. 이러한 화합물은 당화나 주류 제조 과정 중 열분해 및 미생물에 의한 분해에 의해서 술로 유입되며 생성된 알코올에 의해서 식물체로부터 용출되어 향미에 영향을 미친다.

와인에서는 적색, 핑크, 호박색 등의 색조 유지나 쓴맛과 떫은맛의 대부분은 페놀 화합물에서 유래하기 때문에 중요한 성분으로 여겨진다. 증류주에서는 오크통에서 피트 연기가 용출되어 위스키나 브랜디의 특징적인 향미를 부여한다.

알콕시(alkoxy) 화합물은 와인이나 위스키 등의 갈색을 주는 주요 방향 성분이다. 그중에서도, 바닐린(vanillin)이 주요한 향기 성분으로 숙성한 청주나 쌀소주 및 보리소주에 포함되어 있다. 증류주에 포함되어 있는 바닐린은 원료에 함유되어 있는 ferulic acid가 증류 중 산과 열에 의해 4-vinylguaiacol로 분해되고 저장 중 산화되면서 생성된다.

6) 플라보노이드

플라보노이드는 맥주나 와인뿐 아니라 위스키의 색이나 향미의 안정성에 관여하는 성분이다. Flavan-3-ol 그룹에 속하는 catechin은 맥주의 혼탁 물질의 하나이며 효소에 의한 갈변 반응의 전구체이기도 하다. 와인에서는 안토시아닌과 중합해 적색 타닌 물질을 형성하기도 하지만 갈변의 원인 물질이기도 하다. 또, catechin의 중합이 진행되면 쓴맛이 감소되고 떫은맛은 증가한다. 이것은 와인에 있어서의 맛의 숙성과 연관되어 있다.

위스키도 숙성 중에 오크통으로부터 용출되는 catechin이 산화적으로 중합해 적갈색의 phlobaphene이 된다. 위스키의 flavonol은 오크통으로부터 유래되며 quercetin이나 kaempferol로 위스키의 담황색을 준다. Rutin의 분해에 의해 생성되는 phloroglucinol은 카르보닐 화합물과 반응해 황갈색이 된다.

참고로, 발효주 술덧에 함유된 flavonol은 보리에 유래하는 타닌이며 맥주에 대해 비효소적 갈변의 전구물질이 된다. 또한, 쓴맛을 부여하는데 맥주의 쓴맛 성분인 isohumulone과 달리 바람직하지 않은 쓴맛을 준다. Antocyanogen(flavan-3,4-diol)의 중합물은 맥주에 함유된 단백질과 결합해 혼탁의 원인이 되며 그 중합도가 높을수록 와인의 떫은맛을 증가시킨다. 그러나 과도하게 중합하면 붉은 와인의 퇴색이나 침전물 생성의 원인이 되며 맛이 변하는 원인이 되기도 한다.

7) Oxygen heterocyclic compounds

Oxygen heterocyclic 화합물은 강렬하고 특이적인 향기를 가지고 있는 것이 많다. Furan 화합물은 맥아의 배조나 당화 공정 및 증류 또는 새로운 오크통을 태우면서 아미노카르보닐 반응이나 리그닌의 열분해에 의해서 생성된다.

Furan 화합물은 흑맥주, 귀부 와인, 마드리아산 와인에 많으며 흑반병에 걸린 감자나 고구마를 원료로 만들어진 소주에는 ipomeamarone이 함유되어 있어 2-furancarboxylic acid와 함께 쓴맛을 준다.

락톤(lactone)이나 furanone은 특유의 달콤한(sweet) 냄새나 캐러멜 냄새를 가기고 있는 성분들이 많다.

8) 함황 화합물

휘발성 함황 화합물은 극치가 매우 낮은 것이 많아 양조물 중에 미량 존재하여도 향기에 큰 영향을 준다. 함황 화합물은 주로 원료의 가열 처리나 증류 공정, 제품의 가열 공정 또는 빛의 노출에 의해서 생성되며 이외에 미생물의 대사산물로써 생성되는 것도 있다.

소량의 황화수소나 각종 mercaptan, disulfide가 맥주에서 검출될 경우 양조 중 미생물 오염에 의한 것이다. 맥주의 효모취에는 dimethyl sulfide(DMS)나 dimethyl trisulfide(DMTS), (methylthio)acetic acid, thiazole, 티아민(thiamine) 등이 연관되어 있다고 알려져 있다. 이 중 thiazole은 효모 균체 내에 thiamine 분해산물로 위스키의 증류 공정에 있어 강한 효모취를 준다. 또한, dimethyl sulfide는 오래된 쌀의 특유한 향으로 고미(古米)를 이용하여 주류를 제조할 경우 쌀에 함유된 methylmethionine sulfonium의 분해에 의해서 생성된다. 라거맥주에 dimethyl sulfide의 적정 함량은 30~70ppb로 이 경우에는 바람직한 향미로 평가되지만 100ppb를 넘으면 좋지 못하다.

〈표 9-62〉 위스키의 주요 향기 성분 및 사람이 인지할 수 있는 개별 성분의 농도

(단위: ppm)

번호	첨가물질명	특 성	EU 기준(위스키)	비 고
1	Isoamyl acetate	과일향	7	에탄올
2	Furfural	탄내	839	물
3	Ethyl caproate(Ethyl hexanoate)	사과향	2	에탄올
4	Hexanol	풀취	1.0	에탄올
5	DMTS(dimethyl trisulfide)	유황취	3	물
6	Ethyl laurate	유취(기름취)	12	물
7	Vanillin	바닐라향	43	물
8	Whisky lactone	코코넛향	266	에탄올
9	Isovaleric acid	산취	2	에탄올
10	Phenyl ethanol	장미향	15188	에탄올
11	Diacetyl	버터향	0.1	물
12	Geraniol	꽃향	19	에탄올
13	Linalool	테르펜향		에탄올
14	Acetaldehyde	자극적인향		에탄올
15	Maltol	달콤한향		물
16	4-Vinyl guaiacol	향신료	71	에탄올

K.-Y. Monica Lee, Alistair Paterson, John R. Piggott, Graeme D. Richardson, Journal of the institute of Brewing.106, pp. 203-208 (2000)
* dilution 23% EtOH

〈표 9-63〉 향기 성분 그룹의 전체적인 위스키 향에 기여율

성분명	위스키 향기에 기여율(%)	그룹 내의 기여율(%)
알코올류	4.4	
3-Methyl-1-butanol		82
Other alcohols		18
지방산류	3.8	
에스테르류	28.5	
Mixture of Ethyl acetate		88
Ethyl hexanoate		

성분명	위스키 향기에 기여율(%)	그룹 내의 기여율(%)
Ethyl octanoate		
Ethyl decanoate		
Ethyl dodecanoate		
Isoamyl acetate		
Other ester		12
카보닐 화합물류	63.3	
Mixture of Isobutyraldehyde		97
Buthylaldehyde		
Isovaleraldehyde		
Valeraldehyde		
Diacetyl		
Other carbonyl compound		3

2. 증류주의 관능평가

증류주는 향기를 중심으로 평가된다. 따라서 관능검사용 잔은 튤립 모양의 유리잔 또는 국제 규격의 와인 잔이 사용된다(그림 9-21). 관능평가의 방법은 주종에 큰 영향을 받지 않으나 증류주는 알코올 함량이 높으므로 다음 내용을 주의하여야 한다.

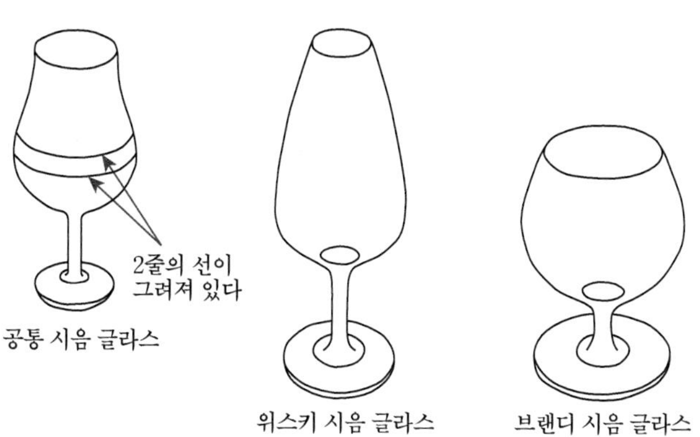

【그림 9-21】 증류주 관능평가용 잔

① 증류주를 잔에 따른 후 먼저 색과 향기를 평가한다.

② 그 다음에 물을 부어 알코올 도수를 20% 정도로 한다. 제품의 경우, 알코올 도수 40~43%인 증류주는 술 1에 대해서 물 1의 비율로 희석하고 60~70%인 증류주는 1대 2로 섞는다. 이러한 이유는 증류주의 향기 성분은 대부분 친유성 성분으로 알코올 도수가 낮아지면 용해도가 줄어들어 휘발도가 높아지면서 알코올 도수가 높았을 때보다 많은 향을 내기 때문이다.

③ 마지막으로 희석된 증류주를 소량 입에 넣은 후 혀로 잘 섞어주면서 입안에서의 향기와 맛을 평가한다.

위스키와 브랜디 같은 외국 증류주의 관능 표현 방식은 상당히 발전해 있는데 비하여 우리나라 주류의 표현 방식은 아직 확립되지 않았다. 고문헌에 나타난 술맛의 표현 방법은 다음과 같다. 표에서 보는 바와 같이 특정한 향기를 비유하거나 세기를 정하지 않고 전체적인 술맛을 표현하는 방식을 사용해 왔다. 우리나라 증류식 소주는 여과 없이 고형분이 함유된 상태로 증류하며 증기를 직접 술덧에 접촉시키는 직접 가열 방식을 행하고 있기 때문에 맛이 강렬하다. 즉, ① 많은 미량 성분을 함유하므로 농후한 맛이 나며 ② 향과 맛이 자극적이고 ③ 가열취가 나는 특징이 있다.

〈문헌에 수록된 우리 술맛의 표현 용어〉

맛이 평담하다	술맛이 매우 독하다
술맛이 매우 순하다	술맛이 달다
향취가 기이하다	맛이 준렬하다
맛이 청렬하다	술 빛이 댓잎 같고, 맛이 향기롭다
맛이 감미롭다	맛이 콕 쏘게 맵다
맛이 훈감하다	맛이 맵고 달다
맛이 평평하고 순하다	극히 맹렬하다
술맛이 극히 좋다	감미가 많다
달고 독하다	술맛이 특이하다
맛이 기이하다	술이 향긋하고 감미롭다
맛이 향열(香烈)하다	맛이 감렬하다

청향(淸香)이 그윽하다	우유와 같이 감미롭다
맛이 달고 향기롭다	맛이 맵고 좋다
맛이 매우 아름납다	맛이 달고 향기롭다
달고 독하다	맛이 좋다
맛이 쓰다	맛이 향긋하다
산첨담박(酸添淡薄)하다	술맛이 맵다
감미가 있다	달고 좋다
소주 맛이 짜르르하고 콕 쏜다	술의 색이 아름답고 맛이 좋다
맛이 훈감하고 향긋하며 기특하다	술이 아리땁고 빛이 냉수 같다

※ 이효지, 한국 전통 민속주, 한양대학교출판부 (2009)

〈표 9-64〉 일본 소주 감평회 평가 항목

항 목		구 분	평가항목(조화5 ↔ 보통3 ↔ 부조화1)
향	특성 항목	풍부	향의 냄새가 강함
		화려함	풍부하고 뛰어난 향기
		상쾌함	민트 향과 같이 깨끗함
		소프트	온화하고 부드럽고 경쾌한 향
		방향	향료, 장미꽃, 카네이션 같은 향
		상승하는 향	코나 입에 닿기 전에 술로부터 상승하는 향기
	지적 항목	원료 불량	원료의 변질에 의한 것
		초류취	꽃 추출, 퓨젤유, 에스테르 등
		증류 마감취	후류향, 탄 냄새, 장류향, 나쁜 냄새
		유 취	유지방취, 산패한 기름향
		산 취	입덧, 저장노화, 생풀, 변질된 술덧향
		에스테르취	고급지방산 에스테르, 기름향
		알코올취	약품향, 페놀향
		용기취	항아리향, 콘크리트향, 알카리향
		입에서 나는 냄새	유황냄새, 고무향
		이 취	표현하기 힘든 이상한 결점취
맛	특성 항목	숙 성	숙성한 기본 맛, 감미를 느끼는 중심으로 섬세하고 중후감이 있는 종합적인 숙성감
		농 순	풍부한 맛이지만 뒤에 남는 감칠맛의 폭이 있음
		적당한 단맛	감미료 같이 적당한 감미료 느낌
		경 쾌	경쾌하고 기조맛이 좋음
		깨끗함	맑고 깨끗한 맛
		원숙함	부드러운 맛
	지적 항목	거칠다	덜 숙성되어 자극이 강함
		엷 다	풍부한 맛이 부족하여 농순의 반대에 해당
		쓰 다	다른 맛으로부터 쓴맛이 분리되어 느끼는 맛
		무겁다	농순함을 지나 너무 강함
		신 맛	다른 맛으로부터 신맛이 분리되어 느끼는 맛
		다른 맛	표현하기 힘든 이상한 결점이 있는 맛
원 료		원료 특성	배점(강함 5, 보통 3, 약함 1)
종 평		종합평가	배점(우수 5, 보통 3, 불량 1)
의 견			

〈표 9-65〉 위스키 프로파일 평가표

위스키 관능평가 용지 월 일

시료: ____________________ 성명: ____________________

다음 항목의 향기와 맛에 대하여 평가해주시고 하단에 해당된다고 생각되는 항목에 "○"해 주세요

향

조화 — 보통 — 부조화

풍부 — 보통 — 단조

가볍다 — 보통 — 무겁다

독특함 — 약간 독특 — 보통

맛

진함 — 보통 — 희미함

순함 — 보통 — 거칠음

조화 — 보통 — 부조화

향

페놀 향 (스모키, 약품)	알코올 향 (퓨젤유 향, 에탄올 향)
곡물 향 (몰트 향, 곡물 향)	피트 향
에스테르 향 (꽃 향, 과일 향, 식초 향)	유황 향 (효모 향, sulfide 향)
스위트 향 (바닐라, 벌꿀 향, 캐러멜)	알데하이드 향 (미숙 향)
오크 향 (오크 숙성 향, 버번오크 향, 쉐리오크 향, 처음 사용 오크 향)	이취 (고무 향, 종이 향, 에센스 향, 금속 향, 탄내, 생나무 향
산취 (아세트산 향, 치즈 향)	미숙취

향

이미 (신맛, 떫은맛, 쓴맛)

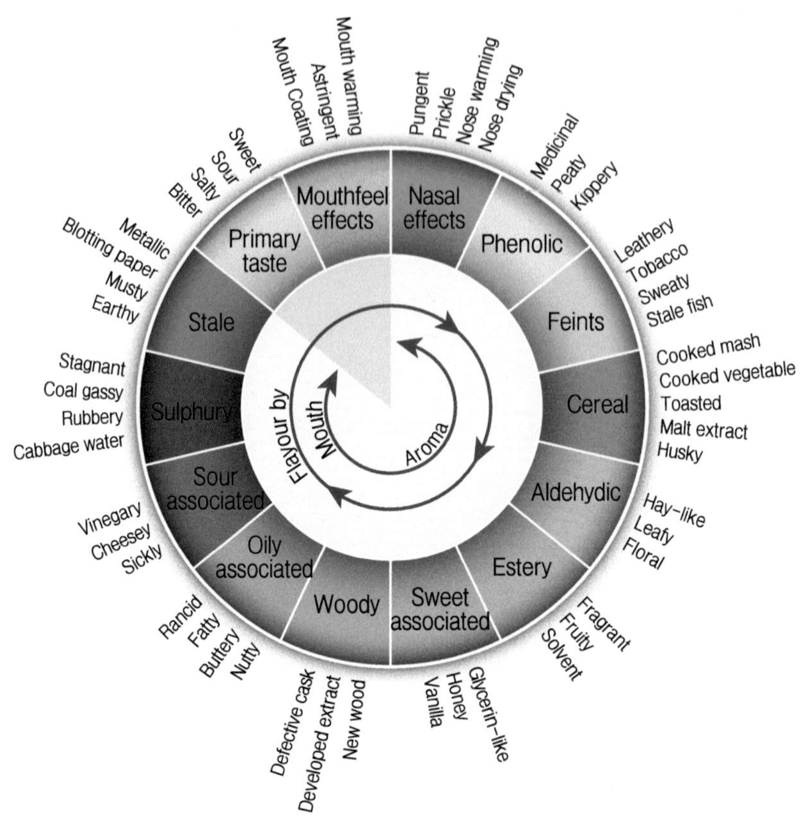

【그림 9-22】 위스키 향의 표현 용어 휠

3) 증류주와 음식

원료 및 마시는 방법(스트레이트, 언더락, 물에 타 먹는 방법 등)이 다양한 소주는 그 변화에 맞추어 요리를 선택할 수 있다. 각 소주에 적합한 요리를 선택하는 포인트는 크게 세 가지이다.

① 소주의 원재료를 사용한 요리가 좋다

소주에 적합한 요리를 찾는 가장 기본이 되는 것이 소주의 원재료를 사용한 요리를 찾는 것이다. 예를 들어 쌀로 만든 소주라면 밥, 고구마 소주라면 고구마 요리가 좋다. 소주에 맞는 요리가 떠오르지 않아 고민스러울 때는 이 방법이 가장 간단하고 실패할 확률이 적다. 시험 삼아 보리소주와 보리 초콜릿, 쌀소주와 전병을 같이 먹어 보자. 추천한 이유가 이해될 것이다.

② 소주를 제조한 지역의 향토음식과 곁들이자

소주도 역사가 있는 훌륭한 토속주로 그 지역의 토지와 궁합이 맞다. 예를 들어 전주이강주와 육회, 강원 옥선주와 감자떡을 추천한다. 육회는 전주 육회가 유명한데, 기름기가 없는 소의 붉은 살코기를 가늘게 썰어서 간장, 다진 마늘, 참깨, 설탕과 함께 고루 버무린다. 접시에는 미나리와 무채를 깔고 회를 올린 다음 복판에 달걀 노른자위를 얹는다. 또 둘레에는 배로 채를 썰어 둘러놓고 잣과 실고추를 고명으로 뿌려 놓는다. 배는 자연 감미(甘味) 식품일 뿐 아니라 고기를 부드럽게 하는 천연 연육제 노릇을 한다. 감자떡은 홍천의 특산물로 백중의 시절 음식으로 먹어 왔다. 감자는 비타민 A, B, C와 탄수화물, 지방, 칼슘이 함유되어 있으며, 특히 비타민 A와 C가 풍부하여 건강식품으로 널리 알려져 있다.

③ 소주와 요리의 농도를 맞추자

세 번째 포인트 소주와 요리의 농도를 맞추는 것. 즉, 진한 맛의 소주라면 진한 맛의 요리를 맞추는 것이다. 이 방법은 쌍방이 균형을 맞추어 소주와 요리 어느 쪽이나 질리는 일이 없이 장시간 즐길 수 있다. 다만, 소주의 마시는 방법이 여러 가지 이므로 언더락이나 물을 타서 먹을 경우 담백한 식재료와 곁들이되 자신의 취향에 맞추면 된다. 따라서 소주는 "이것은 절대 안 돼"라는 요리가 없다. 우리나라 사람이 소주를 좋아하는 이유는 여기에 있는 것으로 생각된다.

[육류]

소주를 만드는 원재료의 종류에 따라 고기와의 궁합을 살펴보자. 산뜻한 맛의 소주에는 지방이 적은 부위를 사용하는 것이 좋고, 반대로 진한 맛의 소주에는 지방이 많은 돼지고기도 좋다.

소주의 원재료	육류의 종류
고구마	돼지고기(복부)
쌀	닭고기(가슴)
보리	닭고기(허벅다리)
흑국, 쌀	돼지고기, 소고기, 닭고기의 가슴

[어류]

산뜻한 맛의 소주에는 도미 등의 단백한 물고기가 좋으며, 반대로 진한 맛의 소주에는 기름이 많은 등푸른생선이나 검붉은 색의 심해어가 맞다.

소주의 원재료	어류의 종류
고구마	청어(특히 가다랑어)
쌀	대구
보리	등푸른생선(특히 참치)
흑국, 쌀	참치(살코기)

[조미료]

기본적으로 간장은 모든 소주에 적합하다. 산뜻한 맛의 소주에는 소주 본래의 맛을 이끌어 낼 수 있는 소금을 추천하며, 진한 맛의 소주는 된장이나 굴 소스가 좋다.

소주의 원재료	조미료의 종류
고구마	장류(단맛)
쌀	소금, 간장(짜지 않은 것)
보리	장류
흑국, 쌀	어떠한 것이든 좋음

[조리법]

산뜻한 맛의 소주는 굽거나 찌는 요리, 진한 맛의 소주는 맛을 확실히 수용할 수 있는 튀기거나 감칠맛을 낼 수 있는 조리법을 추천한다.

소주의 원재료	조미료의 종류
고구마	굽기, 익히기, 튀기기(감미가 강한 단맛과 쓴맛의 조화)
쌀	굽기, 찌기 또는 생으로 간결하게
보리	굽기, 익히기, 튀기기(단맛과 쓴맛이 고소한 풍미에 적합)
흑국, 쌀	굽기, 익히기, 튀기기(약간 진한 듯한 맛을 내 개성을 살릴 수 있다)

※ 증류식 소주, 위스키, 브랜디는 "양조물의 성분(일본양조협회, 1999)"을 편역하였음

참고 문헌

1. 일본양조협, 양물의 성분, Shin Nippon Printing Co. Ltd., Tokyo, Japan (1999)
2. Yoshizawa Y, Ishikawa TA, Tadenuma M, Nagasawa M, Nagami K, 양조·발효식품의 사전, Asakura Publishing Co., Ltd. Tokyo, Japan (2004)
3. Ogawa Kihachiro, Nakajima Katsumi, 본격소주의 걸어온 길 - 아시아 증류주의 역사와 문화, Kinyosha Publishing Co., Japan (2007)
4. 小川 喜八郎, 中島 勝美, 「本格焼酎の来た道ーアジアの蒸留酒の歴史と文化」, 金羊社, 2007

색 인

색인

ㄱ

가열 방식(Heating Regime) 49, 99~100
가용성 엑스분 127
갈락토올리고당 257
갈산(Gallic acid) 317
감미료 43, 252~256, 258~259
감압 증류(Reduced Pressure Distillation) 95~97, 101, 212, 218~222, 224, 235, 346, 368, 370~371, 375, 384, 387, 392, 394, 401, 417, 420
검(Gum) 336
검남춘 274
겸향형(兼香型) 272
경막열전달계수(film heat transfer coefficient) 83
고구마 23, 43, 48, 192, 195, 198~199, 207, 233, 239, 244, 367~368, 370, 372, 375~376, 380~381, 384~386, 392, 394~396, 402, 407, 412, 419~420, 475, 483~485
고급 알코올 135, 159~160, 191, 205, 214, 223, 296, 315~316, 367, 376~377, 379, 447
고급 지방산(Fatty acids) 52
고량(高粱) 21, 48, 95, 213, 241, 246, 267~268, 271, 276~281, 284
고량반(高粱飯) 278
고량주(高粱酒) 21, 48, 95, 213, 246, 267~268, 284
고분자 지방산(longer chain fatty acid) 134
고비탑 244
고액결합법(固液結合法) 269
고자우카(Gorzalka) 289
고정공주 274
고체 발효법 20, 22
고태법(固態法) 269~270
과당 132, 182, 253, 255~257
관능 전문가(Blender) 166~167
구연산(Citric acid) 182, 252~253, 259~260
국가 명주 269~270, 273~274, 277
국 비율 206~208
규조토 227, 233, 250
그랑 상파뉴(la Grande Champagne) 176, 180~181
그레이구스(Grey goose) 296
그레인 위스키 23, 26~29, 105~106, 144~147, 149~152, 154, 161, 166, 168~170
글라이코알카로이드 솔라닌(Glycoalkaloid solanine) 294
금속 24, 81, 104, 215, 225, 229, 246, 260, 372~375, 400, 413, 421, 482

급수 비율 207, 210~211
기수이(Kissui) 292
기액 평형(VLE : vapour-liquid equilibrium) 62, 64, 67~69, 75, 93
기액 평형도표(VLE : Vapour-Liquid Equilibrium Curve) 93
깁스 페이즈룰(Gibbs Phase Rule) 64

ㄴ

낭주 274
내부 에너지(Internal energy) 80, 84~85
내부창(sight glass) 104
냉각기(Condenser) 24, 27, 80, 96, 101, 138
냉각법 226
냉각용수 194
냉동 여과(Chill- filtration) 171, 293, 298~299, 310, 344~345
노간주나무 열매(Juniperus communis) 33, 342
노주(露酒) 22, 41
농축탑(Rectifier Culumn) 154, 218, 220
농향형(濃香型) 271~272
누룩 22, 38~43
뉴메이크 스피리츠(New-make spirit) 54
뉴트럴스피릿(Neutral sprit) 292

ㄷ

다공성 선반판(Perforated Plate) 57
다관식 응축기 220
다단식 단식 증류(Multi-Tray Batch Distillation Still) 60~61
다단 컬럼(Reflux still) 61, 347~350
다크럼 35, 110~112
단립종 196
단식 증류(Batch Distillation) 22~23, 26, 49~53, 55, 60~61, 68~70, 74, 80, 105, 109~111, 136~137, 140, 144, 157~158
단식 증류기 23, 26
단식 증류 이론(Batch Distillation Theory) , 69
단양주(單釀酒) 39~40
달턴의 법칙(Dalton's Law) 63
담금용수 194
당밀(Molasses) 23, 34, 48, 192, 239, 244, 256, 292, 300, 302~305, 307~311, 314~315, 334
당질계 감미료 253, 255~256
당화(糖化, Mashing) 25~28, 107, 121, 123~124, 126, 129~131, 138~139, 141~142, 144~146, 150~153
당화력(diastatic power DP) 124, 144
당화솥(Mash Tun) 129
당화 용수(Mashing Water) 129~130
당화조 25, 129, 138
대곡주(大曲酒) 270~271, 273~274, 284
대두올리고당 257
대류(convection) 80, 82~83, 85, 93

대류열 손실(Convection heat loss) 85, 93
대형 시루 201
더블 디스틸레이션(Double Distillation) 54
더블 진(Double gin) 344
더피의 몫(Duppy's share) 324
던더(Dunder) 319
데칸산에틸(Ethyl decanoate) 318
덱스트린 148, 152~153
동(copper) 86, 104
동적여과(Dynamic method) 297
동주 274
두 개의 컬럼시스템(two columns system) 105, 319
두줄보리(2條 大麥) 24, 123~124
둑(Weir) 57
드미트리 멘델레프 291
디아세틸 396~398, 453, 458, 471, 473
디테르페 노이드(Diterpenoides) 351

ㄹ

라울의 법칙(Raoult's Law) 62, 64, 66
라이트(Light) 164
라이트럼 110, 112
라이트 스피리츠(light spirits, neutral spirits) 112~114
락톤(lactone) 163, 338, 415, 465, 470, 475
럼(Rum) 25, 31, 34~35, 41, 300, 364
레포사도(Reposado) 327, 337
렉티파이어 컬럼(Rectifier column) 105
렉티파잉 섹션(Rectifying section) 56, 58
로비츠(T. YE. Lowitz) 297
로우랜드(Lowland) 168
로우와인 디스틸레이션(Low Wines Distillation) 54
루저우라오자오특곡주 274
룩스서위(luksusowy) 290
리놀레닉산(linolenic acids) 163
리놀렌산(Linoleic acid) 224
리퀴파케레(Liquefacere) 352
리큐르(Liqueur) 19, 32~33, 287, 342, 352~356, 358~361
리큐어(Liquor) 32~33, 352, 358
리프형(葉狀) 여과기 250

ㅁ

마세큐트(Massecuite) 307
마오타이 48, 231, 269~271, 273~275, 277
말류(Feints) 139~142
맥아 23~26, 28, 121, 123~127, 129~130, 132, 141~142, 144~146, 149, 151, 153
맥카베-티엘레 방법(McCabe-Thiele Method) 76, 93
머리(Head) 137
메구이(Maguey) 335
메밀 48, 195, 199, 207, 368, 375, 381, 418~419
메즈칼(Mezcal, Mescal) 327, 331, 336
목초액 산(pyrolegneous acid) 340
몰분율(Mole fraction) 63~64, 75
몰트 위스키(Malt whisky) 23~29, 71, 99, 104~105,

123, 128, 134, 143~146, 149, 159, 166~170
무기 성분 372~373, 427~428, 444
무기염류 192, 252~253, 260~261
무릉주 274
미디움(Medium) 164
미인정(美人井) 277
미향형(米香型) 272
밀(Wheat) 146

ㅂ

바닐린 163
바사르마냑(BAS ARMAGNAC) 184
반국(拌麴) 280
반화(反火) 281
발아력 124~125
발효(醱酵, Fermentation) 20, 22~23, 25~28, 30, 34~36, 39~41, 43, 47~50, 52~53, 55~57, 60, 62, 68, 80~81, 85~86, 93~95, 97, 105~107, 110, 114~115, 121~124, 126~127, 129, 131~135, 137~139, 141~142, 144, 146~148, 150, 152~157, 160
발효조(Fermenter, Washback) 26, 129, 131~133, 138~139
방부성 230
방향족 알데하이드 398, 436, 453, 458~460, 462
배갈 268, 286
배럴 183, 426~429, 433, 436, 438~444, 447, 453, 458~460, 462, 465~466
백간(白干) 268
백국균 204~206
백주(白酒) 20~22, 48, 50, 97, 99, 265, 267~278, 280, 282~285
백탁(白濁) 214, 226, 233, 298~299, 391
버블캡(Bubble cap) 57~58, 319
번주(播酒) 283
베네딕틴 32, 353
ß-아밀라제 152~153
병행 복발효 276
보다(Voda) 289
보드카(VODKA) 19~20, 31, 48, 56, 59, 112~114, 231, 289~299, 326, 352
보르데리(Borderies) 176
보리 24~25, 41~43, 48, 123~127, 141, 144~145, 147, 192, 195, 197~198, 200~201, 203, 205, 207, 210~211, 233, 244, 270, 342, 368, 372, 375, 384~385, 387, 394, 401, 403, 405, 412, 420, 426, 474, 483~485
보리소주(麥燒酒) 41~42
보산(補酸) 208
보와 솔디네르(Bois Ordinaires) 176
보풍주 274
복사(radiation) 71, 81, 83, 93
복사열 손실(Radiation heat loss) 83, 85, 93
본류(spirits, body) 51~53, 96, 109
본류컷(2nd Cut) 51
볼더리(les Borderies) 180
봉 브와(les Bons Bois) 176, 180
봉향형(鳳香型) 272

부곡주(麩曲酒) 270
분리 평형(separation equivalent) 71
분쇄(milling) 25, 28, 124, 129, 138, 141, 149~151
분주 274
분획(Cutting) 51, 54, 139, 154
분획탑(Analyser Column) 154
브란투브카(Brantówka) 290
브랜디 19~20, 29~31, 33, 36, 48~49, 52, 95, 97, 109, 173, 175, 177, 179~180, 183~187, 192, 213, 231, 291, 303, 324, 327, 358, 381, 443~445, 447~448, 452~469, 471, 474, 478, 486
브로일리(Brouillis) 183
브와 오디날레(les Bois Ordinaires) 180~181
블랑코(Blanco) 327, 337
블렌딩(Blending) 29, 110, 127, 144, 166~170, 184~185, 290, 292~293, 297, 302~303, 310, 319, 323, 325, 344~346, 360~361
비당질계 감미료 253, 255
비엔탈피(specific enthalpy) 64, 73, 84
비점(boiling point) 68~69, 157
비중계(Hydrometer) 29, 51~52
비중표 87
비코스(Bikos) 18
비페닐(Biphenyl) 339
쁘띠 상파뉴 (laPetite Champagne) 176, 180

ㅅ

사이트 글라스(Sight Glass) 51~52
사카린 252~255, 261
사탕수수(Sugar cane) 34, 110, 148, 239, 244, 256, 292, 300~315, 349
산도 36, 134, 179, 181, 187, 205~206, 208, 210~211, 213, 221, 234, 269, 281, 301, 304, 312, 368~372, 405, 412~414, 418, 440
산미료(酸味料) 252~253, 259
산취(酸臭) 211, 234~235
산패 208, 405~406, 412, 415, 417, 472, 480
살리실산(Salicylic acid) 317
3차 증류 54, 110
상(phase) 65, 81
상대 휘발도(Relative Volatility) 49, 64~66
상변화(Phase changing) 80, 87
상압 증류(Ambient Pressure Distillation) 95~97, 101, 104, 212~213, 215, 217, 220~222, 224, 368, 370~371, 375, 387, 392, 394, 399~401, 417~420
샤랑트 증류기(Charentais pot still) 182~183
서봉주 274
선정(仙井) 277
설탕(Sugar) 32, 34, 132, 152, 244, 253~258, 291~293, 300, 304~305, 307, 310~311, 313, 330~331, 352, 356, 360~361
섬누룩(粗麴) 39
소곡주(小曲酒) 270
소랄렌(Psoralens) 360

소맥소주(小麥燒酒) 41
솔레라 저장 323
솔비톨(sorbitol) 252~253, 258
송하량액 274
수봉식(水封式) 221
수액(SAP) 335
수직형 증자기 202
수크랄로스 252~253, 255
숙성 23, 28~30, 34~35, 44, 47, 53~54, 121, 131, 134, 155, 161~165, 169~171, 175~176, 183~186, 188, 192~193, 211~213, 215, 223, 229~232, 242, 275~276, 289, 291, 293~294, 300~304, 308~311, 315~317, 321~324, 326, 328, 331, 335, 337~338, 340, 352, 357, 373~375, 380, 387, 392, 395, 401~403, 405, 407, 414, 416~418, 420~421, 426~427, 436, 440, 442, 453, 458~460, 465, 470, 473~474, 480, 482
술덧 47, 49~50, 52~53, 56~57, 60, 62, 68, 71, 80~81, 85~87, 93~95, 97, 99~100, 105~107, 110, 114, 122, 177, 193, 197, 201, 204~205, 207~211, 213, 215~217, 219~224, 234~235
술덧의 증류(Wash Distillation) 53
쉘-튜브형 응축기(Shell and Tube Condenser) 102
스무부카(Szumówka) 290
스완 넥(swan neck) 71, 137
스카치 그레인 위스키 105~106
스카치 몰트 위스키 24, 104~105
스카치 위스키 24, 29, 48, 53~54, 104, 110, 121, 127, 132, 144, 149, 151, 166
스컴(scum) 211
스테비오사이드 252~255
스트롱 로우와인(Strong Low Wines) 54
스트롱 페인츠(Strong Feints) 54
스트리핑 섹션(Stripping section) 56
스팀 자켓(steam jacket) 100
스팀 코일(steam coil) 100~101
스피리츠 단(sprit plate) 58
스피리츠 증류(Spirit Distillation) 53~54
슬로우 진(sloe gin) 359
시링 알데히드(syringaldehyde) 163
신식 소주(新式燒酒) 239
신정(神井) 277
심재(heart wood) 161
쌀 23, 39~43, 48, 52, 191~193, 195~201, 205~207, 209~211, 218, 233, 244, 269~270, 272, 276~277, 292, 301, 368, 370, 372, 375, 384~387, 392~395, 398, 402, 408, 411~412, 416, 418, 420~421, 473~475, 483~485
쌍구대곡주 274
쓴 꿀(bitter honey) 332

ㅇ

아날레이저 컬럼(Analyser column) 105
아네호(Añejo) 327~328, 337~338
아니스카피(Aneas Coffey) 105
아락(阿剌吉, 轧赖机, 阿里乞, 阿里乞, 哈剌基) 20, 22
아르마냑(Armagnac) 30, 48, 109~110, 175, 184~

186, 188
아메리칸 위스키 108
아미노산 126~127, 152, 192, 205, 252~253, 255, 260~261, 295, 307~308, 335, 367, 376~377, 382~383, 388, 396, 398~399, 411, 419~423, 429, 447, 465, 471~472
아미노카르보닐 반응 395, 399~400, 443, 458, 475
아민 367, 421~425, 475
아밀로오스 148~149
아밀로펙틴 148~149, 153
아세설판칼륨 252, 255
아세토인 396~398, 458
아세트 알데하이드 298, 458
아스파탐 252~253, 255
아와모리 48, 50, 367~368, 373, 375~376, 380~381, 394, 403, 405, 407, 413, 416~417
아쿠아비타(Aqua Vitae) 23
아크롤레인(Acrolein) 296
알데하이드 52, 58, 113~114, 296, 298, 308, 319~320, 324, 350, 368~371, 376, 392, 394~396, 398~399, 401~403, 408, 414, 433~434, 436, 439, 447, 453~454, 458~460, 462, 472~473, 482
알데하이드 컬럼(aldehyde Column) 320
알람빅(Alambic) 182, 290, 336
알렘빅스틸(alembic still) 109
알코올 19~21, 24, 29, 31~33, 35, 38, 43~44, 47, 50, 52~53, 55~56, 58~60, 67~68, 75~76, 79, 85~87, 90~91, 93~94, 96, 101, 105~110, 112~114, 121, 130~131, 133~135, 138~142, 145~146, 148, 150, 152~153, 155~161, 163, 171, 176~177, 179~181, 183~184, 186, 188, 191~192, 205, 207~209, 211, 213~214, 216, 218, 220~225, 227, 232~234, 239~241, 243~246, 248, 252, 258, 261, 268~269, 271, 281, 285, 289~292, 295~300, 304, 308~309, 311~312, 315~317, 319~322, 324, 332~334, 336~337, 343~350, 352~357, 360~361, 367, 369~371, 374~377, 379~383, 386~389, 392, 395~396, 401~404, 408, 412, 417~418, 426~430, 433~434, 436, 441, 444~448, 452~453, 458, 460, 471~474, 476~478, 480, 482
알코올 기화 잠열 91
알코올 변환 87
알코올의 비열 91
α-글루코시다제(glucosidase) 153
α-아밀라제 144, 152~153
애플 브랜디(Apple Brandy) 30
액태법(液態法) 269~270
양하대곡주 274
어게이브 테킬리아나(Agave tequilana) 326
에너지 방정식(Energy equation) 84~85
에스테르 134~135, 140~141, 159, 171, 182, 191, 205, 213~215, 222~224, 231~232, 236, 272, 281~282, 285, 299, 308~309, 313, 316, 318, 324~325, 367~370, 381, 384, 386~389, 391~392, 395, 402, 404, 412, 414, 430, 433, 443, 447~448, 452~453, 458, 462, 465, 471, 473, 476, 480, 482
에틸 아세테이드(Ethyl acetate) 318
에틸카바메이트(Ethyl carbamate) 97, 312, 350,

356~358
엔탈피(enthalpy) 73, 84
여과(濾過) 20, 25~26, 31, 44, 47, 112~113, 129, 150, 171, 177, 183, 188, 191, 213, 225~227, 233~235, 246, 248, 250~251
여섯줄보리(6條 大麥) 123~124
연미기(研米機) 197
연속식 증류(Continuous Distillation) 22~23, 27, 31~32, 55~60, 68, 74, 105, 107, 109~114
연속식(Coffey syill) 증류기 22~23, 27, 31~32, 55~59, 74, 105, 107, 112, 140, 144, 154, 177, 186, 188, 192, 212, 239, 244, 336
연양주모법 209
열 손실 83, 85, 93
열저항(thermal resistance) 83
열전달(Heat Transfer) 80~84, 93, 104
오소바야(Osobaya) 291
오코비타(Okowita) 290
오크통 28, 34, 53~54, 121, 130, 142, 161, 163, 170
오타르마냑(HAUT ARMAGNAC) 185
옥수수(Corn) 36, 40~43, 48, 107~108, 123, 144~152
올디나로(Ordinaro) 336
올레인산(Oleic acid) 224
올리고당 182, 253, 255, 257
올소페닐페놀(Ortho phenyl phenol) 339
옹기 192, 229~231, 236, 373~374, 416, 418
외부 가열 방식(Calandria) 100
요탑(Analyser column) 114
용설란(Agave Azul) 35~37, 48, 326~333, 335, 337
우량예 274
워시(wash) 54, 71
워시 디스틸레이션(Wash Distillation) 54
원산지 명칭통제령(A.O.C) 175
웜 응축기(Worm Condenser) 102
웨버 블루(Agava tequilana Weber, blue) 329
위보로위(wyborowy) 290
위스키(Whisky) 19~20, 23~29, 31, 36, 44, 48~49, 53~54, 68, 71, 95, 97~99, 104~108, 110, 119, 121~124, 126~128, 130~134, 138, 141~147, 149~152, 154, 159, 161, 163, 165~171, 192, 213, 231, 293~294, 297, 303, 322, 324, 337, 357, 381, 405, 416, 426~430, 433~443, 470~471, 473~476, 478, 481~483, 486
위크 로우와인(Weak Low Wines) 54
위크 페인츠(Weak Feints) 54
유기산 163, 182, 192, 204~205, 208, 210, 234, 236, 259, 282, 284, 307~308, 316, 322, 367, 386, 389, 392, 400, 405~407, 409, 413, 415, 430, 433, 438~440, 447, 460~462, 472
유령의 몫(Ghost's share) 324
유산균 208, 397~398, 407, 409, 417, 439, 447
유성 물질 224~227
유출액(distillate) 50~52, 68~70, 72, 76, 78, 80, 94
유취 물질 225
육종 124, 306, 382~383, 388
으니 블랑(Ugni Blanc) 175, 179~180
응축(condensation) 19, 61, 66, 68~74, 78~80, 85, 93~94, 96, 101~102, 113~114
응축기 61, 70~72, 80, 96, 102, 155, 218, 220

이동 대체법 226
이론 단수(Theoretical Plate Number) 62, 71, 76, 79
이마자릴(Imazalil) 339
이상적인 혼합(Ideal Binary Mixture) 62, 65~68
이소말토올리고당 257
이소부탄올(2-methyl-1-propanol) 316, 333
이소아밀 알코올(3-methyl-1-butanol) 160, 316
이슬점(Dew Point) 66~68
이온교환 224, 234, 246, 385, 401~402
2차 증류기(Spirit Still) 26, 53, 104, 138~140
인공 감미료 253, 258
1차 증류기(wash still) 26, 104, 138~139
1차 증류액(Low Wines) 53

ㅈ

자도주(自道酒) 규정 240
자일로올리고당 257
자일리톨(Xylitol) 252~253, 258~259
잠열 가열(latent heat) 73, 80~81, 86~87, 89~91
잠열표 89~90
장립종 196
장향형(醬香型) 270~271
저비점 성분(High Volatile Compounds) 52, 56, 58~59, 107, 112~114
저장 28~30, 47, 121~122, 125, 132, 140~142, 147, 155~156, 161~164, 170~171, 177, 183, 192, 198, 224~228, 231, 270, 275, 284, 293, 304, 311, 315~317, 321~324, 337~339, 355, 357, 373~375, 380, 386, 395~399, 401~402, 404, 408, 416~417, 419~420, 426~429, 433, 436, 438~444, 447, 452~453, 458, 460~462, 465~466, 470, 473~474, 480
적수하(赤水河) 277
전도(convection) 71, 80~83, 93, 97, 104
전흥대곡주 274
정류(Rectifying) 27, 49, 56, 112~114
정류계수 223
정류 영역(Rectifying section) 56
정제(Analysing) 26, 49, 113~114
정제수(Deionized water) 345
정제탑(Rectification column) 114, 154~155, 157~160, 244
제맥 24~25, 124~126, 141, 145
제품단(Product plate) 58
제품탑(Demethylizer, Methanol column) 114, 244
젤라틴화 146, 152
조미료(調味料) 252~253, 260
조숙(調熟) 231
조주정 114, 245
종료컷(End Cut) 51
주니퍼(Juniper) 33, 342~346, 349, 351
주미(酒尾) 284~285
주석산(Tartaric acid) 182, 259~260
주정(酒精) 22~23, 43~44, 56, 59~60, 114~115, 139, 154~160, 163~164, 191~192, 217, 223, 239~246, 248, 252, 283~285
주정(酒精) 배당 제도 240

주정식 소주 239~240
주조용수 242, 245~246, 248~249
중류(Center, Whishy) 139~142
중립종 196
중비점 성분(Medium Volatile Compounds) 59
중양주(重釀酒) 39~40
즈비클리(zwykly) 290
증기 압력(vapour pressure) 63~64, 66
증류기 17~24, 26~27, 31~33, 36, 38~40, 49~50, 53, 55~59, 61, 69~76, 79, 81~83, 85~86, 93~101, 104~105, 107, 109, 111~112, 129, 136~141, 144, 154~157
증류 비율(Distillation Rate) 62, 94, 101
증류솥(Pot) 136~137
증류식 소주 22, 43, 49, 52, 95, 97, 189, 191~200, 204, 206, 212~213, 218, 232~233, 236
증류 에너지(Distillation Energy) 62, 80~81, 85~87, 93~94
증류 에너지 계산(Distillation Energy Calculation) 85~87
증류 원액(New-make spirit) 53
증류 이론(Distillation Theory) 45, 62, 69
증류주(Cane sprit) 361
증류판(distillate column plates) 70~71
증류 팩킹(distillate column packing) 70~71
증미 흡수율 203
증자(Cooking) 28, 147, 149~153
지류(side stream) 160
지방산 52, 134, 140~141, 171, 194, 213, 215, 222, 224, 257, 282, 285, 298~299, 316~317, 367~368, 372, 374, 386~387, 389, 391~392, 395, 401~402, 407~408, 412~415, 430, 433, 438, 440, 445, 447~448, 452~453, 458, 460, 462, 471~473, 476, 480
진(Gin) 33
진공펌프 96, 218, 220~221
진맥소주 41~42
진 바스켓 349
질소 124, 182, 194, 201, 306, 308, 311~312, 377, 399, 416, 419, 421, 423, 452, 468

大

찹살소주 41
채선반(Sieve tray) 57~58
챠랑데(Charande) 301
천사의 몫(Angel's share) 324
천연 감미료 253~254
첨가물(添加物) 176~177, 192, 242, 245, 252~253, 258~260
청산(Hydrocyanic acid) 356, 358
청산염(Cyanide) 356
청향형(清香型) 270, 272
초류(foreshots, head) 51~54, 96, 105, 109, 139~140, 142, 158, 183, 214, 223
초류컷(1st Cut) 51~52, 105
초산 134, 163
총열전달계수(overall heat transfer coefficient) 83, 93

최저비섬 공비혼합물(Minimum boiling point azeotrope) 68
추출탑(Extractive column) 114, 244
출국 비율 206
치아벤다졸(Thiabendazol) 339
침맥 124~125
침지 과정 200

ㅋ

카르보닐 화합물 232, 318, 367, 387, 392~393, 395~396, 399, 401~402, 420~421, 433, 453~457, 473~474
카복시펩티데이스(carboxypeptidase) 204~206
카사노블(Casa noble) 336
카샤사(Cachaca) 300~301, 310
카울라(Mexican Kahlúa) 361
카탈라이저(catalyzer) 358
카트리지 여과기 251
칼바도스 48, 175~176, 187~188
캐나디안 위스키 48, 107
캔들형 여과기 250
컷포인트(Cut Point) 51~52, 105
코냑(Cognac) 30~31, 48, 99, 109~110, 175, 179~185, 188
코아(Coa) 204, 206, 294, 330, 361
콜롱바(Colombard) 180
쿠마린(Coumarins) 360
쿠마린산(4-hydoxy-cinnamic acid) 317, 322
쿼드러플 디스틸레이션 시스템(Quadruple Distillation System) 113
퀼커스 오크(Quercus oak) 338
클러스터 232
클로로겐산(Chlorogenic acid) 317
키토올리고당 257

ㅌ

타일로시스(Tylosis) 338
타패곡주 274
타호나(Tahona) 332
탄내 214, 216, 296, 369, 395, 476, 482
탄산소다 234
탄소취(炭素臭) 248
탄수화물 126, 146~148, 195~196, 223, 338, 466, 468, 484
탈기 224
탈아미노 반응 367, 399~400, 471
탈취(脫臭) 248, 250
테나레즈(TENAREZE) 184~185
테르펜 341, 375~376, 380~381, 462~465, 476
테킬라(Tequila) 35~37, 48, 301, 326~334, 336~338, 358
토마틴 252~253, 255
통기성 230
트레이(Tray) 56~58, 60~61, 110
트리클(Treacle) 304

트리플 디스틸레이션 시스템(Tripple Distillation System) 113

ㅍ

팔(Lyne Arm) 138
팔미틴산(Palmitic acid) 213, 224
팡 브와(les Fins Bois) 180
팽화미(膨化米) 197
페놀 127, 163~164, 182, 258, 309, 322~323, 338~339, 341, 403~405, 437~438, 459~460, 474, 480, 482
페룰산(p-coumaric, p-ferulic acid) 322
펙틴 148~149, 153, 182, 196, 198, 294, 380, 447~448, 471
평행한 선(horizontal line) 76~77
평형상태(Equilibrium State) 58, 62
평형 증자기 201
포점(Bubble Point) 66~69, 80
폴 블랑쉐(Folle Blanche) 180
푸르푸랄(Furfural) 27, 52, 95, 99, 213, 215, 221~222, 297, 338, 368~371, 392, 394~395, 399~402, 434, 453, 459
푸리에 방정식(FOURIER'S EQUATION) 82~83
풀케(Pulque) 327, 329, 335~336
퓨리파잉 컬럼(Purifying column) 319~320
퓨젤 오일 106, 296, 298, 369
프락토올리고당 257
프로테이스(protease) 204
프로판올(Propanol) 159~160, 316
프리컨센트레이팅 컬럼(preconcentrating column) 320
플라보노이드 474
플레이트(Plate) 56~58, 68, 71~72, 75
피트(Peat, 泥炭) 25, 28, 105, 127, 141, 426, 437, 474, 482
필터프레스형 여과기 250

ㅎ

하강관(Down comer) 57
하바나클럽(Havana club) 302
하이드로설렉션 컬럼(hydroselection column) 320
핵과(Stone fruit) 355
헤네바(Geneve) 342
헤비(Heavy) 164
현열 가열(Sensible Heating) 80~81, 86~87
호화(糊化, gelatinization) 144, 147~152, 197, 200~201
호화력(dextrinizing units DU) 144
혼곡법(混曲法) 271
혼합(vatting) 170
환류(Reflux) 49, 57, 62, 70~72, 75, 78, 81, 85, 93~94, 97~98
환류비(Reflux Ratio) 49, 62, 75, 78, 81, 93~94
활성아밀 알코올(2-methyl-1-butanol) 316
활성탄소 192, 227, 233~235, 247~250
황국균 204, 206
황 보와(Fins Bois) 176

황학루주 274

황 화합물 141, 159, 231, 367, 374, 416~418, 420~422, 440~441, 465, 467, 475

회분식(Batch Type) 50, 60

회수탑 244

회전 원통 드럼 증자기 202

효모(酵母, Yeast) 23~26, 47, 121, 123, 130~133, 135, 141, 146, 156~157

후류(feints, tail) 51~54, 96, 105, 109, 140, 142, 155~156, 158~159, 183, 214, 218, 235

후류컷 51

후수(後水) 210

훈연(燻煙 : Kiln) 24~25, 126~127, 141, 145, 168

휘발도(Volatility) 49, 51~52, 58, 62, 64~66

휴젤류(Fusel alcohol, Higher Alcohols) 52, 96

흑국균 204~206

흑설탕 256, 368, 375, 384~385, 392, 394, 405

흡광도(OD : Optical Density, Absorbance) 96

희석식 소주(稀釋式燒酒) 23, 43, 114, 191~192, 212, 237, 239~242, 244~246, 248, 250~256, 258~259, 261~262

희석용수 194

히메이도(Jimadores) 330

저자 소개

이종기
학력 : 경희대학교 한방생명공학과 박사
경력 : 디아지오코리아 부사장
우리 술 연구소 소장
한경대학교 겸임교수

문세희
학력 : 연세대학교 식품공학과
경력 : (주)진로 생산담당 이사
(주)화요 부사장
전통주 품평회 심사위원
농촌진흥청 전통주과정, 국세청 주류면허센터 양조기술 교육 출강

배균호
학력 : 단국대학교 식품영양학 석사
경력 : 한국증류이사, 대구탁주 주주
(현)국순당 근무

김재호
학력 : 배제대학교 대학원 생물학과 박사
경력 : 배상면주가 연구원, 품질보증팀장, 공장지원팀장
한국식품연구원 중소기업솔루션센터 센터장

최한석
학력 : 전북대학교 식품공학과 박사
경력 : 국립농업과학원 발효식품과(2009~현재)
국제공동연구 파견(일본, 2014~2015)

김태완
학력 : 영국 HERIOT-WATT UNIVERSITY 양조학 박사(중)
경력 : 영국 SCOTCH WHISKY RESEARCH INSTITUTE 연구원
롯데중앙연구소, 롯데주류 상품개발 책임연구원
(현)한국식품연구원 선임연구원

정철
학력 : 독일 베를린공대 생물공학과 박사(양조학 전공)
경력 : 서울벤처대학원대학교 융합산업학과(양조학) 교수
롯데 중앙연구소 선임연구원(주류부문)
한국식품과학회 양조분과위원장
식품의약품안전처 주류위생안전 자문위원

증류주개론

2022년 5월 25일 1판 1쇄 발 행
2023년 6월 1일 1판 2쇄 발 행

지 은 이 : 이종기 · 문세희 · 배균호 · 김재호 · 최한석 · 김태완 · 정철

펴 낸 이 : 박 정 태

펴 낸 곳 : **광 문 각**

10881
파주시 파주출판문화도시 광인사길 161
광문각 B/D 4층
등 록 : 1991. 5. 31 제12 - 484호
전 화(代) : 031-955-8787
팩 스 : 031-955-3730
E - mail : kwangmk7@hanmail.net
홈페이지 : www.kwangmoonkag.co.kr

ISBN : 978-89-7093-695-6 93560

값 : 40,000원